# 300米级心墙堆石坝施工关键技术

武警水电第一总队 著

中国水利水电出版社
www.waterpub.com.cn
·北京·

## 内 容 提 要

糯扎渡水电站位于云南省普洱市思茅区和澜沧县交界处的澜沧江下游干流上，是澜沧江中下游河段八个梯级规划的第五级，其主坝高约300米。全书共分9章，第1章绪论，第2章截流及围堰施工，第3章坝基开挖及处理，第4章坝料生产与加工，第5章坝体填筑，第6章试验与检测，第7章混凝土工程施工综述，第8章先进管理模式，第9章竣工验收鉴定结论。

本书可供从事水利水电研究和建设人员参考。

## 图书在版编目（ＣＩＰ）数据

300米级心墙堆石坝施工关键技术 / 武警水电第一总队著. -- 北京：中国水利水电出版社，2017.9
ISBN 978-7-5170-5925-7

Ⅰ．①3… Ⅱ．①武… Ⅲ．①心墙堆石坝－工程施工
Ⅳ．①TV641.4

中国版本图书馆CIP数据核字(2017)第243467号

| 书　　名 | **300米级心墙堆石坝施工关键技术**<br>300 MI JI XINQIANG DUISHIBA SHIGONG GUANJIAN JISHU |
|---|---|
| 作　　者 | 武警水电第一总队　著 |
| 出版发行 | 中国水利水电出版社<br>（北京市海淀区玉渊潭南路1号D座　100038）<br>网址：www.waterpub.com.cn<br>E-mail：sales@waterpub.com.cn<br>电话：(010) 68367658（营销中心） |
| 经　　售 | 北京科水图书销售中心（零售）<br>电话：(010) 88383994、63202643、68545874<br>全国各地新华书店和相关出版物销售网点 |
| 排　　版 | 中国水利水电出版社微机排版中心 |
| 印　　刷 | 北京瑞斯通印务发展有限公司 |
| 规　　格 | 184mm×260mm　16开本　19.5印张　474千字　8插页 |
| 版　　次 | 2017年9月第1版　2017年9月第1次印刷 |
| 印　　数 | 0001—2000册 |
| 定　　价 | **128.00元** |

# 《300米级心墙堆石坝施工关键技术》
## 编 撰 委 员 会

主　　任：范天印　冯晓阳

副 主 任：李虎章　息殿东

特邀顾问：马洪琪　袁湘华　刘兴国　孙　卫　郑爱武　张宗亮　高　核
　　　　　范　进　赵方兴　刘跃龙　唐先奇　张文学　马长军　田承洋
　　　　　吴桂耀

委　　员：李小联　刘兴宁　王奇峰　曾保华　王子伟　郭朝晖　黄宗营
　　　　　崔海涛　杨玺成　陈　冉　袁友仁　王仲和　宋东峰　戴益华
　　　　　帖军锋　刘运动　黄兴检　角秀华　由淑明　傅　萌　康进辉
　　　　　赵玉鄂

主　　编：张耀威　于红彬

撰 稿 人：张礼宁　李建国　葛培清　欧阳习斌　马　力　李宝全　徐晓刚
　　　　　薛香臣　刘增峰　贺博文　刘　胜　刘贺举　梁龙群　柴喜洲
　　　　　叶晓培　刘　琪　郭　伟　鲁程伟　唐培武　宁占金　伍绍华
　　　　　武俊峰　刘存福　闫俊峰　朱　江　谭　林　贾　意　梁慕宇
　　　　　朱自先　方德扬　庞林祥　范　典　黄　丹　覃　建　于　洋
　　　　　仇　健　李永胜　肖烈栋　华炎松

# 1 大江截流

大江截流夜景

向龙口冲刺

激战龙口

大江截流成功

# 2 垫层混凝土

混凝土首仓浇筑

钢筋现场绑扎

混凝土溜槽入仓

垫层混凝土

# 3 心墙填筑

坝基开挖

掺砾石制备

心墙填筑第一仓

掺砾料制备、装运

心墙碾压

心墙填筑

数字大坝监控

心墙面貌

# 4 大坝工程

大坝填筑面貌

水库蓄水

大坝封顶仪式

大坝竣工面貌

电站下游全貌

工程全景

电站航拍全景

右岸航拍全景

左岸航拍全景

# 5 获奖证书

# 序　一

　　糯扎渡水电站心墙堆石坝高 261.5m，坝高位居世界第三、中国第一。由于坝址区农场的天然土料细料含量偏多、砾石含量偏少、含水量偏大，因此不能直接用于高坝心墙防渗土料。经系统的科学试验研究，决定掺 35% 级配碎石料对天然土料进行改性，使其满足高坝对心墙料的防渗和强度要求。采用什么工艺使土料掺拌均匀，保证质量；采用什么检测方法，既满足规范和设计要求，又不影响连续上升的要求，均无成功的经验可借鉴。

　　参与糯扎渡水电站建设的武警水电官兵采用科学的施工方法，坚持精细管理、精心施工、样板起步，边施工边总结边提高，与业主、设计、监理一道，精诚团结，将信息技术与仿真技术有机融合，用 GPS 卫星、GSM 网络、GPRS 定位、计算机集成等，从坝料掺配、分区铺料、铺筑层厚度、碾压遍数等关键环节加强实时监控，详细记录每一组数据，对照设计要求，认真分析取证，进行质量控制。这种先进的实时监控技术，有效替代原有的人工控制手段，使工程施工全过程实现实时在线监控，动态反馈施工信息，施工质量和效率大幅度提高。糯扎渡大坝首次采用数字化技术，高标准建成亚洲第一高大坝，建设水平国际领先。目前，大坝已经历了 4 个洪水期考验，各项监测数据表明，大坝处于安全运行状态。

　　使命重在担当，实干铸就辉煌。这些创新成果不仅仅把糯扎渡水电工程建成行业领域里的品牌丰碑，也为国内高心墙堆石坝建设创造了成功典范。

　　武警水电第一总队组织编写这本书，与大家共享科技成果，精神可嘉。本书将为今后同类坝型建设提供经验借鉴，也可供高校师生学习参考，将为中国高质量坝工建设做出积极的贡献！

中国工程院院士：马洪琪

2017 年 3 月

# 序　二

十多年前，一个开创水电建设新纪元的恢宏工程在我国西南边陲启动，隆隆的机械轰鸣唤醒了沉睡中的千年糯扎古渡。是时，辛劳的水电建设者凿石安澜、开山断江，用青春和热血在澜沧江畔抒写壮美战斗诗篇。历经十余年奋战，糯扎渡水电站工程竣工了！为总结成果、交流经验，大家商议出一本书，以纪念这具有划时代意义的工程。看着这厚厚的书稿，看着同志们的丰硕成果，甚是欣慰。

天道酬勤传佳话，浪花淘尽显英雄。1894 年，孙中山先生提出"物能尽其用""惟天下之物如光热电""水力以生电"。我国的西南地区因其独特的地形地貌蕴藏丰富的水资源，澜沧江干流水电基地位列"中国十三大水电基地规划"之七，是一座名副其实的水资源宝库。华能澜沧江水电有限公司响应党中央、国务院的号召，制定梯级开发战略，揭开澜沧江流域开发序幕。武警水电一总队牢记神圣使命，挥师南进，会师澜沧江畔，决战糯扎古渡，吹响了向世界一流高坝进军的号角。

巍巍澜沧大坝，彰显水电兵的忠诚。糯扎渡水电站建设中，广大水电官兵发扬"攻坚克难，敢打必胜"的水电铁军精神，迎难而上，破解工程建设难题，勇攀科技创新高峰，成果卓著。糯扎渡水电站率先在国内采用"数字大坝"管理系统、三级配泵送混凝土、心墙掺砾土料施工工艺等先进技术，解决了高强度填筑质量控制、三级配混凝土入仓、心墙掺砾施工等技术难题，创造了月填筑 12.8m 同类坝型填筑世界纪录，研究应用了一系列 300 米级心墙堆石坝新技术、新材料、新工艺和新设备。经过一批批水电官兵的艰苦奋战，糯扎渡水电站大坝拔地而起——一个世界级的大坝蓄水发电了。这十年是不平凡的十年，这十年也是水电部队学习提高的十年，这十年真实生动地诠释了水电官兵对党和人民的赤胆忠诚，彰显了水电官兵敢打仗、能打硬仗的超强能力和顽强奋战的战斗作风。

回首过去使命崇高，展望未来任重道远。通过承建糯扎渡水电站大坝工程，部队的专业技术能力得到极大的巩固和提高，达到了新的高度。当前，在应急救援"国家队"建设进程中，专业技术能力依旧是有效履行使命的有力保障。我们将始终按照习主席"听党指挥、能打胜仗、作风优良"的要求，以忠诚担当的责任意识，"牢牢抓住科技创新这个牛鼻子"，认真总结转化工程建设实践成果经验，强力推动工程建设能力向应急救援战斗力的持续转变提升，履行应急救援国家队新的职责使命，为党和人民再立新功。

借此机会，要对糯扎渡工程业主、设计、监理等相关单位说声谢谢，是你们提供了宝贵的练兵平台，也是在和你们的合作中大家结成了深厚的战斗友谊。更要对参加糯扎渡电站建设的全体官兵们说一声谢谢，是你们建设了工程，书写了历史。相信糯扎渡工程创造的丰碑，必将永远定格在水电建设的历史长河中，也必将继续激励水电官兵在新的征程上继续前进，再创辉煌！

总 队 长：

中国人民武装警察部队水电第一总队

政治委员：

2017 年 5 月

# 前言
## FORWARD

　　糯扎渡水电站是澜沧江中下游河段梯级规划"二库八级"中的第五级，也是澜沧江流域工程规模和调节库容最大的电站，水库正常蓄水位高程812.00m，总库容237.03亿 $m^3$，调节库容113.35亿 $m^3$，相当于3/5个三峡、16个滇池的蓄水量。糯扎渡水电站大坝为黏土心墙堆石坝，最大坝高261.5m，是国内目前已建成的最高的黏土（掺砾）心墙堆石坝，在同类坝型中位居亚洲第一、世界第三，总填筑量达到3400多万 $m^3$。如此大型的工程对建设管理、设计、施工、监理等带来一系列的挑战。

　　劳动创造世界，奋斗成就伟业。面对糯扎渡水电站建设中的一系列难题，华能澜沧江水电有限公司严密组织、科学管理，设计、监理、施工等各方密切协同，积极研究对策，破解了工程技术指标高、地质条件复杂、施工强度大等方面诸多世界级难题，形成工程管理最优、建设工期最短、规程规范首创、科技创新卓著、工程环境友好、社会责任突出、带动地方发展、工区平安和谐"八大"典型成果。尤其是大坝施工方面，成果卓著。其中集数据库技术、无线通信技术、网络技术等先进技术为一体的"数字大坝"填筑质量管理系统，实现了大坝填筑高效化、实时化、精确化控制，属国内首创；心墙堆石坝超大粒径掺砾土料施工工艺的应用，极大提高了心墙强度；超大粒径600mm击式仪、细料三点快速击实法、移动检测车、移动加水站、三级配泵送混凝土生产及施工方法等先进技术和设备的运用，有效破解了技术难题，极大提高了工作效率，成为工程建设中闪耀的亮点。截至2016年年底，糯扎渡工程施工技术方面共取得国家科技进步奖1项，省部级科技进步奖（含行业协会）10项，获得专利17项，认定国家级工法1项、省部级工法1项。这些创新成果为高黏土心墙堆石坝施工技术做出了积极的探索,积累了宝贵的经验。

本书从解决工程建设所遇到的难题角度出发,循着问题找办法,详细分析汇总了糯扎渡大坝施工过程所遇到的难点及对策,涉及截流施工、围堰填筑、坝基处理、坝料生产、大坝填筑、测试、运行管理等多个方面,内容丰富,资料翔实,对300米级心墙堆石坝设计、施工、管理等具有很强的参考价值。

本书在编写过程中,得到华能澜沧江水电有限公司、中国电建集团昆明勘测设计研究院有限公司、糯扎渡水电站西北监理中心、云南大学、南京理工大学等单位的大力支持和帮助,也得到了曾经在糯扎渡水电站奋战的众多战友的支持,在此一并表示感谢。

由于时间仓促,水平有限,本身编写过程中难免有疏漏之处,诚望广大读者不吝指正。

编　者

2017 年 5 月

# 目录
## CONTENTS

# 第1章 绪 论

## 1.1 国内外心墙堆石坝建设情况

目前，我国已建成水库大坝 9.8 万多座[1]。大坝发挥巨大经济社会效益的同时，在人类的生产生活中扮演的角色也越来越重要。常见的大坝类型为重力坝、土石坝以及拱坝。其中土石坝由于对其基础条件良好的适应性、能够就地取材、能够充分利用建筑物开挖渣料、造价低廉等优点，被世界各国所广泛采用[2]。仅以我国为例，土石坝所占比重已经超过 95%。

土石坝发展历史悠久。早在公元前 600 多年，我国就开始填筑土堤，防范洪水，蓄水兴利。这就是土石坝的早期形态。比如安徽的芍陂，浙江的海塘。在公元前 256～前 251年我国修建了四川都江堰水利工程，就是用竹笼装卵石叠成的。约公元 200 年，印度南部建成了高韦里河三角洲系统砌石堰工程，用于灌溉。500 多年前我国修建的四川高岩头溢流堆石坝坝高 3m，溢流量 1000m³/s，溢流面是用条石干砌的，至今仍在运用。早期土石坝的结构较为简单，设计水平、筑坝工艺以及大坝的高度较低，大坝的作用并没有完全发挥。随着岩土力学、渗流理论与设计技术的不断发展，高效灵活的巨型土石方机械的问世，坝基深厚覆盖层防渗处理的巨大突破[3]，到了 20 世纪，土石坝的建设进入了飞速发展期，世界土石坝技术开始蓬勃发展。在 20 世纪 60 年代，世界土石坝坝高已经超过百米级别，比如日本修建的 Miboro 斜心墙堆石坝（131m），美国修建的 Trinity 心墙堆石坝（164m）。20 世纪 70 年代左右，世界土石坝技术越过 200m 级别，标志就是美国 Oroville斜心墙堆石坝的完工，前苏联（现塔吉克斯坦）更是在 1975 年开始修建当前世界第一高土石坝——Rugon 堆石坝（335m）。

相比之下，我国的土石坝技术发展相对滞后。我国现代筑坝技术起步于 20 世纪 50 年代初，当时的土石坝高度还停留在 40～50m 的水准。之后的 60 多年，我国土石坝发展成绩斐然。1970 年，当时亚洲第一高的毛家村土坝（82m）建成；1967—1986 年，石头河（105m）与碧口（102m）两座百米级的大坝建成；1987—1999 年，104m 的鲁布革水库大坝、154m 的小浪底土石坝开工建设，此时，我国的筑坝技术与基础处理已经达到世界先进水平。进入 21 世纪，我国的土石坝建设成就举世瞩目。10 年间，建成的高于 100m 的土石坝就超过了 30 座（累计 50 座），其中高于 150m 的土石坝为 9 座（累计 12 座），已竣工和在建的 150m 以上的高土石坝共 19 座。更是已经开始建造世界第二高的双江口大坝（314m）。

图 1.1～图 1.3 为罗贡、努列克、糯扎渡心墙堆石坝的横剖面图。国内外已建坝高大于 200m 的心墙堆石坝见表 1.1，国内外已建坝高在 100～200m 的部分心墙堆石坝见表1.2。国内拟建坝高大于 200m 的心墙堆石坝见表 1.3。

随着坝基深覆盖层防渗处理的重大突破，施工导流设计与施工技术的改进，高土石坝计算理论与计算技术的不断完善。心墙堆石坝的发展紧随时代步伐，不断从新技术、新工艺中获得发展的动力，在将来的坝工建设中作用将会越来越大[4]。同时我国随着自身在填筑工艺上不断提高，在开采堆石坝料采用洞室爆破技术取得不断进步，在高原高寒干旱条件下的堆石坝快速施工技术取得突破，因而步入了高坝、超高坝的时代[5]。当前已开启了一系列的超高砾石土心墙堆石坝的研究，其筑坝技术已经处于世界前列。

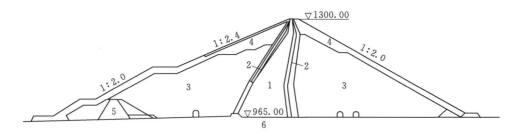

图 1.1　罗贡堆石坝横剖面图（单位：m）

1—心墙；2—反滤层；3—坝壳区；4—大块石；5—围堰；6—心墙基础

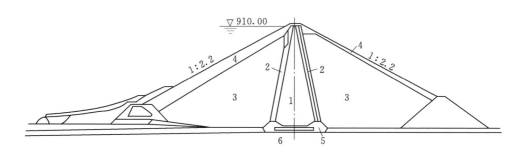

图 1.2　努列克堆石坝横剖面图（单位：m）

1—心墙；2—反滤层；3—坝壳区卵砾石料；4—大块石；5—混凝土垫座；6—心墙基础

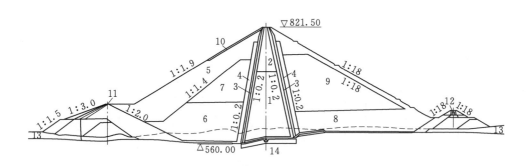

图 1.3　糯扎渡堆石坝横剖面图（单位：m）

1—高程720.00m以下掺砾石土料；2—高程720.00m以上掺砾石土料；3—反滤料；4—细堆石料；

5—上游Ⅰ区堆石料；6—上游Ⅱ区堆石料；7—上游调节区堆石料；8—下游Ⅰ区堆石料；

9—下游Ⅱ区堆石料；10—护坡块石；11—上游围堰；12—下游围堰；

13—大坝基础；14—混凝土垫层

**表 1.1　国内外已建坝高大于 200m 的心墙堆石坝**

| 坝名 | 国家 | 心墙型式 | 坝高/m | 坝顶长/m | 地震烈度/度 | 上游坡比/V:H | 下游坡比/V:H | 心墙土料 | 坝壳料 | 建成年代/年 | 备注 |
|---|---|---|---|---|---|---|---|---|---|---|---|
| 努列克坝 (Nurek) | 塔吉克斯坦 | 直心墙 | 300 | 704 | IX | 1:2.25 | 1:2.2 | 壤土、砂壤土和碎石混合料 | 卵砂石 | 1979 | |
| 博鲁卡坝 (Boruca) | 哥斯达黎加 | 斜心墙 | 267 | 700 | | | | | | 1990 | |
| 糯扎渡 | 中国 | 直心墙 | 261.5 | 630 | Ⅷ | 1:1.9 | 1:1.8 | 混合料/掺砾料 | 堆石 | 2014 | |
| 奇科森坝 (Chicoasen) | 墨西哥 | 直心墙 | 261 | 485 | IX | 1:2.1 | 1:2.0 | 砾石含量高的黏土砂 | 堆石 | 1981 | |
| 特里坝 (Tehri) | 印度 | 斜心墙 | 260 | 575 | Ⅷ | 1:2.5 | 1:2.0 | 黏土、砂砾石混合料 | 块石、砂砾石混合料 | 1997 | |
| 瓜维奥坝 (Guavio) | 哥伦比亚 | 斜心墙 | 247 | 390 | | 1:2.2 | 1:1.8 | 砾石、砂土混合料 | 风化稍含泥石英岩、泥质板岩及石灰岩 | 1989 | |
| 买卡坝 (Mica) | 加拿大 | 斜心墙 | 242 | 792 | Ⅶ~Ⅷ | 1:2.25 | 1:2.0 | 冰碛土 | 开挖料(云母片岩和片麻岩) | 1973 | 坝顶超高 7.6m，坝轴线向上游弯曲 |
| 契伏坝 (Chivor) | 哥伦比亚 | 斜心墙 | 237 | 280 | | 1:1.8 | 1:1.8 | 砾石土 | 堆石 | 1980 | |
| 奥罗维尔坝 (Oroville) | 美国 | 斜心墙 | 234 | 2019 | Ⅶ~Ⅷ | 1:2.6 | 1:2.0 | 黏土、粉土、砂砾土、大卵石混合料 | 砂卵漂石 | 1967 | |
| 凯班坝 (Keban) | 土耳其 | 直心墙 | 207 | 602 | Ⅷ~IX | 1:1.86 | 1:1.86 | 黏土 | 堆石 | 1974 | 坝顶长 1126m，其中高堆石坝长 602m，重力坝长 524m，心墙下有垫层 |
| 圣克罗 | 菲律宾 | | 200 | | | 1:2.0 | 1:2.0 | 黏土 | | 2002 | |

表1.2　国内外已建坝高在100~200m的部分心墙堆石坝

| 序号 | 坝名 | 国家 | 坝高 H/m | 坝体防渗型式 | 心墙材料 | 心墙上游坡度 | 心墙下游坡度 | 心墙底宽 B/m | 渗透坡降 | 心墙土料主要级配 | 坝体上游坡度 | 坝体下游坡度 | 建造时间 /年 | 备注 |
|---|---|---|---|---|---|---|---|---|---|---|---|---|---|---|
| 1 | 瀑布沟 | 中国 | 188 | 心墙 | 以宽级配砾石土为主 | 1:0.25 | 1:0.25 | 96 | | 粒径大于5mm的颗粒含量不超过55%，小于0.075mm的颗粒含量应大于15% | 1:2<br>1:2.25 | 1:1.8 | 2006 | 覆盖层厚度一般40~60m，最大达77.9m，河床采用两道各厚1.2m的混凝土防渗墙，墙中心距14m，底嵌入基岩1.5m |
| 2 | 本尼特坝（Portage Mountian） | 加拿大 | 183 | 心墙 | 冰渍土 | 1:1 | 1:0.1 | | | | 1:2.5 | 1:2 | 1967 | |
| 3 | 达特茅斯坝（Dartmouth） | 澳大利亚 | 180 | 心墙 | | 1:0.4<br>1:0.5 | 1:0.2 | | | | | | 1979 | |
| 4 | 高濑坝（Takase） | 日本 | 176 | 心墙 | 黏土 | 1:0.3 | 1:0.2 | | | | 1:2.6 | 1:2.1 | 1978 | 局部做固结灌浆和帷幕灌浆 |
| 5 | 恰尔瓦克坝（Charvak） | 乌兹别克斯坦 | 168 | 心墙 | 亚黏土 | | | | | | 1:1.25<br>1:2.0 | 1:2.5<br>1:2.0 | 1970 | |
| 6 | 古拉阿佩罗坝（Gura Apelor） | 罗马尼亚 | 168 | 心墙 | 黏土 | 1:1 | 1:0.7 | 260 | | | | | 1977—1984 | |
| 7 | 菲尔泽坝（Fiezes） | 阿尔巴尼亚 | 166 | 心墙 | 黏土砂卵石混合料 | 1:0.25 | 1:0.25 | 104 | 1.75 | 心墙土料最大粒径60mm，大于5mm者占30%~35% | 1:2.75 | 1:2.75 | 1978 | 混凝土垫座底宽104m，底长20~40m，高11m。基岩固结灌浆深度在中部1/2水心墙底宽的范围内为8m，其余两侧部分为4m |
| 8 | 克瑞马斯克坝（Kremasta Dam） | 希腊 | 165 | 心墙 | 黏土粉砂 | | | | | 心墙土料最大粒径100mm | 1:2.5 | 1:2 | 1965 | 1965年蓄水之后，坝肩基础出现渗漏，并且逐步加剧；1966年修量达到了1.5m³/s，主要原因是由于碎岩溶蚀与断层带，查明原因后采用混合料进行灌浆加固 |
| 9 | 马伦水电站（Marun Hydropower Station） | 伊朗 | 165 | 心墙 | 黏土 | | | 80 | | | | | 1987—1998 | |

表 1.3　　　　　国内拟建坝高大于 200m 的心墙堆石坝

| 序号 | 坝名 | 坝高 $H$/m | 心墙型式 | 坝体防渗主要参数 | | | | 坝体上游坡度 | 坝体下游坡度 |
|---|---|---|---|---|---|---|---|---|---|
| | | | | 心墙材料 | 心墙上游坡度 | 心墙下游坡度 | 心墙底宽 $B$/m | | |
| 1 | 其宗 | 356 | 直心墙 | 砾石土 | 1:0.2 | 1:0.2 | 152 | 1:2.1 | 1:2.0 |
| 2 | 日冕 | 346 | 直心墙 | 砾石土 | 1:0.25 | 1:0.25 | 177 | 1:2.25 | 1:2 |
| 3 | 如美 | 315 | 直心墙 | 砾石土 | 1:0.23 | 1:0.23 | 103 | 1:2.0 | 1:1.9 |
| 4 | 双江口 | 314 | 直心墙 | 砾石土 | 1:0.2 | 1:0.2 | 126.4 | 1:1.2 | 1:1.9 |
| 5 | 古水 | 305 | 直心墙 | 砾石土 | 1:0.2 | 1:0.2 | 132.8 | 1:2.1 | 1:2.0 |
| 6 | 两河口 | 295 | 直心墙 | 砾石土 | 1:0.2 | 1:0.2 | 123.6 | 1:1.2 | 1:1.9 |
| 7 | 上寨 | 253 | 直心墙 | 砾石土 | 1:0.2 | 1:0.2 | 108 | 1:1.9 | 1:1.9 |
| 8 | 长河坝 | 240 | 直心墙 | 砾石土 | 1:0.25 | 1:0.25 | 125.7 | 1:2.0 | 1:2.0 |

## 1.2　糯扎渡大坝工程概况

### 1.2.1　糯扎渡水电站概况

糯扎渡水电站位于云南省普洱市思茅区和澜沧县交界处的澜沧江下游干流上（坝址在勘界河与火烧寨沟之间），是澜沧江中下游河段 8 个梯级规划的第 5 级。电站距离上游大朝山水电站河道距离 215km，距离下游景洪水电站河道距离 102km。原思（茅）—澜（沧）公路通过坝址左岸，坝址距普洱市中心 98km，距澜沧县 76km。

糯扎渡水电站工程属大（1）型一等工程，永久性主要水工建筑物为一级建筑物。工程以发电为主，兼有防洪、灌溉、养殖和旅游等综合利用效益，水库具有多年调节性能。该工程由心墙堆石坝、左岸溢洪道、左岸泄洪隧洞、右岸泄洪隧洞、左岸地下式引水发电系统及导流工程等建筑物组成。水库库容为 237.03 亿 m³，电站装机容量 5850MW（9×650MW）。电站枢纽由心墙堆石坝、左岸溢洪道、左岸引水发电系统等组成。糯扎渡水库正常蓄水位 812m，心墙堆石坝最大坝高 261.5m，居同类坝型世界第三。电站总投资约 611 亿元，年利用小时数 4088h，年均发电量 239.12 亿 kW·h。作为云南省最大水电站，是实现国家资源优化配置，全国联网目标的骨干工程，是实施"西电东送"及"云电外送"战略的基础项目。

### 1.2.2　糯扎渡大坝概况

掺砾石土心墙堆石坝坝顶高程为 821.5m，坝顶长 630.06m，坝体基本剖面为中央直立心墙形式，即中央为砾质土直心墙，心墙两侧为反滤层，反滤层以外为堆石体坝壳。坝顶宽度为 18m，心墙基础最低建基面高程为 560.0m，设计最大坝高为 261.5m，上游坝坡

# 300米级心墙堆石坝施工关键技术

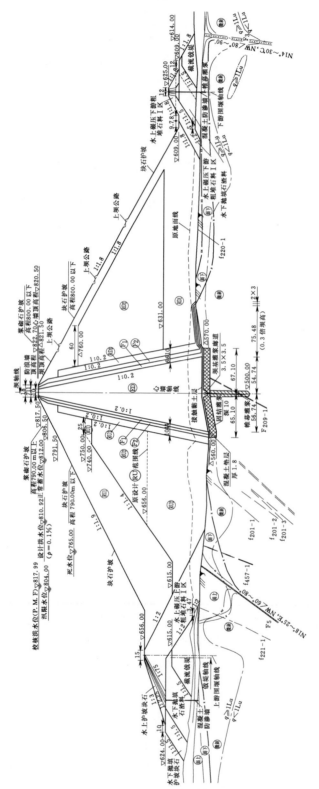

图 1.4　糯扎渡心墙堆石坝体分区图（单位：m）

坡度为1:1.9，下游坝坡坡度为1:1.8。

心墙顶部高程为820.50m，顶宽为10m，上、下游坡度均为1:0.2。在心墙的上、下游设置了Ⅰ、Ⅱ两层反滤层，上游Ⅰ、Ⅱ两反滤层的宽度均为4m，下游Ⅰ、Ⅱ两反滤层的宽度均为6m。在反滤层与堆石料间设置10m宽的细堆石过渡料区，细堆石过渡料区以外为堆石体坝壳。其中上游堆石坝壳将高程615.00~750.00m范围内靠心墙侧内部区域设置为堆石料Ⅱ区，其外部为堆石料Ⅰ区；下游堆石坝壳将高程631.00~760.00m范围靠心墙侧内部区域设置为堆石料Ⅱ区，其外部为水平宽度22.6m的堆石料Ⅰ区。心墙为掺砾石土料，上下游坝坡采用新鲜花岗岩块石护坡。坝体分区见图1.4。

心墙为掺砾石土料，混掺比例为65:35，其中掺和砾石料采用大坝反滤料及砾石料加工系统生产的人工碎石，加工石料取自白莫箐石料场。心墙反滤料由大坝反滤料及砾石料加工系统生产。心墙接触黏土取自农场土料场的Ⅲ采区（坡积层开挖料）。

坝体堆石料包括坝体Ⅰ、Ⅱ区堆石料和细堆石料。Ⅰ区堆石料采用白莫箐石料场开采料、存渣场回采料和开挖直接上坝料；Ⅱ区堆石料采用存渣场回采料和开挖直接上坝料。Ⅰ、Ⅱ区堆石料主要利用溢洪道、电站进水口、尾水渠（含1号、2号导流隧洞出口）及地面开关站等工程部位的石方开挖料，不足部分从上游白莫箐石料场开采。坝体细堆石料从白莫箐石料场开采。

## 1.3 糯扎渡大坝施工技术要求

### 1.3.1 坝体主要填筑料技术要求

根据《心墙堆石坝坝体填筑技术要求》，各分区填筑料设计标准见表1.4，各分区填筑料颗粒级配主要技术要求见表1.5。

根据现场碾压试验成果报告、设计通知单及监理会议纪要相关要求，在填筑施工过程中的相关参数做了相应优化，堆石料填筑过程中施工参数见表1.6，心墙区填筑料施工过程中施工质量控制标准及技术参数见表1.7和表1.8。

表1.4　　　　　　　　　　　各分区填筑料设计标准

| 分区 | 料物名称 | 压实要求 | 压实参考干密度/(g·cm⁻³) | 渗透系数/(cm·s) | 碾型碾重 | 碾压遍数 |
|---|---|---|---|---|---|---|
| | | 压实要求及指标 | | | | |
| ED | 掺砾土料 | 按修正普氏2690kJ/m³功能应达到95%以上，掺砾土料干密度应大于1.90g/cm³ | 平均1.96 | $<1\times10^{-5}$ | 19~20t自行式振动凸块碾 | 6~8遍 |
| Ej | 接触黏土料 | 压实度按595kJ/m³功能，应大于95% | 平均1.72 | $<1\times10^{-6}$ | 12t以上轮式装载机 | 6~8遍 |

续表

| 分区 | 料物名称 | 压实要求及指标 | | | | 碾型碾重 | 碾压遍数 |
|---|---|---|---|---|---|---|---|
| | | 压实要求 | 压实参考干密度/(g·cm$^{-3}$) | 渗透系数/(cm·s) | | | |
| RU1 | 上游Ⅰ区粗堆石料 | 孔隙率 $n<22.5\%$ | 2.07 | $>1\times10^{-1}$ | | 25t 以上自行式振动平碾，振动碾压激振力大于 400kN | 6~8 遍 |
| RU2 | 上游Ⅱ区粗堆石料 T₂m 岩性/花岗岩 | 孔隙率 $n<20.5\%$ | 2.21/2.14 | $>5\times10^{-3}$ | | | |
| RU3 | 上游细堆石料 | 孔隙率 $n=23.5\%\sim24.5\%$ | 2.03 | $>5\times10^{-1}$ | | | |
| RU4 | 上游粗堆石料调节区 | 遵照 RU1 及 RU2 | | | | | |
| RD1 | 下游Ⅰ区粗堆石料 | 孔隙率 $n<22.5\%$ | 2.07 | $>1\times10^{-1}$ | | | |
| RD2 | 下游Ⅱ区粗堆石料 T₂m 岩性/花岗岩 | 孔隙率 $n<20.5\%$ | 2.21/2.14 | $>5\times10^{-3}$ | | | |
| RD3 | 下游细堆石料 | 孔隙率 $n=23.5\%\sim24.5\%$ | 2.03 | $>5\times10^{-1}$ | | | |
| F1 | 反滤Ⅰ | 相对密度 $Dr>0.80$ | 1.80 | $>1\times10^{-3}$ | | 19t 自行式平碾 | 静压 4 遍 |
| F2 | 反滤Ⅱ | 相对密度 $Dr>0.85$ | 1.89 | $>5\times10^{-2}$ | | | |

**表 1.5** 　　　　　　　　　　　　　各分区填筑料颗粒级配主要技术要求

| 分区 | 料物名称 | 级配要求 |
|---|---|---|
| ED | 掺砾土料 | 最大粒径不大于 150mm，小于 5mm 颗粒含量 48%~70%，小于 0.074mm 颗粒含量 19%~50% |
| Ej | 接触黏土料 | 最大粒径不大于 10mm，大于 5mm 颗粒含量小于 5%，小于 0.074mm 粒径含量不少于 65% |
| RU1 | 上游Ⅰ区粗堆石料 | 级配连续，最大粒径 800mm，小于 5mm 的含量不超过 15%，小于 1mm 的含量不超过 5% |
| U2 | 上游Ⅱ区粗堆石料 | |
| RD1 | 下游Ⅰ区粗堆石料 | |
| RD2 | 下游Ⅱ区粗堆石料 | |
| RU4 | 上游调节料区 | |
| RU3 | 上游细堆石料 | 级配连续，最大粒径 400mm，小于 2mm 的含量不超过 5% |
| RD3 | 下游细堆石料 | |
| F1 | 反滤Ⅰ | 级配连续，最大粒径 20mm，$D_{60}$ 特征粒径 0.7~3.4mm，$D_{15}$ 特征粒径 0.13~0.7mm，小于 0.1mm 的含量不超过 5% |
| F2 | 反滤Ⅱ | 级配连续，最大粒径 100mm，$D_{60}$ 特征粒径 18~43mm，$D_{15}$ 特征粒径 3.5~8.4mm，小于 2mm 的含量不超过 5% |
| | 土料掺砾碎石 | 级配连续，最大粒径 120mm，小于 5mm 的含量不超过 15% |
| | 上游护坡块石 | 最小粒径 350mm，平均粒径不小于 550mm |
| | 下游护坡块石 | 平均粒径不小于 550mm |

表 1.6  堆石料填筑过程施工参数

| 分区 | 料物名称 | 压实要求 | 压实干密度 /(g·cm⁻³) | 渗透系数 (cm·s⁻¹) | 碾型碾重 | 碾压遍数 |
|------|---------|----------|---------------------|------------------|---------|---------|
|  |  | 压实要求及指标 |  |  |  |  |
| RU1 | 上游Ⅰ区粗堆石料 | 孔隙率 $n < 22.5\%$ | 2.07 | $>1 \times 10^{-1}$ | 25t 以上自行式振动平碾，20t 拖式振动碾，振动碾压激振力大于 400kN | 8 遍 |
| RU2 | 上游Ⅱ区粗堆石料 $T_2m$ 岩性/花岗岩 | 孔隙率 $n \leqslant 21\%$ | 2.21/2.14 | $>5 \times 10^{-3}$ |  |  |
| RU3 | 上游细堆石料 | 孔隙率 $n = 22.5\% \sim 24.5\%$ 的保证率不小于90%；孔隙率 $n = 22\% \sim 25\%$ 的保证率不小于100% | 2.03 | $>5 \times 10^{-1}$ |  | 6 遍 |
| RU4 | 上游粗堆石料调节区 | 遵照 RU1 及 RU2 |  |  |  |  |
| RD1 | 下游Ⅰ区粗堆石料 | 孔隙率 $n < 22.5\%$ | 2.07 | $>1 \times 10^{-1}$ |  | 8 遍 |
| RD2 | 下游Ⅱ区粗堆石料 $T_2m$ 岩性/花岗岩 | 孔隙率 $n \leqslant 21\%$ | 2.21/2.14 | $>5 \times 10^{-3}$ |  |  |
| RD3 | 下游细堆石料 | 孔隙率 $n = 22.5\% \sim 24.5\%$ 的保证率不小于90%，孔隙率 $n = 22\% \sim 25\%$ 的保证率不小于100% | 2.03 | $>5 \times 10^{-1}$ |  | 6 遍 |

表 1.7  掺砾土料、接触黏土及反滤料施工质量控制标准

| 序号 | 工程部位 | 填筑料名称 | 压实控制标准 | 压实参考干密度 /(g·cm⁻³) | 渗透系数 (cm·s⁻¹) |
|------|---------|-----------|-------------|------------------------|------------------|
| 1 | (1) 心墙区与岸坡连接段；(2) 垫层混凝土上部 0~0.5m 范围 | 接触性黏土 | 595kJ/m³，$Y_s \geqslant 0.95$ | 平均 1.72 | $<1 \times 10^{-5}$ |
| 2 | 垫层混凝土上部 0.5~2m 范围 | 接触性黏土 | 595kJ/m³，$Y_s \geqslant 0.95$ | 平均 1.72 | $<1 \times 10^{-5}$ |
| 3 | 心墙区 | 掺砾土 | 2690kJ/m³，$Y_s \geqslant 0.95$ | 平均 1.96 | $<1 \times 10^{-5}$ |
| 4 | 心墙上、下游第一层反滤 | 反滤料Ⅰ | 相对密度 $Dr \geqslant 0.80$ | 1.80 | $>5 \times 10^{-3}$ |
| 5 | 心墙上、下游第二层反滤 | 反滤料Ⅱ | 相对密度 $Dr \geqslant 0.85$ | 1.89 | $>5 \times 10^{-2}$ |

注  开工至 2009 年 3 月 3 日，掺砾土料铺厚 30cm，采用全料 2690kJ/m³ 功能预控法检测，满足 $Y_s \geqslant 0.95$；根据专家咨询意见从 2009 年 3 月 4 日开始，采用细料（小于 20cm）595kJ/m³ 功能三点击实法检测，满足 $Y_s \geqslant 0.98$，$Y_{smin} \geqslant 0.96$ 且 $Y_s \geqslant 0.98$ 的合格率不小于 90%的要求。

表 1.8  心墙堆石坝填筑料施工碾压控制参数

| 序号 | 工程部位 | 填筑料名称 | 碾压设备 | 碾压方式 | 行驶速度 /(km·h) | 铺厚 /cm | 遍数 | 含水量 /% |
|------|---------|-----------|---------|---------|----------------|---------|------|----------|
|  |  |  |  | 施工碾压参数 |  |  |  |  |
| 1 | (1) 心墙区与岸坡连接段；(2) 垫层混凝土上部 0~0.5m 范围 | 接触性黏土 | 18t 装载机轮胎碾或小型夯振设备 | 静压或夯击 | <2 | 15 | 8 | $\omega_{op}+1 \sim \omega_{op}+3$ |

| 序号 | 工 程 部 位 | 填筑料名称 | 碾压设备 | 施工碾压参数 | | | | |
|---|---|---|---|---|---|---|---|---|
| | | | | 碾压方式 | 行驶速度 /(km·h) | 铺厚 /cm | 遍数 | 含水量 /% |
| 2 | 垫层混凝土上部 0.5~2m 范围 | 接触性黏土 | 自行式 20t 凸块碾 | 静压 | <2 | 25 | 8 | $\omega_{op}+1\sim$ $\omega_{op}+3$ |
| 3 | 心墙区高程 720.00m 下部 | 掺砾土 | 自行式 20t 凸块碾 | 低频高振激振力 315kN | 2.5~3.0 | 30 | 10 | $\omega_{op}-1\sim$ $\omega_{op}+3$ |
| 4 | 心墙上、下游第一层反滤 | 反滤Ⅰ | 自行式 26t 平碾 | 静压 | <3 | 53 | 6 | 4~6 |
| 5 | 心墙上、下游第二层反滤 | 反滤Ⅱ | 自行式 26t 平碾 | 静压 | <3 | 53 | 6 | 4~6 |

**注** 1. 根据《糯扎渡水电工程质量工作联系单》（NZD—LXH—Z〔2009〕04号）要求，于2009年4月29日接触黏土铺料厚度采取与掺砾土料同厚度27cm，以平起填筑，减少层间结合，方便施工，保证施工质量。
2. 根据专家咨询意见掺砾土料铺料厚度从2009年4月12日开始改为27cm，压实厚度不大于25cm。
3. 根据《大坝填筑料对比复核试验成果及混凝土垫层专题会》会议纪要（西糯监/纪〔2009〕012号）要求，反滤料Ⅰ虚铺厚度暂按53cm，压实厚度按50cm控制；反滤料Ⅱ虚铺厚度暂按53cm，压实厚度按50cm控制。

## 1.3.2 坝体填筑主要技术要求

（1）掺砾土料：最大粒径不大于150mm，大于5mm颗粒含量48%~70%，小于0.074mm颗粒含量19%~50%。

（2）接触黏土料：最大粒径不大于10mm，大于5mm颗粒含量小于5%，小于0.074mm粒径含量不少于65%。

（3）上下游堆石料和上游调节料区：级配连续，最大粒径800mm，小于5mm的含量不超过12%，小于2mm的含量不超过5%。

（4）上下游细堆石料：级配连续，最大粒径400mm，小于2mm的含量不超过5。

（5）反滤Ⅰ料：级配连续，最大粒径20mm，$D_{60}$特征粒径0.7~3.4mm，$D_{15}$特征粒径0.13~0.7mm，小于0.1mm的含量不超过5%。

（6）反滤Ⅱ料：级配连续，最大粒径100mm，$D_{60}$特征粒径18~43mm，$D_{15}$特征粒径3.5~8.4mm，小于2mm的含量不超过5%。

（7）土料掺砾石：级配连续，最大粒径120mm，小于5mm的含量不超过15%。

（8）上下游护坡块石：最小粒径500mm，平均粒径不小于800mm。

## 1.3.3 填筑料料源

各分区填筑料料源见表1.9。

表1.9 各 分 区 填 筑 料 料 源

| 分区 | 料 物 名 称 | 料 源 |
|---|---|---|
| ED | 掺砾土料 | 农场土料场混合土料掺35%白莫箐石料场开采加工的人工碎石 |
| Ej | 接触黏土料 | 农场土料场坡积层开挖料 |

| 分区 | 料物名称 | 料 源 |
|---|---|---|
| RU1 | 上游Ⅰ区粗堆石料 | 尾水出口、溢洪道消力塘开挖的弱风化及微新花岗岩，白莫箐石料场开挖的弱风化及微新花岗岩、角砾岩 |
| RU2 | 上游Ⅱ区粗堆石料 | 溢洪道、电站进水口、坝顶平台开挖的弱风化及微新 $T_2m$ 岩层（要求泥岩、粉沙质泥岩总量不超过 25%） |
| RD1 | 下游Ⅰ区粗堆石料 | 尾水出口、溢洪道消力塘开挖的弱风化及微新花岗岩，白莫箐石料场开挖的弱风化及微新花岗岩、角砾岩 |
| RD2 | 下游Ⅱ区粗堆石料 | 尾水出口、溢洪道开挖的弱风化及微新 $T_2m$ 岩层（要求泥岩、粉沙质泥岩总量不超过 25%）及强风化花岗岩 |
| RU4 | 上游调节料区 | 参照 RU1 及 RU2 |
| RU3 | 上游细堆石料 | 白莫箐石料场开挖的弱风化及微新花岗岩、角砾岩 |
| RD3 | 下游细堆石料 | 白莫箐石料场开挖的弱风化及微新花岗岩、角砾岩 |
| F1 | 反滤Ⅰ | 白莫箐石料场开挖的弱风化及微新花岗岩、角砾岩加工料 |
| F2 | 反滤Ⅱ | 白莫箐石料场开挖的弱风化及微新花岗岩、角砾岩加工料 |
| | 护坡块石 | 溢洪道消力塘开挖的弱风化及微新花岗岩，白莫箐石料场开挖的弱风化及微新花岗岩、角砾岩 |

## 1.4 糯扎渡大坝施工方法

### 1.4.1 坝体填筑分区及单元划分

心墙堆石坝坝体各分区填筑料侵占相邻区域的允许公差见表1.10。

表1.10　　　　　　　各分区填筑料侵占相邻区域的允许公差

| 填筑区分界线 | 公差/m | |
|---|---|---|
| | 向坝轴线方向 | 离坝轴线方向 |
| RU1、RD1、RU3、RD3区与F2 | 0 | 0.3 |
| RU1、RD1区与RU3、RD3区<br>RU2、RD2区与RU3、RD3区 | 0.5 | 1.0 |
| RU1、RD1区与RU2、RD2区 | 1.0 | 1.0 |
| 坝坡面 | 0 | 1.0 |

注　ED区：掺砾土料；Ej区：接触黏土料；F1区：反滤Ⅰ料；F2区：反滤Ⅱ料；RU3、RD3区：上、下游细堆石料；RU1、RD1区：上、下游Ⅰ区粗堆石料；RU2、RD2区：上、下游Ⅱ区粗堆石料。

按照已批复的工程项目划分进行单元工程划分，较大的单元工程可按 $2000\sim5000m^2$ 分成若干个工作面，工作面设标牌或画线做标志，填筑工作面依次完成填筑的各道工序，进行流水作业，避免相互干扰，工作面之间应该保持平起，注意衔接，避免超压和漏压。

### 1.4.2 坝体填筑施工工艺

（1）坝壳区粗堆石料填筑。坝壳区粗堆石料填筑（一个单元）施工工艺流程见图1.5。

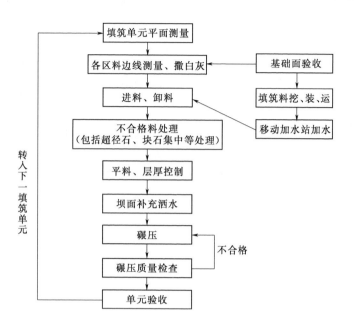

图 1.5　坝壳区粗堆石料填筑（一个单元）施工工艺流程

（2）细堆石料填筑。细堆石料区坝体填筑（一个单元）施工程序见图 1.6。

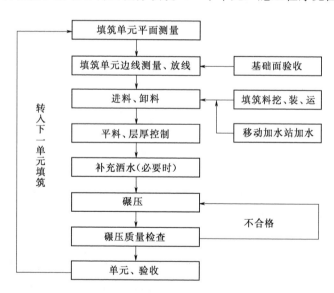

图 1.6　细堆石料填筑（一个单元）施工程序图

（3）坝体粗堆石料区、细堆石料区、反滤料区、心墙料区填筑顺序见图 1.7。

（4）反滤料填筑。反滤料区填筑（一个单元）施工工艺流程见图 1.8。

（5）接触黏土料填筑。心墙区接触黏土料填筑（一个单元）工艺流程见图 1.9。

（6）掺砾石土料填筑。掺砾石土料填筑（一个单元）工艺流程见图 1.10。

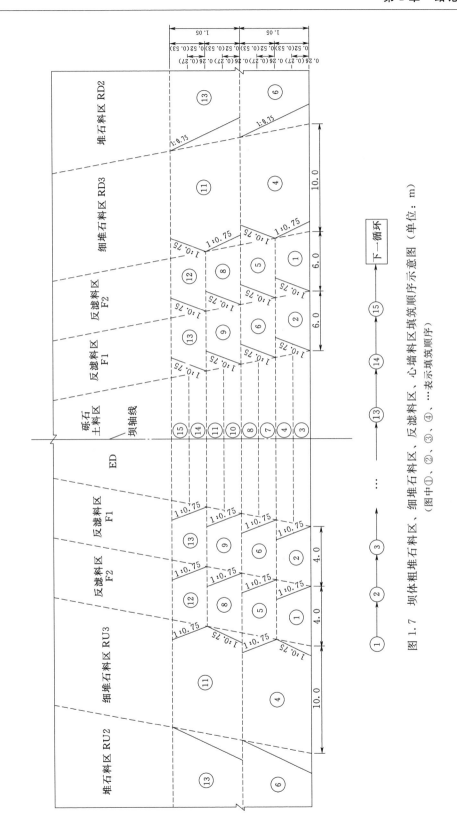

图 1.7　坝体粗堆石料区、细堆石料区、反滤料区、心墙料区填筑顺序示意图（单位：m）

（图中①、②、③、④、……表示填筑顺序）

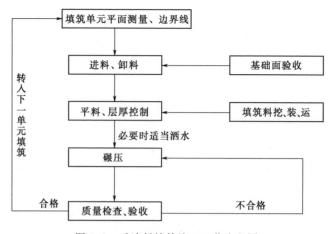

图1.8 反滤料填筑施工工艺流程图

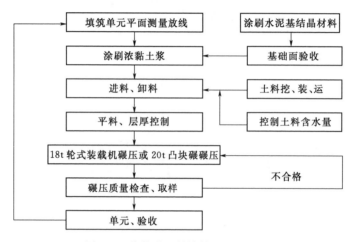

图1.9 接触黏土料填筑工艺流程图

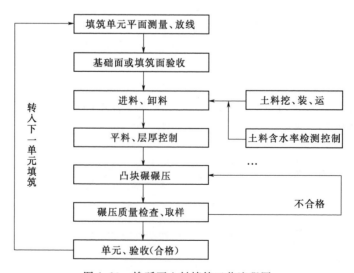

图1.10 掺砾石土料填筑工艺流程图

## 1.4.3　坝体填筑施工方法

### 1.4.3.1　坝壳区粗堆石料填筑

1. 料源

Ⅰ区粗堆石料采用尾水出口、溢洪道消力池开挖的弱风化及微新花岗岩，白莫箐石料场开挖的弱风化及微新花岗岩、角砾岩。

Ⅱ区粗堆石料采用溢洪道、电站进水口、坝顶平台开挖的弱风化及微新 $T_2m$ 岩层（要求泥岩、粉沙质泥岩总含量不超过 25％）。Ⅰ区、Ⅱ区粗堆石料均要求级配连续，最大粒径 800mm，级配满足设计要求。

2. 坝料挖装

坝料挖装采用 $2.0 \sim 6.0m^3$ 液压挖掘机进行。装料前，现场施工员应向作业人员作技术交底，装料操作手应熟悉坝料的规格和质量要求。严禁将超径石等不合格的石料装运上坝。

3. 坝料运输

（1）运输及标志按照以下标准。

1）运输采用 $20 \sim 42t$ 自卸车运输。

2）坝料运输车辆车内挂不同料区的标志牌，以区分各类上坝料。

3）基础面或填筑面经监理验收合格后，在铺料前，用白灰画出料区分界线，摆放料区标志牌，设专人指挥坝料运输车辆卸料地点。

（2）坝料卸料按照以下标准。

1）单元作业面上设 $2 \sim 3$ 人手持红、绿旗指挥卸料，卸料指挥员未发出卸料信号，运输车驾驶员不得随意卸料，卸料时驾驶员应及时按下 GPS 控制装置，以便 GPS 控制中心进行监控。

2）粗堆石料采用进占法卸料，并用大功率推土机及时平整。

（3）不合格坝料按照以下标准处理。

1）在坝料装车时，注意分选，不允许有不合格料装车。

2）各料场出路口，设置坝料检查站，配备专职人员检查，不合格料不允许进入填筑作业面。

3）填筑作业面上经监理人、质检人员检查认为不合格的坝料，应退回。已铺填的不合格料应及时挖除。

4）卸错地点的坝料，应及时挖除。

4. 填筑施工参数

坝体粗堆石料填筑施工参数见表 1.11。

表 1.11　　　　　　　　　坝体粗堆石料填筑施工参数

| 分区项目 | Ⅰ区粗堆石料 | Ⅱ区粗堆石料 |
| --- | --- | --- |
| 碾压机具要求 | 振动平碾，整机重≥25t，激振力≥416kN | 振动平碾，整机重≥25t，激振力≥416kN |
| 碾压机具/t | 26t 自行式振动碾，20t 拖碾 | 26t 自行式振动碾，20t 拖碾 |

续表

| 分区项目 | Ⅰ区粗堆石料 | Ⅱ区粗堆石料 |
|---|---|---|
| 碾压遍数/$n$ | 8 | 8 |
| 铺料厚度/cm | 105 | 105 |
| 加水量/% | 10 | 10、12（$T_2m$岩料） |
| （参考）干密度/(g·cm⁻³) | 2.07 | 2.14/2.21（$T_2m$岩料） |
| 孔隙率/% | ≤22.5 | ≤21（$T_2m$岩料＜21） |
| 渗透系数/(cm·s⁻¹) | ＞1×10⁻¹ | ＞(1～5)×10⁻³ |
| 碾压方法 | 进退错距法 | 进退错距法 |
| 振动碾行走速度/(km/h) | ≤3 | ≤3 |

5. 坝料铺填

（1）铺料厚度严格按表 1.11 规定的参数控制。

（2）各坝区料铺料前应放样出料区分界线，并撒上白灰或其他明显标志。

（3）各坝区料铺料时相互间侵占允许公差不能超过表 1.10 中所规定的数值。

（4）粗堆石料铺填主要采用进占法铺料，局部采用后退法铺料。主要采用推土机平料，局部由反铲配合平料。

（5）在铺料过程中，出现超径石时，采用挖掘机挖除，并集中处理至合格为止。

（6）坝体上、下游侧边坡水平宽度向外超填 20～30cm，以便填筑完成后进行削坡。相邻填筑层间应做到填料界限分明，分层铺筑时，做好接缝处各层连接，加强骑缝碾压。上、下游坝坡干砌石砌筑紧跟堆石体填筑上升。

（7）根据各区料的铺料厚度要求，铺料前，在回填区周边测量高程，由红漆标注填筑层厚的等控制线。铺料过程中，前进方向用移动高度标志杆来控制推土机平料厚度（每个填筑单元可设移动层厚标志 2～3 个）。并用测量仪器采用 20m×20m 方格网检测铺料层厚。碾压前后采用网格定点测量。铺料过程中，根据 GPS 数字大坝监控中心反馈的信息，进行铺料层厚调整，避免出现超厚或过薄现象。

（8）施工、质检人员在推土机铺料过程中，应用自制量尺或钢卷尺，随时对铺料厚度进行检测，发现超厚现象，应及时指挥操作手调整推土机刀片高度。对铺料超厚的部位进行处理。

6. 坝料加水

安排专职人员负责坝料洒水，选用移动加水站和坝面补充洒水的方法，一旦移动加水站出现故障时，采用坝内充分洒水的方式。保证洒水的均匀性和加水量。在坝面洒水时，宜采用边铺料边洒水，碾压前洒水完毕。

在移动加水站加水中按照以下方法：运输坝料的车辆在上坝前，通过上坝道路口设置移动加水站给坝料加水，然后再运输到填筑工作面上。加水量通过流量表人工控制，与数字大坝监控系统联网后可以通过监控系统控制。

在坝面洒水时按照以下方法：主要通过大坝两岸设置的 $\phi$150 供水主管设支管到作业面附近，再接软质洒水管至工作面进行坝面补水，局部采用大型洒水车进行补充。坝面洒水工作应在碾压前进行。

7. 坝料碾压

(1) 每一填筑单元铺料完成，经现场监理工程师验收同意后，开始对该单元实施碾压，压实参数按表 1.6 要求进行。

(2) 坝料碾压主要采用进退错距法，局部采用搭接法碾压。错距法碾压时，错距宽度不应大于 25cm；搭接法碾压时搭接宽度不应小于 20cm。

(3) 振动碾操作手应熟悉各分区坝料压实遍数。振动碾行走路线应平行于坝轴线，前进或后退全振动行驶，行驶速度不大于 3km/h。

(4) 应定期由专业检测单位对碾压设备各项性能指标进行测定，满足设计技术要求。

(5) 振动碾操作手操作时，应认真负责，不得漏碾或少碾，必须做好详细记录和现场交接班制。

(6) 与岸坡结合处 2~3m 范围内，在沿坝轴线方向的碾压完成后，再沿岸坡方向碾压相同遍数，局部不易压实的边角部位应减薄层厚，用手扶振动碾压实或用液压振动板压实，但其碾压遍数应按监理人指示做出调整。

8. 特殊部位处理

对于临时断面边坡的处理方式为：坝体临时断面边坡采用台阶收坡法施工。随着填筑层的上升，形成台阶状，平均坡不小于 1∶1.5。后续回填时，每层采用反铲清挖相应填筑层的台阶边的松散料，散开与该填筑层同时铺料、碾压。搭接处增加 2 遍碾压遍数，保证交接面接缝处的碾压质量。

(1) 在上坝路与坝体结合部，按照以下方式处理。

1) 在大坝填筑区的上坝路段，采用与坝体相同料区的石料进行分层填筑。填筑质量按相同料区的填筑要求控制。当大坝填筑上升覆盖该路段时，路两侧的松渣用反铲分层挖除至相应填筑层，一起平料碾压。

2) 上游坡面道路在分期施工完成后，对于坝体占用的 6m 路面与坝体接合部，坝区内采用坝体相同料区的石料进行分层填筑并按相同区料的填筑要求控制；增填的 6m 道路采用反铲挖除运输到相应填筑层，恢复设计体型。上游坝坡道路结构图见图 1.11。

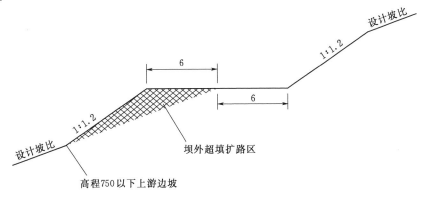

图 1.11 上游坝坡道路结构图（单位：m）

3）坝区外下游侧路段与坝体接触部位，按设计图纸要求进行施工，道路10m宽，跟随填筑工作面平衡上升，干砌石及上坝道路两侧浆砌石按照设计体型进行施工，下游坝坡道路结构图见图1.12。

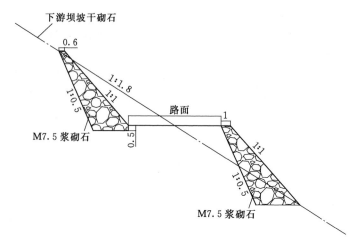

图1.12　下游坝坡道路结构图

对于坝内斜坡道路处理方式为：随着坝体临时断面上升，临时坝坡须形成临时斜坡运输道路。坝内斜坡道路按纵坡10%～12%，路面宽度12m设置。当坝体填筑上升覆盖坝内临时斜坡道时，用反铲将斜坡道路外侧的松散的石料挖除到同一层面上，与该填筑层同时施工。

（2）对于坝体分期分段结合部，按照以下方式处理。

1）根据现场施工进度需要，形成的先期填筑体的坡面，采用台阶收坡法施工。预留台阶宽度不宜小于1m。后期填筑时，用反铲清除先期填筑体坡面的松散料，与新填筑料混合一并碾压。

2）对填筑单元之间和料区交接缝以及坝料分段摊铺填筑结合处，产生的粗骨料集中及漏压、欠压等现象，采用反铲或其他机械将集中的粗颗粒料作分散处理，改善结合处填筑料的级配，碾压时，进行骑缝加强碾压。

（3）在坝基、岸坡结合部位，处理方式如下。

1）岸坡局部的反坡，用开挖或回填混凝土或浆砌石处理，形成不陡于1∶0.3边坡后，再进行填筑；在岸坡2～3m宽范围内，填筑细堆石料，粗堆石料采用后退法施工；断层、夹层处理，首先挖除其中的冲积杂物，用反滤料分层填筑保护，并用小型振动碾压实，然后再进入主堆石填筑。

2）两岸岸坡依据设计要求铺填细堆石料，使用26t振动碾顺沿坝肩碾压，局部碾压不到的边角部位采用小型振动碾碾压。

（4）在坝体填筑体上下游坡面按照以下方式处理。

1）在坝体填筑体靠近边坡部位每上升2～4层后，采用反铲将填筑体边坡自下而上按照设计要求进行修坡，修坡料作为下一层填筑料，留出外形边坡为块石护坡体型。上游粗堆石区填筑到高程760m时，将上游坡面高程760m以下之字形道路挖除并按设计边坡进行修整，待坝体填筑到坝顶后再将高程 760m 以上的之字形道路挖除，并恢复成设计边坡。

2）上、下游护坡块石工作面迟于相邻填筑工作面 2～3m 高，并采用人工对已砌筑工作面修整。粗堆石料填筑时侵占砌石部位宽约 50cm，进行碾压，待填筑完毕后采用挖掘机挖除超填部位，以确保砌石与坝体的良好结合。

（5）细堆石区与粗堆石区交界面按照以下方式处理。先填筑细堆石料，再填筑粗堆石料。粗堆石料不允许侵占细堆石区，并且在粗堆石料与细堆石料填筑交界面，应将靠近细堆石区面上大于 40cm 的块石清除到粗堆石区，使细堆石料区与粗堆石料区有一个平顺的过渡。

9. 施工期坝体排水

坝体内施工排水，主要指在坝体心墙区上游高程 656m 以下和下游高程 625m 以下填筑施工时坝体内积水的排除。

坝体内积水主要来源于堆石区填筑洒水、降雨、坝基及上下游围堰的部分漏水以及其他施工用水等。

上游围堰堰顶高程 656m 以下和下游围堰高程 625.00m 以下，设置防渗墙及其他防渗措施。坝体填筑上升时心墙区为不透水体，上、下游坝体内堆石区的积水无法自流排除，应确保上、下游堆石区填筑体内水位低于心墙填筑作业面，否则将影响心墙料的填筑，特别是高塑性黏土料填筑质量。

（1）外来水按照以下方案进行处理。

1）在两岸边坡选择适当位置修筑截水墙、排水沟引水至基坑外或到坝壳区集水泵站由抽排出坝体外。

2）结合上坝公路排水沟截引部分地表水至坝外。

（2）地下水按照以下方案进行处理。

1）在坝基范围岩体地基的透水、涌水点，应及时报监理工程师，会同有关单位根据出水量研究制定处理方案，不许擅自处理。

2）按照设计技术方案，施管人员认真做好封闭、引排水处理，质检人员进行检查做好记录，报监理工程师验收后进行下道工序施工。

（3）坝体内积水排除方法如下。在心墙区外侧上、下游堆石区适当位置布置两个临时集水井，配置水泵将坝体内集水抽排至坝外。当心墙区填筑面超过上游围堰堰顶高程时，上游坝体内积水可以通过渗流方式排出围堰外。

1）临时集水井设置。集水井布置在上下游细堆石料区附近的粗堆石料区中，集水井采用钢筋石笼围成，断面尺寸为 2.5m×2.5m。布设潜水泵将集水井内的水抽排到坝体外。始终保证心墙填筑作业面高于坝体内水位 2m 以上。水泵的配置能力要满足抽排高峰期施工废水及降雨汇集的积水量要求。

2）集水井回填。集水井内采用砾石料掺拌 5% 的水泥进行回填，回填时采用抛填方式。上、下游侧坝体内各设置两个集水井，两个集水井可交替回填。随坝体同步上升，但井内填筑面要始终低于心墙区 5m 左右。集水井设置的具体位置，根据施工现场实际情况确定，集水井配置 2 台 37kW，扬程 80m 的潜水泵（其中 1 台备用）。

### 1.4.3.2 细堆石料填筑

1. 测量放样

基础面或填筑面经监理验收合格后，在铺料前，由测量人员放样出细堆石料区及其相邻料区的分界线，并撒白灰做出明显标志。

2. 细堆石料的来源

（1）细堆石料由白莫箐石料场直接爆破开采。

（2）细堆石料颗粒级配按要求的频次进行颗分试验，颗粒级配满足设计要求，超径石在料场爆破解小。

3. 细堆石料的装运

采用 $2\sim4m^3$ 液压挖掘机挖装白莫箐石料场的合格料，由 $20\sim42t$ 自卸运输车运往填筑作业面。

4. 坝料加水

（1）堆石料必须在卸料前加水。本工程采用石料运输途中移动加水站加水和坝面补水相结合的方案，移动加水站采用自卸汽车改装而成，加水量通过 GPS 检测控制系统进行控制加水，加水量通过现场试验确定，按照试验确定的参数控制。若坝移动加水站发生故障，采用坝面洒水的方式。

（2）坝面洒水主要按照填筑单元来划分，洒水量控制标准为：单元面积（$m^2$）×铺料厚度（m）×5%。洒水主要在平料结束后碾压前进行。

（3）雨天施工时，可根据降雨量情况适当洒水或不洒水。

5. 卸料与铺料

（1）细堆石料铺料前应进行测量放线，保证料区的位置、尺寸应符合施工图纸的规定。

（2）在细堆石料填筑前，料区填筑层面上散落的杂物应于卸料前清除。

（3）细堆石料施工主要采用后退法铺料，即在已压实的层面上后退卸料形成密集料堆，再用推土机平料。禁止从高坡向下卸料。靠近岸坡地带应以较细石料铺筑，以防止架空现象。

（4）细堆石料与反滤料同时上升，即铺一层反滤料，铺一层细堆石料，交接部位采用骑缝碾压，加强碾压 $3\sim4$ 遍。

（5）细堆石料应采用推土机平料，以保证料的级配不发生分离和作业面平整。反滤料区与细堆石料区交界处，细堆石料尽量挑选粒径较小的石料进行填筑，在交界部位采用反铲与人工配合将细堆石区滚落到反滤料接触面上的粗块石清除，然后再铺筑反滤料。粗堆石料与细堆石料接触的部位先将靠近细堆石区面上大于 40cm 的块石清除到粗堆石区，再填筑细堆石料，使细堆石料区与粗堆石料区有一个平顺的过渡。

（6）细堆石料铺筑必须严格控制铺料厚度，铺料厚度为 105cm。

（7）在细堆石料与基础和岸边的接触处填料时，采用连续级配料填筑过渡，不允许因颗粒分离而造成粗料集中和架空现象。

（8）分段铺筑时，在平面上铺筑，各层铺筑采用台阶收坡法，台阶宽度不小于 1.0m，使之层次分明，不致错乱。

（9）反滤层与细堆石料交接面可采用锯齿状填筑，但必须保证反滤层的设计厚度不受侵占。

（10）细堆石料与粗堆石料连接时，亦采用锯齿状填筑，但必须保证细堆石料区的设计厚度不受侵占。

6. 碾压

（1）细堆石料区采用 26t 自行式振动平碾，碾压 6 遍。

（2）碾压主要采用进退错距法碾压，碾压行驶方向应平行于坝轴线。

（3）细堆石料区与岸坡结合处 2m 宽范围内平行岸坡方向碾压，不易碾压的边角部位应减薄铺料厚度，采用手扶式振动碾压实。

（4）岸坡自行碾碾压不到的部位，采用手扶振动碾顺岸坡方向进行碾压。

（5）反滤料与细堆石料填筑面、细堆石料与粗堆石料填筑面齐平时，须采用平碾骑缝碾压。

7. 验收

（1）每单元铺料碾压完成后，经质检人员"三检"合格后通知监理工程师进行验收，验收的内容主要包括碾压的层厚，碾压遍数，挖坑取样（需要时），平整度。

（2）坝体每层开始填筑，须在前一填筑层（含坝基及岸坡处理）验收合格后方可进行。

（3）检查错距是否按选定的碾压参数进行施工。

（4）根据测量资料，检查铺筑厚度平整度是否满足要求。

（5）检查填筑面是否有超径石，泥团（块）等不合格料。

（6）检查洒水量是否满足要求。

（7）检查与岸坡接合处的料物是否存在分离、架空现象，对边角碾压是否到位。

（8）各料区边界允许公差是否满足规范要求。以上内容经监理验收合格后方可进行下一循环的施工。

（9）出现取样检测不合格时采用补充洒水、重新碾压等措施处理。

（10）细堆石料的干密度、孔隙率和颗粒级配等压实指标进行抽样检查。细堆石料的压实指标抽样检查的次数见表 1.12。

表 1.12 坝 体 压 实 检 查 次 数

| 坝料类别及部位 | 检查项目 | 取样（检测）次数 |
| --- | --- | --- |
| 细堆石料 | 干密度、颗粒级配 | 1 次/（500～1000m³），每层至少 1 次 |

### 1.4.3.3 反滤料填筑

1. 测量放样

基础面或填筑面经监理验收合格后，在铺料前，对反滤料区及其相邻料区的分界线进行放样，并撒白灰做标记，确保各填筑料料界受控。

施工过程中采用 20m×20m 方格网进行层厚控制，推土机操作手以设置填筑作业面前方 4～6m 的移动标杆进行层厚控制。

2. 反滤料的料源及质量控制

（1）反滤料Ⅰ、反滤料Ⅱ由大坝上游右岸反滤料及掺砾石料加工系统生产。

（2）成品反滤料Ⅰ、反滤料Ⅱ按要求进行颗粒级配检测，须满足设计要求后再进行生产。

（3）反滤料生产过程中应定期进行含水量、含泥量检测，检测指标应满足设计要求。

（4）生产出的合格的反滤料须分类堆放，不得混杂。

（5）装料时要混合装料，并应防止颗粒分离。

3. 反滤料的装运

（1）反滤料采用装载机或正、反铲将料源掺和后装运，以使已分离的反滤料达到设计要求。

（2）反滤料由20t自卸运输车，运往填筑作业面。

（3）运输车辆必须挂明显的料种标志牌。

（4）装运反滤料的运输车辆要相对固定，并保持车厢清洁。

4. 卸料与铺料

（1）每层反滤料铺料前应进行测量放线，每层进行定点测量严格控制厚度，保证反滤层的位置、尺寸应符合施工图纸的规定。

（2）每层反滤料填筑前，其填筑作业面上散落的松土、杂物等应于卸料前清除。

（3）在卸料区设置过渡车道，防止轮胎将心墙土料带至反滤层面发生污染。

（4）反滤层施工应采用后退法卸料。即在已压实的层面上后退卸料形成密集料堆，再用反铲平料。

（5）机械跨反Ⅰ料区设置钢板，设置的运输道路路口及时变换，以防止填筑层破坏。

（6）反滤层与心墙土料填筑面平起上升，填筑铺料采用"先砂后土的方法"，即先铺一层反滤料，再填筑两层土料，第2层土料与第1层反滤料齐平碾压，循环上升。

（7）反滤料应采用反铲平料，保证不发生颗粒分离以确保铺料均匀。心墙区与反滤料区交界处粒径不符合设计要求的，用人工清理至细堆石料区。反滤料区与细堆石料区交界处粒径不符合设计要求的，用反铲配合人工清理至粗堆石料区。

（8）反滤料铺筑必须严格控制铺料厚度。反滤料Ⅰ铺料厚度为52cm，反滤料Ⅱ厚度为53cm。

（9）在反滤层与基础和岸边的接触处填料时，不允许因颗粒分离而造成粗料集中和架空现象。

（10）分段铺筑时，在平面上，将各层铺筑成阶梯形的接头，即后一层比前一层缩进必要的宽度，在斜面上的横向接缝，严格按照设计要求规划接缝位置，接缝处骑缝碾压，不得出现层间错动或折断现象，收成坡度不陡于1：3的斜坡，各层料在接缝处亦铺成台阶的接头，使层次分明，有序错开。分段填筑接头处体型示意见图1.13。

（11）在反滤层内严禁设置纵缝。有施工缝时，反滤料Ⅰ、反滤料Ⅱ应错开，连接时应把接头挖松重碾。反滤层横向接坡时必须清至合格面，使接坡的反滤料层次清楚，不得发生层间错位，中断和混杂。

（12）反滤层与防渗土料交界面，可采用锯齿状填筑，但必须保证心墙土料的设计厚

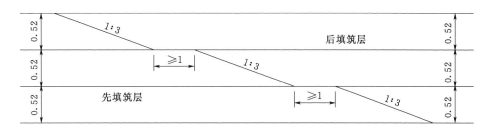

图 1.13　分段填筑接头处体型示意图（单位：m）

说明：图中以反滤料Ⅰ填筑为例，反滤料Ⅱ参考施工。

度不受侵占。

（13）反滤层与细堆石料交界面，亦可采用锯齿状填筑，但必须保证反滤层的设计厚度不受侵占。

（14）岸坡或周边填筑采用连续级配料填筑过渡，不允许出现大骨料集中及架空现象。

5. 碾压

（1）反滤层碾压采用 26t 自行式振动碾静碾 6 遍。

（2）碾压主要采用进退错距法碾压。碾压反滤料Ⅰ时错距不大于 50cm；碾压反滤料Ⅱ时错距不大于 35cm。采用搭接碾压时，搭接宽度不小于 15cm。

（3）碾压行驶方向应平行于坝轴线。靠岸坡部位顺岸坡方向碾压。

（4）心墙区与反滤料区交接部位在心墙料区采用凸块碾碾压，反滤料区采用自行振动碾碾压，接触部位采用振动平碾碾压。

（5）当心墙与反滤料、反滤料与细堆石料填筑面齐平时，必须采用振动平碾骑缝碾压，不得出现层间错动或折断现象。

（6）岸坡自行碾碾压不到的部位，采用液压振动板或手扶振动碾压实。

（7）运输防渗土料的车辆，跨反滤料区时，须铺垫钢板作通行道路，路口要频繁变换。

6. 验收

（1）每单元铺料碾压完成后，经质检人员"三检"验收合格后通知监理进行验收。

（2）验收须提交的资料包括：①基面处理，或填筑面验收的测量资料；②取样试验成果。

（3）验收检查的项目包括：①基础面处理是否满足设计要求；②填筑面的平整度是否满足设计要求；③取样试验成果是否满足规范要求；④碾压错距是否满足规范要求；⑤各分区料侵占相邻区域的允许公差是否满足设计要求；⑥反滤料干密度、孔隙率和颗粒级配等压实指标进行抽样检查。反滤料的压实指标抽样检查的次数见表 1.13。

表 1.13　　　　　　　　　坝体压实检查次数

| 坝料类别及部位 | 检查项目 | 取样（检测）次数 |
| --- | --- | --- |
| 反滤料 | 干密度、颗粒级配、含泥量相对密度 | 1 次/(200～500m³)，每层至少 1 次 |

注　渗透系数可根据实际情况进行。

（4）出现取样检测不合格时必须进行补碾处理。

（5）验收结果合格，并经监理同意后方可进行下一循环的施工。

#### 1.4.3.4　接触黏土料填筑

**1. 测量放样**

基础面或填筑面经监理工程师验收合格后，在铺料前，由测量人员放样出接触黏土及其相邻料区的分界线，并撒白灰做出明显标志。

**2. 铺料与平料**

（1）接触黏土铺料前，垫层混凝土表面涂刷浓泥浆施工完成，并经现场监理工程师验收合格。

（2）垫层混凝土接触表面浓泥浆由人工在其表面上涂刷一层5mm厚的浓黏土浆。浓黏土浆的配比为：黏土∶水＝1∶2.5～3.0（质量比），采用泥浆搅拌机搅拌均匀，然后由人提运到作业面，边搅拌边涂刷，浓泥浆涂刷高度与铺料厚度相同。同时要做到随填随刷，防止泥浆干硬，以利坝体与基础之间的黏合。

（3）接触黏土料用20t自卸汽车从土料场运至填筑作业面，采用进占法卸料，湿地推土机平料。

（4）接触黏土铺料厚度为15cm，采用18t装载机胶轮碾压；采用20t凸块碾碾压时，可铺料厚27cm。铺料过程中，采用定点测量控制层厚。

（5）在铺料过程中，与垫层混凝土表面接触部位，局部施工机械无法铺料平料的由人工辅助。

（6）淋过雨的表层土料须晾晒至可碾的含水量范围，表面经刨毛处理，并经验收合格再铺筑上层新土。如土层因含水量大或超碾原因造成"弹簧土"与剪切破坏时，在铺上层土料前必须清除。

（7）湿地推土机平料时，根据铺土厚度计算出每车土料铺开的面积，以便在填筑作业面上均匀卸料，随卸随平，并用插钎法随时检查铺土厚度。对超厚部位采用人工配合装载机进行减薄处理。

（8）每层表面刨毛处理，并验收合格再铺下一层土料。表面刨毛主要采用湿地推土机顺水流方向行走履带刨毛的方法。

（9）不连续施工时，停工后开工，即使已经验收合格的填筑层仍需重新碾压，层间结合面需处理合格，方可进行下层填筑。

**3. 含水量的控制**

接触黏土料含水量控制主要在开采料场进行。对含水量过大的区域采取分层开挖、作业面轮换开挖等措施使其含水量达到可碾范围。接触黏土料的含水量应按大于最优含水量1%～3%的标准控制。

（1）晴天土料含水量偏低时，在料场采用压力水和压缩空气混合成雾状均匀喷洒补水，并检测控制在允许范围内方可运输上坝。

（2）降雨前，采取18t轮式装载机或平碾碾压封闭，防止雨水侵入填筑体。必要时采用塑料薄膜对土料进行覆盖，并形成利于雨水排泄的通道。

（3）雨晴后坝面上低洼处的积水应先清除，同时挖除浸泡软化部位的土料，对压光的表面进行刨毛处理，经取样试验并经现场工程师验收同意后，及时恢复填筑施工。

4. 碾压

（1）碾压机械：18t 轮式装载机或 20t 凸块振动碾，高程 571.80m 以下采用轮式装载机碾压。

（2）行走方向：与坝轴线平行，岸坡部位平行岸坡方向碾压。

（3）行走速度：2～3km/h。

（4）碾压遍数：8 遍。

（5）碾压方法：18t 轮式装载机碾压时采用搭接碾压，搭接宽度不小于 15cm；20t 凸块碾碾压时间采用进退错距法碾压，错距不大于 25cm。避免漏压、欠压。

5. 层面搭接处理

同种料的搭接方式为：交界面时，相邻两段交界处交界坡面不陡于 1∶3，分段碾压时，相邻两段交接带碾迹应彼此搭接，垂直碾压方向搭接带宽度应不小于 0.3～0.5m；顺碾压方向搭接带宽度应为 1～1.5m。其接头处处理体型见图 1.14。

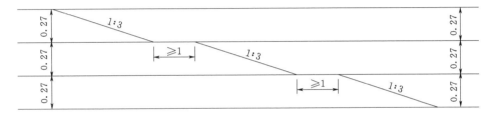

图 1.14　接触黏土层接头处处理体型图（单位：m）

与岸坡的搭接方式为：在靠近两岸的黏土接触带碾压完后，为确保碾压质量，用满载运料自卸汽车或装载机沿岸坡方向进行压实。

与反滤料、心墙料的搭接方式为：心墙区的填筑程序为首先填筑心墙料两侧的反滤料，再铺填心墙料，心墙料填筑时先填混凝土面接触黏土料，再填掺砾石土料，然后岸坡部位填筑两层接触性黏土料和一层掺砾石土料同时骑缝碾压，平起上升。

现场施工中保证反滤料及心墙料不侵占接触黏土料，在铺填接触黏土前，采用人工将反滤料滚落在接触黏土料区域内大于 10mm 的块石清理干净。

6. 取样检测

接触黏土料最大粒径不大于 10mm，大于 5mm 颗粒含量小于 5%，小于 0.074mm 粒径含量不少于 65%；压实度按 595kJ/m³ 功能，应大于 95%；压实干密度平均大于 1.72g/cm³，渗透系数小于 $1×10^{-5}$cm/s。填筑层压实检查次数见表 1.14。含水量检测采用烘干法和酒精燃烧法。

表 1.14　　　　　　　　心墙区防渗体压实检查次数表

| 坝体类别及部位 | | 检查项目 | 取样（检查次数） |
|---|---|---|---|
| 防渗体 | 边角夯实部位 | （1）干密度、含水率、大于 5mm 砾石含量； | 2～3 次/每层 |
| | 碾压面 | （2）现场取原状样做室内渗透试验 | 1 次/200～500m³ |
| 防渗体取原状样做室内渗透试验可每填筑 5m 高在坝面上随机取 6～8 个样 | | | |

**7. 验收**

每单元铺料碾压完成后，经质检人员验收合格后通知监理工程师进行终检验收，验收合格后方可进行下一循环的施工。

**8. 雨天施工**

(1) 接触黏土区雨天停止施工，停工标准见表1.15。

表1.15　　　　　　　　　　　　心墙区接触黏土施工停工标准

| 施工项目 | 停 工 标 准 | | | | | 备注 |
|---|---|---|---|---|---|---|
| | 日降水量/mm | | | | | |
| | 0～0.5 | 0.5～5 | 5～10 | 10～30 | ＞30 | |
| | 照常施工 | 雨日停工 | 雨日停工，雨后停半日 | 雨日停工，雨后停1日 | 雨日停工，雨后停2日 | |
| | 日平均气温/℃ | | | | | |
| 接触黏土料填筑 | ＞5 | 5～0 | 0～－5 | －5～－10 | ＜－10 | |
| | 照常施工 | 照常施工 | 防护施工 | 防护施工 | 停工 | |

(2) 在多雨季节填筑时，降雨前及时压实作业面表层的松土，作业面可做成向上游微倾状，坡度为2‰～3‰，以利排泄雨水。

(3) 降雨时心墙土料采用塑料膜覆盖。

(4) 降雨时及雨后，已碾压面上禁止车辆通行。

(5) 雨停后填筑前，先晾晒或去掉表层土，待含水率达到要求后，再刨毛，铺设新土。刨毛采用湿地推土机履带压痕形成，光滑面采用推土机刀片刮除。

**9. 不合格料处理**

雨后表层土料须晾晒至合格含水量，坝面出现的少量污染物清除干净刨毛后，再铺筑上层新土；若填土层已造成弹簧土或剪切破坏时，需清除置换，置换时须完全清除弹簧土等不合格的填筑层。不合格土料采用装载机挖装自卸运输往弃渣场。

### 1.4.3.5　掺砾石土料掺和、填筑

**1. 施工准备**

掺和场地规划：砾石土料掺和场设置4个用于料仓，保证2个用于储料、1个用于备料、1个用于开采上坝。砾石土料掺和料场料仓布置见图1.15。

照明准备：黏土砾石掺和场每个料仓周围布置3个镝灯，保证夜间施工照明。

掺和场截、排水布置：黏土砾石掺和场料仓底部坡度2‰，公路设排水沟，以免雨水进入料仓。靠近料仓外侧设排水沟将公路及场内积水排出场外，以减少对堆料坡脚的冲刷。

**2. 掺砾石土料备料**

(1) 料源如下。

1) 掺砾石土料在掺和料场摊铺及掺拌。

2) 土料从农场土料场开采，砾石料从砾石料加工系统生产。

3) 由于掺砾石成品料落料口离地面较高，成品料进入料堆易出现料源分离现象，在

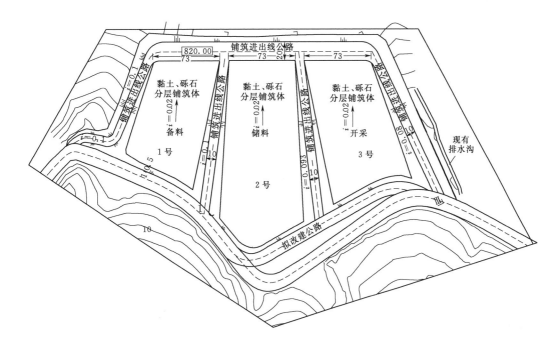

图 1.15 掺和料场料仓布置图（单位：m）

装料时须用反铲或装载机将成品料掺拌均匀后方可装车。

（2）运输、铺料方式。

1）土料与砾石料按 65：35 的重量比铺料，铺料方法为：先铺一层 50cm 厚的砾石料，再铺一层 110cm 的土料，然后第二层砾石料（50cm 厚）和第二层土料（110cm 厚），如此相间铺设，每一个料仓铺 3 互层。

2）料仓铺料时作业面上设 2～3 人手持红绿旗指挥卸料，卸料指挥员发出卸料信号后方可卸料，运输司机不得随意卸料。

3）砾石料采用进占法卸料，并用湿地推土机及时平整。

4）土料采用后退法卸料。指挥卸料时，应根据铺层厚度、运输车斗容的大小来确定卸料料堆之间的距离，以利湿地推土机平料。

5）备料层略向外倾斜，以保证雨水从塑料薄膜上自然排出仓外。

（3）层厚控制方式。铺料前，在料仓边墙用红油漆做好铺料厚度标记，掺和场基础要求平整度按铺料厚度的 10% 控制；现场铺料、推料采用有明显层厚标志的标杆控制，每层铺料过程和铺料完成后采用全站仪以 20m×20m 网格进行测量，以确保铺料层厚。

（4）料源掺拌方式。

1）每个料仓必须备料完成后，才允许掺和挖运上坝。掺砾土料挖装运输上坝前，必须用正铲混合掺拌均匀。掺拌方法为：正铲铲斗从料层底部自下而上挖装，铲斗举到空中把料自然抛落，重复做 3 次。

2）掺拌合格的砾石土料采用 4～6m³ 的正铲装料，由 20～32t 自卸汽车运输至填筑作业面。

掺砾石土料备料见图1.16，砾石土料掺和工艺见图1.17。

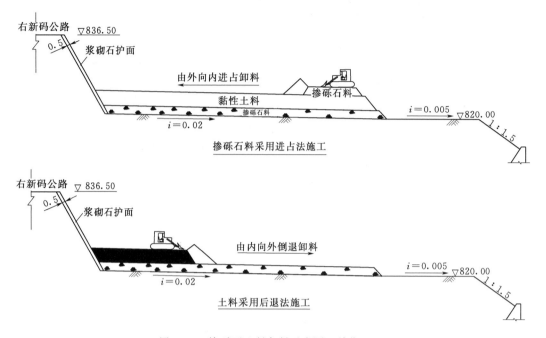

图1.16　掺砾石土料备料示意图（单位：m）

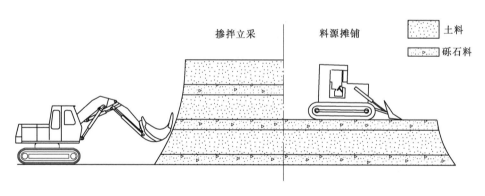

图1.17　砾石土料掺和工艺图

（5）防雨、防晒。根据前期防雨布覆盖效果不理想的实际状况，目前采用不覆盖对填筑合格作业面进行光面处理的形式进行防雨防晒。

为便于排水，填筑面自下游向上游面倾斜，下游高，上游低，坡度为2%。在雨天到来之前，对已填筑合格的作业面上，采用光面振动碾对新填筑的土料进行碾压封闭，以利于汛期降雨时表面集水的自然排除。

**3.掺砾石土料填筑**

测量放线：基础面或填筑面经监理工程师验收合格后，在铺料前，由测量人员放出掺砾石土料及其相邻料区的分界线，并撒白灰做出明显标志。

（1）卸料平料及层厚控制按照以下要求。

1）填筑时先填筑岸边水平 3m 宽的接触黏土料再填掺砾石土料。

2）铺料时，人工剔除料径大于 150mm 的颗粒，并应避免粗料集中而形成土体架空。

3）掺砾石土料铺料层厚为 27cm。

4）掺砾石土料采用进占法铺料，湿地推土机平料，载重运输车辆应尽量避免在已压实的土料面上行驶，以防产生剪切破坏。见图 1.18。

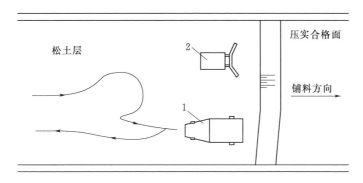

图 1.18　汽车进占铺料法示意图
1—自卸汽车；2—推土机

5）应严格控制铺料层厚，不得超厚。铺料过程中采用 20m×20m 的网格定点测量控制层厚，发现超厚时，立即指挥推土机辅以人工减薄超厚部位。

6）填筑作业面应尽量平起，以免形成过多的接缝面。由于施工需要进行分区填筑时，接缝坡度不得陡于 1:3。

7）根据工作面实际情况，进入填筑面的路口应频繁变换，以避免已填筑料层因车辆交通频繁造成过碾现象。

8）每一填筑层面在铺填新一层掺砾土料前，应作刨毛处理。刨毛用推土机顺水流方向来回行走履带压痕的方法。

9）在备料或铺料过程中，应配置 5~8 个人工在作业面上巡查，随时剔出填筑料中超径石、树根等。

（2）碾压要求如下。

1）掺砾石土料采用 20t 自行式凸块振动碾碾压，碾压 10 遍，振动碾行进速度不大于 3km/h，激振力大于 300kN。

2）碾压采用进退错距法。20t 自行式凸块振动碾碾宽 200cm，错距宽为 200cm/10＝20cm。为便于现场控制，碾压时可采用前进和后退重复一个碾迹，来回各一遍后再错距的方式，此时错距宽为 40cm。分段碾压碾迹搭接宽度应满足以下要求：①垂直碾压方向不小于 0.3~0.5m；②顺碾压方向为 1.0~1.5m。

3）碾压机行驶方向应平行于坝轴线。局部观测仪器埋设的周边可根据实际调整行走方向。为便于控制振动碾行走方向，确保碾压质量，碾压前应对碾压区域按 5~10m 宽幅撒上白灰线。

4）填筑面碾压必须均匀，严禁出现漏压。若出现砾石料集中或"弹簧土"等现象，应及时清除，再进行补填碾压。

5）心墙同上下游反滤料及部分坝壳料平起填筑，跨缝碾压。应采用先填反滤料后填掺砾石土料的填筑施工方法。按照填一层反滤料，填两层掺砾石土料的方式平起上升。

仪器保护要求：仪器周边铺料采用人工铺料，碾压采用手扶振动夯。

4. 掺和装运

掺砾石土料采用 4～6m³ 正铲挖掘机立采掺拌 3 遍，装 20～32t 自卸汽车运输至大坝心墙填筑面。

5. 含水率和颗粒分析试验检测

（1）土料挖运过程中应加强对土料含水率测试。

（2）备料过程中应进行掺砾土料的含水率测试和颗粒分析测试。

（3）掺砾土料填筑的含水率应按最优含水率 1%（偏干）～3%（最优含水率偏湿）的标准控制，备料的含水率应尽量接近最优含水率。

（4）掺砾土料最大粒径不大于 150mm，小于 5mm 颗粒含量为 48%～70%，小于 0.074mm 颗粒含量为 19%～50%。

6. 含水率的控制

（1）晴天，土料含水量偏低时，可在料场采用压力水和压缩空气混合成雾状均匀喷洒补水的方式。运输车辆应设防晒棚，防止坝料含水量损失过快。当风力或日照较强时，按监理工程师的指示，在坝面上进行洒水润湿，以保持合适的含水率。

（2）降雨前，采取光面振动碾碾压使掺砾土料填筑层表面封闭，必要时采取覆盖塑料薄膜等其他保护措施，避免雨水冲刷填筑面。临近雨季施工时，将填筑面形成倾向上游的坡面，坡度为 2%～3%，以利排泄雨水。

（3）雨晴后，应及时清除填筑面上积水，坝料含水量较高时，应采用晾晒的方式降低含水量。局部浸泡软化严重的土料应挖除。当填筑面的坝料含水率满足施工要求后，再进行表面刨毛处理并经监理工程师验收合格后才能恢复填筑施工。

（4）雨晴后恢复施工时应填报复工申请单。

7. 不合格料源处理

对于不满足要求的料源应作弃料处理。

8. 防雨、防晒措施

（1）在掺和料场，掺砾土料备料应尽量在旱季施工，施工现场备有足够的塑料薄膜，对于已经备好的料仓应采用塑料薄膜遮盖。料仓备料过程中，一旦降雨，立即组织现场人员对正在铺筑的料源进行遮盖，防止雨水将料源污染。已备好掺砾土料的料仓表面通过 2% 坡度将雨水排至料场外，排至料仓之间的雨水通过路面自然坡比流入路面排水沟内。

（2）在坝体填筑作业面上，降雨前，采用光面振动碾碾压 2 遍使掺砾土料填筑层表面封闭，以利于自然排水。

（3）雨季填筑施工时，始终保持心墙料及其上下游侧的反滤料高于细堆石料区一层以上，以保证降暴雨时心墙区排水畅通。

## 1.5　糯扎渡大坝施工主要技术难题与对策分析

### 1.5.1　主要技术难题

（1）糯扎渡心墙堆石坝坝高 261.5m，为国内第一、世界第三，在截流施工中，具有截流流量大、流速大、落差大、龙口水力学指标高、截流规模大、抛投强度高、陡峭狭窄河床截流施工道路布置困难等问题，除此之外，施工期间的天气较差，河床的抬升，截流大块料缺少，也增加了截流施工的不利因素。

（2）大坝上游围堰填筑量达 135 万 $m^3$，具有工程量巨大、工期紧、施工强度大、填筑料品种多，质量要求高等难点。再加上开挖地质条件复杂，筑物料运输道路布置困难。非常有必要对围堰的填筑规划和质量控制进行深入研究。

（3）帷幕灌浆是大坝基础防渗处理的重要手段之一，糯扎渡心墙堆石坝基础帷幕灌浆施工属于 300m 级高心墙堆石坝灌浆，面临较高压力、较深钻孔的各种灌浆、工期紧、任务重等问题，加上部分灌浆部位地质条件复杂，使得钻孔困难，灌浆施工难度大。

（4）糯扎渡大坝薄壁垫层混凝土施工面积约 7.4 万 $m^2$，设计浇筑厚度 1.2～3m，工程量巨大，多种填筑施工的交叉作业频繁，使得混凝土施工干扰大，加上混凝土材料进入困难、混凝土防光照及温控要求高，必须采取措施解决这些问题。

（5）坝料的质量一定程度上决定了大坝的质量，糯扎渡大坝坝料的质量控制要求较高。面临掺砾料含水率变化较大、全料的击实特性研究欠缺、掺砾土料的均匀性控制难度大、坝料级配要求高等问题，需要采取合理的方案与措施进行解决。

（6）糯扎渡大坝填筑施工的工程填筑量大，具有坝料分区多样、料源种类繁多、施工工艺复杂、填筑料技术指标要求高、受气候影响大、填筑控制难度大等问题，同时大坝土石方填筑和开挖工程之间的料源平衡和进度协调较为困难，使得填筑施工中困难重重。

（7）糯扎渡大坝防渗心墙在国内首次大规模采用人工掺砾技术，无规范及成熟的经验可借鉴，另外，由于工程施工条件要求，如何加快土料压实度与反滤料相对密度的检测成为施工测试中需要面对的最大问题。

（8）由于管理是糯扎渡水电站建设中的重要组成部分，是工程项目建设、质量、安全、效益的根本保障，如何协调好大坝的质量管理、安全管理、监理管理和信息化管理等就显得尤为重要，这也是面临的难题之一。

### 1.5.2　应对策略分析

（1）截流。糯扎渡大坝施工前进行截流模型试验，验证招标及水力学计算成果，确定最终截流参数，为截流施工提供可靠的参数及标准。之后进行了系统周密的截流演练，最终采用双向进占、单戗立堵方式进行截流，在施工中采用特殊物料集中抛投、抛投钢筋石笼串等先进施工技术与工艺，施工设备、材料准备充足。同时相关工作人员通信畅通，指挥有序。并通过科学合理地设置截流干道，提高截流道路标准，确保了截流圆满成功。

（2）围堰。大坝围堰建设中分阶段对于围堰基础进行开挖，提前进行围堰填筑规划，之后对于填筑作业区进行合理划分，在围堰填筑施工中采用有效地施工工艺，合理组织施工。同时围堰填筑运输道路也得到了合理的规划与利用。施工中重点对填筑料源、铺料厚度、洒水量、碾压、边角处理等环节进行质量控制，土工膜施工也是质量控制的重点。采用预灌浓浆技术，确保了围堰防渗墙的质量。通过各种先进工艺，保证了围堰防渗墙施工的快速、优质、高效，获得了良好的效果。

（3）坝基处理。按照规划进行大坝坝基开挖，石方边坡均采用预裂爆破，水平建基面采用水平光面爆破法施工，针对不同的地质缺陷问题制定了具有针对性的处理方案。有效设计灌浆方案，整体采用"孔口封闭、自上而下分段、孔内循环式灌浆法"进行大坝帷幕灌浆，处于岩体风化、软弱夹层带通过的复杂部位，采用干磨细水泥材料灌浆。

（4）混凝土。糯扎渡大坝垫层混凝土采用无轨滑模施工技术，保证混凝土的快速施工。输送方式以三级配混凝土输送泵为主。并且通过多组试验对比，最终确定三级配泵送混凝土配合比为C30W$_{90}$8F$_{90}$100，不同骨料组合比，即小石：中石：大石为3：3：4。同时混凝土施工过程中针对不同裂缝采取化学灌浆、表面封闭等措施进行处理，保证施工质量。

（5）坝料。通过对掺砾土料含水率调节方法的研究得出掺砾土料补水体积与混合土料原始含水率、目标含水率、初容重、体积有关，结合掺和料场实际地形情况，采用合理方案进行坝料补水，通过2690kJ/m$^3$功能的$\phi$300大型击实试验获得掺砾土全料的相关参数，通过制定土料开采、掺砾石料加工系统砾石料生产、掺砾土料制备及开采各工序质量控制程序及方法，严格按照制定的质量控制程序及方法实施质量控制。通过精心组织，合理确定钻爆参数和装药结构，进行坝料开采。采用PLC可编程对于大坝反滤料及掺砾石料加工系统进行集中控制。

（6）填筑。大坝各种坝料填筑均实行准填证制度，只有在基础验收合格或前一填筑层按施工参数及规范施工完毕，经试验检测压实指标满足设计要求，填筑面检查验收合格后方签发准填证，开始下一层填筑。施工中充分考虑了特殊天气的影响，在雨季采取特殊应对措施进行心墙防渗土料填筑施工。为解决混凝土与黏土接触面结合不良的难题，采用水泥基渗透结晶型防水涂料涂刷于混凝土与黏土的接触面，然后在涂刷过水泥基渗透结晶型防水涂料的面上涂刷浓黏土泥浆的方案。大坝的基坑防渗、搭接施工均按照对应的施工工艺与方案。同时进行了大坝反滤料碾压试验，核实反滤料设计填筑标准的合理性及可行性，确定合适的碾压施工参数。通过离散元数值方法来研究堆石体的碾压特性，选取了科学合理的施工参数。施工环节中通过全站仪人工施测和GPS全天候监测相结合的方法，确保了坝体体型、料源分界、填筑层厚等重要参数满足设计要求。同时对于施工道路与施工机械进行了合理的布置。最后通过编程计算得到整个施工期内最为经济的土石方调配方案，确定时段内的土石方流向和相应的调运量。

（7）测试。通过对掺砾土击实特性、全料预控线法、细料压实度法的研究，全面掌握了掺砾土的击实特性。通过优选击实试验方法和改进试验检测流程，得到快速施工的施工方案。用间接试验法测定标准试样的最大干密度、最小干密度数据，并建立最大干密度、最小干密度和小于5mm颗粒含量的S5回归分析方程，通过分析关系曲线进行反滤料试验检测。通过附加质量法实时测定堆石体密度，采用体积修正进行堆石料试验检测，提高了灌水法的检测精度，确保了大坝填筑的质量与进度。

（8）管理。糯扎渡水电工程建设中不断创新质量管理理念、建立健全工程质量管理体系、加强和完善管理手段，通过设置高效精炼的组织机构、加强企业文化建设、探索与实践业主、设计、监理、施工单位、地方政府、移民等利益共同体的管理模式，加强了组织管理。并且在实践摸索和过程中的严格控制，强化机构建设，责任落实，加强监理中心的质量管理，另外还通过"数字大坝"技术，实现高心墙堆石坝碾压质量实时监控、坝料上坝运输实时监控、PDA 施工信息实时采集、土石方动态调配和进度实时控制及工程综合信息的可视化管理。

# 第2章 截流及围堰施工

大江截流是糯扎渡水电站建设的标志性节点，是大坝施工的前提。本章在分析糯扎渡水电站截流工程的特点、难点的基础上，对确定截流方案和截流参数的模型试验设计、截流材料准备、截流道路安排、截流实施等环节进行了深入探讨，提出了相应的解决方法。同时针对糯扎渡大坝围堰具有地质条件复杂、工期紧、施工场地狭窄等特点，从围堰施工方案、具体施工技术、防渗墙质量保证等方面，进行了全面的分析与论述，提出了相应的解决方法。

# 2.1　截流设计与施工技术研究方法

糯扎渡水电站大江截流采用立堵截流方式，计划于 2007 年 10 月下旬实施河床截流，截流流量选用 10 月下旬 10 年一遇旬区间平均流量 1120m³/s；若加上大朝山 2 台机组发电流量（695m³/s）为 1815m³/s，在最不利的情况下考虑大朝山 6 台机组全发电的工况为 $Q=3205$m³/s。工程截流期间，主要通过左岸两条导流隧洞导流。左岸 1 号导流隧洞断面形式为城门洞型，断面尺寸为 16m×21m（宽×高），进口底板高程为 600.00m，洞长 1067.868m，隧洞底坡为 $i=0.578\%$，出口底板高程为 594.00m。2 号导流隧洞断面形式为城门洞型，断面尺寸为 16m×21m（宽×高），进口底板高程为 605.00m，洞长 1142.045m；前段隧洞底坡为 $i=3.81\%$，后段隧洞底坡为 $i=0$，出口高程为 576.00m。

## 2.1.1　特点与难点

（1）澜沧江糯扎渡水电站心墙堆石坝坝高 261.5m，为国内第一、世界第三，工程建设具有挑战性。截流施工同样具有挑战性，具有截流流量大、流速大、落差大、龙口水力学指标高、截流规模大、抛投强度高、陡峭狭窄河床截流施工道路布置困难等诸多特点[6]。

（2）截流施工期间天气较差，11 月 1 日降雨量达 7.1mm，11 月 2 日晚也下了大雨，澜沧江流域水流量大大增加，增大了截流施工难度。

（3）无论从理论计算还是模型试验数据看，大落差、高流速情况下截流难度十分巨大，两条导流洞进口底板相差 5m，必须把上游水位抬高到一定高度，分流才比较充分，两条导流洞才能同时过水。

（4）在大流量（流量为 2890m³/s）、高流速（最大垂线流速 10.1m/s）、大落差（最大瞬间落差为 8.15m）陡峭狭窄河床采用单戗双向进占、立堵截流方式一次性截断河流为国内外同类工程所罕见。

（5）上游围堰两岸地形完整，岸坡形状基本对称，左岸地形坡度约为 33°，右岸约为 39°，截流场地较为狭窄，施工布置困难，加大了截流施工的难度。

（6）上游戗堤河床底高程 592.44m，与投标资料相比，原河床抬高了约 11m，增加了截流施工的不利因素，河流颗粒抗冲刷能力降低。

（7）导流洞出口围堰拆除施工过程中，10 月 12 日由于水位上涨，水流漫过导流洞出口围堰，导流洞进水，增加了上下游围堰的拆除难度。10 月 19 日 1 号、2 号导流洞上游

**300米级心墙堆石坝施工关键技术**

围堰水下爆破拆除，10月20日导流洞开始过流，当时来流量2980m³/s，初期分流只占16.5%，分流效果极不理想。

（8）龙口的水力学指标处于世界前列。截流设计流量为1815m³/s，实施截流最大流量为2890m³/s，实测龙口最大落差8.15m，龙口最大流速10.1m/s，龙口最大单宽功率528(t·m)/(s·m)，最大抛投强度为3216m³/h。其截流施工技术难度是世界级的，特别是在大流量的狭窄河床截流中，其龙口最大流速、落差和单宽功率等水力学指标均位居世界前列，龙口抛投强度高，综合施工技术难度极大。

（9）道路布置困难。糯扎渡水电站截流抛投强度大，对道路通行能力的要求高。而截流戗堤布置在陡峻狭窄的河段，施工道路受地形和导流洞进出口位置制约布置极其困难。受地形影响，截流交通道路部分路段路面宽度和坡度受到制约，通行能力有限。另外，联系左右岸的跨江索桥通行能力制约截流运输物料强度，受截流备料场地布置的影响，左岸的抛投强度受制于道路的通行能力。

（10）截流大块料少，特种材料置备要求高。糯扎渡工程岩性分布主要为花岗岩，前期开挖料整体性较差，大、中块石料较少，以不大于0.6m石渣料为主。招标文件的备料规划中需准备部分混凝土四面体和钢筋石笼代替特大石，并考虑备用量作为安全储备。

## 2.1.2 截流方法

### 2.1.2.1 水位气象条件

澜沧江径流以降雨补给为主，上游区有部分冰雪融水补给，中游区冰雪融水补给少，下游区全由降雨补给。径流量年际变化较均匀稳定，存在较明显的连续丰水年和连续枯水年。径流年内分配不均匀，枯汛期明显。径流主要集中在6—10月，上游、中游、下游各水文站汛期径流均占年径流量的70%以上。澜沧江洪水主要由暴雨形成，流域年洪水主要出现在6—9月，但10—11月也会出现年洪水和较大洪水。糯扎渡电站坝址以上流域面积14.47万km²，糯扎渡电站10月、11月各旬平均流量成果见表2.1。景洪水库建成蓄水后，糯扎渡水电站尾水渠处施工洪水位见表2.2，大朝山—糯扎渡水电站区间洪水成果表见表2.3。

表2.1　　　　　　　　糯扎渡电站10月、11月各旬平均流量成果表　　　　　　　单位：m³/s

| 项　目 | 频　率/% | | |
|---|---|---|---|
| | 5 | 10 | 20 |
| 10月上旬平均流量 | 5580 | 4720 | 3860 |
| 10月中旬平均流量 | 4760 | 4060 | 3350 |
| 10月下旬平均流量 | 4060 | 3460 | 2860 |
| 11月上旬平均流量 | 3920 | 3110 | 2370 |
| 11月中旬平均流量 | 3390 | 2610 | 1920 |
| 11月下旬平均流量 | 2480 | 2040 | 1620 |

表 2.2　　　　　　　　景洪水库建成蓄水后，糯扎渡水电站尾水渠处施工洪水位

| 时　段 | 12 月—次年 5 月 | | | 12 月—次年 4 月 | | |
|---|---|---|---|---|---|---|
| 洪水频率/% | 5 | 10 | 20 | 5 | 10 | 20 |
| 流量/(m³·s⁻¹) | 3580 | 3050 | 2480 | 2960 | 2410 | 1870 |
| 水位/m | 612.7 | 611.8 | 610.9 | 611.7 | 610.7 | 609.6 |

表 2.3　　　　　　　　大朝山—糯扎渡水电站区间洪水成果表

| 项　　目 | 频　　率 | | |
|---|---|---|---|
| | 20% | 10% | 多年平均 |
| 10 月下旬平均流量 | 824 | 1120 | 659 |
| 11 月上旬平均流量 | 679 | 850 | 541 |
| 11 月中旬平均流量 | 587 | 735 | 469 |

注　1. 1983 年 11 月中旬戛旧至景洪区间出现最大旬平均流量约 2508m³/s，区间支流威远江（根据大新山站资料分析，流域面积 8788km² 也于该年 11 月 14 日出现大洪水，洪峰流量为 2540m³/s，相应的旬平均流量为 892.7m³/s。

　　2. 大朝山电站共有 6 台机组，6 台机组满发泄流量 2085m³/s，单机 347.5m³/s。

### 2.1.2.2　截流设计及方案比选研究

1. 设计依据

根据糯筹技协纪〔2007〕4 号文要求：截流安排在 2007 年 10 月下旬进行，截流流量 $Q=1815\text{m}^3/\text{s}$，截流备料采用 $Q=3205\text{m}^3/\text{s}$；设计提供的 1 号、2 号导流洞联合泄洪曲线；设计提供的上、下游围堰结构布置图；实测地形图；设计提供的相关水文资料；2007 年 9 月 11 日会议精神：截流流量 $Q=1120\text{m}^3/\text{s}$；备料按 $Q=1815\text{m}^3/\text{s}$ 检查；堰体加高按 $Q=3205\text{m}^3/\text{s}$ 考核。

2. 截流戗堤布置及结构设计

（1）设计原则。确保截流戗堤大块石料、四面体、钢筋笼不侵占防渗墙位置，影响防渗墙施工；满足抛投强度，满足设备运行要求；确保戗堤的稳定及抗水流冲刷；满足合龙后堰前水位以上的安全超高。

（2）戗堤顶高程的确定。根据水位—流量关系曲线，在 1 号、2 号导流洞联合泄流的情况下，当 $Q=1815\text{m}^3/\text{s}$ 时，相应上游水位为 614.06m 高程，考虑约 1m 的安全超高，上游围堰截流戗堤顶高程选取 615.00m。下游截流戗堤截流设计流量同上游截流戗堤，考虑合龙后戗堤的渗透率、壅水等因素，戗堤顶确定为 606m。

（3）截流戗堤结构。为确保截流的抛填强度及戗体的稳定性，上游截流戗堤顶部宽度为 40m，同时考虑截流大块石对防渗墙施工的影响，上游围堰截流戗堤由主堤和副堤组成，主戗堤顶宽 30m，截流时抛投大块石料，副戗堤在上游侧进占稍滞后主戗堤 3m 左右，主要填筑粒径小于 30cm 的石渣料，顶宽 10m，起到加大截流车辆和推装设备的运行量，同时保护防渗墙轴线部位不被截流大块石料的入侵。迎、背水面坡度为 1∶1.5。下游戗堤顶部宽度为 20m，迎、背水面坡度均为 1∶1.5，堤顶向外侧排水，排水横坡为 2%。

（4）截流戗堤平面布置。上游截流戗堤轴线位于上游土石围堰上游侧并与之平行，两轴线相距10m，截流戗堤轴线控制坐标为：Q1（$X=649819.2421$，$Y=2508641.1127$）、Q2（$X=649709.3042$，$Y=2508622.9321$），戗堤呈直线布置。下游截流戗堤平行于下游土石围堰，控制坐标为：Q3（$X=650288.8300$，$Y=2507910.0607$）、Q4（$X=650217.6792$，$Y=2507863.0863$）。

3. 水力学计算

（1）计算条件。河床断面用2007年3月实测地形现状图，河床底部平均高程为592.44m；水位—流量关系曲线用设计提供的1号、2号导流洞联合泄洪曲线数据，见表2.4。

表2.4 1号、2号导流洞联合泄洪曲线数据

| 上游水位 /m | 导流洞泄流量 /(m³·s⁻¹) | 上游水位 /m | 导流洞泄流量 /(m³·s⁻¹) | 上游水位 /m | 导流洞泄流量 /(m³·s⁻¹) |
|---|---|---|---|---|---|
| 600 | 0 | 615 | 2034 | 630 | 6558 |
| 601 | 27.7 | 616 | 2287 | 631 | 6917 |
| 602 | 64.17 | 617 | 2531 | 632 | 7283 |
| 603 | 117.8 | 618 | 2793 | 633 | 7655 |
| 604 | 181.3 | 619 | 3065 | 634 | 8034 |
| 605 | 253.4 | 620 | 3344 | 635 | 8418 |
| 606 | 355.8 | 621 | 3632 | 636 | 8705 |
| 607 | 483.9 | 622 | 3928 | 637 | 9016 |
| 608 | 630.7 | 623 | 4231 | 638 | 9281 |
| 609 | 793.3 | 624 | 4542 | 639 | 9487 |
| 610 | 970.2 | 625 | 4861 | 640 | 9659 |
| 611 | 1160 | 626 | 5185 | 645 | 10590 |
| 612 | 1362 | 627 | 5591 | 650 | 11310 |
| 613 | 1575 | 628 | 5859 | 655 | 12010 |
| 614 | 1799 | 629 | 6205 | 660 | 12800 |

计算流量 $Q=1815\text{m}^3/\text{s}$（大朝山—糯扎渡水电站区间10年一遇的10月下旬平均流量＋大朝山2台机组满发泄流量），相应上游水位为606m，考虑导流洞分流，根据2005—2007年水文月报数据，计算水位确定为605m。

计算流量 $Q=3205\text{m}^3/\text{s}$，相应的上游水位为609.53m，考虑导流洞分流，根据2005—2007年水文月报数据，计算水位确定为607.58m。

（2）计算步骤。根据表2.4的数据，利用立堵截流龙口水力计算公式计算不同龙口宽度下的泄流量，利用图解法（见图2.1～图2.3）分别求出 $Q=1815\text{m}^3/\text{s}$、$Q=3205\text{m}^3/\text{s}$、$Q=1120\text{m}^3/\text{s}$ 的不同龙口宽度下的水力特性值。截流戗堤水力计算结果见表2.5～表2.7和图2.4～图2.6。

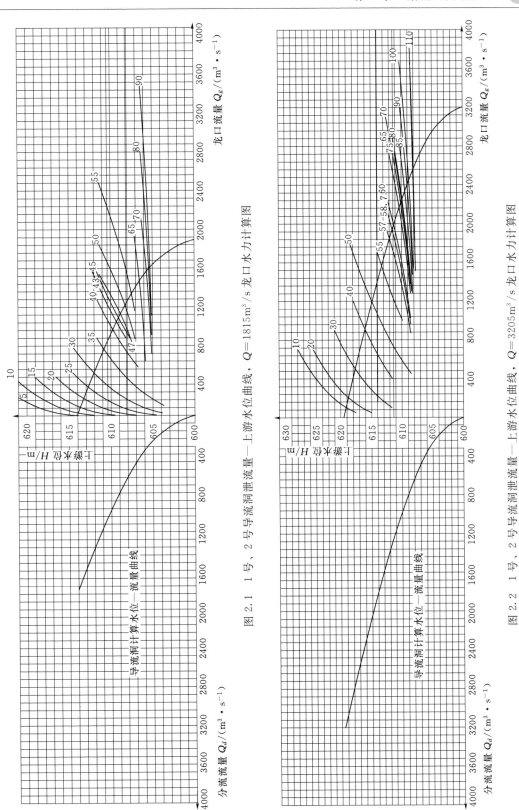

图 2.1　1 号、2 号导流洞泄流量—上游水位曲线，$Q=1815\text{m}^3/\text{s}$ 龙口水力计算图

图 2.2　1 号、2 号导流洞泄流量—上游水位曲线，$Q=3205\text{m}^3/\text{s}$ 龙口水力计算图

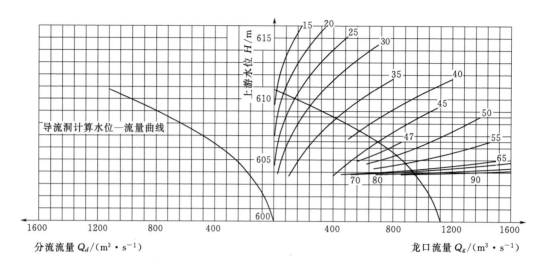

图2.3  1号、2号导流洞泄流量—上游水位曲线，$Q=1120\text{m}^3/\text{s}$ 龙口水力计算图

4. 小结

根据表2.5～表2.7的结果：

$Q=1815\text{m}^3/\text{s}$ 工况下，当龙口宽度 $B=45\text{m}$ 时，平均最大流速为 7.57m/s，相应的落差为 3.9m。

$Q=3205\text{m}^3/\text{s}$ 工况下，当龙口宽度 $B=55\text{m}$ 时，平均最大流速为 8.2m/s，相应的落差为 5.7m。

$Q=1120\text{m}^3/\text{s}$ 工况下，当龙口宽度 $B=45\text{m}$ 时，平均最大流速为 7m/s，相应的落差为 2.81m。

5. 截流材料选择

根据水力计算指标，同时参照小湾、瀑布沟等工程截流施工实践经验，截流抛投材料分别选择石渣料、大块石、钢筋石笼及混凝土四面体（混凝土六面体）。

（1）截流抗冲材料粒径的计算。

截流抗冲材料粒径的计算参照《水利水电施工设计手册》第1卷第6章式（2-6-15）计算：

$$d=\frac{1}{2g}\frac{1}{\frac{\gamma_s-\gamma}{\gamma}}\left(\frac{v}{K}\right)^2 \tag{2.1}$$

式中　$d$——石块转化为球体的当量直径，m；

　　　$g$——重力加速度，9.8m/s²；

　　　$\gamma_s$、$\gamma$——分别为块石（混凝土）容重和水的容重，$\gamma_s=2.7\text{t}/\text{m}^3$（混凝土容重 $\gamma_s=2.4\text{t}/\text{m}^3$），$\gamma=1\text{t}/\text{m}^3$；

　　　$v$——计算流速，取值 7.57m/s；

　　　$K$——稳定系数，根据《水利水电施工设计手册》表2-6-3取值 $K=0.86$。

经计算单个大块石粒径 $d=2.32\text{m}$，相应的体积为 6.58m³，相应的重力为 17.77t。

44

**表 2.5　$Q=1815\,\mathrm{m^3/s}$ 工况上游戗堤龙口水力学计算参数**

| 设计流量/(m³·s⁻¹) | 1815 | | | | | | | | | | | | | | | |
|---|---|---|---|---|---|---|---|---|---|---|---|---|---|---|---|---|
| 戗顶高程/m | 615 | | | | | | | | | | | | | | | |
| 龙口分区 | 非龙口区 | | | 龙口Ⅰ区 | | | | | 龙口Ⅱ区 | | | | 龙口Ⅲ区 | | | |
| 戗堤间距/m | 80 | 70 | 65 | 55 | 50 | 47 | 45 | 42 | 40 | 35 | 30 | 25 | 20 | 15 | 10 | 5 |
| 上游水位/m | 605.43 | 605.70 | 606.53 | 607.50 | 608.27 | 608.82 | 608.92 | 609.31 | 609.76 | 610.83 | 612.05 | 612.75 | 613.28 | 613.69 | 613.95 | 614.06 |
| 龙口流量/(m³·s⁻¹) | 1518.32 | 1490.16 | 1391.68 | 1258.4 | 1140.2 | 1050.5 | 1035.1 | 967.36 | 887.20 | 686.32 | 443.20 | 293.76 | 176.80 | 85.52 | 27.60 | 3.12 |
| 导流洞分流流量/(m³·s⁻¹) | 296.68 | 324.84 | 423.32 | 556.52 | 674.76 | 764.44 | 779.88 | 847.64 | 927.80 | 1128.6 | 1371.8 | 1521.2 | 1638.2 | 1729.4 | 1787.4 | 1811.8 |
| 龙口水深/m | 12.56 | 12.56 | 12.56 | 12.56 | 12.56 | 12.56 | 11.69 | 11.38 | 10.99 | 9.92 | 8.33 | 7.07 | 5.77 | 4.31 | 2.74 | 1.15 |
| 龙口平均水面宽度/m | 53.83 | 41.17 | 36.13 | 23.79 | 17.46 | 14.44 | 11.69 | 11.38 | 10.99 | 9.92 | 8.33 | 7.07 | 5.77 | 4.31 | 2.74 | 1.15 |
| 平均单宽流量/[m³·(s·m)⁻¹] | 28.207 | 36.196 | 38.519 | 52.897 | 65.310 | 72.733 | 88.518 | 84.995 | 80.696 | 69.176 | 53.211 | 41.575 | 30.657 | 19.828 | 10.060 | 2.720 |
| 平均流速/(m·s⁻¹) | 2.246 | 2.882 | 3.067 | 4.212 | 5.200 | 5.791 | 7.570 | 7.468 | 7.340 | 6.972 | 6.388 | 5.884 | 5.316 | 4.597 | 3.667 | 2.371 |
| 龙口落差/m | 0.426 | 0.698 | 1.527 | 2.495 | 3.271 | 3.823 | 3.917 | 4.307 | 4.760 | 5.835 | 7.046 | 7.748 | 8.282 | 8.690 | 8.948 | 9.057 |
| 单宽功率/[t·m·(s·m)⁻¹] | 12.016 | 25.265 | 58.818 | 131.978 | 213.628 | 278.059 | 346.727 | 366.072 | 384.113 | 403.642 | 374.923 | 322.125 | 253.901 | 172.306 | 90.014 | 24.633 |
| 流态 | 淹没流 | | | | | 非淹没流 | | | | | | | | | | |
| 断面形状 | 梯形 | | | | | 三角形 | | | | | | | | | | |

**表2.6　Q=3205m³/s 工况上游铰堤龙口水力学计算参数**

| 龙口分区 | I区 | I区 | I区 | I区 | I区 | I区 | II区 | II区 | II区 | II区 | II区 | III区 | III区 | III区 |
|---|---|---|---|---|---|---|---|---|---|---|---|---|---|---|
| 设计流量/(m³·s⁻¹) | 3205 | | | | | | | | | | | | | |
| 铰顶高程/m | 620 | | | | | | | | | | | | | |
| 铰堤间距/m | 90 | 85 | 80 | 75 | 70 | 65 | 60 | 58.7 | 57 | 55 | 50 | 40 | 30 | 20 |
| 上游水位/m | 609.1 | 609.4 | 609.9 | 610.0 | 610.1 | 610.4 | 611.3 | 611.5 | 612.0 | 613.3 | 614.9 | 616.0 | 617.7 | 619.1 |
| 龙口流量/(m³·s⁻¹) | 2402.5 | 2336.0 | 2255.0 | 2243.4 | 2216.8 | 2167.1 | 1992.4 | 1940.5 | 1847.3 | 1565.4 | 1193.1 | 905.0 | 502.8 | 100.0 |
| 导流洞分流量/(m³·s⁻¹) | 802.5 | 869.0 | 950.0 | 961.6 | 988.2 | 1037.9 | 1212.6 | 1264.5 | 1357.7 | 1639.6 | 2011.9 | 2300.0 | 2702.2 | 3105.0 |
| 龙口水深/m | 15.1 | 15.1 | 15.1 | 15.1 | 15.1 | 15.1 | 15.1 | 15.1 | 15.1 | 13.8 | 12.4 | 11.1 | 8.8 | 4.6 |
| 龙口平均水面宽度/m | 38.0 | 33.0 | 28.4 | 27.9 | 26.8 | 24.9 | 19.9 | 18.8 | 16.9 | 13.8 | 12.4 | 11.1 | 8.8 | 4.6 |
| 平均单宽流量/[m³·(s·m)⁻¹] | 63.3 | 70.9 | 79.3 | 80.4 | 82.8 | 87.0 | 100.1 | 103.5 | 109.3 | 113.5 | 96.4 | 81.7 | 57.4 | 21.8 |
| 平均流速/(m·s⁻¹) | 4.2 | 4.7 | 5.2 | 5.3 | 5.5 | 5.7 | 6.6 | 6.8 | 7.2 | 8.2 | 7.8 | 7.4 | 6.6 | 4.7 |
| 龙口落差/m | 1.5 | 1.8 | 2.3 | 2.4 | 2.5 | 2.8 | 3.7 | 3.9 | 4.4 | 5.7 | 7.3 | 8.4 | 10.1 | 11.6 |
| 单宽功率/[t·m·(s·m)⁻¹] | 93.2 | 131.0 | 183.0 | 190.7 | 208.3 | 241.6 | 368.3 | 407.3 | 480.6 | 647.7 | 706.2 | 687.6 | 578.1 | 251.7 |
| 流态 | 淹没流 | | | | | | | | | | | 非淹没流 | | |
| 断面形状 | 梯形 | | | | | | | | | | | 三角形 | | |

**表2.7　Q=1120m³/s 工况上游铰堤龙口水利学计算参数**

| 龙口分区 | 非龙口区 | 非龙口区 | 非龙口区 | 非龙口区 | 龙口I区 | 龙口I区 | 龙口I区 | 龙口II区 | 龙口II区 | 龙口II区 | 龙口II区 | 龙口III区 | 龙口III区 | 龙口III区 |
|---|---|---|---|---|---|---|---|---|---|---|---|---|---|---|
| 铰顶高程/m | 615 | | | | | | | | | | | | | |
| 铰堤间距/m | 90 | 80 | 70 | 65 | 55 | 50 | 47 | 45 | 40 | 35 | 30 | 25 | 20 | 15 |
| 上游水位/m | 603.85 | 603.93 | 604.08 | 604.19 | 604.75 | 605.42 | 605.96 | 606.52 | 607.41 | 608.43 | 609.47 | 610.05 | 610.46 | 610.70 |
| 龙口流量/(m³·s⁻¹) | 947.92 | 943.28 | 932.88 | 925.36 | 884.80 | 823.28 | 767.92 | 697.52 | 576.16 | 418.72 | 244.16 | 140.72 | 62.72 | 16.88 |
| 导流洞分流量/(m³·s⁻¹) | 172.08 | 176.72 | 187.12 | 194.64 | 235.20 | 296.72 | 352.08 | 422.48 | 543.84 | 701.28 | 875.84 | 979.28 | 1057.28 | 1103.12 |
| 龙口水深/m | 11.27 | 11.27 | 11.27 | 11.27 | 11.27 | 11.27 | 11.27 | 9.99 | 9.25 | 8.14 | 6.56 | 5.26 | 3.81 | 2.25 |
| 龙口平均水面宽度/m | 65.02 | 52.15 | 39.49 | 34.49 | 22.36 | 16.17 | 13.15 | 9.99 | 9.25 | 8.14 | 6.56 | 5.26 | 3.81 | 2.25 |
| 平均单宽流量/[m³·(s·m)⁻¹] | 14.578 | 18.088 | 23.622 | 26.828 | 39.574 | 50.917 | 58.379 | 69.851 | 62.282 | 51.427 | 37.209 | 26.733 | 16.462 | 7.490 |
| 平均流速/(m·s⁻¹) | 1.294 | 1.605 | 2.096 | 2.381 | 3.511 | 4.518 | 5.180 | 6.995 | 6.733 | 6.316 | 5.670 | 5.079 | 4.321 | 3.323 |
| 龙口落差/m | 0.144 | 0.218 | 0.370 | 0.475 | 1.037 | 1.713 | 2.253 | 2.810 | 3.698 | 4.724 | 5.756 | 6.338 | 6.749 | 6.990 |
| 单宽功率/[t·m·(s·m)⁻¹] | 2.099 | 3.943 | 8.740 | 12.743 | 41.039 | 87.221 | 131.528 | 196.282 | 230.320 | 242.942 | 214.173 | 169.436 | 111.102 | 52.353 |
| 流态 | 淹没流 | | | | | | | | | | | 非淹没流 | | |
| 断面形状 | 梯形 | | | | | | | | | | | 三角形 | | |

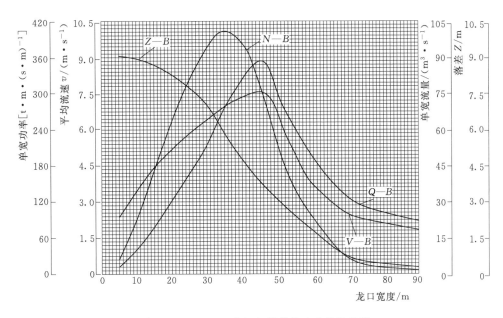

图 2.4 $Q=1815\text{m}^3/\text{s}$ 立堵截流水力特性曲线

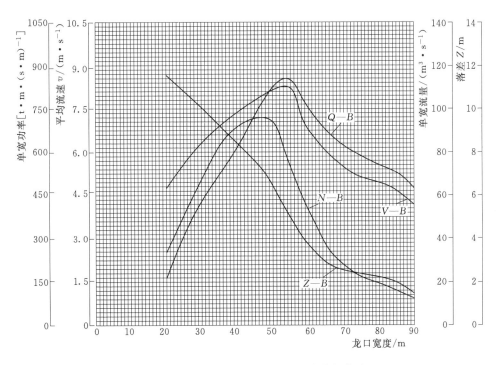

图 2.5 $Q=3205\text{m}^3/\text{s}$ 立堵截流水力特性曲线

（2）截流抛投材料基本特性。

1）石渣料。截流戗堤所需的石渣料自右岸下游火烧寨沟存料场和勘界河存料场的坝Ⅰ区存料中挖取。

2）大块石料。截流所需的大块石是指粒径大于 70cm 以上的块石，施工准备期间截

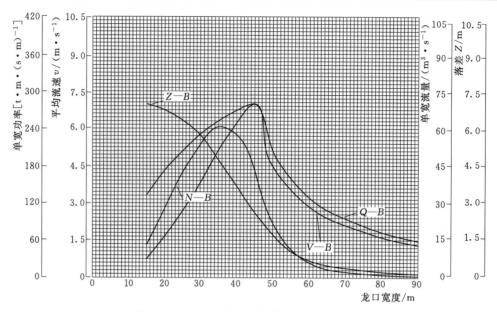

图 2.6　$Q=1120\mathrm{m}^3/\mathrm{s}$ 立堵截流水力特性曲线

流所需的大块石（粒径大于 70cm）料在火烧寨沟存渣场，勘界河存渣场和江桥存渣场挑选，并在相应的场内堆存备用。

3）混凝土四面体（六面体）。截流所需的混凝土四面体的体积按 $3\sim3.5\mathrm{m}^3$，混凝土六面体按 $6.25\mathrm{m}^3$ 制作，重约分别为 $7.2\sim8.4\mathrm{t}$ 和 15t，当在最大流速范围，考虑两个一起，用钢丝绳锁住，同时抛填。

4）钢筋石笼。截流所需的块石钢筋笼在火烧寨沟存料场加工制作，用钢筋焊接骨架并用铅丝编织成笼，钢筋笼网格为 $15\mathrm{cm}\times15\mathrm{cm}$，钢筋笼尺寸为 $2\mathrm{m}\times1.2\mathrm{m}\times1.2\mathrm{m}$，平整度不大于 5cm。钢筋笼采用人工填筑，块石粒径不小于 25cm，密实度须大于 75%。全强风化块石料不得用作填充料。

6. 材料抛投选择

材料抛投与流速关系见表 2.8。

表 2.8　材料抛投与流速关系

| 序号 | 流速/$(\mathrm{m}\cdot\mathrm{s}^{-1})$ | 材料选择 |
| --- | --- | --- |
| 1 | $v<4$ | 抛头石渣料 |
| 2 | $4<v<5$ | 抛投大块石 |
| 3 | $5<v<6$ | 混凝土四面体、钢筋笼 |
| 4 | $v>6$ | 混凝土四面体串、钢筋笼串 |

7. 龙口分区

龙口宽度选定：根据水力学演算，初步确定龙口宽度为 50m。

根据水力学计算参数，截流戗堤如下划分。

（1）非龙口段（111～50m）。进占戗堤顶部控制高程 615m，左堤头进占 30m，右堤头进占 31m，根据水力学计算参数，该段范围龙口过水能力基本符合淹没宽顶堰规律，平均流速 1.29～4.51m/s，最大平均流速 4.51m/s。

（2）龙口段（50～0m）。龙口段戗堤顶部高程为 615m，具体分为以下 3 个区段。

1）龙口Ⅰ区。龙口宽度 50～40m，龙口平均流速 4.51～6.73m/s，最大平均流速为 7m/s。

2）龙口Ⅱ区。龙口宽度 40～20m，龙口平均流速 6.73～5.08m/s，最大平均流速为 6.73m/s。

3）龙口Ⅲ区。龙口宽度 20～0m，龙口平均流速 5.08～0m/s，最大平均流速为 5.08m/s。

8. 截流备料量的确定

根据糯筹技协纪〔2007〕4 号文要求进行截流备料，根据水力学计算指标，并结合小湾、瀑布沟等工程经验，备料量初步确定为 4.87 万 m³（备料指除石渣料以外的抛投材料的准备），其中大块石 43024m³，钢筋石笼 1670 个，7～8.5t 混凝土四面体 440 个，15t 混凝土六面体 40 个，截流用串联钢筋笼、混凝土四面、六面体的 Φ16 钢丝绳 4000m，楔扣 900 个，详见表 2.9，实际备料及使用情况见表 2.10。

表 2.9　　　　　　　　　　　　　　截流材料备用数量表

| 填筑部位 |  | 石渣料 ≤30cm |  |  | 大块石 D>70cm | 四面体 ≥3m³ | 钢筋笼 3m³ | 总 计 |
|---|---|---|---|---|---|---|---|---|
|  |  | 副戗堤 | 回车平台 | 主　戗　堤 |  |  |  |  |
| 上游截流戗堤 | 左岸非龙口段 | 2736 |  | 19437 |  |  |  | 22173 |
|  | 左岸回车平台 |  | 11598 |  |  |  |  | 11598 |
|  | 右岸非龙口段 | 6450 |  | 47974 |  |  |  | 54424 |
|  | 右岸回车平台 |  | 22884 |  |  |  |  | 22884 |
|  | 左岸龙口段Ⅰ区 | 1892 |  | 9145 | 4924 |  |  | 15961 |
|  | 右岸龙口段Ⅰ区 | 6110 |  | 34739 | 10711 |  |  | 51560 |
|  | 左岸龙口段Ⅱ区 | 2565 |  | 10900 | 5045 | 348 | 1040 | 19898 |
|  | 右岸龙口段Ⅱ区 | 7617 |  | 32669 | 17299 | 1632 | 2704 | 61921 |
|  | 龙口段Ⅲ区 | 2094 |  | 7480 | 3520 |  |  | 13094 |
|  | 小计 | 29464 | 34482 | 162344 | 41499 | 1980 | 3744 | 273513 |
| 下游截流戗堤 | 左岸非龙口段 |  |  | 21835 |  |  |  | 21835 |
|  | 左岸回车平台 |  | 10383 |  |  |  |  | 10383 |
|  | 右岸非龙口段 |  |  | 20532 |  |  |  | 20532 |
|  | 右岸回车平台 |  | 9763 |  |  |  |  | 9763 |
|  | 左岸龙口段Ⅰ区 |  |  | 8121 | 290 |  |  | 8411 |
|  | 右岸龙口段Ⅰ区 |  |  | 29408 | 968 |  |  | 30376 |
|  | 龙口段Ⅱ区 |  |  | 6692 | 266 |  |  | 6958 |
|  | 小计 | 0 | 20146 | 86588 | 1524 | 0 | 0 | 108258 |
| 总　计 |  | 29464 | 54628 | 248932 | 43023 | 1980 | 3744 | 381771 |

表 2.10　　　　　　　　　　　　　　截流备料及使用情况汇总表

| 规格种类 | 堆存地点 | 备料数量 | 使用数量 | 剩余数量 | 位　置 |
|---|---|---|---|---|---|
| 大块石/m³ | 火烧寨沟渣场 | 10500 | 6245 | 4255 | 最下游 |
| | | 4300 | 4300 | 0 | 坝Ⅱ料区 |
| | | 7996 | 4065 | 3931 | A区（白莫箐转运） |
| | | 4065 | 4065 | 0 | B区（白莫箐转运） |
| | | 4668 | 1632 | 3036 | C区（白莫箐转运） |
| | | 8004 | 5725 | 2279 | D－G区（白莫箐转运） |
| | 勘界河渣场 | 2500 | 2500 | 0 | 下渣场 |
| | | 9788 | 2447 | 7341 | 中渣场 |
| | 左上渣场 | 6566 | 0 | 6566 | Ⅱ区（骨料处）江桥 |
| | | 4000 | 2193 | 1807 | Ⅰ区（江桥） |
| | 左上堰肩 | 500 | 500 | 0 | |
| 小　计 | | 62887 | 33672 | 29215 | |
| 四面体 (个/3m³) | 火烧寨混凝土骨料存放场 | 129 | 17 | 112 | |
| | 火烧寨沟Ⅰ区渣场 | 125 | 94 | 31 | |
| | 三场 | 199 | 197 | 2 | |
| | 合计 | 453 | 308 | 145 | |
| 六面体 (个/15t) | 火烧寨沟坝Ⅰ料场 | 20 | 6 | 14 | |
| | 三场 | 20 | 17 | 3 | |
| | 小计 | 40 | 23 | 17 | |
| 六面体（个/25t） | 火烧寨沟坝Ⅰ料场 | 30 | 2 | 28 | |
| 钢筋石笼 (个/3m³) | 火烧寨沟坝Ⅰ料场 | 799 | 798 | 1 | |
| | 左上渣场 | 272 | 266 | 6 | |
| | 勘界河中渣场 | 430 | 383 | 47 | |
| | 勘界河下渣场 | 65 | 47 | 18 | |
| | 小计 | 1566 | 1494 | 72 | |
| 钢筋石笼 (个/4.5m³) | 火烧寨沟坝Ⅱ料场 | 640 | 27 | 613 | |
| | 勘界河中渣场 | 464 | 33 | 431 | |
| | 小计 | 1104 | 60 | 1044 | |
| 钢筋石笼 | 火烧寨沟坝Ⅱ料场 | 144 | 0 | 144 | |

注　Φ16mm 钢丝绳实用 7000m。

### 2.1.2.3　截流施工研究

1. 截流备料

根据 2007 年 7 月 19 日现场监理协调会精神，确定的围堰截流备料场为右岸火烧寨沟存渣场（运距 3.1km）、左岸上游江桥存渣场（运距 6.1km）和勘界河下渣场（运距 1.5km）。结合截流施工规划，综合考虑截流用料的备料工程量、截流道路布置、运距等问题，以右岸火烧寨沟备料场和左岸勘界河备料场为主备料场，江桥左岸上游存渣场作为辅助备料场。

（1）截流备料量。围堰截流所需的石渣料从火烧寨沟有用料场和勘界河有用料场挖取，该两个料场储量充足，完全能够满足使用要求。截流戗堤备料的材料主要为大块石料、块石钢筋笼、混凝土四面体，大块石主要从火烧寨沟存料场和勘界河存料场选集，块石钢筋笼的块石料分别在火烧寨沟存料场和勘界河存料场选集，江桥左岸上游存渣场堆放适当钢筋笼，四面体混凝土由火烧寨沟混凝土生产系统生产供料。

根据 2007 年 9 月 11 日和 9 月 21 日截流专题会议精神，按 $Q=1815\mathrm{m}^3/\mathrm{s}$ 工况进行截流备料。

根据水力学计算指标，并结合小湾、瀑布沟等工程经验及专家、业主的要求，备料总量为 7.465 万 $\mathrm{m}^3$（本案备料指除石渣料以外的抛投材料的准备），其中大块石 6.3 万 $\mathrm{m}^3$，特殊料 11712$\mathrm{m}^3$。特殊料包括钢筋石笼 2814 个（3$\mathrm{m}^3$ 的 1566 个，4.5$\mathrm{m}^3$ 的 1104 个，2$\mathrm{m}^3$ 的 288 个），7～8.5t 混凝土四面体 453 个，15t 混凝土六面体 40 个，25t 混凝土六面体 30 个。同时考虑龙口高流速区需抛投钢筋笼串、四面体串，截流用串联钢筋笼、混凝土四面、六面体的 Φ16 钢丝绳准备 7000m，楔扣 1600 个。

（2）截流戗堤备料场地规划。截流戗堤所需的石渣料从火烧寨沟和勘界河存料场挖取。戗堤所需的大块石、混凝土四面体和钢筋笼备料分别存放于以上 3 个备料场。根据被料场料源情况以及截流施工组织设计要求进行各备料场的规划，具体各备料场规划堆存的品种料及计划备料量见表 2.11。

表 2.11　　　　　　　　　截流备料明细表

| 项目 | 单位 | 备料地点及数量 | | | | 合计 |
|---|---|---|---|---|---|---|
| | | 右岸火烧寨坝Ⅰ料存料场 | 左岸勘界河下渣场 | 左岸上游江桥存料场 | 三厂 | |
| 四面体 | 个 | 356 | | | 87 | 443 |
| 六面体 | 个 | 50 | | | 20 | 70 |
| 钢筋石笼 | 个 | 1339 | 959 | 272 | | 2570 |
| 块石料 | $\mathrm{m}^3$ | 27500 | 12000 | 5500 | | 45000 |

注　混凝土六面体分 25t、15t 两种规格，其中 25t 六面体共有 30 个，15t 六面体共有 40 个

（3）各备料场地存料要求及取料方式。右岸火烧寨沟坝Ⅰ料存料场为截流备料的主要场地，备块石料 27500$\mathrm{m}^3$、钢筋石笼 2570 个和四面体 453 个（三厂四面体 87 个）。钢筋石笼和四面体采用 40t、16t 汽车吊装车，32t 自卸汽车运输。块石采用 6$\mathrm{m}^3$ 和 4.5$\mathrm{m}^3$ 挖掘机挖装，32t 自卸汽车运输。右岸施工道路由火烧寨渣场经高程 645.00m 公路，经 4 号导流洞顶，在其支洞前，重车走 R4 绕 4 号施工支洞顶，进入主干道 R3 上右岸戗堤工作面，平均运距 3.1km。

右岸火烧寨沟坝Ⅱ料存料场，由装载机配合挖掘机装自卸汽车取料。右岸上游戗堤与坝Ⅰ料存料场运输路线相同，平均运距 4.1km。右岸下游戗堤，由火烧寨经高程 645.00m 公路在七局混凝土系统加工厂与上游道路分流，沿着冲沟道路 R5 由高程 645.00m 下降到高程 606.00m 左右，然后沿河岸进入戗堤工作面，平均运距 3.26km。左岸下游戗堤由火烧寨渣场经盐店隧洞、糯扎渡大桥，从左岸下游 670 公路经 L2 至左戗堤，平均运距 4.5km。

左岸勘界河下渣场，备块石料 4000$\mathrm{m}^3$、钢筋笼 959 个。钢筋石笼采用 40t、16t 汽车吊装车，32t 自卸汽车运输，块石采用 6$\mathrm{m}^3$ 和 4.5$\mathrm{m}^3$ 挖掘机配合 32t 自卸汽车取料，至左岸上游戗堤的施工道路由勘界河渣场经 1 号、2 号导流洞进口顶部，由高程 656.00～

624.00m 联络线道路下到干道 L1，然后进入戗堤工作面，平均运距 1.5km。

左岸勘界河中渣场，备块石料 8000m³。由装载机配合挖掘机装自卸汽车取料。运输路线同左岸勘界河下渣场运输路线，平均运距 2.0km。

左岸上游江桥存料场，需备块石料 5500m³，钢筋笼 272 个。块石料采用 1.6m³ 挖掘机挖装 20t 自卸汽车运输，钢筋石笼采用 16t 汽车吊装车，32t 自卸汽车运输，由江桥渣场经左岸下游原思澜公路，经高程 656～624m 至左岸上游左戗堤，平均运距 6.1km。

2. 截流道路设计研究

截流施工道路布置遵循合理、快捷、经济、干扰小等原则，按照左右岸进占情况单独规划布置，施工时段 2007 年 9 月 1—30 日。路面最小宽度不小于 12m，最大坡比小于10%，道路为泥结石路面，岸坡开挖坡比为 1∶0.8，截流主干道路面宽度 18～25m，运输特殊截流材料车辆停靠在 25m 宽路面内侧备用。

（1）左岸上游修建高程 656～624m 联络线，延长到上游戗堤，江桥渣场经过高程656～624m 联络线到工作面的平均距离为 6km，勘界河坝Ⅱ料场到上游戗堤工作面的平均距离为 2km。

（2）在下游处由原高程 625m 公路修建主干道 L2，与上游截流道路 L1 连接，以加强左岸运输强度。

（3）根据现场地形条件及渣场位置，右岸施工道路由下游侧火烧寨渣场到上、下游戗堤工作面。其中上游主干道由火烧寨渣场经高程 645m 公路，经 4 号导流洞顶，在其支洞前，重车走干道 R4 绕 4 号施工支洞顶，进入主干道 R3 上右岸上游戗堤工作面，空车由R3 回，经过 4 号施工支洞出口，上到高程 645m 公路回到火烧寨渣场。

（4）右岸下游，由火烧寨经高程 645m 公路在混凝土系统加工厂与上游道路分流，沿着冲沟道路 R5 由高程 645m 下降到高程 606m 左右，然后沿河岸进入下游戗堤工作面。

（5）新增下游围堰左堰头施工道路 L7，高程 624～606m，全长 225m，宽度 12m，最大坡度 8%。

截流施工道路实测特性见表 2.12。

表 2.12 截流施工道路实测特性一览表

| 道路编号 | 起讫点 | | 高程/m | | 长度 /m | 宽度 /m | 最大纵坡 /% | 备 注 |
|---|---|---|---|---|---|---|---|---|
| | 起点 | 讫点 | 起点 | 讫点 | | | | |
| L1（左） | 下游围堰左堰头 | 上游围堰左堰头 | 625 | 615 | 1050 | >12 | 8 | 左岸截流主干道 |
| L2（左） | 下游戗堤轴线位置 | L1 | 625 | 606 | 225 | >12 | 10 | 左岸下游截流主干道 |
| L7（左） | 原思澜公路 | 左戗堤轴线 | 624 | 606 | 225 | >12 | 8 | 左岸下游截流主干道 |
| 左岸 656-624 联络线 | 临时交通洞洞口处 | L1 | 656 | 620 | 304 | >12 | 12 | 左岸截流主干道 |
| R3（右） | 起点 645m 公路 | 上游围堰右堰头 | 645 | 615 | 900 | >12 | 10 | 右岸截流主干道 |
| R4（右） | 645m 公路 | R3 | 645 | 620 | 430 | >12 | 10 | 右岸截流主干道 |

3. 截流施工龙口的水力学参数观测

为实时提供龙口进占过程中水力学参数，为截流施工指挥提供科学依据和可靠的技术保证，确保截流施工顺利完成，同时为工程积累宝贵的截流期水力学要素观测资料。截流施工过程中利用全站仪进行了戗堤上下游测水位及落差测量，利用电波流速仪进行了流速测量。

截流施工龙口水力学观测测量统计见表 2.13，龙口段测速详细记录见表 2.14。

表 2.13　　　　　　　　　截流施工龙口水力学观测测量统计表

| 日期<br>/(年.月.日) | 时间 | 龙口宽<br>/m | 水面宽<br>/m | 总流量<br>/(m³·s⁻¹) | 流速<br>/(m·s⁻¹) | 戗堤上游<br>水位/m | 戗堤下游<br>水位/m | 落差<br>/m |
|---|---|---|---|---|---|---|---|---|
| 2007.11.3 | 8：00 | 66.6 | 50.1 | 2480 | 8.4 | 608.8 | 606.6 | 2.2 |
|  | 9：00 | 61.6 | 43.4 | 2510 |  | 608.1 | 605.5 | 2.6 |
|  | 10：00 | 55.2 | 43.6 | 2610 |  | 608.3 | 605.3 | 3.0 |
|  | 11：00 | 55.2 | 43.7 | 2690 |  | 608.6 | 605.6 | 3.0 |
|  | 12：00 | 54.3 | 42.2 | 2760 | 9.02 | 608.8 | 605.8 | 3.0 |
|  | 13：00 | 56.3 | 44.0 | 2830 | 8.41 | 609.0 | 605.6 | 3.4 |
|  | 14：00 | 57.3 | 43.9 | 2880 |  | 609.0 | 605.9 | 3.1 |
|  | 15：00 | 56.0 | 42.6 | 2890 | 8.88 | 609.0 | 605.8 | 3.2 |
|  | 16：00 | 56.6 | 43.1 | 2850 |  | 609.0 | 605.9 | 3.1 |
|  | 17：00 | 55.6 | 42.5 | 2800 |  | 609.0 | 605.7 | 3.3 |
|  | 18：00 | 53.7 | 41.0 | 2690 | 7.37 | 608.9 | 605.7 | 3.2 |
|  | 19：00 | 52.1 | 41.1 | 2490 |  | 608.9 | 605.5 | 3.4 |
|  | 20：00 | 47.6 | 37.5 | 2250 |  | 608.7 | 605.1 | 3.6 |
|  | 21：00 | 46.6 | 35.3 | 2050 |  | 608.6 | 604.9 | 3.7 |
|  | 22：00 | 46.6 | 35.3 | 1810 | 8.88 | 608.6 | 604.9 | 3.7 |
|  | 23：00 | 45.2 | 33.9 | 1230 |  | 608.4 | 604.8 | 3.6 |
|  | 0：00 | 42.4 | 33.3 | 1560 |  | 608 | 604.9 | 3.3 |
|  | 1：00 | 40.7 | 30.1 | 1380 |  | 608.0 | 603.4 | 4.6 |
|  | 2：00 | 38.9 | 28.9 | 1310 |  | 608.1 | 603.1 | 5.0 |
|  | 3：00 | 38.1 | 24.7 | 1290 | 8.62 | 608.0 | 602.8 | 5.2 |
|  | 4：00 | 37.2 | 25.4 | 1270 |  | 608.1 | 603.1 | 5.0 |
|  | 5：00 | 37.6 | 24.7 | 1260 |  | 608.1 | 602.9 | 5.2 |
| 2007.11.4 | 6：00 | 35.0 | 21.3 | 1250 |  | 608.4 | 602.6 | 5.8 |
|  | 7：00 | 35.0 | 17.2 | 1240 | 5.79 | 608.4 | 602.4 | 6.0 |
|  | 8：00 | 33.8 | 19.5 | 1230 |  | 608.5 | 605.0 | 3.5 |
|  | 9：00 | 32.3 | 17.3 | 1170 |  | 608.5 | 605.0 | 3.5 |
|  | 10：00 | 25.3 | 12.8 | 1120 | 3.26 | 608.7 | 602.0 | 6.7 |
|  | 10：30 | 0 | 0 | 1120 |  | 609.26 | 602.1 | 7.16 |

4. 截流实施研究

（1）截流施工策划及保障体系研究。为了保障截流顺利实施，组织编写了《截流施工手册》并发放至每个参与人员手中，同时从 10 月 7 日由相关部门组织了 20 个课时截流施工对口培训，确保每一个参与人员明确自己的岗位及岗位职责。另外在截流指挥中心 24h 由专职截流主设计人员，实时监测堤头龙口进占情况，实时调度全盘指挥截流施工，实现了截流过程信息化管理。另外组织了武警水电第一总队导截流施工权威专家现场指导，以对突发情况进行抉择，确保截流的有序进行。

（2）截流演习。11 月 1 日组织召开了截流施工动员大会，在 10 月 20 日和 11 月 1 日举行了 2 次截流预演。第一次在 10 月 20 日，主要配合截流预进占进行，对预进占过程中出现的抛投强度低的原因进行了分析，对各料场的配合工作进行了整改，第一次演习抛投强度为 1616m³/h。第二次演习工作在 11 月 1 号，主要针对第一次演习存在的问题进行专项演练。演习内容主要检验整个截流施工组织和设备配置是否存在纰漏，通过演习进行资源的优化，使截流各项指令能及时传达到各级参与人员并迅速作出反应，促使截流过程中的实际抛投强度远大于理论计算强度，确保了截流的顺利实施。

表 2.14　　2007 年糯扎渡水电站截流期间龙口河段电波流速仪测速记录表

| 序号 | 时 间 | 戗堤上游断面流速/(m·s⁻¹) | | | | 戗堤中轴断面流速/(m·s⁻¹) | | | | 戗堤下游断面流速/(m·s⁻¹) | | | |
|---|---|---|---|---|---|---|---|---|---|---|---|---|---|
| | | 右 | 中 | 左 | 平均 | 右 | 中 | 左 | 平均 | 右 | 中 | 左 | 平均 |
| 1 | 10 月 30 日 15 时 | 3.38 | 3.38 | 3.40 | 3.39 | 8.09 | 8.00 | 7.77 | 7.95 | 7.46 | 7.71 | 7.86 | 7.68 |
| 2 | 10 月 31 日 20 时 | 8.10 | 8.60 | 8.35 | 8.35 | 7.71 | 7.57 | 7.63 | 7.64 | 7.70 | 7.75 | 7.68 | 7.71 |
| 3 | 11 月 1 日 10 时 | 7.15 | | | 7.15 | 6.78 | 7.42 | 7.19 | 7.13 | | 7.12 | | 7.12 |
| 4 | 11 月 1 日 12 时 | | | | | 7.37 | 7.58 | 7.11 | 7.35 | | | | |
| 5 | 11 月 1 日 16 时 | | | | | 8.60 | 8.07 | 7.96 | 8.21 | | | | |
| 6 | 11 月 2 日 17 时 | | | | | 6.78 | 7.03 | 6.16 | 6.66 | | | | |
| 7 | 11 月 3 日 7 时 | 3.93 | 6.40 | 4.49 | 5.30 | 4.15 | 8.40 | 3.94 | 6.22 | 3.97 | 7.93 | 3.94 | 5.94 |
| 8 | 11 月 3 日 12 时 | 6.02 | 4.43 | 4.24 | 4.78 | 9.01 | 9.02 | 6.31 | 8.34 | 4.51 | 5.80 | 6.02 | 5.53 |
| 9 | 11 月 3 日 13 时 30 分 | 3.71 | 4.68 | 2.78 | 3.96 | 7.18 | 8.41 | 5.67 | 7.42 | 5.25 | 8.19 | 5.10 | 6.68 |
| 10 | 11 月 3 日 16 时 | 5.59 | 6.41 | 3.68 | 5.77 | 7.28 | 8.88 | 6.66 | 7.92 | 6.11 | 8.22 | 6.01 | 7.14 |
| 11 | 11 月 3 日 20 时 | 5.75 | 6.67 | 4.94 | 6.01 | 5.79 | 7.37 | 8.98 | 7.38 | 7.98 | 6.18 | 8.36 | 7.17 |
| 12 | 11 月 3 日 24 时 | 4.81 | 6.53 | 4.89 | 5.69 | 6.34 | 8.88 | 6.14 | 7.56 | 5.30 | 7.72 | 5.45 | 6.55 |
| 13 | 11 月 4 日 4 时 | 5.34 | 6.59 | 6.27 | 6.20 | 6.66 | 8.62 | | 7.64 | 7.62 | 8.21 | 7.06 | 7.77 |
| 14 | 11 月 4 日 8 时 | 1.39 | 1.47 | 1.52 | 1.46 | 3.77 | 5.79 | 5.23 | 5.14 | 5.16 | 6.03 | 5.68 | 5.73 |
| 15 | 11 月 4 日 10 时 | | | 1.83 | 1.83 | | | 3.26 | 3.26 | | | 3.58 | 3.58 |

注　大江截流期间，最大流量 $Q=2890$m³/s，最大垂线流速 10.1m/s，最大落差为 8.15m。截流形成石舌，最高为高程 604m，河床上升 12m，石舌长达 145m，流量大于 2000m³/s 占 51.8%，流速大于 8m/s 占 78%。初期导流洞分流量只有来水量 16.5%，当截流水位抬高后，两条洞才能分流，达到 25%～30%。

（3）截流主要施工设备配置。为满足截流抛投强度的要求，必须配备足够的装、挖、吊、运设备，优先选用大容量、高效率、机动性好的设备。根据截流抛投强度 2005m³/h 配置挖装运设备。挖装设备主要选用 4～6.0m³ 的正、反铲挖掘机和装载机，大石选用 EX1100、EX1200 正铲和 EX870、PC650 反铲等挖装，混凝土四面体、钢筋石笼等选用

25～50t 的汽车吊吊装。运输设备主要选用 32t 和 20t 自卸汽车。根据计算，需要 32t、20t 自卸汽车 118 辆，推土机 10 台（2 台备用）、挖装设备 19 台、汽车吊 3 辆（1 辆备用）投入截流施工。截流主要施工设备配备见表 2.15。

表 2.15　　　　　　　　　截流主要施工设备配备表

| 部　位 | 设备名称 | 设备编号 | 设备型号 | 能力 | 数量 | 备注 |
|---|---|---|---|---|---|---|
| 上游右堤头 | 推土机 | C3（推）－01 | 山推 TY320B | 320hp | 1 | |
| | | C3（推）－04 | 山推 SD32 | 320hp | 1 | |
| | | C3（推）－02 | 卡特 D8R | 320hp | 1 | 备用 |
| | 装载机 | C3（装）－04 | 柳工 CLG856 | 3m³ | 1 | |
| | 挖掘机 | C3（挖）－07 | 日立 ZAX240 | 1.2m³ | 1 | |
| 上游左堤头 | 推土机 | C3（推）－03 | 上海 PD320 | 320hp | 1 | 备用 |
| | | C3（推）－05 | 卡特 D8R | 320hp | 1 | |
| | | C3（推）－31 | 山推 SD32 | 320hp | 1 | |
| | 装载机 | C3（装）－31 | 柳工 ZL50C | 3m³ | 1 | |
| | 挖掘机 | C3（挖）－31 | 沃尔沃 EC290B | 1.6m³ | 1 | |
| 右岸火烧寨沟存料场 | 挖掘机 | C3（挖）－09 | 神钢 SK450 | 2.0m³ | 1 | |
| | | C3（挖）－60 | 卡特 CAT330C | 1.8m³ | 1 | |
| | | C3（挖）－61 | 卡特 CAT330C | 1.8m³ | 1 | |
| | | C3（挖）－05 | 小松 PC400 | 1.8m³ | 1 | |
| | | C3（挖）－06 | 小松 PC400 | 1.8m³ | 1 | |
| | | C3（挖）－08 | 卡特 CAT320B | 1.6m³ | 1 | |
| | | C3（挖）－03 | 沃尔沃 EC460 | 2.4m³ | 1 | |
| | | C3（挖）－04 | 小松 PC650－5 | 3.8m³ | 1 | |
| | | C3（挖）－01 | 日立 EX870 | 4.5m³ | 1 | |
| | | C3（挖）－10 | 日立 EX1100 | 6.0m³ | 1 | |
| | 装载机 | C3（装）－04 | 柳工 CLG856 | 3m³ | 1 | |
| | | C3（装）－02 | 柳工 CLG856 | 3m³ | 1 | |
| | | C3（装）－03 | 徐工 LW320F | 1.7m³ | 1 | |
| | 吊车 | | | 25t | 5 | |
| | | | | 40t | 1 | |
| | 自卸车 | | | 20t | 49 | |
| | | | | 25t | 20 | |
| | | | | 42t | 8 | |
| | | | | 32t | 26 | |
| 上游左岸江桥备料场 | 挖掘机 | C3（挖）－35 | 沃尔沃 EC460 | 2.4m³ | 1 | |
| | | C3（挖）－33 | 沃尔沃 EC360 | 2.0m³ | 1 | |
| | 推土机 | C3（推）－33 | 小松 D85 | 220hp | 1 | |
| | 吊车 | | | 25t | 1 | |
| | 自卸车 | | | 32t | 6 | |
| | | | | 28t | 6 | |

| 部 位 | 设备名称 | 设备编号 | 设备型号 | 能力 | 数量 | 备注 |
|---|---|---|---|---|---|---|
| 左岸勘界河中渣场 | 挖掘机 | C3（挖）-37 | 小松 PC360 | 1.6m³ | 1 | |
| | | C3（挖）-38 | 阿特拉斯 3306 | 1.6m³ | 1 | |
| | | C3（挖）-39 | 卡特 CAT320 | 1.6m³ | 1 | |
| | 推土机 | C3（推）-32 | 小松 D8 | 220hp | 1 | |
| | 自卸车 | | | 20t | 64 | |
| 左岸勘界河下渣场 | 挖掘机 | C3（挖）-32 | 沃尔沃 EC360 | 2.0m³ | 1 | |
| | | | 日立 EX1200 正铲 | 6.0m³ | 1 | |
| | | C3（挖）-36 | 沃尔沃 EC460 | 2.4m³ | 1 | |
| | 装载机 | C3（装）-32 | 柳工 ZL50 | 3.0m³ | 1 | |
| | 吊车 | | | 25t | 2 | |
| | 自卸车 | | | 42t | 4 | |
| | | | | 20t | 64 | 与中渣场共用 |

**注** 截流施工投入挖掘机 20 台，推土机 8 台，装载机 6 台，吊车 8 台，自卸车 173 台，总计 215 台套。

（4）截流施工。10 月 20 日导流洞分流，业主提供的水情预报的来流量，10 月 20 日至 11 月 3 日，最小来流量 2420m³/s，鉴于来流量预报一直远大于设计截流量，根据 2007 年 19 日大江截流专题会议精神（〔2007〕71 号），大朝山调洪时段为 2007 年 11 月 3 日 0：00 开始，11 月 4 日 12：00 结束，结合武警水电第一总队实际施工的情况，糯扎渡大江截流于 11 月 3 日早 8：00 开始，戗堤实测轴线长度 111m，开始截流龙口宽度 66.6m，龙口水面宽度 50.1m，上游水位 607.9m，戗堤落差 2.2m，总流量 2480m³/s，导流洞分流量 816m³/s。

龙口段施工主要采用全断面推进和凸出上游挑角两种进占方式，抛投方法采用直接抛投、集中推运抛投和卸料冲砸抛投等方式，进占施工以右侧为主，左侧为辅。

设计龙口 Ⅰ 区进占 15m，实际施工 Ⅰ 区进占来流量大于 2200m³/s，进占 14h，抛投 42213.5m³（块石 18190m³），占总抛投量的近 61%，其中 3m³ 钢筋笼 747 个，4.5m³ 钢筋笼 40 个，四面体 140 个，六面体 14 个，每小时抛投强度 3015m³，即进占 1m 抛投石渣块石料 2814m³，抛投特殊材料 67 个，最大流量、流速均出现在这一时段。

设计龙口 Ⅱ 区进占 25m，实际施工 Ⅱ 区进占来流量大于 1120m³/s，进占 12h，抛投 25813m³，占总抛投量的近 37%，其中 3m³ 钢筋笼 366 个，4.5m³ 钢筋笼 20 个，四面体 146 个，六面体 10 个，每小时抛投强度 2151m³，即进占 1m 抛投石渣块石料 2010m³，抛投特殊材料 22 个。该时段龙口宽度为 42m，同时发生流态转换，而且次大流速发生在该位置。

设计龙口 Ⅲ 区进占 20m，实际施工区 Ⅲ 区进占来流量小于 1120m³/s，进占 1h，抛投 1650m³，占总抛投量的近 2%，其中 3m³ 钢筋笼 27 个，四面体 6 个，15t 六面体 1 个，每小时抛投强度 1650m³。此时段统计合龙龙口宽度较窄，最窄处仅 4m。

龙口进占过程中，因属上挑角戗堤进占，且流量大，戗堤上下游边坡均冲刷严重。施工过程中大部分测量数据均表明龙口宽度以轴线处最窄，部分位置上挑角突前进占时宽度会小于轴线宽度。戗堤进占施工中主要采用上挑角超前进占的抛投方式，施工过程中根据实际情况进行下游和中间的保护，在流量大冲刷严重的情况下左侧戗堤也采用上下挑角超前进占的抛投方式，实际施工中取得了明显的效果。抛投量基本与进占长度成正比（左岸抛投量 35%，进占长度 32%）。右侧堤头由于工作面较好，平均小时抛投强度接近左侧抛投强度的 1.6 倍。在进占施工过程中戗堤实际进占平面形状近似为梯形，实际施工基本与模型试验吻合，即为上游水位抬高，导流洞分流才充分；水流总是冲刷左戗堤；左下角有漩涡；形成石舌才能合龙，合龙后，石舌长约 145m，宽约 66m，最高石舌高程为 604.00m。

## 2.1.3　效果

### 2.1.3.1　截流综合技术难度处于世界前列

（1）糯扎渡心墙堆石坝坝高 261.5m，为在建的同类坝中属亚洲第一、世界第三的高坝，具有大落差、高流速、大单宽功率、龙口水力学指标高、截流规模大、抛投强度高、陡峭狭窄河床截流施工道路布置困难等诸多特点。

（2）截流综合水力学指标处于世界前列。截流设计流量为 1120m³/s，实际截流最大流量为 2890m³/s，实测龙口最大瞬间落差 8.15m，实测龙口最大垂线流速 10.1m/s，龙口最大单宽功率 528tm/sm，最大抛投强度为 3216m³/h。其截流施工技术难度大，特别是在大流量（最大来流量 2890m³/s）的狭窄河床截流中，其最大流速、落差和单宽功率等水力学指标均为世界前列，其截流水深、覆盖层厚度和抛投强度等指标也位居前列，综合施工技术具有很大挑战性。

（3）在高流速、大落差、大单宽功率和深覆盖层的陡峭狭窄河床采用双向进占、单戗立堵截流方式一次性截断河流属国内外罕见。

（4）导流洞进出口围堰拆除不彻底，由于导流洞进口底板高程与河床高程相差 19~24m，初期分流只有来水量 16.5%，必须把上游水位抬高到一定高度（5m 以上），分流才比较充分，两条导流洞才能同时过水，分流量可达 25%~30%。

（5）大江截流合龙后，必须在 12h 之内，将戗堤加高 5~8m，达到高程 620m，防止上游电站发电泄水淹没刚合龙的戗堤。即截流施工高强度抛投施工持续时间较长，施工管理难度大。

### 2.1.3.2　截流主要技术和创新效果显著，截流施工快速、安全、高效

（1）在高流速、高落差截流条件下，成功实施了双向进占、单戗立堵截流，促进了单戗立堵截流技术发展。糯扎渡大江截流施工难度是国内近 10 年来最大之一，其成功截流，为水电建设行业在大流量、高流速、高落差、大单宽功率工况下如何确保截流成功提供了宝贵施工经验，其关键施工技术和工艺可供类似工程借鉴，有较好的推广应用前景。

（2）采用先进施工技术，进占高速、安全。本项目截流技术综合难度较大，施工中采用挑角进占，龙口抛投采用上下挑角突前进占形成较大的滞留区。斜戗堤进占上挑角的选择，左侧进占挑角较小，在 10° 以内，右侧进占挑角较大，在 20° 以外，导流洞分流在左侧，戗堤轴线与河流方向夹角接近 70°。戗堤进占的正确决策为截流成功提供了技术保

障。抛投料组合的合理性更有利于戗堤进占，上下挑角采用钢筋笼串和四面体串，中部石渣料跟进。特殊料集中抛投的方式是截流进占的有效手段。钢筋笼串一般为 6～8 个，用 16mm 钢丝绳串起，为大截流创造了先例。

（3）系统周密的截流演练，施工组织高效、畅通。通过两次截流预演了解特殊材料的吊装进度、设备配置、人员指挥等，做到各料场、戗头指挥有序。改变截流材料，截流施工时由颗粒含量且比重较小的坝Ⅱ料改为当地料源充足而且质量较好的坝Ⅰ料进行了戗堤进占，减少了戗堤流失量。

（4）通信保障，政令畅通。截流施工中水情预报 24h 滚动播报，定时测量龙口的流速、落差分流情况，通过手机短信、电脑、对讲机等实时发布，对龙口进占抛投物料组合调配等进行科学合理的组织，确保了截流施工的成功。

（5）充足的设备、材料，有序的指挥是截流的关键。截流施工共计投入现场施工机械设备 215 台套，人员 1000 人，特殊材料 11724m³、3337 个钢筋笼、四面体，截流施工包括戗堤加高高强度抛投持续近 40h，充分体现了部队承担突击性任务集团化作战的优势。

（6）采用先进的工艺，确保了截流成功。钢筋笼串在本次截流中发挥良好的作用，将钢筋笼卸在堤头上游侧时，用钢丝绳连接成串，一般一串为 6～8 个钢筋笼，多时用 8～12 个钢筋笼，在钢筋笼端头卸一车石渣，用 320hp 推土机顺坡推进龙口，利用钢筋笼的柔软性，对龙口抛投进占起到良好的作用。用四面体为桩柱，放在堤头上游侧，当钢筋笼推下龙口时，用钢丝绳一头捆在四面体吊钩，一头捆在钢筋笼，拉住钢筋笼让其沉降到河床，起到固定特殊材料，使其能充分地落在龙口。为今后类似大型高难度截流提供了宝贵经验。

（7）保证截流道路标准，确保了高强度运输抛填要求。因地制宜在狭窄陡峭的河道截流施工中，针对现场施工交通条件的局限性，科学合理地设置了截流干道，右岸形成环行交通通道，保证路面宽度大于 12m，大大提高了物料运输能力，戗堤上游填筑了一条宽 15～20m 长 50m 的设备停放条带，减少截流后围堰加高培厚工程量，从而提高了龙口抛投强度，确保了截流的施工高效率。截流设计最大抛投强度为 2097m³/h，实际最大强度达到 3216m³/h，平均强度为 2580m³/h。尤其是右岸由于形成工作面及通行条件较好，抛投量约是左岸的 1.6 倍。

## 2.2　模型试验确定截流参数的方法

糯扎渡水电站心墙堆石坝坝高 261.5m，在同类坝中，属亚洲第一、世界第三的高坝，其截流施工难度居同行业前列，为确保截流成功，必须在施工前进行截流模型试验，验证招标及水力学计算成果，确定最终截流参数，为截流施工提供可靠的参数及标准。针对该问题，康迎宾提出了基于 ANSYS 的水电工程施工截流数值模拟方法、模型与实现技术，具体用 ANSYS 的 Mechanical APDL 模块建立河道几何模型，赋予初始值进行对应的模拟[7]，对于本研究中模型的建立具有极好的借鉴作用。

### 2.2.1　特点与难点

（1）在大流量（流量为 2890m³/s）、高流速（最大垂线流速 10.1m/s）、大落差（最大瞬间落差为 8.15m）工况下截流，龙口特殊材料需用量大、抛投强度高、堤头垮塌安全隐患大。

（2）左岸两条导流洞进口底板相差 5m，导流洞进出口围堰拆除不彻底，分流条件差，增加了截流难度。

（3）施工道路受地形和导流洞进出口位置制约，布置极其困难。

## 2.2.2　方法

### 2.2.2.1　模型制作与试验设计

（1）模型制作。模型为正态整体局部动床截流模型，按重力相似准则设计，模型与原型保持几何相似、水流运动相似和动力相似，几何比尺定为 1：60。1 号、2 号导流隧洞采用有机玻璃制作，糙率换算成原型为 0.01。模型起自上游围堰轴线以上约 700m，下游讫至下游围堰轴线以下约 900m，模拟原型河段 2400m（沿主流线）。模型采用等高线法用水泥砂浆塑制高程 625m 以下岸边及水下地形，龙口区域采用局部动床模拟。

（2）试验设计。试验对设计院提供的戗堤轴线位置进行了验证，从河床的地形地质条件、与防渗墙的位置关系、是否有利于隧洞分流等角度考虑，认为戗堤轴线位置是合理的。上游截流戗堤布置在勘界河下游处，呈直线布置，该轴线位于上游土石围堰轴线上游侧并与之平行，两轴线相距 6m。龙口设在河道中部靠左侧河床截流后，该戗堤结构将成为上游土石围堰堰体的一部分。

围堰混凝土防渗墙位于戗堤上游侧。下游截流戗堤轴线位于下游土石围堰轴线下游侧并与之平行，两轴线相距 46m，呈直线布置，该轴线龙口设在河道中靠左侧。河床截流后，该戗堤结构将成为下游土石围堰堰体的一部分。截流试验采用的抛投材料的种类和规格如下：小石（或石渣，原型粒径 0.1～0.3m）、中石（原型粒径 0.3～0.7m）、大石（原型粒径 0.7～1.0m）、特大石（原型粒径 1.0～1.6m）、4.6t 钢筋石笼（原型 1.2m×1.2m×2m）。

### 2.2.2.2　截流时段及流量论证

（1）设计截流时段及标准。根据总的施工进度安排，工程拟于 2007 年 10 月下旬至 11 月中旬截流，截流设计标准为 10 年重现期 11 月中旬旬平均流量（区间）＋大朝山两台机满发流量，即截流流量 $Q=1442\text{m}^3/\text{s}$。

（2）试验建议截流流量。试验对各级截流流量截流难度进行比较研究，试验成果表明：截流流量 $Q=1442\sim1815\text{m}^3/\text{s}$ 时，由于水力学指标极高，在进占龙口 60～30m 宽度时，多次发生进占戗堤冲刷溃毁现象，龙口合龙非常困难，截流进占过程中抛投材料流失严重，各种试验方案流失量占抛投总量达 30%～40%，抛投过程中需使用大量的大石、特大石，占到抛投总量的 65%～80% 以上；故建议将上游大朝山两台机组关闭，将截流流量降为 $Q=1120\text{m}^3/\text{s}$。

### 2.2.2.3　截流方案设计

（1）非龙口段进占设计。试验采用 10 年重现期 10 月下旬旬平均流量（区间）＋大朝山两台机满发流量 $Q=1815\text{m}^3/\text{s}$ 作为非龙口段进占流量，戗堤堤顶高程 615m，堤顶宽度

20m。以上戗口门区不存在显著的落差和抛投的石渣料不明显启动流失为控制条件。试验中观测到：当戗堤口门宽度 75～80m 时，左、右堤头抛投的石渣料在堤头坡面较稳定，未见启动流失；当口门宽度缩窄至 70m 时，左、右堤头抛投的石渣料有少量开始从坡面启动，滚向堤头下挑脚，极少量滚出戗堤范围流失。

综合上述水力学参数及戗堤左、右堤头抛投的石渣料在堤头坡面的稳定情况，选定龙口宽度为 75m，左岸戗堤预进占 25m。

（2）龙口合龙段设计。龙口合龙流量按试验推荐的截流难度最小流量 $Q=1120\mathrm{m}^3/\mathrm{s}$。

1）合龙方式。合龙采用上游单戗堤双向立堵进占的合龙方式。由于右岸交通、施工条件相对较好，故截流合龙试验中，右岸进占长度与左岸进占长度之比采用 2:1。

2）合龙程序。$B=75～60\mathrm{m}$ 进占，为了后续戗堤进占的稳定和防止冲淘，左堤头上挑角大石进占，下挑角也以大石进占，戗堤轴线部位用大石辅以中石跟进，进占堤头坡面上抛投材料未见明显冲刷流失，右堤头上挑角中石突前进占，下挑角中石跟进，随着进占的进行，抛投材料逐渐由坡面从直线下落变为顺坡面弧线下落，上挑脚进占6m 左右时换用大石进占，下挑角进占 8m 后换大石进占。$B=60～45\mathrm{m}$ 进占，该进占区段截流较困难，左堤头上挑角特大石、大石突前挑向上游进占，下挑角特大石、大石进占，戗堤轴线部位大石跟进，抛投材料开始流失在下游形成石舌，进占过程中戗堤头部有时发生冲刷坍滑现象，一般坍滑长度在 1～4m 左右，冲失的抛投材料主要延伸加高石舌，右堤头上挑角先大石突前挑向上游进占，进占 5m 后换特大石突前挑向上游进占，下挑脚及戗堤轴线部位大石跟进，部分抛投材料流失。$B=45～30\mathrm{m}$ 进占，该进占区段为截流困难段，左堤头上挑角特大石突前挑向上游进占，下挑角特大石辅以大石进占，戗堤轴线部位大石跟进，抛投材料流失较多，进占较困难，仍有坍塌现象发生，流失抛投材料大多用于抬高加大石舌，进占过程中戗堤下游的部分石舌已露出水面。右堤头上挑角特大石突前挑向上游进占，下挑角、戗堤轴线部位大石跟进，也时有戗堤坍滑发生，大量抛投材料流失，戗堤前进十分困难。$B=30～0\mathrm{m}$ 进占，该区段进占左堤头进占15m，右堤头进占 15m，左、右堤头同时进占合龙。左、右堤头上挑角用大石及部分特大石仍突前挑向上游进占，大量抛投材料流失，堤头缓慢前进，至左、右堤头上挑角坡脚逐渐抬出水面后，换中、小石合龙，由于戗堤渗流量较大，下挑角等部位用中石配合小石进占合龙。

不同龙口宽度水力特性参数见图 2.7 和图 2.8，由图可以看出当合龙流量 $Q=1120\mathrm{m}^3/\mathrm{s}$ 时，龙口最大落差 $z=8.33\mathrm{m}$，龙口最大平均流速 $v=8.00\mathrm{m/s}$，龙口最大平均单宽流量 $q=49.53\mathrm{m}^3/(\mathrm{s}\cdot\mathrm{m})$，龙口最大平均单宽功率 $n=245.06\mathrm{t}\cdot\mathrm{m}/(\mathrm{s}\cdot\mathrm{m})$，截流龙口水力学指标仍较高，但较截流流量 $Q=1442～1820\mathrm{m}^3/\mathrm{s}$ 明显下降。图中，$z$ 为戗堤落差（m）；$v$ 为龙口平均流速（m/s）；$q$ 为龙口平均单宽流量 $[\mathrm{m}^3/(\mathrm{s}\cdot\mathrm{m})]$；$n$ 为龙口平均单宽功率 $[\mathrm{t}\cdot\mathrm{m}/(\mathrm{s}\cdot\mathrm{m})]$。

抛投料用量及冲刷情况。合龙流量为 $1120\mathrm{m}^3/\mathrm{s}$、$1442\mathrm{m}^3/\mathrm{s}$ 时抛投料用量及冲刷情况见表 2.16 和表 2.17，与截流流量 $Q=1442\mathrm{m}^3/\mathrm{s}$ 相比，$Q=1120\mathrm{m}^3/\mathrm{s}$ 时抛投材料总用量减少约 30%，大粒径抛投材料用量减少约 40%，抛投材料流失量减少约 60%。可见截流流量 $Q=1120\mathrm{m}^3/\mathrm{s}$ 较截流流量 $Q=1442\mathrm{m}^3/\mathrm{s}$，截流难度明显降低。

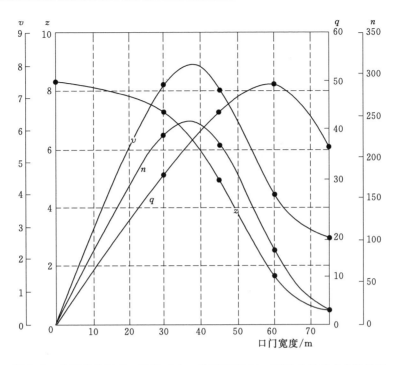

图 2.7　动床条件下 $Q=1120\text{m}^3/\text{s}$，戗堤顶宽 20m 截流龙口段水力特性图

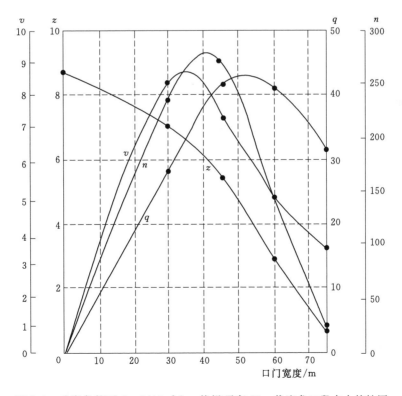

图 2.8　动床条件下 $Q=1442\text{m}^3/\text{s}$，戗堤顶宽 20m 截流龙口段水力特性图

表 2.16                              $Q=1120m^3/s$ 抛投材料用量表

| 抛投材料 | 小石/m³ | 中石/m³ | 大石/m³ | 特大石块/m³ | 合计/m³ |
|---|---|---|---|---|---|
| 小计 | 4350 | 11310 | 30378 | 18850 | 64888 |
| 各级抛投料占总量的百分比/% | 6.70 | 17.43 | 46.82 | 29.05 | 100.00 |
| 流失量/m³ | 0 | 290 | 6815 | 6670 | 13775 |
| 各级抛投料流失百分比/% | 0 | 2.56 | 22.43 | 35.38 | 21.23 |

表 2.17                              $Q=1442m^3/s$ 抛投材料用量表

| 抛投材料 | 小石/m³ | 中石/m³ | 大石/m³ | 特大石块/m³ | 合计/m³ |
|---|---|---|---|---|---|
| 小计 | 1885 | 15950 | 47777.5 | 33930 | 99542.5 |
| 各级抛投料占总量的百分比/% | 1.89 | 16.02 | 48.00 | 34.09 | 100.00 |
| 流失量/m³ | 0 | 1885 | 17835 | 14210 | 33930 |
| 各级抛投料流失百分比/% | 0 | 11.82 | 37.33 | 41.88 | 34.09 |

#### 2.2.2.4 结论

鉴于设计截流流量 $1442m^3/s$ 下，水力条件恶劣，抛投材料流失严重，建议关闭上游大朝山发电机组，将截流流量降低为区间流量即 $1120m^3/s$。

由于落差较大、流速较高，为保证截流工程顺利实施，建议各级配抛投材料尤其特大石料要准备充分，备料系数以 1.5～2.0 为宜。另外，还需准备一定量的钢筋石笼和四面体混凝土石串，以备截流最困难阶段使用。

左戗堤进占过程中，常发生坍塌现象，在左戗进占 60～30m 段，坍塌较为频繁，因此实际施工中应注意左戗堤人员及器械的安全。

### 2.2.3 效果

糯扎渡大江截流于 11 月 3 日 8：00 开始，历经 27h 顺利合龙，截流期间，最大流量 $Q=2890m^3/s$，最大垂线流速 10.1m/s，根据模型试验提供的参数及建议，进行了充足的准备，截流过程中合理应对，最终取得了截流成功。

## 2.3 高围堰高强度填筑施工技术研究方法

糯扎渡水电站大坝上游围堰为与坝体结合的土石围堰，堰顶高程 656m，围堰顶宽 15m，堰顶长 293m。高程 624m 以下上游面坡度为 1：1.5，高程 624m 以上上游面坡度为 1：3，下游面坡度为 1：1.5，最大堰高 84m。围堰防渗墙顶部高程 624m 以上采用土工膜斜墙防渗，土工膜斜墙坡度为 1：2，沿高程方向每 8m 设置一伸缩节，下部及堰基防渗采用混凝土防渗墙和帷幕灌浆，防渗墙厚度 0.80m。围堰设计挡水标准为 50 年一遇洪水，洪水流量 $17400m^3/s$，相应水库水位 653.661m，挡水时段为 2008 年 6 月至 2010 年 5 月。上游围堰结构体型见图 2.9。

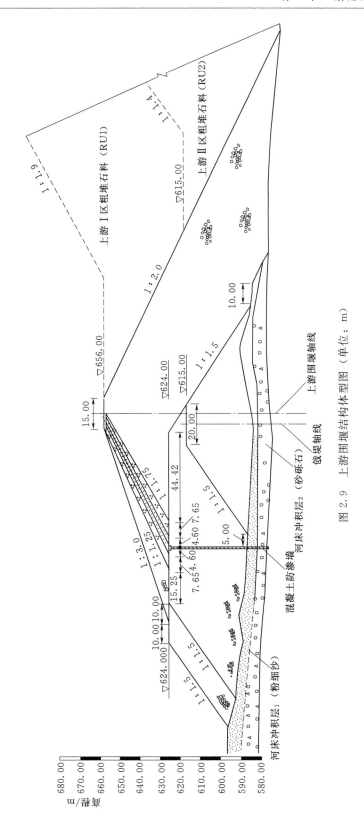

图 2.9　上游围堰结构体型图（单位：m）

### 2.3.1 特点和难点

(1) 上游围堰是坝体组成部分，围堰填筑量达 135 万 $m^3$，最大堰高 84m，防渗墙达 4580$m^2$，冲积层最大开挖高达 32m。工期紧、施工强度大，填筑料品种多，质量要求高。

(2) 围堰填筑施工期间需同时进行堰基的开挖，堰基开挖地质条件复杂，下伏约 12m 大孤石胶结层，需进行松动爆破后才能挖除，堰基开挖技术要求高，较原设计深度深约 10m，把堰基胶结层全部开挖到岩基，增加了开挖施工难度。

(3) 按照防洪度汛工程面貌要求，围堰填筑必须在 2008 年 5 月 31 日前达到高程 656m，填筑工期紧、任务重。

(4) 围堰填筑物料运输道路布置困难。受料源限制，围堰填筑料源都来自下游右岸火烧寨沟渣场，由于工期限制，围堰填筑与围堰、基坑开挖、岸坡帷幕灌浆交叉施工，运输道路布置的合理化和抗干扰能力是确保高围堰的按期完工的基础。

(5) 填筑规划和质量控制难度大。通过优化设计方案，斜墙干砌石后增设了粗堆石料，确保了围堰防渗体质量，同时也增加了施工难度，为此施工中对原堰体填筑方案进行流水作业的填筑重新规划，确保了高强度的堰体填筑施工。多品种料源高强度填筑施工，施工工艺复杂，质量控制难度大。

(6) 土工膜心墙填筑和质量检查。围堰结构体型复杂，填筑料品种多，斜墙土工膜两侧分别设置有过渡料Ⅰ、过渡料Ⅱ、坝Ⅰ料及护坡大块石，斜墙土工膜施工强度高，工序复杂，必须跨心墙填筑施工，施工时将跨越区域土工膜卷起，用彩条布包裹好；用装载机将事先制作好的简易桥吊装到位，跨过土工膜，随着填筑面上升，不断调整简易桥的位置。心墙防渗体是保证度汛安全的前提，质量检查要求高。

### 2.3.2 方法

#### 2.3.2.1 围堰开挖施工

围堰基础开挖包括堰肩开挖和河床部位堰基开挖，分两个阶段进行。截流前进行高程 624m 以上的堰肩及齿槽盖板混凝土基础开挖；截流后进行高程 624m 以下堰基开挖，高程 610m 以下的开挖在基坑抽水完成以后进行。围堰冲积层开挖前地形地貌见图 2.10。

图 2.10 围堰冲积层开挖前地形地貌图

（1）堰肩开挖。2007 年 7 月 8 日上游围堰堰肩开挖开始。由于受其他标段施工平台影响，7 月 18 日停止施工，于 7 月 28 开始恢复施工。截至 2007 年 8 月 20 日，右岸堰肩开挖完成，左岸 9 月 30 日开挖完成。

（2）堰基开挖。高程 624m 以下堰基开挖，是在截流后完成，高程 620m 防渗墙平台填筑完成后进行。基坑抽水前进行高程 624～610m 范围的堰基开挖。2008 年 2 月 7 日，基坑一次性抽水完成，开始进行高程 610m 以下河床冲积层开挖。

堰基开挖采用自上而下分层进行。覆盖层及河床冲积层采用液压反铲直接装 20～42t 自卸车运往火烧寨沟弃渣场。岸坡大孤石采用手风钻钻孔爆破解小，陡崖体采用 YQ100B 潜孔钻钻爆后形成不陡于 1∶0.3 的坡比。河床冲击层开挖 165005.95m³，较原设计增加约 6 万 m³。

堰基高程 583.5m 以下为大孤石胶结层，干密度达 2.25～2.34g/cm，3 月 8 日专家咨询意见认为可作为围堰基础的条件。但鉴于高坝的重要性，3 月 9 日晚，业主、设计、监理等在现场要求全部挖至基岩面。围堰胶结层开挖前地形地貌见图 2.11。

图 2.11 围堰胶结层开挖前地形地貌图

高程 583.5m 以下采用胶结层松动爆破、自上而下分层开挖。最低开挖出露基岩面为高程 572m。胶结层开挖方量约 2 万 m³，受地形限制、围堰渗水影响，截至 3 月 20 日，堰基河床部位开挖完成，通过了业主、设计、监理和施工 4 家单位的联合验收。

#### 2.3.2.2 围堰填筑施工

围堰填筑于 2008 年 3 月 20 日开始，于 2008 年 5 月 31 日完成，总计施工时间 73d，围堰填筑河床狭窄，较原设计开挖线低近 10m，冲积层最大开挖高达 32m，最小填筑断面宽仅 15m，填筑工序复杂，需同时进行中间设斜墙土工膜防渗体的 4 种不同品种的料源（过渡料Ⅰ、过渡料Ⅱ、粗堆石料、块石护坡）同时填筑，高陡河床狭窄断面复杂工序下围堰填筑施工实现了创纪录的高强度填筑施工，平均 1.33 万 m³/d，39.3 万 m³/月，坝Ⅰ料平均填筑上升速度 1.16m/d，最高峰强度达到 2.8 万 m³/d。如期实现了一汛的度汛目标。

1. 围堰填筑施工工艺

（1）填筑作业区划分。上游围堰前期填筑已形成高程 620m 防渗墙施工平台，河床实际开挖出露的基岩面最低高程为572m。根据现场实际，堰体下游部分从河床基岩面开始往上填筑的区域为一作业区，该作业区为单纯的坝Ⅰ料，有利于加快施工进度；堰体的上游部分从高程620m开始填筑上升，至高程624m后，料的品种多，同时须铺设土工膜，施工条件复杂，工序多，工艺要求高，施工进度难以加快，该区域为二作业区。两个作业区平行施工，一作业区填筑上升至与二作业区齐平时再整体平起上升。

（2）主要施工工艺流程。填筑施工程序。测量放样→基础面（填筑面）验收合格→铺料→洒水→碾压→取样→下一循环。

上游围堰高程624m以上各品种料填筑施工顺序。Ⅰ区粗堆石料→过渡料Ⅱ（下游侧）→过渡料Ⅰ（下游侧）→土工膜→过渡料Ⅰ（上游侧）→过渡料Ⅱ（上游侧）→Ⅰ区粗堆石料（上游侧）→上游块石护坡。

（3）主要施工方法。

1）测量放线。根据实际开挖完成的基础地形，按设计施工图纸在填筑基础面逐层放样出各填筑料区的分界线，并洒上白灰线做出明显的标记，以确保填筑料区和填筑体型满足设计要求；每一填筑层在铺料过程中，通过测量检测铺料厚度，碾压完成后，按20m×20m网格定点测量碾压层面，用以检测碾压层面的填筑层厚以及平整度。

2）铺料平仓。坝Ⅰ区粗堆石料主要采用进占法铺料。进占法铺料有利于保证铺筑层面的厚度及平整度，同时有利于确保填筑坝料的良好级配。铺筑层厚为100cm，层厚误差不超过层厚的±10%。铺料过程，在填筑面前方设置移动式厚度标尺，方便操作手掌握铺料层厚情况，同时，通过网格测量检查铺料厚度情况。对于铺层超厚的部位，由推土机进行减薄处理；在靠近左右岸坡面2.0～3.0m范围采用粒径小于30cm的细料铺筑，防止岸坡部位出现架空；填筑面上大块石集中的部位，采用装载机配合反铲将大块石分散铺筑，防止填筑体出现架空现象；过渡料Ⅰ、过渡料Ⅱ由火烧寨沟砂石加工系统生产供料。采用后退法铺料，铺料厚度35～50cm，前期铺料按碾压试验确定的参数铺厚35cm，施工过程中，为了更好地与坝Ⅰ料填筑匹配，采用铺厚50cm，增加碾压遍数，并经现场碾压取样验证。过渡料Ⅱ采用推土机平料，过渡料Ⅰ采用小型反铲、人工配合平料，以防止土工膜被机械损伤。土工膜两侧过渡料填筑平起上升。先铺筑土工膜下游侧过渡料再铺筑上游侧过渡料，上、下游两侧填料高差不超过1.0m。运输车辆跨过土工膜的部位，采用30cm×30cm的木方搭设简易桥，同时对土工膜做好保护。

3）洒水。围堰Ⅰ区粗堆石料在铺料过程和碾压前进行洒水。上游围堰Ⅰ区粗堆石料填筑利用右岸高程656m临时供水系统接水管引至工作面，同时在进入填筑作业面前设置临时坝外加水站对运输坝料进行加水，作业面由人工现场补充洒水，局部采用20t洒水车直接洒水；Ⅰ区粗堆石料洒水量按10%（体积比）控制，其中在坝外加水占50%左右，填筑面补充洒水占50%左右。过渡料由于是新加工生产的成品料，自然含水约6%左右，因此填筑时不洒水。

4）水平碾压。围堰Ⅰ区粗堆石料采用26t自行式振动碾。碾压8遍，采用进退错距法碾压，错距宽为25cm。振动碾振动碾压行走方向平行于围堰轴线方向，行走速度控制在2.0～3.0km/h范围。岸坡局部碾压不到的边角部位采用液压振动板压实；围堰过渡料采用26t自行式振动碾静碾6遍，碾压采用搭接法，搭接宽度不小于15cm，行走方向平行于围堰轴线方向，行走速度控制在 2.0～3.0km/h。

（4）岸坡及搭接界面的处理。岸坡倒悬体及坑槽的处理。上游围堰高程 603.00m 以下左、右岸坡的倒悬体在填筑前采用光面爆破爆除，形成不陡于 1：0.3 边坡；局部倒悬的坑槽采用 C15 混凝土回填，形成整体不陡于 1：0.3 边坡。

与岸坡接触部位的处理。围堰Ⅰ区粗堆石料与岸坡接触部位采用铺填粒径小于 30cm 的细料过渡，利用反铲铺料和修边。与岸坡接触部位的填筑料，振动碾碾压不到的部位采用液压振动板压实。

临时边坡的处理。先填筑的填筑体临时边坡，在后填筑体填筑上升时，先填筑体的临时边坡采用反铲将临时边坡的松散体挖除，与同层的填筑体一起碾压。

（5）超径石的处理。

超径石的处理主要在回采料场进行，存料场回采料时，出现的超径石采用 $3m^3$ 装载机和推土机集中在不影响挖装料以及车辆交通的部位，利用交接班空闲时间采用手风钻钻爆解小、个别采用液压冲击破碎锤解小的方法处理。对于个别运输到填筑面的超径石采用 $3m^3$ 装载机挖运至上游面块石护坡区用作护坡块石。

2. 围堰填筑碾压施工参数

围堰填筑碾压的施工参数见表 2.18。

表 2.18　　　　　　　　　　围堰填筑碾压的施工参数表

| 序号 | 料物名称 | 铺料层厚 /m | 碾压设备及遍数 | 行驶速度 | 洒水量 | 料源 |
|---|---|---|---|---|---|---|
| 1 | 过渡料Ⅰ | 0.35、0.5 | 26t 振动碾/静碾 6 遍 | 2.0～3km/h | 不洒水 | 火烧寨沟砂石加工系统生产 |
| 2 | 过渡料Ⅱ | 0.35、0.5 | 26t 振动碾/静碾 6 遍 | 2.0～3.0km/h | 不洒水 | 火烧寨沟砂石加工系统生产 |
| 3 | Ⅰ区粗堆石料 | 1.0 | 26t 振动碾/静碾 8 遍 | 2.0～3.0km/h | ＞10% | 从火烧寨沟Ⅰ区存料渣场回采和消力塘开挖料直接填筑 |
| | | | 20t 拖碾 8 遍 | | | |

3. 围堰填筑运输道路规划与利用

上游围堰填筑道路：上游围堰填筑主要利用右岸至火烧寨截流施工道路 R3，同时上游围堰填筑时在堰后填筑形成上游围堰堰后公路（R7），路宽 12.0m，平均坡度 12%，与大坝开挖填筑施工道路连通。考虑一汛的度汛安全，围堰填筑施工期间，始终保持右岸高度 615m 主干道畅通，堰基未开挖验收之前，以堰基开挖为主，以填筑施工为辅进行施工，主要保证堰基开挖运输车辆通畅；堰基开挖完成后，以高程 624m 以下填筑为主，以高程 624m 以上填筑为辅安排协调运输车辆，最大限度地利用了 R3 主干道，创造了月强度 39.3 万 $m^3$/月，坝Ⅰ料平均填筑上升速度 1.16m/d 的多品种料源高围堰填筑的施工记录。围堰填筑施工道路平面布置图见图 2.12。

4. 围堰填筑规划和施工组织

根据现场的实际施工情况以及施工进度情况，为了加快上游围堰Ⅰ区堆石料的施工进度，确保在 2008 年 5 月底前上游围堰填筑到顶高程 656m，对堆石料区的坡度进行了调整，下游侧坝坡坡比从 1：2.0 调整为 1：1.5。块石护坡水平宽度调整为 3m，块石护坡增设Ⅰ区堆石料，按Ⅰ区料碾压标准进行碾压。

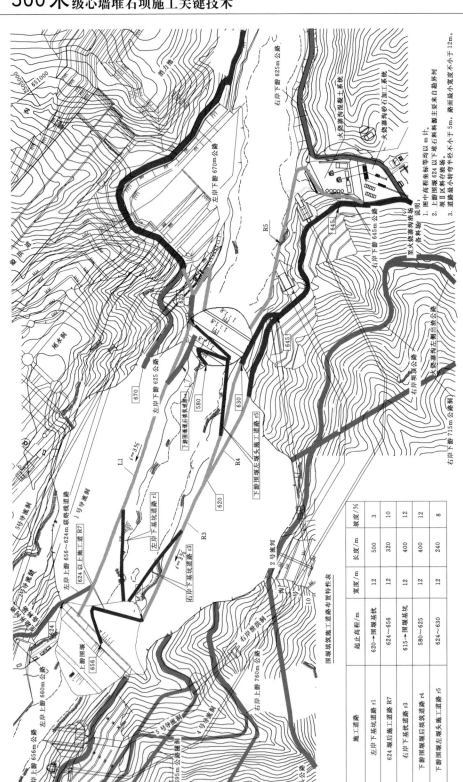

图 2.12 围堰填筑施工道路平面布置图

围堰填筑施工道路布置特性表

| 施工道路 | 起止高程/m | 宽度/m | 长度/m | 坡度/% |
|---|---|---|---|---|
| 左岸下基坑道路 r1 | 620→围堰基坑 | 12 | 500 | 3 |
| 624堰后施工道路 R7 | 624~656 | 12 | 320 | 10 |
| 右岸下基坑道路 r3 | 615→围堰基坑 | 12 | 400 | 12 |
| 下游围堰堰后填筑道路 r4 | 580~625 | 12 | 400 | 12 |
| 下游围堰左堰头施工道路 r5 | 624~630 | 12 | 240 | 8 |

68

上游围堰前期填筑已形成高程 620m 防渗墙施工平台，河床实际开挖出露的基岩面最低高程为 572m。根据现场实际情况，堰体下游部分从河床基岩面开始往上填筑的区域为一作业区，该作业区为单纯的坝Ⅰ料，有利于加快施工进度；堰体的上游部分从高程 620m 开始填筑上升，至高程 624m 后，料的品种多，同时须铺设土工膜，施工条件复杂，工序多，工艺要求高，施工进度难以加快，该区域为二作业区。

两个作业区平行施工，一作业区填筑上升至与二作业区齐平时再整体平起上升。

两作业区填筑作业面平行堰轴线划分 1～3 个工作面（宽度方向需大于 20m）组织流水施工，主要设备的配置以最大强度 3 万 m³/d 考虑，即 4 台振动碾和 3 台推土机考虑，运输及挖装设备保证以振动碾的正常施工配置和运行，以最大限度地保证堰体填筑强度。

5. 围堰填筑斜墙土工膜施工技术

上游围堰土工膜设置于堰体偏上游的部位，在高程 624m 与混凝土防渗墙相连接，左右岸坡锚固于盖板混凝土上，上下游侧铺填过渡料Ⅰ、过渡料Ⅱ与粗堆石料过渡。借鉴国内已经建成的围堰工程的成功经验，考虑到土工膜斜墙具有施工速度快、受气候影响小而且造价低等特点，考虑斜墙土工膜施工[8]。土工膜材料规格为：350g/0.8mmPE/350g，铺设总量约 20000m²。土工膜结构详图参见图 2.13 和图 2.14。选购的土工膜为山东莱芜市盛源土工合成材料有限公司生产的产品。土工膜使用前对母材和接头进行了取样试验，试验成果满足设计及规范要求。土工膜出厂时每卷的幅宽 4～6m，长 30～40m，因此铺设时需要连接形成整体的膜体。

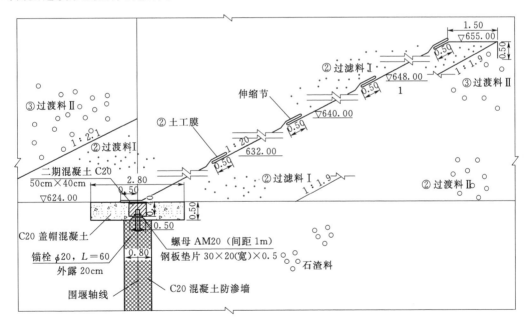

图 2.13　上游围堰土工膜与防渗墙的连接及伸缩节详图（单位：m）

（1）施工工艺流程。过渡料Ⅱ（下游侧）→过渡料Ⅰ（下游侧）→土工膜→过渡料Ⅰ（上游侧）→过渡料Ⅱ（上游侧）。

（2）土工膜的连接方法。土工膜的连接主要采用专用焊机搭接焊接，局部无法焊接的

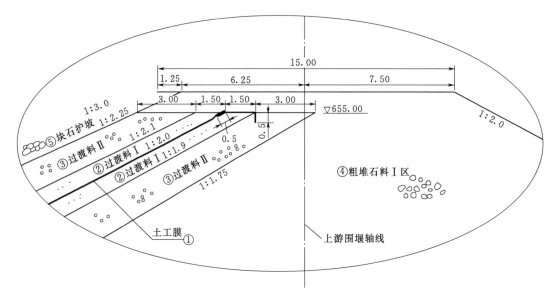

图 2.14　土工膜结构详图（单位：m）

部位采用专用胶粘接。

　　焊接或粘接均在现场设置的简易工作平台上进行。每条焊缝正式施焊前，根据当时的气温、风速情况先裁剪一块长 100cm，宽 20cm 的土工膜进行试焊，以修正焊接参数，目测焊缝合格后，根据修正后的焊接温度和焊接速度正式焊接。土工膜的接缝施工安排在白天进行。

　　（3）铺设施工。按照土工膜自身的幅宽左右方向及下部连接成整体，并检查验收合格后即可进行铺设。铺设前，先填筑其下游侧的过渡料Ⅰ、过渡料Ⅱ，按要求铺料、碾压上升两层，然后按设计要求的坡度对铺膜基底进行整修并用振动平板振打坡面密实后，再铺设土工膜，然后再填筑其上游侧的过渡料Ⅰ、过渡料Ⅱ，按要求铺料、碾压上升两层。填筑其下游侧的过渡料Ⅰ、过渡料Ⅱ时，人工卷叠土工膜摆放在其上游侧的过渡料Ⅰ填筑面上；填筑其上游侧的过渡料Ⅰ、过渡料Ⅱ时，人工卷叠土工膜摆放在其下游侧的过渡料Ⅰ填筑面上。如此循环上升。土工膜铺设应尽量松弛，伸缩节严格按图纸要求设置。

　　（4）跨越土工膜的交通保护。上游围堰填筑时，由于上游面没有施工道路，运输车辆、填筑碾压等设备需跨越土工膜，为防止设备跨越土工膜时将其破坏，采取如下保护措施：将跨越区域的土工膜卷起，用彩条布包裹好；用装载机将事先用制作好的简易桥吊装到位，跨过土工膜；车辆等设备必须从简易桥上通过。简易桥随着填筑面的升高，频繁调换位置。

### 2.3.2.3　高围堰填筑施工质量控制

　　围堰填筑施工过程中，重点对填筑料源、铺料厚度、洒水量、碾压、边角处理等环节质量进行控制，土工膜施工质量也是控制的重点。

　　（1）填筑料源质量控制。围堰填筑料源主要从火烧寨沟坝Ⅰ料存料场回采，回采取料采用自上而下分层挖料的方法，层厚按不大于 6m 控制。取料过程中，设专职质检员巡视检查，控制回采填筑料质量，取料过程中出现超径石，安排 $3m^3$ 装载机集中在不影响开采作业面的部位，采用液压破碎锤解小或解炮解小的方法处理。在料场周边取料时，设专人检查，防止将周边腐殖土、树根等不合格料运输上坝。

（2）铺料控制。铺料前，对填筑作业面洒上白灰线，明确铺料填料范围，铺料过程中，在铺填面前方摆放厚度标尺，便于操作手掌握铺层厚度，同时设专人监控，发现铺料超厚的部位，立即指挥推土机作减薄处理。铺料过程中，发现个别超径石，立即指挥反铲或装载机挖除。根据实测资料，上游围堰填筑，坝 I 料最大铺料厚度 110cm，最小铺料厚度 80cm，平均厚 95cm。下游围堰填筑坝 I 料最大铺料厚度 110cm，最小铺料厚度 90cm，平均厚 100cm。

（3）洒水控制。围堰填筑坝 I 料洒水，主要在填筑作业面上采用人工洒水和洒水车洒水相结合的方式。洒水量采用水表计量。洒水在铺料过程和碾压前进行。上游围堰右岸专门设置临时供水系统，给上游围堰填筑作业面洒水。下游围堰主要由洒水车在填筑作业面上洒水。总体洒水量基本达到 10%（体积比）。

（4）碾压控制。碾压过程中，配置专人监控，重点对碾压机的振动情况、行走速度、行走方向、碾压遍数、错距等进行监控。对不满足要求的立即纠正。

（5）边角处理。围堰填筑边角部位采用铺填粒径小于 30cm 的细料过渡，利用反铲铺料和修边。与岸坡接触部位的填筑料，振动碾碾压不到的部位采用液压振动板压实。碾压前对局部边角块石较集中的部位采用反铲将块石剔除并用细料回填平整，再用液压振动板压实。

（6）土工膜铺设质量控制。土工膜铺设过程中，配置了专职质检员旁站检查。铺设前，对土工膜原材料进行了全面查看，并经监理工程师检查验收合格后才进行铺设。焊接、粘接等接缝经现场监理工程师检查合格后才覆盖。土工膜两侧的过渡料采用 26t 自行碾静压 6 遍。

## 2.3.3　效果

### 2.3.3.1　施工总体评价

上游围堰实际填筑最大坝高达到 84m。50 年一遇洪水库容超过 6 亿 $m^3$，相当于一个大型水库。围堰从 2008 年 3 月 20 日开始填筑，截至 2008 年 5 月 31 日堆石料填筑至 656m 的设计高程，共计 73d，平均每天上升 1.16m，这样的施工上升速度是很少见的。在高强度施工的情况下，优良率达到了 85% 以上，确保了围堰在一个枯期内完工，上、下游围堰自竣工以来运行良好，确保了 2008 年糯扎渡工程安全度汛，为基坑开挖和坝体填筑提供了有力的保障。

1. 围堰填筑试验检测情况

（1）上游围堰坝 I 堆石料填筑共计取样检测 122 组，孔隙率平均值 18.0%，干密度标准差 $0.060g/cm^3$，干密度变异系数 0.028，合格率 100%，符合规范及设计要求。

（2）上游围堰过渡 I 共计取样检测 62 组，相对密度平均值 1.04，最大值 1.21，最小值 0.81，干密度标准差 $0.060g/cm^3$，干密度变异系数 0.030，合格率 100%，符合规范及设计要求。

（3）上游围堰过渡Ⅱ共计取样检测 60 组，干密度平均值 2.10g/cm³，最大值 2.40g/cm³，最小值 1.91g/cm³，干密度标准差 0.092g/cm³，干密度变异系数 0.044，合格率 100%，符合规范及设计要求。

图 2.15　上游围堰竣工效果图

**2. 围堰填筑质量评价**

过渡料Ⅰ填筑 162 个单元，合格率 100%，优良 147 个单元，优良率 90.7%；过渡料Ⅱ填筑 155 个单元，合格率 100%，优良 138 个单元，优良率 89.0%；粗堆石料填筑 164 个单元，合格率 100%，优良 144 个，优良率 87.8%；土工膜 8 个单元，合格率 100%，优良 7 个单元，优良率 87.5%；护坡 8 个单元，合格率 100%，优良 3 个单元，优良率 37.5%；上游围堰总体施工质量满足设计及相关规范要求。上游围堰竣工效果图见图 2.15。

#### 2.3.3.2　高围堰填筑施工主要成果及技术创新

（1）填筑方量和堰体高度，创高围堰施工之最。大坝上游围堰填筑总量达 135 万 m³，填筑时间内，平均 1.5 万 m³/d，39.3 万 m³/月，平均每天上升 1.16m，最高峰强度达到 2.8 万 m³/d。在一个枯水期内完成了围堰的建成运行，为后续基坑开挖和坝体填筑施工打下了坚实的基础，同时也创国内高土石围堰施工之最。

（2）斜墙土工膜围堰，料源品种多，施工工艺复杂，质量要求高，开高土工膜斜墙围堰施工之先河。斜墙土工膜围堰，上游侧坡比 1:3.0，土工膜斜墙坡度为 1:2，沿高程方向每 8m 设置一伸缩节。围堰从上到下依次需施工水平宽度 3.0m 块石护坡，最窄断面宽仅 3m 的Ⅰ区料、最窄处仅宽 3.0m 过渡料Ⅱ、最窄处仅宽 1.5m 过渡料Ⅰ、复合土工膜、最窄处仅宽 1.5m 过渡料Ⅰ、最窄处仅宽 3.0m 过渡料Ⅱ、Ⅰ区料，而过渡料Ⅰ最宽处 4.6m，过渡料Ⅱ最宽处 7.65m，围堰体型结构复杂，施工工艺复杂，且土工膜上游侧无交通道路，填筑施工必须跨斜墙土工膜，而上游围堰等级为 3 级建筑物，为使用两个汛期的挡水建筑物，其土工膜及堰体填筑施工质量要求高，在要求高工期紧的情况下，上游围堰在一个枯期（73d）完工，目前运行情况良好，开高土工膜斜墙围堰施工之先河。

## 2.4　围堰防渗墙生产性试验

糯扎渡水电站围堰防渗墙生产性试验施工在上游围堰左岸肩防渗墙轴线高程 624m 平台进行，试验部位桩号 0+106.98~0+116.78m，试验施工的轴线长度为 9.8m，其中一期槽孔（试 SF1）长 6.8m，二期槽孔（试 SF2）长 3.8m，分段作业，依次成墙，成墙面积 177.39m²。

## 2.4.1　特点与难点

（1）进行防渗墙成槽的造孔施工试验，以确定该工程的造孔、成槽施工工效，合理布置生产施工设备，保证工程进度和质量。

（2）明确孔内出现大孤石、漏浆、塌孔、孔低落淤等特殊情况处理措施。

## 2.4.2　方法

### 2.4.2.1　试验目的

（1）进行防渗墙成槽的造孔施工试验，以确定该工程的造孔、成槽施工工效，合理布置生产施工设备，保证工程进度和质量。

（2）固壁泥浆性能试验，检验当地黏土材料造浆的性能情况，以指导防渗墙工程施工。

（3）混凝土配比试验，确定符合工程施工质量要求的混凝土配合比。

（4）确定预灌方案及采用预灌后的成槽施工工效。

### 2.4.2.2　试验施工准备

（1）施工设备选择。CZ-30 冲击钻机具有地层适应性强，钻具重量大，钻进效率高等特点；BH-12 型半导杆液压抓斗生产厂家为意大利土力公司，主机为奔驰发动机，液压抓体为可旋转型，该抓斗闭斗压力 30MPa，抓取能力强，可旋转导杆对施工场地适应性强，有纠偏装置，发动机维修频率低、保证率高；泥浆净化机采用 ZX-200 型；接头管采用 YJB-800 液压拔管机；岩芯取芯采用重庆机械厂生产的 XY-2 地质钻机。

（2）施工导墙及施工平台浇筑。导向槽是在地层表面沿防渗墙轴线方向设置的临时构筑物。导向槽的作用在于标定防渗墙位置、成槽导向、锁固槽口；保持泥浆液面；槽孔上部孔壁保护、外部荷载支撑。导向槽的稳定是混凝土防渗墙安全施工的关键。试验槽段导向槽两侧墙体采用混凝土结构，梯形断面，现浇 C20 混凝土构筑，槽内净宽 100cm，墙高 160cm，顶面高于施工场地 10cm 以阻止地表水流入。倒渣平台表面浇筑厚 10cm 的素混凝土。泥浆沟采用浆砌石结构，砂浆抹面。施工平台总宽度 15.0m。

### 2.4.2.3　试验施工过程及质量控制

1. 施工程序

围堰混凝土防渗墙施工按槽段划分。分两期施工，首先施工一期槽，再施工二期槽。分段作业，依次成墙。同一槽内，先钻主孔，后抓副孔。

2. 试验槽孔划分

试验分 2 个槽孔施工，其中试 SF1 槽孔采用三钻两抓的成槽工艺，按 5 个孔布置，3 个主孔，2 个副孔，副孔由抓斗抓取。试 SF2 槽孔采用二钻一抓成槽，主孔 0.8m，副孔 2.2m，见图 2.16。考虑到抓斗施工的局限性，对施工中遇到的特殊情况及基岩部分仍要采用冲击钻成槽。

3. 施工工序

施工准备→主孔钻进→主孔终孔→副孔劈打→打小墙→修孔壁→槽孔验收→清孔→清孔验收→混凝土浇筑→质量验收。

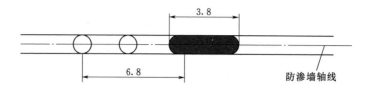

图 2.16　防渗墙施工试验槽孔划分布置示意图（单位：m）

4. 造孔

防渗墙造孔主孔采用 CZ-30 冲击钻机钻孔，副孔采用 BH-12 抓斗抓取；钻孔取芯采用 XY-2 型岩芯钻机；孔壁采用膨润土和黏土混合泥浆护壁；槽孔周边采用预灌水泥膨润土泥浆处理防止塌孔；槽段连接采用"接管法"的施工工艺。

槽孔施工时，用抽筒抽取岩样进行鉴定，确定岩石界面。然后根据确定的岩面高程和设计要求嵌入基岩的深度确定终孔深度。施工机组按已确定深度钻至终孔时，进行终孔验收。为确保墙体达到入岩标准，取岩渣鉴定时，规定所取岩渣母岩成分须达到 50%。为提高可靠性，基岩面确定后，每 20cm 深度取 1 个岩样复鉴，以避免误判。试验中，为更准确判断岩面深度，取岩样分析，同时分别在试 SF1-1、试 SF1-3、试 SF2-1、试 SF2-3 部位用岩芯钻钻孔取芯进行岩性判定。岩性鉴定成果见表 2.19。

表 2.19　　　　　　　　　　　　　　　岩 性 鉴 定 成 果

| 槽孔 | 单号孔 | 取样号 | 孔深/m | 高程/m | 岩样描述 |
|---|---|---|---|---|---|
| 试 SF1 | 1-1 | 1 | 9.5 | 614.5 | 强风化与弱风化交界面，含少量花岗岩碎块 |
| | | 2 | 10.0 | 614.0 | 弱上花岗岩，含弱上花岗岩碎块 90%，棱角分明 |
| | | 3 | 10.5 | 613.5 | 弱上花岗岩，含弱上花岗岩碎块 100%，棱角分明 |
| | 1-3 | 1 | 9.8 | 614.2 | 强风化与弱风化交界面，含少量花岗岩碎块 |
| | | 2 | 12.0 | 612.0 | 弱上花岗岩，含弱上花岗岩碎块 90%，棱角分明 |
| | | 3 | 13.0 | 611.0 | 弱上花岗岩，含弱上花岗岩碎块 100%，棱角分明 |
| 试 SF2 | 2-1 | 1 | 11.5 | 612.5 | 强风化岩，岩芯呈浅黄色，砂土状 |
| | | 2 | 18.0 | 606.0 | 见弱风化上部花岗岩，岩芯呈柱状 |
| | | 3 | 19.0 | 605.0 | 弱风化上部花岗岩，岩芯呈长柱状 |
| | 2-3 | 1 | 14.0 | 610.0 | 强风化岩，岩芯呈浅黄色，砂土状 |
| | | 2 | 20.0 | 604.0 | 见弱风化上部花岗岩，岩芯呈柱状 |
| | | 3 | 21.0 | 603.0 | 弱风化上部花岗岩，岩芯呈长柱状 |

防渗墙孔槽宽度要求不小于 80cm，主孔的终孔深度要求在弱风化岩层以下 50cm，副孔的深度按照相邻的两个主孔深度确定，为较浅的主孔深度再加上两相邻主孔孔深差的 23%。孔斜要求不大于 0.4%，有孤石等特殊地层不大于 0.6%。施工过程中，加强钻孔偏斜的检查工作，当发现钻孔偏斜有超标趋势时，放慢施工速度，纠正孔斜。钻孔偏斜采用重锤法测量检查；孔深检查采用钢丝测绳直接测量；槽孔宽度检查采用测量钻头直径结合测量钻孔偏斜的方法进行。通过对试 SF1 检测 5 个孔、试 SF2 检测 3 个孔后认为，检测成果均满足要求。具体检测成果见表 2.20 和表 2.21。

表 2.20 试 SF1 造孔检测结果

| 单孔号 | 孔深/m | 嵌入基岩深度/m | 孔径宽度/cm | 最大孔径/% |
|---|---|---|---|---|
| 1 | 10.68 | 1.18 | 81 | 0.17 |
| 2 | 12.93 | 2.18 | 81 | 0.17 |
| 3 | 13.25 | 1.25 | 81 | 0.11 |
| 4 | 17.18 | 2.18 | 82 | 0.21 |
| 5 | 19.25 | 1.25 | 82 | 0.27 |

表 2.21 试 SF2 造孔检测结果

| 单孔号 | 孔深/m | 嵌入基岩深度/m | 孔径宽度/cm | 最大孔径/% |
|---|---|---|---|---|
| 1 | 19.25 | 1.25 | 81 | 0.18 |
| 2 | 20.48 | 1.48 | 80.5 | 0.18 |
| 3 | 21.15 | 1.15 | 81 | 0.16 |

5. 槽段接头连接

槽段间接头连接采用"接头管法"施工工艺，在一期槽段混凝土浇筑前，将接头管置入接头孔位置，待混凝土浇筑达到一定强度后，用 YJB - 800 自动液压拔管机拔出接头管形成接头孔。

6. 清孔换浆

槽孔验收合格后进行清孔换浆。清孔换浆采用泵吸反循环法，用 1 台 6BS 型砂石泵和空压机气举抽吸孔底泥浆，经排渣管至 ZX - 200 型泥浆净化机处理后使泥浆流回槽孔内，并用空心冲击钻头进行冲击扰动，以使沉渣悬浮。在清孔的同时，不断地向槽内补充新鲜泥浆，以改善槽孔内泥浆的性能，补充新浆的数量，直到槽内泥浆各项性能指标符合设计标准为止（新制膨润土及混合泥浆配合比见表 2.22，现场泥浆性能指标控制标准见表 2.23）。若槽内泥浆浓稠、槽内泥沙沉积较多时，采用泵吸反循环与抽筒法配合的方式进行清孔。清孔换浆后 1h，应满足孔底淤积厚度不大于 10cm、泥浆密度不大于 1.25g/cm³、泥浆黏度不大于 40s、泥浆含砂量不大于 10% 的标准。

表 2.22 新制膨润土及混合泥浆配合比

| 材 料 | 水/L | 膨润土/kg | 黏土/kg | 食用盐/kg |
|---|---|---|---|---|
| 膨润土浆 | 960 | 80 | | 2~3 |
| 混合泥浆 | 839~841 | 20 | 340~346 | 2~3 |

注 施工中所采用的配合比，根据实际情况进行适当调整。

表 2.23 现场泥浆性能指标控制标准

| 项 目 | 密度/(g·cm⁻³) | 马氏漏斗黏度/s | pH 值 | 含砂量/% |
|---|---|---|---|---|
| 新制泥浆 | 1.05~1.20 | >28 | 7~11 | |
| 槽内泥浆 | 1.3 | 30~50 | 8~11 | |
| 清孔换浆 | 1.25 | 40 | 8~11 | 10 |

二期槽孔在清孔换浆结束之前，用多极刷子钻头清除二期槽孔端头混凝土孔壁上的泥皮。接头刷洗的结束标准为：刷子钻头基本不带泥屑，孔底淤积不再增加。清孔换浆 1h 后，进行泥浆取样检验，具体见表 2.24。

表 2.24　　　　　　　　　　泥浆取样检验成果

| 槽孔 | 取样次数/次 | 泥浆密度/(g·cm⁻³) | 黏度/s | 含砂量/% | 孔底淤积最大厚度/cm |
|---|---|---|---|---|---|
| 试 SF1 | 1 | 1.17 | 32.3 | 2.0 | 3.0 |
| 试 SF2 | 1 | 1.10 | 35.0 | 2.0 | 5.0 |

**7. 灌浆预埋管埋设**

为加快帷幕灌浆施工进度，保证帷幕灌浆质量，按设计要求，墙下帷幕灌浆墙体钻孔部分采用下设预埋管的方法施工。预埋灌浆管采用 A110 的钢管，并用 A16 的钢筋做桁架加固，3.8m 槽孔下设两套预埋管，6.8m 槽孔下设 4 套预埋管。

**8. 混凝土浇筑及质量控制**

清孔换浆结束后 4h 内进行混凝土浇筑。防渗墙混凝土标号为 C20，其配合比见表 2.25。浇筑采用泥浆下直升导管法的施工工艺。

表 2.25　　　　　　　　　　混凝土配合比　　　　　　　　　单位：kg/m³

| 材料名称 | 掺加量 | 材料名称 | 掺加量 |
|---|---|---|---|
| 水 | 185 | 小石 | 786 |
| 水泥 | 259 | 减水剂（JM-Ⅱ） | 2.035 |
| 粉煤灰 | 111 | 引气剂（FS） | 0.0148 |
| 砂 | 965 | | |

混凝土浇筑导管采用快速丝扣连接的直径 A219 的钢管，导管接头设有悬挂设施；导管使用前做了调直检查、压水试验、圆度检验、磨损度检验和焊接检验；在每根导管开浇前，导管内放置略小于导管内径的皮球作为隔离体，隔离泥浆与混凝土砂浆；开浇时，具有足够数量的混凝土，保证了导管口被埋住的深度不小于 50cm；开浇时先进行孔底高程最低部位的导管的混凝土灌注工作。

（1）浇筑过程的控制。浇筑时随时测量混凝土顶面位置，并现场及时绘制浇筑图，以指导导管的拆卸工作。当浇筑方量与计划中的混凝土顶面位置偏差较大时，及时分析，找出问题所在，及时处理；浇筑时，导管的埋深控制在 1.0～6.0m 之间；终浇前 2m，计划混凝土的拌制方量，增加混凝土面测量次数，控制混凝土的终浇高程。

（2）现场控制的混凝土性能指标。初凝时间不小于 6h；终凝时间不大于 24h；槽孔口坍落度 18～24cm；扩散度 34～40cm。经现场取样进行混凝土坍落度和扩散度检验，指标满足要求，具体见表 2.26。

表 2.26　　　　　　　现场检验混凝土性能指标　　　　　　　单位：cm

| 单元 | 混凝土坍落度 | 混凝土扩散度 | 单元 | 混凝土坍落度 | 混凝土扩散度 |
|---|---|---|---|---|---|
| 试 SF1 | 20 | 36 | 试 SF2 | 21 | 35 |

9. 特殊情况处理

（1）强漏失地层预灌处理。在试验施工中，由于该地段为强漏失地层，采用预灌浓膨润土水泥浆的方法堵塞渗漏通道，防止防渗墙施工时槽内泥浆大量漏失造成的成槽困难。试验开始时预灌试验只在试 SF1 槽孔进行，试 SF2 槽孔在未预灌的情况下采用抓斗施工时，出现了大的塌孔漏浆事故，施工停止，并对试 SF2 槽孔进行预灌处理。

（2）预灌孔位布置。试验部位共计 14 个孔，预灌孔孔距 1.5m，排距 1.5m，以防渗墙轴线对称布置两排孔。

（3）施工参数。钻孔施工采用 XY-2 型岩芯钻机钻孔，钻孔直径为 A75，灌浆泵采用 3SNS 泥浆泵，浆液搅拌采用自制 1m³ 灌浆搅拌机搅拌，自上而下孔口封闭纯压灌浆；灌浆浆液采用水泥膨润土浆液（预灌浓浆浆液配比见表 2.27）；根据孔内的注浆量情况，灌浆压力采用 0～0.5MPa。当吃浆量大时，采用小压力，当吃浆量小时，采用较高的压力；当孔内浆液灌注量超过 1000kg/m 时或当灌浆压力达到 0.5MPa 时，结束灌浆（详见表 2.28）。

表 2.27　　　　　　　　　　　　　预灌浓浆浆液配比　　　　　　　　　　　单位：kg/m³

| 浆液类型 | 水泥 | 膨润土 | 水 | 外加剂 | 密度 |
|---|---|---|---|---|---|
| 水泥膨润土浆 | 357.3 | 357.3 | 714.6 | 0～7 | 1400～1420 |

表 2.28　　　　　　　　　　　　　预灌孔完成工程量统计

| 灌浆段次 | 灌浆孔数/个 | 灌浆长度/m | 水泥/kg | 膨润土/kg | CMC/kg |
|---|---|---|---|---|---|
| 37 段 | 14 | 185 | 79750.0 | 79750.0 | 1595.0 |

（4）漏浆、塌孔处理试验。施工初始时试 SF2 槽孔未进行预灌浓浆处理，在主孔 SF2-1、SF2-3 的施工中，基岩面以上塌孔漏浆比较严重，采用回填黏土钻进处理，槽孔采用投锯末、水泥、膨润土、石渣、稻草末等堵漏材料处理，并用冲击钻挤实钻进，确保了孔壁、槽壁安全。本槽孔施工中共用了堵漏材料黏土 200m³、水泥 6t、膨润土 10t、石渣 30m³、漏失泥浆约 300m³。

（5）孔内大孤石的处理。试 SF2 槽孔施工时，抓斗在抓取副孔 SF2-2 的施工中在孔深 4.0m 左右遇到直径为 2.5～2.8m 的一孤石无法取出，采用 XY-2 地质钻机进行了小孔径钻孔爆破处理。

（6）孔底落淤处理。为了保证换浆结束 1h 后孔底落淤淤积厚度小于 10cm，保证混凝土与基岩有效连接，施工时将胶凝材料（如水泥、膨润土等）系于钻头底部，然后进行钻打，待胶凝材料把细砂胶结在一起后，用抽砂筒进行抽砂，抽出细砂，清淤完毕。

#### 2.4.2.4　试验成果分析

（1）混凝土取样试验成果。混凝土浇筑时，试验人员均在现场取样装模，养护 28d 后进行抗压强度和抗渗试验，试验各项指标均满足要求。试验成果见表 2.29。

表 2.29                         混凝土取样试验成果

| 槽孔 | 试件编号 | 抗压强度/MPa | 抗 渗 等 级 |
|------|---------|-------------|-----------|
| 试 SF1 | 0709061035 | 27.3 | |
| 试 SF2 | 0709151622 - 1 | 27.7 | 试验加至规定压力 0.9MPa 时, 在 8h 内所有试件中没有一个表面渗水。抗压等级: ≥W8 |
| | 0709141111B | 34.3 | |
| | 0709151622 | 26.9 | |

（2）检查孔注水试验成果。施工结束 28d 后, 由监理工程师指定, 在试 SF1 单元布置了一孔进行取芯注水试验。芯样抽取了 3 个试件进行抗压试验, 试验成果见表 2.30; 注水试验分 3 段进行, 成果见表 2.31。岩芯采取率达到 95% 以上, 岩芯完整。试验各项指标均满足要求。

表 2.30                         试 件 抗 压 强 度

| 试件 | 抗压强度/MPa | 试件 | 抗压强度/MPa |
|------|-------------|------|-------------|
| 试件 1 | 21.6 | 试件 3 | 20.8 |
| 试件 2 | 26.0 | 强度代表值 | 20.8 |

表 2.31                         注 水 试 验 成 果

| 孔段/m | 渗透系数/$(10^{-8}m \cdot s^{-1})$ | 孔段/m | 渗透系数/$(10^{-8}m \cdot s^{-1})$ |
|--------|------------------------------------|--------|------------------------------------|
| 1 段（0~5） | 1.60 | 3 段（10~15） | 0.90 |
| 2 段（5~10） | 0.69 | 平均值 | 1.06 |

#### 2.4.2.5  施工工效分析

（1）试 SF1 槽孔施工, 按监理要求提前对试 SF1 槽孔进行预灌膨润土水泥浓浆处理, 冲击钻施工试 SF1 - 1、试 SF1 - 3、SF1 - 5 主孔时, 进展顺利, 未出现任何异常现象, 抓斗施工副孔试 SF1 - 2、试 SF1 - 4 也未出现塌孔漏浆事故, 进展非常顺利。根据试验数据统计, 该槽孔冲击钻造孔平均工效为 2.28m²/d, 抓斗平均工效为 42.7m²/d。

（2）试 SF2 槽孔施工时, 开始未进行预灌膨润土水泥处理, 在进行主孔 SF2 - 1、SF2 - 3 的施工中, 基岩面以上塌孔漏浆比较严重, 经 3 次回填处理后, 基岩面以下的施工, 相对比较稳定, 两个主孔终孔后, 抓斗在抓取副孔 SF2 - 2 的施工中, 在孔深 4.0m 左右出现了较大的塌孔漏浆现象。采用了防塌堵漏处理措施。根据试验数据统计, 该槽孔冲击钻造孔工效 1.63m²/d, 抓斗平均工效为 22.8m²/d。综上所述, 预灌后冲击钻造孔平均工效为 2.28m²/d, 抓斗平均工效为 42.7m²/d; 预灌前冲击钻造孔工效 1.63m²/d, 抓斗平均工效为 22.8m²/d。通过预灌浓浆处理, 成槽工效大大提高。冲击钻造孔平均工效为 1.955m²/d, 抓斗平均工效为 32.75m²/d。

### 2.4.3  效果

成墙后, 进行了开挖质量检查, 从外观上看, 墙面平整、无蜂窝麻面, 接头连接完整, 无夹层, 防渗墙各项质量指标均满足要求, 验证了工程防渗墙设计的合理性。

根据试验段的工效，结合上下游防渗墙工程量情况，按控制直线工期河道最深处槽孔孔深 50m、抓斗施工副孔深度 20m 计算，防渗墙施工工期需要 86d；如果按抓斗能施工 25m 深度计算，防渗墙施工工期需要 75d。考虑到上游围堰防渗墙 32 个槽孔，下游围堰防渗墙 23 个槽孔，按 75d 防渗墙施工工期综合计算，预计投入冲击钻机 42 台套，抓斗 2 台，接头管 2 台套，其中上游 24 台套，下游 18 台套，抓斗上下游各 1 台，接头管各 1 台套。

## 2.5　深覆盖层防渗墙快速施工技术方法研究

糯扎渡水电站上、下游围堰防渗采用 C20 混凝土防渗墙，墙厚 80cm，防渗墙深入基岩 0.5m，设计总工程量为 6900m²。实施中围堰防渗墙施工于 2007 年 11 月 22 日开工，至 2008 年 1 月 31 日完工，工期共 70d，完成成墙面积 7663.16m²，浇筑混凝土 6732m³，平均完成成墙 109.5m²/d。施工强度之大，为行业中所罕见。防渗墙施工快速完成为基坑开挖、围堰填筑施工争取了时间，为确保 2008 年安全度汛面貌的实现奠定了基础。在防渗墙的建造中，要克服包括浇灌防渗墙混凝土的特性、成孔成槽固壁泥浆的性能、成孔成槽的施工工艺及生产性试验等多种问题[9]，解决途径通过应用三维渗流有限元法分析了该地的渗流场，由此做出综合评价。比如杨海林就用该方法对于泸定水电站枢纽工程进行研究，获得了不错的效果[10]。

### 2.5.1　特点与难点

（1）上、下游围堰覆盖层的卵砾石、块石、孤石层，且地质结构复杂，透水性强，不可预见性因素多。施工中出现漏浆、塌孔及孤石情况比较严重，施工难度大。

（2）地质结构比较复杂，又无翔实地质资料，基岩鉴定工作难度大。

（3）工期紧，工作量大。上下游围堰总成墙面积为 7663.16m²，开工日期 2007 年 11 月 22 日，需要完工日期 2008 年 1 月 31 日，施工工期仅 70d 时间，平均每天需要完成成墙面积 109.5m²。

（4）机械设备多，上游围堰轴线长 165.54m，下游围堰混凝土防渗墙轴线长 128.34m，总共投入 42 台冲击钻机，3 台液压抓斗，地质钻机 6 台，由于施工场地窄，管理难度大。

（5）造孔采用两钻一抓施工工艺，该工艺成槽效率高。槽段链接采用"接头管法"施工，该方法是目前混凝土防渗墙施工接头处理的先进技术，其施工有很大的技术难度，但它具有接头孔孔形质量较好，孔壁光滑，不易在孔端形成较厚的泥皮，同时也易于接头的刷洗，不留死角，确保接头的接缝质量，节约了套打接头混凝土的时间，提高了工效，同时也节约了墙体材料，降低了费用等特点。

（6）工程地质条件。

1）上游围堰地质条件。左岸有 3～6m 厚的坡积物、崩塌堆积物分布，成分为块石、碎石夹粉土，其下伏全风化花岗岩的底界垂直深度一般在 10m 左右，强风化花岗岩的底界垂直深度一般在 20～30m 之间。围堰右岸边坡表层一般分布有厚度 1～2m 的坡积物，多为碎石质粉土，结构松散，下伏花岗岩风化轻微，全风化岩体分布高程620m以上，厚度小于10m，强风化岩体底界垂直深度0～20m。河床主流线附近冲积层厚度为8～9m，向两侧逐渐变薄，并且具有二元结构。第1类为中细砂层，分布于河床表部，一般厚度2～3m，向两侧其厚度略有增加；第2类为卵砾石、块石、孤石层，该层厚度大且稳定，一般在6～7m左右，中等密实，属强透水层。下伏花岗岩多呈弱风化下部、微风化～新鲜，岩石坚硬，岩体完整。断层有F5、F24、F12等，出露于堰基以下较大深度，且断层规模不大。

2）下游围堰地质条件。围堰两岸地表部位有1～3m厚的坡积层分布，成分为碎石质粉土，结构松散；其下伏花岗岩风化强烈，全风化底界垂直深度0～10m、强风化岩体底界垂直深度一般4～15m，节理发育，岩体破碎。根据布置于围堰附近的钻孔资料，河床冲积层厚度在18～20m左右，向两侧变薄，其底面高程为570m左右，具有二元结构。第1类为中细砂层，分布于河床表部，一般厚度15～16m，向两侧其厚度降低；第2类为卵砾石、块石、孤石层，该层厚度较小，一般不超过2m，中等密实，位于河床的底部，属强透水层。下伏弱风化上部的花岗岩厚度一般小于3m，在F3断层两侧花岗岩风化深度加大。围堰堰体位于F3断层带上，堰体下游发育有F1断层。

## 2.5.2　方法

### 2.5.2.1　围堰防渗墙设计和强度分析

上游围堰为与坝体结合的土石围堰，布置于勘界河沟口下游约70m处，堰顶高程656m，围堰顶宽15m，堰顶长293m。624m高程以下上游面坡度为1∶1.5，高程624m以上上游面坡度为1∶3，下游面坡度为1∶2，最大堰高约84m。围堰高程624m上部采用土工膜斜墙防渗，下部及堰基防渗采用C20混凝土防渗墙，厚度0.80m。上游围堰防渗墙轴线长165.54m，最大深度约48.5m，设计防渗墙成墙面积4100m²；下游围堰为土石围堰，布置于糯扎沟口上游约200m处，堰顶高程625.00m，围堰顶宽12m，堰顶长204m，下部坡度为1∶1.5，上部为1∶1.8，最大堰高52m。围堰高程614m以上采用土工膜心墙防渗，下部及堰基采用C20防渗墙防渗，厚度0.80m。下游围堰混凝土防渗墙轴线长128.34m，最大深度约43.0m，设计防渗墙成墙面积2800m²。防渗墙深入基岩0.5m，墙体防渗指标：渗透系数$10^{-6}$～$10^{-7}$cm/s。

防渗墙实际施工工期为70d，实际完成成墙面积7663.16m²，平均强度109.5m²/d。

### 2.5.2.2　总体施工方案

结合坝体和堰基地质条件、墙体深度及总体工期要求，混凝土防渗墙主要采用冲击钻机"钻劈法"和"钻抓法"成槽，黏土和膨润土混合泥浆护壁；"气举法"结合"抽筒法"清孔换浆，接头管法实施墙段连接，泥浆下直升导管法浇筑混凝土成墙。防渗墙成槽前，对围堰填筑层进行预灌浓浆处理。

### 2.5.2.3　施工程序

槽段分两期施工，先施工Ⅰ期槽段；再施工Ⅱ期槽段。同一槽段中，分主副孔，先施工主孔，后施工副孔。两个相邻的Ⅰ期墙段浇筑24h后，再施工中间的Ⅱ期槽孔。Ⅰ、Ⅱ期槽段采用"接头管法"连接成墙。

#### 2.5.2.4　主要设备选择与使用

CZ-30 冲击钻机具有地层适应性强，钻具重量大，钻进效率高等特点，适合本工程使用。本工程实际投入数量为 44 台套。

BH-12 型半导杆液压抓斗生产厂家为意大利土力公司，主机为奔驰发动机，液压抓体可旋转型，该抓斗具有闭斗压力 30MPa 抓取能力强，导杆可旋转对施工场地适应性强，有纠偏装置，发动机维修频率低、成孔保证率高等特点，特别适合本工程堰体回填层施工。上下游围堰共投入 3 台。

#### 2.5.2.5　造孔工艺的选择

本工程主要使用"钻抓法"成槽工艺，即"两钻一抓"的施工工艺，"钻抓法"主要是指使用 CZ-30 冲击钻机钻进槽段两边主孔至嵌入基岩，主孔完成后，槽段副孔覆盖层采用 BH-12 型半导杆液压抓斗直接抓取至基岩顶面成槽，如遇到含有大块孤石、漂石地层直接抓取困难时，采用抓斗挂 8~10t 重锤逐点加密冲击破碎后抓取或采用冲击反循环钻机钻透块石后继续抓取下段地层。

#### 2.5.2.6　预灌浓浆

为减少防渗墙造孔过程中泥浆的大量漏失、槽孔坍塌和保证抓斗有效抓槽，整体提高防渗墙施工进度，保证工期要求，对堰体填筑层等大孔隙地层进行预灌浓浆处理，堵塞渗漏通道。

（1）布孔形式。依据以往施工经验和前期防渗墙试验施工情况，拟考虑全线布孔，双排布置，上、下游围堰防渗墙预灌浓浆总孔数为 314 个，其中上游围堰 202 个（含防渗墙试验段 14 个预灌孔），下游围堰 112 个。预灌浓浆孔位布置示意图见图 2.17。

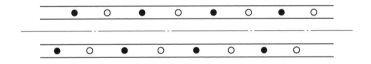

图 2.17　预灌浓浆孔位布置示意图

注　导墙净间距 1m，预灌孔孔距 1.5m，排距 1.5m，以防渗墙轴线对称布置

（2）预灌深度。根据提供防渗墙结构设计图纸及地质资料确定预灌处理深度，大于 30m 的深槽部位预灌处理深度为 25m，20~30m 槽段部位进行预灌处理深度为 20m，浅槽部位预灌处理深度为地下水位以下或强风化基岩面表层。

（3）施工工艺。钻孔和灌浆方法：采用潜孔钻机跟管钻进钻孔，钻孔直径 146~168mm，钻进预定深度后，采用自下而上孔口封闭纯压灌浆法分段灌浆。钻孔护壁套管作为注浆管，结束一段起拔一至三根，再次封闭孔口灌注下一段，直至全孔结束。

灌浆压力及段长：灌浆压力采用 0~1.0MPa，段长以套管长度为单位，1.5m、3m 和 4.5m。

结束标准：当孔内浆液灌注量达到 1000kg/m 时，或灌浆压力达到 1.0MPa 时，结束灌浆。

（4）浆液配比。灌注浆液选用水泥膨润土浓浆，配比见表2.32。

表2.32　　　　　　　　　　预灌浓浆浆液配比表（1m³）

| 浆液类型 | 水泥/kg | 膨润土/kg | 水/kg | 外加剂/kg | 密度/(g·cm⁻³) |
|---|---|---|---|---|---|
| 水泥膨润土浆 | 357.3 | 357.3 | 714.6 | 0~5 | 1.40~1.42 |

（5）预灌浓浆施工。建造防渗墙导墙时，预先将预灌孔位处理设PVC管。每排预灌孔分两序施工，先一序，再二序。施工顺序如下：下游排Ⅰ序孔钻灌→下游排Ⅱ序孔钻灌→上游排Ⅰ序孔钻灌→上游排Ⅱ序孔钻灌。

鉴于工期紧张，为使防渗墙提前开工，优先施工一期槽段上、下游排预灌孔；灌浆泵选用3SNS灌浆泵，浆液搅拌采用自制1m³灌浆搅拌机搅拌，膨润土预先制成浆液，按比例加入。预灌施工前期，灌浆段长按1.5m控制，防渗墙造孔施工开始后，二期槽段部位预灌孔灌浆段长调整为1.5~4.5m。

（6）预灌浓浆完成工程量。预灌浓浆共完成灌浆孔314个，其中上游围堰202个，下游围堰112个。钻孔6589m，灌浆6088m，灌入水泥2885.37t，膨润土2885.37t。

**2.5.2.7　混凝土防渗墙施工**

1. 槽段划分

结合本工程实际和成槽工艺进行防渗墙槽段划分，岸坡段深度小于25m的槽孔长度Ⅰ、Ⅱ期全部划分为6.8m，河床段考虑到槽孔稳定，Ⅰ期槽长划分为3.8m，Ⅱ期槽长为6.8m，槽段划分见图2.18。

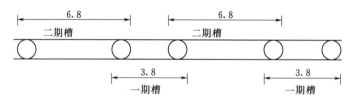

图2.18　槽段划分示意图（单位：m）

2. 成槽工艺

采用CZ-30型冲击钻机和抓斗配合造孔成槽，先用冲击钻机钻凿主孔，当相邻的两个主孔终孔后，再用抓斗抓取中间副孔；遇大块石或漏浆后，停止抓取，再换冲击钻机钻凿成槽。

Ⅰ期槽段按3孔施工，Ⅱ期槽段按5孔施工，主孔0.8m，副孔2.2m；Ⅰ期槽两钻一抓，Ⅱ期槽三钻两抓成槽。考虑到抓斗施工的局限性，对地层中含有孤石部位及基岩部分仍要采用冲击钻成槽，对单一由冲击钻成槽深孔部位，Ⅰ期、Ⅱ期槽段副孔均分3个孔施工，主孔0.8m，副孔（小墙）0.7m；最后钻凿残留的小墙及半牙，完成槽孔施工。

3. 护壁泥浆

优质泥浆有利于成槽时的孔壁稳定，有利于混凝土浇筑质量的控制。结合本工程实际，综合考虑本工程的地质条件，护壁泥浆采用黏土和膨润土混合泥浆。为保证泥浆质量，加强泥浆制备、泥浆池维护和泥浆回收等管理。

护壁泥浆原材料选用湖南澧县产优质Ⅱ级钙基膨润土和糯扎渡电站施工区白莫箐料场黏土，为提高黏土膨润土混合泥浆的胶体率和稳定性，制浆时适量加入分散剂（$Na_2CO_3$）或 CMC 增黏剂。混合泥浆配比及其性能指标见表 2.33 和表 2.34。

表 2.33　　　　　　　　　　　　　　　新 制 泥 浆 配 合 比

| 材料名称 | 水/L | 膨润土/kg | 黏土/kg | 分散剂/kg |
|---|---|---|---|---|
| 膨润土浆 | 960 | 50～120 | — | 3～4 |
| 混合泥浆 | 839～841 | 15～20 | 346～340 | 2～3 |

表 2.34　　　　　　　　　　　　　　现场泥浆性能指标控制标准

| 使用部位 | 密度/(g·cm$^{-3}$) | 马氏漏斗黏度/S | 含砂量/% |
|---|---|---|---|
| 新制泥浆 | 1.05～1.20 | >28 | |
| 槽内泥浆 | ≤1.3 | 30～50 | |

**4. 基岩鉴定**

上、下游围堰地质结构比较复杂，又无翔实地质资料，基岩鉴定工作难度大。根据实际情况，结合防渗墙造孔工艺特点，防渗墙孔底基岩鉴定以抽筒抽砂取样和地质钻孔取芯相结合的方法进行。

一般每隔 20m 施工一先导孔，Ⅰ期槽段冲击钻机主孔造孔过程中，接近基岩面时，利用地质钻机钻孔取芯勘探，由设计、监理进行基岩鉴定，确定基岩面；勘探孔布孔具体位置由设计地质工程师依据现场施工实际情况确定。在防渗墙轴线上，上游围堰钻孔取芯选定 7 个部位，下游围堰钻孔取芯选定 6 个部位。其具体布置见表 2.35。

表 2.35　　　　　　　　　　　　　　　勘 探 孔 布 置 表

| 部　位 | 孔　号 | 桩　号 | 所在槽孔号 |
|---|---|---|---|
| 上游防渗墙 | 上 KT01 | 0+134.38 | SF7 |
| | 上 KT02 | 0+155.38 | SF11 |
| | 上 KT03 | 0+173.38 | SF15 |
| | 上 KT04 | 0+194.38 | SF19 |
| | 上 KT05 | 0+212.38 | SF23 |
| | 上 KT06 | 0+233.38 | SF27 |
| | 上 KT07 | 0+257.38 | SF31 |
| 下游防渗墙 | 下 KT01 | 0+45.4 | XF2 |
| | 下 KT02 | 0+63.4 | XF6 |
| | 下 KT03 | 0+78.4 | XF8 |
| | 下 KT04 | 0+96.4 | XF12 |
| | 下 KT05 | 0+114.4 | XF16 |
| | 下 KT06 | 0+135.4 | XF20 |

防渗墙设计嵌入基岩（花岗岩）0.5m，槽孔施工时，以抽筒掏出的地层钻渣含岩成

**300米级心墙堆石坝施工关键技术**

分以及钻孔取芯成果确定岩面。槽孔主副孔均进行基岩鉴定，小墙部位深度依据相关要求确定。

造孔过程中，当临近设计岩面深度时，机组操作人员、值班技术员和旁站监理开始留意地层变化，取样并察看，记录相应深度，最后设计地质工程师现场鉴定，确定岩面深度和终孔深度。

5. 槽孔终孔检验及清孔验收

槽孔终孔后，进行槽孔各部位深度和孔斜检验，孔斜采用重锤法检测，孔斜合格标准遵循现行施工规范。

槽孔清孔采用抽筒法和气举反循环清孔法相结合。槽孔终孔检验合格后，先用抽筒抽砂，再用一台 $6m^3$ 空压机气举孔底泥浆，通过排渣管和 JHB-200 型泥浆净化机净化槽内泥浆。气举法清孔时，冲击钻头配合搅动孔底沉渣。清孔验收标准：清孔结束 1h，应满足孔底淤积厚度不大于 10cm，泥浆密度不大于 $1.25g/cm^3$；泥浆黏度不大于 40S；泥浆含砂量不大于 10%。

Ⅱ期槽孔在清孔换浆结束之前，用专用刷子钻头清除Ⅰ期墙段混凝土壁面上的泥皮，以刷子钻头基本不带泥屑、孔底淤积不再增加为合格标准。

本工程共完成槽段 55 个，其中上游围堰 31 个，下游围堰 24 个；完成造孔 $6966.79m^2$。

6. 接头管下设与起拔

一期槽两端各下设一套接头管，接头管分节长度为 6m，中间为销轴连接，刚度和强度符合施工要求。接头管外径为 78mm，略小于槽孔厚度（80cm）。孔口固定在拔管机上，管底达到槽孔底部。

30t 吊车配合拔管机下设和起拔接头管。槽孔浇筑结束后，在起拔接头管之前，为防止接头管被混凝土铸死，对接头管进行活动。混凝土终浇 4~5h 左右或混凝土丧失流动性后开始对接头管进行活动，每次接头管活动量控制在 10~20cm 左右，时间间隔 15~20min，待混凝土完全不坍落后拔出接头管，形成接头孔。

7. 灌浆预埋管下设

墙下帷幕灌浆钻孔通过墙体部分下设灌浆预埋管，为保持管体的垂直以及避免混凝土浇筑时的冲击力作用而对管体定位的影响，采用 A18mm 钢筋制作桁架，将预埋的灌浆管固定于桁架中心形成整体，预埋管采用 A108mm 钢管，用吊车起吊，整体或分节下设，孔口固定。钢筋桁架的长度根据槽长调整，相邻的灌浆管的固定间距为 150cm 或 200cm，Ⅰ期、Ⅱ期槽孔连接部位相邻两根灌浆管的固定位置根据实际情况进行调整。

预埋灌浆管的工程量：本工程预埋灌浆管 4396.95m。

8. 混凝土施工

(1) 防渗墙混凝土技术要求。混凝土强度等级 C20；抗渗标号 W8；坍落度小于 15cm 以上的时间不小于 1h；坍落度 18~22cm；扩散度 34~40cm；混凝土初凝时间不小于 6h；混凝土终凝时间不大于 24h；混凝土密度小于 $2100kg/m^3$；骨料级配为一级配，粒径 5~20mm；砂不大于 5mm，砂率 55%。

(2) 混凝土配合比。混凝土配合比见表 2.36。

表 2.36  混凝土配合比

| 水胶比 | 胶材用量 | | 1m³ 混凝土材料用量/kg | | | | |
|---|---|---|---|---|---|---|---|
| | 水泥 | 矿粉 | 水 | 砂 | 石 | 外加剂 JM-II | 外加剂 JM-2000 |
| 0.5:1 | 259 | 111 | 185 | 965 | 786 | 2.035 | 0.0148 |

（3）混凝土运输。混凝土由火烧寨沟拌和楼生产，混凝土罐车运输至槽孔孔口。

（4）混凝土导管和下设。混凝土浇筑导管采用快速丝扣连接的直径 A219mm 的钢管，导管接头设有悬挂设施；导管使用前做了调直检查、压水试验、圆度检验、磨损度检验和焊接检验，检验合格的导管做上醒目的合格标志，不合格的导管不予使用；槽孔内导管按照配管图依次下设，每个槽段布设 3 根导管，导管安装满足如下要求：一期槽端距离导管不大于 1.5m，二期槽不大于 1.0m，导管之间间距不大于 3.5m，当孔底高差大于 25cm 时，导管中心置放在该导管控制范围内的最深处；导管在孔口的支撑架用型钢制作，其承载力大于混凝土充满导管时总重量的 2.5 倍以上。

（5）混凝土开浇及入仓。采用 6.0m³ 混凝土搅拌车运送混凝土进槽口储料罐，再分流到各溜槽进入导管。上游、下游围堰各配备 2 台 6.0m³ 搅拌车运送混凝土，保证浇筑连续进行。混凝土开浇时采用压球法开浇，每个导管均下入隔离塞球。开始浇筑混凝土前，先在导管内注入适量的水泥砂浆，并准备好足够的混凝土，以使隔离的球塞被挤出后，能将导管底端埋入混凝土内。混凝土必须连续浇筑，槽孔内混凝土上升速度不小于 4～6m/h，并连续上升至施工平台高程顶面以下 0.5m。

（6）浇筑过程的控制。导管埋入混凝土内的深度保持在 1～6m 之间，以免泥浆进入导管内。槽孔内混凝土面均匀上升，其高差控制在 0.5m 以内。每 30min 测量一次混凝土面，每 2h 测定一次导管内混凝土面，在开浇和结尾时适当增加测量次数。严禁不合格的混凝土进入槽孔内。浇筑混凝土时，孔口设置盖板，防止混凝土散落槽孔内。槽孔底部高低不平时，从低处浇起。在混凝土浇筑时，在机口或槽口入口处随机取样，检验混凝土的物理力学性能指标。浇筑混凝土时，如发生质量事故，立即停止施工，并及时将事故发生的时间、位置和原因分析报告监理人，除按规定进行处理外，将处理措施和补救方案报送监理人批准，按监理人批准的处理意见执行。

（7）混凝土浇筑过程质量控制。混凝土浇筑过程中，每一仓混凝土均取样进行坍落度、扩散度试验，并取混凝土试块养护 28d 后进行抗压、抗渗及弹模试验，现场控制的混凝土性能指标：初凝时间不小于 6h；终凝时间不大于 24h；槽孔口坍落度 18～24cm；扩散度 34～40cm。

（8）混凝土浇筑工程量。本工程共浇筑 55 个槽段，浇混凝土累计 6732m³。

#### 2.5.2.8 特殊情况处理措施研究

（1）塌孔处理。在造孔过程中，由于覆盖层级配不均，局部架空突出，时有发生塌孔现象，当发现有塌孔迹象，首先提起施工机具，根据塌孔程度采取回填黏土、柔性材料或低标号混凝土等处理；如孔口塌孔，采取布置插筋、拉筋等措施，保证槽口的稳定；如槽内塌孔严重，必要时可浇筑固化灰浆后重新造孔。本工程出现塌孔槽段有 SF2 槽段（试验槽段，未进行预灌浓浆），主要采取回填水泥、黏土、膨润土处理。

（2）漏浆处理。造孔过程中，如遇少量漏浆，则采用加大泥浆比重，投堵漏剂等处理，如遇大量漏浆，单孔采用回填黏土钻进处理，槽孔采用投锯末、水泥、稻草末等堵漏材料处理，并用冲击钻挤实钻进，确保孔壁、槽壁安全。根据工程施工经验，遇到危险性管涌土层时，可能形成渗漏通道，导致大量渗漏发生。钻进时，加强泥浆损失测估，改变钻进工艺，准备好堵漏材料及时处理好渗漏，尤其是槽孔的副孔抓取时，小心提防。本工程造孔过程中，遇到漏浆有10处之多，根据不同情况采取了相应处理措施。

（3）漂石和硬岩钻进。施工中遇到漂石和硬岩时，无法继续钻近，采取处理方法主要有：①孔内聚能爆破；②重锤砸法；③抓斗重凿法等处理措施。本工程出现孤石槽段有SF4、SF8、SF11、SF17、SF18，最大直径2.4m，最小有1.3m。均采用重锤砸法进行处理。

（4）孔斜处理。混凝土防渗墙造孔发生孔斜原因很多，其中地层原因是最主要的。当槽孔施工发生孔斜时，将使墙体的有效厚度减少以及影响墙体的连续性，因此，施工必须严格控制好孔斜，出现孔斜时，根据具体情况，采取处理措施。如果是局部微小的偏斜，则采取钻进吊打修整；如偏斜发生在钻孔的底部，则可采用向孔内投放块石方法进行纠偏；如果偏斜过大，而采取其他措施有无效果，则只有对钻孔进行回填后重新造孔；如果偏斜发生在钻孔的中部，可以采取定向爆破的方法，将凸出部分炸掉，而达到纠偏的目的。

（5）混凝土浇筑堵管的处理。混凝土浇筑质量是混凝土防渗墙施工成败的关键环节，混凝土防渗墙浇筑应严格按照施工技术规范的规定执行。有效地控制混凝土的搅拌质量及按规定掌握导管深埋，是避免发生堵管的关键措施。

当混凝土发生堵管现象时，可利用吊车上下反复提升导管进行抖动，疏通导管，如果无效，可在导管深埋允许范围内提升导管，利用混凝土自重的压力差，降低混凝土的流出阻力，而达到疏通导管的目的。

当各种方法无效时，可考虑重新换一套导管，新下设的导管底端应完全插入混凝土面以下，然后用抽筒将导管内的泥浆抽出，继续浇筑混凝土。

（6）预埋管上浮。在浇筑混凝土过程中，由于受混凝土上升的作用，可能导致灌浆预埋管上浮，遇到这种情况时应放慢混凝土浇筑速度或停浇，在孔口用重物将灌浆预埋管下压，浇筑混凝土时注意控制浇筑速度。

（7）墙体质量事故的处理。混凝土浇筑过程中一旦出现浇筑质量事故，则优先选用清除孔内混凝土重新浇筑混凝土的方法；如清除困难，则在上游侧补一块防渗墙，或在墙上游侧用灌浆、高喷等措施补强，并保证新墙与旧墙间的可靠连接。无论采用何种处理措施，都需要经监理、设计批准，确保墙体质量。

（8）倒悬岩体部位处理。在下游围堰防渗墙施工过程中，经过钻孔取芯发现，XF10槽段底部基岩为倒悬岩体，若将防渗墙嵌入倒悬岩体以下完整基岩上，工期是无法保证的，必将对基坑抽水和开挖施工工期造成影响。鉴于围堰地质结构的复杂性，从围堰防渗、工期等多方面综合考虑，业主、设计、监理和施工单位经过商讨后，确定倒悬岩体以下覆盖层采用可控灌浆方案处理。可控性灌浆孔按三排孔布置，排距为0.75m，孔距为1.0m，梅花形布置。孔底高程569m。Ⅰ序孔灌浆压力采用1.5～2.0MPa，Ⅱ序孔灌浆压力 2MPa。中间排灌浆孔灌浆压力同墙下帷幕灌浆，遇覆盖层灌浆压力采用 2MPa。下游围堰 XF10 槽段帷幕灌浆布孔图 2.19，浆液配合比见表 2.37。

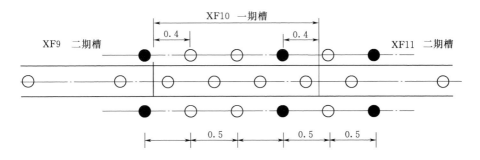

图 2.19　下游围堰 XF10 槽段帷幕灌浆布孔图（单位：m）

表 2.37　　　　　　　　　　　浆 液 配 合 比

| 水灰（固）比（重量比） | 配 合 比 | | | 密 度/(g·cm⁻³) |
|---|---|---|---|---|
| | 水泥/kg | 膨润土粉剂/kg | 水/L | |
| 2:1 | 100 | 20 | 240 | 1.28 |
| 1:1 | 100 | 20 | 120 | 1.48 |
| 0.7:1 | 100 | 20 | 84 | 1.62 |
| 膏状浆液 | 450 | 30 | 220 | 1.83 |

可控灌浆完成钻孔 540m，灌浆 282m，灌浆管埋设 258m，注入水泥 95.72t，膨润土 14.25t。

### 2.5.2.9　质量检查结果及结论

1. 槽孔终孔质量检查

（1）槽孔的位置和厚度。防渗墙孔槽宽度要求不小于 80cm。开工前，根据设计坐标由测量人员定出防渗墙的中心轴线并做好标志，浇筑导墙时，以防渗墙的中心轴线为基线，严格控制好导墙宽度（宽度 1.0m）及导向。检验成墙的中心线始终以放样的中心轴线为基线，上下游允许误差不得大于 3cm。槽孔的厚度决定于钻头及抓斗的直径，钻头及抓斗的直径必须保证在 80cm 以上，检测槽孔厚度时利用钻头在任一槽孔内任一位置均可自由放下并可在槽内横向自由移动。经现场质检人员和监理共同检查：孔位中心偏差最大为 0.7cm，槽孔宽度最小为 80cm，所有孔均符合设计要求。

（2）孔斜的质量检查。孔斜要求不大于 0.4%，有孤石等特殊地层不大于 0.6%。为保证钻孔的偏斜符合规范要求的标准，钻孔施工由有经验的技术工人负责操作。同时，在施工过程中，加强钻孔偏斜的检查工作，当发现钻孔偏斜有超过标准的趋势时，放慢施工速度，控制钻孔偏斜不超过要求的标准。钻孔偏斜采用重锤法测量检查。孔斜最大为 0.38%，所有孔斜均符合设计要求。

（3）孔深验收和基岩鉴定。本工程主孔的终孔深度要求进入强风化岩层不小于 50cm，副孔的深度按照相邻的两个主孔深度确定，一般为较浅的主孔深度再加上两相邻主孔孔深差的 2/3。槽孔施工时，由设计、监理及武警水电第一总队的地质工程师依据现有地质资料和现场施工采用抽筒抽取岩样进行鉴定，确定岩石界面。然后根据设计要求嵌入基岩的深度和确定的岩面高程确定终孔深度。施工机组按已确定深度钻至终孔时，由质检人员和现场监理工程师进行终孔验收。为确保墙体达到入岩标准，取岩渣鉴定时，规定其标准为：所取岩渣母岩成分达到 50%，为提高可靠性，在规定了基岩面确定后，每 20cm 深度取一个岩样复鉴，以避免误判。孔深确定后，采用钢丝测绳直接测量孔深。经现场质检人员和监理共同检查：嵌入岩最小为 0.55m，所有孔深均符合设计要求。

2. 浇筑混凝土前清孔质量检查

（1）孔内泥浆性能指标。清孔换浆 1h 后，使用取浆器从孔内取试验泥浆，试验仪器有泥浆比重计、马氏漏斗、量杯、秒表、含砂量器等，检测应满足孔底淤积厚度不大于 10cm；泥浆密度不大于 $1.25g/cm^3$；泥浆黏度不大于 40s；泥浆含砂量不大于 10% 的标准。经现场质检人员和监理验收：泥浆密度最大为 $1.19g/cm^3$，泥浆黏度最大为 35s；泥浆含砂量最大 4.0%。全部符合设计要求。

（2）孔底淤积厚度。孔底淤积厚度采用测饼和测针进行测量，测量结果应达到小于 10.0cm 的标准。经现场质检人员和监理验收：孔底淤积厚度最大为 10cm。满足规划和设计要求。

（3）接头孔刷洗质量。二期槽孔在清孔换浆结束之前，用专用的刷子钻头清除二期槽孔端头混凝土孔壁上的泥皮。接头刷洗的结束标准为：刷子钻头基本不带泥屑、孔底淤积不再增加为标准。

3. 混凝土防渗墙墙体质量检查

检查方法包括混凝土机口或槽口随机取样检查、钻孔取芯检查、钻孔注水试验、芯样室内物理力学性能试验和墙体声波检测等。

（1）机口、槽口取样。槽孔混凝土浇筑时，拌和楼现场随机取样，成型养护后做 28d 抗压、抗渗物理力学性能指标试验。抗压试块每个槽段至少取一组，上游围堰防渗墙共取 58 组，下游围堰防渗墙取 35 组，共 93 组；抗渗试块 3 个槽段取一组，上游围堰取 11 组，下游围堰取 8 组，共 19 组。

（2）检查孔钻孔取芯。混凝土防渗墙墙体质量检查主要通过钻孔取芯和注水试验，钻孔取芯检查墙体连续性和完整性，注水试验检查墙体混凝土抗渗性能。依据《水利水电混凝土防渗墙施工技术规范》，上游围堰防渗墙共布置 4 个检查孔（含试验墙段 1 个检查孔），下游围堰防渗墙共布置 3 个检查孔，检查孔多布置在墙段接缝部位，检查深度接近防渗墙底部。通过钻孔取芯检查，墙体混凝土连续、完整，岩芯采取率达 90% 以上，局部可见的墙段接缝部位，泥皮薄、墙段连接紧密，满足防渗要求。岩芯见图 2.20 和图 2.21。

（3）检查孔注水试验。利用取芯孔分段作常水头注水试验并计算渗透系数，共注水试验 32 段，最大渗透系数为 $5.52×10^{-7}$cm/s，最小渗透系数为 $4.88×10^{-9}$cm/s，平均渗透系数为 $9.09×10^{-8}$cm/s。结果全部达到设计标准要求，各检查孔渗透系数见表 2.38 和表 2.39。

图 2.20　FJ3 墙体检查孔部分岩芯

图 2.21　FJ4 墙体检查孔部分岩芯

表 2.38　　　　　　　　　　　　上游围堰墙体检查孔注水试验成果

| 检查孔编号 | 桩　号 | 段位/段长/m | 渗透系数/(cm·s⁻¹) | 备　　　注 |
|---|---|---|---|---|
| FJ-1 | 0+112.38 | 0.6～5.6/5 | $1.60\times10^{-8}$ | 试验墙段（试 SF1）墙体检查 |
| | | 5.6～10.6/5 | $6.90\times10^{-9}$ | |
| | | 10.6～15.6/5 | $9.00\times10^{-9}$ | |
| FJ-2 | 0+140.78 | 0～5/5 | $2.93\times10^{-7}$ | 墙段连接部位检查（SF7-SF8） |
| | | 5～10/5 | $1.36\times10^{-7}$ | |
| | | 10～15/5 | $6.66\times10^{-8}$ | |
| | | 15～20/5 | $6.10\times10^{-8}$ | |
| FJ-3 | 0+161.78 | 0.5～5.5/5 | $2.40\times10^{-7}$ | 墙段连接部位检查（SF11-SF12） |
| | | 5.5～10.5/5 | $9.16\times10^{-8}$ | |
| | | 10.5～15.5/5 | $8.55\times10^{-8}$ | |
| | | 15.5～20.5/5 | $1.80\times10^{-8}$ | |
| | | 20.5～25.5/5 | $1.90\times10^{-8}$ | |
| | | 25.5～29/3.5 | $9.60\times10^{-9}$ | |
| FJ-4 | 0+233.78 | 0～5/5 | $1.10\times10^{-7}$ | 墙段连接部位检查（SF27-SF28） |
| | | 5～10/5 | $4.76\times10^{-8}$ | |
| | | 10～15/5 | $1.13\times10^{-8}$ | |
| | | 15～20/5 | $4.88\times10^{-9}$ | |

表 2.39　　　　　　　　　　　　下游围堰墙体检查孔注水试验成果

| 检查孔编号 | 桩号 | 段位/段长/m | 渗透系数/(cm·s⁻¹) | 备　　　注 |
|---|---|---|---|---|
| 下 FJ-1 | 0+79.16 | 0～5/5 | $2.35\times10^{-7}$ | 墙段连接部位检查（XF9-XF10） |
| | | 5～10/5 | $7.82\times10^{-8}$ | |
| | | 10～15/5 | $3.67\times10^{-8}$ | |
| | | 15～20/5 | $4.19\times10^{-8}$ | |
| | | 20～23/3 | $4.66\times10^{-8}$ | |
| | | 23～25/2 | $1.88\times10^{-8}$ | |

续表

| 检查孔编号 | 桩号 | 段位/段长/m | 渗透系数/(cm·s$^{-1}$) | 备注 |
|---|---|---|---|---|
| 下FJ-2 | 0+132.76 | 0～3.5/3.5 | 5.52×10$^{-7}$ | 墙段连接部位检查（XF20-XF21） |
|  |  | 3.5～8/4.5 | 1.66×10$^{-7}$ |  |
|  |  | 8～12.5/4.5 | 1.55×10$^{-8}$ |  |
| 下FJ-3 | 0+89.26 | 0～5/5 | 2.93×10$^{-7}$ | 墙体检查（XF12） |
|  |  | 5～10/5 | 7.82×10$^{-8}$ |  |
|  |  | 10～15/5 | 3.67×10$^{-8}$ |  |
|  |  | 15～20/5 | 1.05×10$^{-8}$ |  |
|  |  | 20～25/5 | 3.14×10$^{-8}$ |  |
|  |  | 25～30/5 | 4.19×10$^{-8}$ |  |

（4）室内物理力学性能试验。室内对取样混凝土养护28d后进行试验，其中抗压强度试验93组，混凝土抗压强度平均值28.32MPa，最小值为24.4MPa，标准差1.72MPa，强度保证率100%；抗渗指标试验19组，试验加至规定压力0.9MPa时，在8h内所有试件均未出现表面渗水现象，抗压等级均不小于W8。

（5）外观质量。成墙后，分别在上游围堰防渗墙桩号0+110.98m、0+113.0m进行了墙体开挖质量检查，从外观上看，墙面平整、无蜂窝麻面，接头连接完整，无夹层，质量满足要求。具体见图2.22和图2.23。

图2.22 墙体　　　　　　　　　　图2.23 接缝

4. 单元质量评定

施工结束后，由施工和监理单位共同进行质量评定，上游围堰混凝土防渗墙：共31个单元，其中合格31个单元、优良29个单元，单元工程优良率为93.5%；下游围堰混凝土防渗墙：共24个单元，其中合格24个单元、优良23个单元，单元工程优良率为95.8%。

上、下游围堰混凝土防渗墙共55个单元，其中合格55个单元、优良52个单元，单元工程优良率为94.5%。具体见表2.40。

| 表 2.40 | | | 单元质量评定统计表 | | | |
|---|---|---|---|---|---|---|
| 部位 | 单元 | 合格 | 优良 | 合格率/% | 优良率/% | 总体质量评价 |
| 上游围堰 | 31 | 31 | 29 | 100 | 93.5 | |
| 下游围堰 | 24 | 24 | 23 | 100 | 95.8 | 优良 |
| 合计 | 55 | 55 | 52 | 100 | 94.5 | |

## 2.5.3　效果

### 2.5.3.1　结论

（1）进行预灌处理后的槽孔，冲击钻施工工效大大提高，更主要的是提高了抓斗的利用率，对于本工程而言，只有最大可能发挥抓斗的工效，工期才能保证。故进行预灌处理是十分必要的。为确保抓斗施工到预灌深度，河道部分预灌处理深度应在 25m 以上。

（2）为保证主体防渗墙施工进度，控制好防渗墙施工轴线范围内的填料质量，围堰填筑施工中严格控制坝料质量，做好填料石块粒径（粒径小于 30cm）和级配控制，合理使用风化土料，以减少大面积施工时的漏浆量，确保围堰填筑部分能采用抓斗施工，提高成墙工效，加快施工进度。

（3）根据施工工效统计，预灌后冲击钻造孔平均工效为 2.28m²/d，抓斗平均工效为 42.7m²/d。

（4）为保证施工顺利进行，施工前，要做好防漏浆材料的储备。材料包括黏土、水泥、块石、砂、膨润土、锯末等。

（5）为保证混凝土嵌入基岩，防止出现倒悬防渗墙，一定要做好地质补充勘探及基岩鉴定。

### 2.5.3.2　主要研究成果及技术创新

1. 施工强度属行业领先水平

（1）上、下游围堰覆盖层的卵砾石、块石、弧石层，且地质结构复杂，透水性强，不可预见性因素多。施工中出现漏浆、塌孔及弧石情况比较严重，施工难度大。

（2）地质结构比较复杂，又无翔实地质资料，基岩鉴定工作难度大。

（3）工期紧，工作量大：上、下游围堰总成墙面积为 7663.16m²，开工日期 2007 年 11 月 22 日，需要完工日期 2008 年 1 月 31 日，施工工期仅有 70d 时间，平均每天需要完成成墙面积 109.5m²。

（4）机械设备多，场地窄，上游围堰轴线长 165.54m，下游围堰混凝土防渗墙轴线长 128.34m，总共投入 42 台冲击钻机，3 台液压抓斗，6 台地质钻机，施工场面壮观，管理难度大。

（5）造孔采用两钻一抓施工工艺，该工艺成槽效率高；槽段链接采用"接头管法"施工，该方法是目前混凝土防渗墙施工接头处理的先进技术，其施工有很大的技术难度，但它具有接头孔孔形质量较好，孔壁光滑，不易在孔端形成较厚的泥皮，同时也易于接头的刷洗，不留死角，确保接缝混凝土质量，节约了套打接头混凝土的时间，提高了工效。

**2. 防渗墙施工快速、优质、高效**

（1）采用"钻劈法"和"钻抓法"成槽施工工艺。采用CZ-30型冲击钻机和抓斗配合造孔成槽，先用冲击钻机钻凿主孔，当相邻的两个主孔终孔后，再用抓斗抓取中间副孔；遇大块石或漏浆后，停止抓取，再换冲击钻机钻凿成槽。

Ⅰ期槽段按3孔施工，Ⅱ期槽段按5孔施工，主孔0.8m，副孔2.2m；Ⅰ期槽两钻一抓，Ⅱ期槽三钻两抓成槽。考虑到抓斗施工的局限性，对地层中含有孤石部位及基岩部分仍要采用冲击钻成槽，对单一由冲击钻成槽深孔部位，Ⅰ期、Ⅱ期槽段副孔均分3个孔施工，主孔0.8m，副孔（小墙）0.7m；最后钻凿残留的小墙及半牙，完成槽孔施工。

（2）采用黏土和膨润土混合泥浆护壁。泥浆在混凝土防渗墙施工中的作用主要是保持孔壁稳定、悬浮钻渣以及冷却钻具。优质泥浆有利于成槽时的孔壁稳定，有利于混凝土浇筑质量的控制。结合本工程实际，综合考虑本工程的地质条件，护壁泥浆采用黏土和膨润土混合泥浆。为保证泥浆质量，加强泥浆制备、泥浆池维护和泥浆回收等管理。

（3）采用"气举法"结合"抽筒法"清孔换浆。槽孔清孔采用抽筒法和气举反循环清孔法相结合。槽孔终孔检验合格后，先用抽筒抽砂，再用一台6m³空压机气举孔底泥浆，通过排渣管和JHB-200型泥浆净化机净化槽内泥浆。气举法清孔时，冲击钻头配合搅动孔底沉渣。

清孔验收标准：清孔结束1h，应满足孔底淤积厚度不大于10cm，泥浆密度不大于1.25g/cm³；泥浆黏度不大于40s；泥浆含砂量不大于10%。

（4）采用沉淀法和机械处理法相结合回收泥浆再生利用。抓斗造孔时，所抽出的浆渣用清水稀释后，经排浆沟流至集浆池，沉淀后上部含砂量较少的浆液可回收重新利用。清孔换浆时，经净化处理后直接返回槽孔。浇混凝土时，用排污泵将槽内排出浆液输送至集中制浆站回收池内，检验各项指标合格后，针对性进行再生，重复使用。

（5）采用接头管法实施墙段连接。"接头管法"是目前混凝土防渗墙施工接头处理的先进技术，其施工有很大的技术难度，但也有着其他接头技术无可比拟的优势：首先采用接头管法施工的接头孔孔形质量较好，孔壁光滑，不易在孔端形成较厚的泥皮，同时由于其圆弧规范，也易于接头的刷洗，不留死角，可以确保接头的接缝质量。其次，由于接头管的下设，节约了套打接头混凝土的时间，提高了工效，对缩短工期有着十分重要的作用；同时也节约了墙体材料，降低了费用。本工程采用YJB-800液压拔管机，该机具有起拔力大，微震动等特点，利用微震动功能进行初期起拔，可有效避免埋管事故的发生。

（6）采用导管法浇筑混凝土成墙。混凝土浇筑采用导管法，选用快速丝扣连接的导管直径A219mm，一期槽孔下设1套导管，二期槽孔下设2套导管，底部高差较大的个别槽孔下设三套导管，导管下设位置、距孔端距离、导管间距和导管底口距槽孔底高度遵循现行技术规范。

开浇前，与导管连接的小料斗内装满混凝土，预备足够的混凝土料（考虑导管内容积及封埋导管的方量），一次性对导管进行封堵。导管内放置略小于导管内径的软球作为隔离体，将泥浆和混凝土隔离。浇筑时，混凝土熟料由混凝土输送车运输到待浇槽孔孔口，直接对口浇筑。混凝土面上升速度可控制大于2m/h，导管埋入混凝土的深度控制在1.5～6.0m范围内。浇筑过程中随时测量混凝土顶面深度并与浇筑混凝土方量核对，准确计算导管的实际埋深，以指导导管的拆卸工作。每个槽孔在浇筑时，对混凝土坍落度和扩散度均进行测试，控制混凝土的搅拌质量。

浇筑时各套导管同时下料，保证混凝土面均匀上升，终浇高程至槽孔口。

（7）防渗墙成槽前，对围堰填筑层进行预灌浓浆处理。糯扎渡电站上、下游围堰堰基防渗工程施工难度大，受大坝填筑施工工期和防汛工作的影响，围堰防渗项目工期紧，必须在计划时间内完成，而针对围堰实际填筑情况和堰基地质条件，不采取有效堵漏措施，防渗墙造孔成槽难度极大，在所规定的时间内完成上、下游围堰防渗墙施工任务是不现实的。根据生产性试验结果，为减少防渗墙造孔过程中泥浆的大量漏失、槽孔坍塌和保证抓斗有效抓槽，整体提高防渗墙施工进度，保证工期要求，对堰体填筑层等大孔隙地层进行预灌浓浆处理，堵塞渗漏通道，大大减少防渗墙造孔成槽过程中漏浆塌孔概率，为实现节点工期目标起到了至关重要的作用。

（8）采用控制好防渗墙施工轴线范围内的填料的石块粒径级配控制，合理使用风化土料质量，确保围堰填筑部分能采用抓斗施工，提高成墙工效，加快施工进度。为保证主体防渗墙施工进度，一定要控制好防渗墙施工轴线范围内的填料质量，在围堰填筑施工中严格控制坝料质量，做好填料石块粒径（粒径小于 0.8m）和级配控制，合理使用风化土料，以减少大面积施工时的漏浆量，确保围堰填筑部分能采用抓斗施工，提高成墙工效，加快施工进度。

（9）根据试验施工工效，计算直线工期，合理配置机械设备，确保工期。按以往的施工经验，上、下游围堰防渗墙冲击钻施工平均工效为 2.1m²/（台·d），抓斗工效按 30m²/（台·d），施工计划参照该工效安排施工设备及人员配置。根据工程量和工期要求，本工程实际投入数量为 CZ - 30 冲击钻机 44 台套，BH - 12 型半导杆液压抓斗 3 台。于 2008 年 1 月 31 日上下游防渗墙全部施工完成。

（10）倒悬体采用可控灌浆施工工艺，确保了施工质量和工期。在下游围堰防渗墙施工过程中，经过钻孔取芯发现，XF10 槽段底部基岩为倒悬岩体，若将防渗墙嵌入倒悬岩体以下完整基岩上，工期是无法保证的，必将对基坑抽水和开挖施工工期造成影响。鉴于围堰地质结构的复杂性，从围堰防渗、工期等多方面综合考虑，业主、设计、监理和施工单位经过商讨后，确定倒悬岩体以下覆盖层采用可控灌浆方案处理。可控性灌浆孔按三排孔布置，排距为 0.75m，孔距为 1.0m，梅花形布置。孔底高程 569m。Ⅰ序孔灌浆压力采用 1.5～2.0MPa，Ⅱ序孔灌浆压力 2MPa。中间排灌浆孔灌浆压力同墙下帷幕灌浆，遇覆盖层灌浆压力采用 2MPa。

## 2.6 减少防渗墙施工塌孔的方法

糯扎渡水电站上游围堰防渗墙在施工中发现防渗墙极易坍塌，漏浆严重。处理塌孔和堵漏不仅需要投入大量的人力物力，而且会严重影响工期。为确保防渗墙施工按期完成，采取了对防渗墙轴线两侧的填筑层和两岸坡积带进行预灌浓浆的处理措施，减少了漏浆和塌孔现象，给防渗墙造孔、灌浆施工带来了很大便利，同时有效地缩短了节点工期，为后续围堰施工赢得了时间。

### 2.6.1 特点与难点

糯扎渡水电站于 2007 年 11 月成功截流后，上游戗堤被迅速培厚加宽，为后续防渗墙施工提供施工平台，上游围堰设计高程 656m，防渗墙施工平台高程 620m，上游围堰采用 C20 混凝土防渗墙，墙厚 80cm，防渗墙深入基岩 0.5m，上游围堰轴线长 165.54m，最大深度约 48.0m，防渗墙成墙面积 4100m²，上游围堰防渗墙示意见图 2.24，上游围堰防渗墙部位地质及填筑料剖面图见图 2.25。

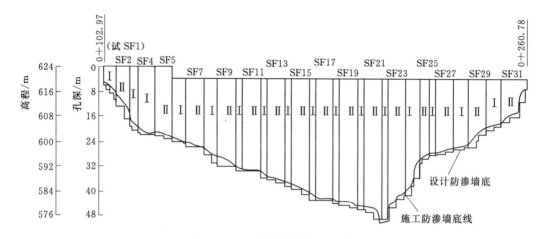

图 2.24 上游围堰防渗墙示意图

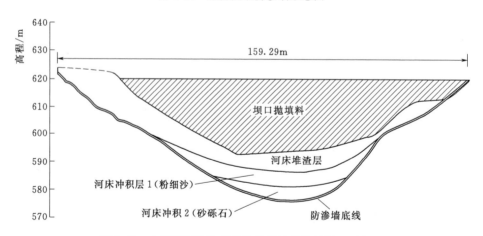

图 2.25 上游围堰防渗墙部位地质及填筑料剖面示意图

围堰防渗墙施工特点。地层中含有大量的孤石，特别是遇到坚硬的花岗岩孤石，不仅容易卡钻、磨损钻头，而且极易漏浆，进尺非常缓慢；工期要求紧，上游围堰防渗墙于 2007 年 11 月 22 日开始施工，为在汛期前将围堰填高至高程 656m，要求上游围堰防渗墙工程必须在 2008 年 1 月 31 日之前完工；截流前生产性试验结果表明，塌孔及漏浆现象严重。堵漏和重新造孔不但严重影响施工进度，而且损耗大量的膨润土、水泥等堵漏材料。

## 2.6.2　方法

### 2.6.2.1　生产性试验

防渗墙正式施工前的生产性试验成槽采用钻凿法造孔，即采用 CZ - 30 型冲击钻机配合液压抓斗成槽或全部用冲击钻钻劈法成槽、"抽筒法"出渣；采用膨润土泥浆护壁；用"气举法"结合"抽筒法"进行清孔换浆；自建混凝土搅拌站拌和混凝土；HBT50 型混凝土泵输送混凝土；泥浆下直升导管法浇筑混凝土。

大江截流前，于 2007 年 8 月 15 日开始在左岸防渗墙轴线上选取 SF2（试 SF1）、SF3（试 SF2）两槽进行生产性试验。造孔前未对岸基进行预灌处理，结果在试 SF1 槽段造孔至 5m 深左右、试 SF2 槽段造孔至 11m 深左右时，出现大量漏浆和塌孔现象。频繁进行堵漏和重新造孔不但严重影响施工进度，而且耗费大量的膨润土、水泥等堵漏材料。对此参建各方讨论后决定在试验槽段造孔前先对基础实施预灌浓泥浆或水泥浆措施。实施预灌浓浆后，两试验槽段漏浆和塌孔现象明显减少，因而加快了施工进度。试验完成后，经参建各方反复讨论比较，为保证工期要求，减少防渗墙造孔过程中泥浆的大量流失、槽孔坍塌和保证抓斗有效抓槽，提高防渗墙施工进度，决定对堰体填筑层等大孔隙地层进行预灌浓浆处理，堵塞渗漏通道。

### 2.6.2.2　布孔形式

防渗墙在造孔前为保证槽孔的宽度和沿轴线的连续性，通常先沿防渗墙轴线设置导向槽。糯扎渡水电站上游围堰采用混凝土导向槽，导向槽采用现浇钢筋混凝土，钢筋为 Φ18 螺纹钢，混凝土强度等级 C20，导向槽高 1.6m，墙身横剖面呈梯形布置，上宽 0.5m，下宽 1.0m，槽宽 1.0m。

预灌浓浆孔沿导墙两侧分两序布置，预灌孔孔距 1.5m，排距 1.5m，两排预灌孔呈梅花形布置，具体布置见图 2.26。在浇筑导墙混凝土时，将 Φ180mm 的 PVC 管预埋于导墙内，以方便施工、减少后期预灌孔的钻孔工程量，上游围堰共布置预灌孔 202 个。

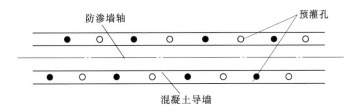

图 2.26　预灌浓浆孔布置示意图

### 2.6.2.3　浆液配比

灌注浆液选用水泥膨润土浓浆，浆液浓度采用 1.40～1.42g/cm³，详细浆液配比情况见表 2.41。

表 2.41　　　　　　　　　每平方米水泥膨润土预灌浓浆浆液配比

| 水泥/kg | 膨润土/kg | 水/kg | 外加剂/kg |
|---|---|---|---|
| 357.3 | 357.3 | 714.6 | 0～5 |

#### 2.6.2.4 设备投入

预灌施工过程中的主要施工设备有潜孔钻机、3SNS灌浆泵、排污泵和液压拔管机等，具体投入为150m³/h的3PN排污泵8台；YJB-800液压拔管机2台；3SNS灌浆泵5台；ZJ-400/ZJ-1500高速搅拌机5台；潜孔跟管钻机5台。

#### 2.6.2.5 预灌浓浆施工

每排预灌孔分两序施工，严格按照先Ⅰ序，后Ⅱ序的施工顺序进行。具体施工顺序如下：下游排Ⅰ序孔钻灌→下游排Ⅱ序孔钻灌→上游排Ⅰ序孔钻灌→上游排Ⅱ序孔钻灌。

鉴于工期紧张，为使防渗墙提前开工，优先施工一期槽段上下游排预灌孔；灌浆泵以3SNS灌浆泵为主，排污泵配合使用。先使用3SNS灌浆泵灌浆，当预灌孔吸浆量较大且不起压时，改用排污泵灌浆达1000kg/m时结束。浆液搅拌采用自制1m³灌浆搅拌机搅拌，膨润土预先制成浆液输送至灌浆站后按比例加入水泥再次搅拌合格后使用。

预灌施工前期，灌浆段长按1.5m控制，防渗墙造孔施工开始后，二期槽段部位预灌孔灌浆段长调整为1.5～4.5m。

### 2.6.3 效果

通过预灌浓浆技术的应用，在糯扎渡围堰防渗墙施工中取得明显效果，大大减少了防渗墙造孔成槽过程中漏浆塌孔现象，为实现工期节点目标起到了至关重要的作用，确保上游围堰防渗墙施工得以保质保量按时完工。

## 2.7 复合土工膜施工方法

上、下游围堰为与坝体结合的土石围堰，上游堰顶高程656m，堰高84m，高程624m以下采用混凝土防渗墙防渗，高程624m以上采用土工膜斜墙防渗（图2.27）；下游围堰

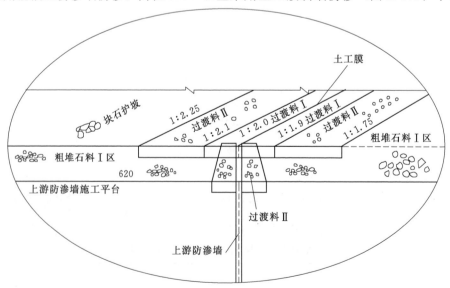

图2.27 上游围堰防渗体示意图（单位：m）

堰顶高程 625.00m，坝高 52m，高程 614m 以下采用混凝土防渗墙防渗，高程 614m 以上采用土工膜心墙防渗。复合土工膜是高分子和防老化的材料，具有非常高的阻隔功效，能耐各种酸碱，对人体无害，无污染，可重复利用，当前复合土工膜在大坝防渗、渠道防渗、挡水围堰、防汛抢险、加固修复等工程已经得到广泛的应用[12]。糯扎渡水电站围堰工程设计采用复合土工膜中的防渗膜为易于热焊接的聚乙烯（PE）膜，膜厚 0.8mm，土工膜的规格 350g/0.8mmPE/350g，铺设总量约 21000m²。

### 2.7.1　特点与难点

围堰结构体型复杂，填筑料品种多，土工膜两侧分别设置有过渡料Ⅰ、过渡料Ⅱ、坝Ⅰ料及护坡大块石，土工膜需随两侧料源填筑同起上升，施工强度高，围堰上游侧无交通道路，填筑施工必须跨土工膜施工，工序复杂。土工膜作为围堰防渗体的组成部分是保证大坝度汛安全的关键，确保土工膜施工质量至关重要。

### 2.7.2　方法

#### 2.7.2.1　复合土工膜施工方法

（1）复合土工膜裁剪。为了施工方便，保证拼接质量，单卷复合土工膜一般采用宽幅，减少现场拼接量，同时也要考虑到材料的出厂运输方便。单卷复合土工膜的尺寸采用 4m×200m，两面边顶预留约 15cm 的不复合层（即布、膜分开，称为留边）以便土工膜横向焊接。复合土工膜根据现场需要的长度进行裁剪。

（2）削坡平整施工。围堰填筑完成后，护坡按设计要求采用反铲进行削坡并采用人工整平，削坡时必须清除一切尖角块石、杂物，以防损伤复合土工膜。然后根据设计要求进行保护层的铺设，保护层砂石料粒径 0.1mm，颗粒含量不大于 5%，最大粒径不得大于 5cm，并应有连续级配。为了保护防渗土工膜在铺设过程中不受破坏，砂石料应无尖角。

（3）复合土工膜拼接施工。土工膜拼接：主膜与主膜之间采用焊接接缝，局部焊不着的或焊接有问题的则采用粘接。焊接施工。土工膜采用热熔焊接法施工。施工方法：当第一幅土工膜铺好后，将需焊接的边翻叠（宽约 60cm），第二幅反向铺在第一幅膜上，调整两幅膜焊接边缘走向，使之搭接 10cm。用干净的干棉纱或毛刷将接缝面的污物清理干净，并保持缝面干燥，在焊接部位地面上垫一条长木板，以便焊接机在平整的基面上行走，保证焊接质量。正式焊接前，根据气温进行试焊，确定行走速度和焊接温度，一般行走速度在 1.5～2.5m/min，焊接温度为 220～300℃。焊接焊缝 2 条，2 条焊缝间的空隙用于焊缝质量检查。然后根据修正后的焊接温度和焊接速度，先用一条长 100cm、宽 20cm 的土工膜进行试焊，目测焊缝合格后，方可正式试焊。焊缝检查验收后将焊缝部位无纺布进行缝合连接，以保护焊缝（图2.28）。

图 2.28　土工膜焊接示意图

粘接施工。对局部焊不着的或焊接有问题的则采用粘接施工。施工方法：整形及粘合面制作。在现场将土工膜展开进行全面检查、修补剪除不合格部分，裁边整形。用脱膜剂将土工膜两侧附膜分别剥离8cm宽制作粘合面，晾干后卷成筒状待用。清理粘接部位。在现场粘接部位铺垫防水雨布，上放平整木板，清扫粘接面油污和灰尘，保持粘接面干燥。粘合剂配制及粘接工具准备。施工前进行土工膜粘合剂的强度、水解、水平渗透等试验，施工时严格按试验确定的配合比配制胶液。PE膜粘接。将土工膜的PE膜（主膜）与无纺布（附膜）剥离开，然后平放在木板上，在PE膜粘接部位全面均匀涂刷一层专用胶，待胶干不粘手时，再均匀涂刷一层并干至不粘手，然后将它们彼此粘合，并充分推压、木榔头锤击，确保粘合密实。对烫伤、褶皱等缺陷，先用砂布将缺陷周围一定范围内打毛，然后刷专用胶，再将另外准备好的土工膜片粘贴上，最后加压2h。

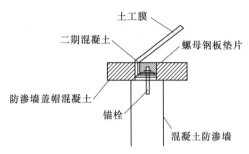

图2.29　土工膜与混凝土之间螺栓连接示意图

（4）螺栓连接施工。土工膜在防渗墙二期混凝土预留槽内插入并用螺栓连接，施工时先将接触面混凝土表面清理干净并用M20砂浆补平，采用电钻按螺栓间距1.0m进行土工膜造孔，并将与混凝土连接面的无纺布与PE膜剥离开，将造好孔的土工膜安放就位，加螺母钢板垫片，然后用20mm，$L=60cm$锚栓固定，拧紧螺母，使PE膜与找平层砂浆接触密实，然后在预留连接槽内浇筑二期混凝土。土工膜与混凝土之间螺栓连接见图2.29。

（5）复合土工膜铺设施工。复合土工膜按要求焊接好后即进行铺设施工，铺设前做好以下几方面工作：在堰面上对铺开的土工膜进行表观检查；对土工膜进行清理丈量，按需要进行剪裁、卷叠；铺设焊接或粘接平台；基底整平，按设计要求的坡度对铺膜基底进行整修成型，并用平板振动器振压实坡面，使坡面平整密实，基底面上无碎石及有棱角的硬物，以防土工膜被刺破；土工膜与基础混凝土的连接严格按设计要求施工，土工膜的螺栓孔在现场放样打孔，对于废孔要进行修补处理，锚固螺栓必须拧紧。

铺设时沿斜坡面铺设，铺开后人工拉伸找平。根据设计要求土工膜铺设高度超过5m时，土工膜中间设一道褶皱，宽20cm。土工膜铺设时松紧适度，富裕度约2%，以避免出现应力集中，也有利于拼接，复合土工膜与坡面应压平贴紧，避免架空。铺好的土工膜后要及时覆盖填筑过渡料。土工膜铺设见图2.30。

（6）施工保护。土工膜施工过程中，工作人员穿软底鞋，不准穿带钉的鞋上岗。严禁设备通过土工膜，机械设备跨土工膜时，采用特制栈桥通行。架栈桥前，将土工膜条带局部卷成筒状埋入过渡料中，埋深不小于0.5m。土工膜上、下游侧过渡料I中的石子必须清理，避免划破土工膜。

**2.7.2.2　复合土工膜质量控制**

进场后的复合土工膜必须有厂家提供的合格证书、性能及特性指标和使用说明书。土工膜外观上不允许有针眼、疵点和厚薄不均匀，厚度要满足设计及规范的要求；土工布不允许采用裂口、孔洞、裂纹或蜕化变质等材料。施工过程中应加强质量检测。

1. 检测部位

主要包括：全部焊缝、焊缝结点、破损修补部位、漏焊和虚焊的补焊部位、前次检验

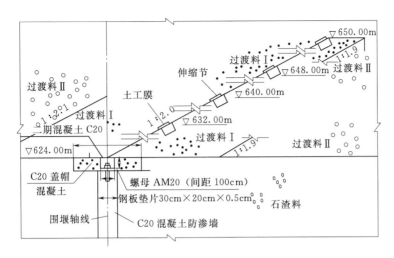

图 2.30 土工膜铺设示意图

未合格再次补焊部位等。

2.检测方法

主要为目测，必要时可进行现场检测和室内抽样检测。

（1）目测。贯穿土工膜施工全过程，即进行表观检查，观察焊缝是否清晰、透明，无夹渣、气泡、漏点、熔点、焊缝跑边或膜面受损等。

（2）现场检测。土工膜现场拼接时，焊接部位采用充气法进行检测。检测时，对双焊缝选择充气长度 20～30m，将待测的双焊缝之间预留的空腹两端封死，插入气针充气，双焊缝间充气压力达到 0.15～0.20MPa，保持时间 3min，若压力无明显下降即表示焊接质量合格。如发现有漏焊、熔点等现象，立即用挤压焊机进行补焊。对于焊接结点、破损修补部位、漏焊和虚焊的补焊部位、前次检验未合格再次补焊部位，采取 50cm×50cm 小方格进行真空检测，真空压力大于或等于 0.005MPa，保持时间 30s 而肥皂液不起泡即为合格，否则及时进行修补。

（3）抗拉检测。对目测合格的焊接试验的焊缝样品抽样进行抗拉试验；对现场焊接施工焊缝进行目测检查；必要时也要进行抽样做抗拉试验，土工膜焊接缝的抗拉强度（指主膜）不得低于母材（指主膜）抗拉强度的 80％。

## 2.7.3 效果

上游围堰为土工膜斜墙围堰，堰高 84m，属 3 级建筑物，作为大坝两个汛期的挡水建筑物，在质量标准高、工期紧的情况下，施工在一个枯水期内用时 73d 完工，运行情况良好，开高土工膜斜墙围堰施工之先河。

# 第3章 坝基开挖及处理

坝基施工是糯扎渡心墙堆石坝施工的第一步。本章根据大坝建设场地的具体情况，岩层特征和分布特点，对于坝基开挖、地质缺陷处理、心墙区大面积薄壁垫层混凝土以及坝基帷幕灌浆等方面的施工方法进行分析和论述。

# 3.1　高心墙堆石坝基础开挖及地质缺陷处理方法

心墙堆石坝坝址区主要岩性为花岗岩、花岗斑岩、石英岩、辉绿玢岩、隐爆角岩、砂泥岩和第四系松散堆积层等，坝壳区挖除覆盖层、冲积层和部分风化岩体，心墙区开挖至弱风化岩体。在高心墙堆石坝的坝基开挖施工过程中，对各种地质缺陷及时进行处理，为大坝填筑施工快速推进奠定基础。喻学文针对三峡大坝的地质缺陷问题提出的策略为：对较大规模的处理采用预裂爆破和光面爆破，辅以人工清挖；对局部难以彻底挖除的坚硬岩体，进行锚固或加强固结灌浆处理[13]。吴晓光等针对糯扎渡大坝进行了类似的研究，探讨了高心墙堆石坝坝基开挖和缺陷处理的一般方法[14]，对于本次研究都有指导性建议。

## 3.1.1　特点与难点

（1）两岸基础范围的坡积覆盖层要求全部清除，坝壳堆石基础无严格体型要求，但不允许出现陡于1∶0.3的陡坎。

（2）清除覆盖层后，心墙上游坝壳基础全风化层开挖深度按5m控制，心墙下游坝壳基础在反滤延长区要求挖除全风化岩层，其余部位全风化岩层开挖深度按5m控制，陡崖体及倒悬体采用钻爆挖除，开挖边坡形成不陡于1∶0.3，局部倒悬部位采用浇筑C15混凝土回填，形成不陡于1∶0.3边坡。

（3）河床基础应全部挖除河床冲积层，使开挖面大致平整，对突出的大孤石、大块石，应爆破挖除。

## 3.1.2　方法

1. 施工准备

测量地形，采用全站仪对地形进行测量，绘制原始地形图。道路布置，主要利用已形成基坑开挖道路。开挖道路基本参数见表3.1。施工供风，充分考虑开挖工作面的布置特点，利用移动空压站布置方式，以满足开挖需要。施工供水，开挖施工用水主要满足钻孔、声波检测试验以及边坡支护用水，利用大坝施工供水系统，从供水主管直接引至施工工作面。施工供电，利用左右岸边坡已设置的降压站，接电至工作面以满足供电需要。

表 3.1　　　　　　　　　　　　开 挖 道 路 基 本 参 数

| 行车速度 | 主要车型 | 路面宽度 | 视距 | 最大纵坡 | 路面类型 |
|---|---|---|---|---|---|
| 小于30km/h | 20～32t 自卸汽车 | ＞8m | 停车15m、会车30m | ＜12％ | 泥结石路面 |

2. 基坑开挖

土方开挖采用反铲装自卸汽车运往指定弃渣场，开挖按自上而下分层分段依次开挖原则进行，分层高度5m。坝基石方开挖采用非电毫秒微差梯段爆破，石方边坡均采用预裂爆破，水平建基面采用水平光爆爆破法施工，所有爆破参数通过现场爆破试验确定。

（1）梯段爆破施工。爆破参数要满足边坡的稳定和建基面的完整要求，在开挖过程中，进行爆破震动监测、边坡安全监测和声波检测，根据实际爆破效果，及时修正爆破参数。其主要的施工过程是：①梯段台阶面清理，采用反铲辅以人工将台阶面的浮渣清理干净，以利布孔和钻孔，对临空面堆渣需清除，形成良好的临空面，提高梯段爆破效果，尤其是对较大的坡脚抵抗线，必要时采用手风钻补孔与梯段爆破一起爆；②布孔，经过测量按设计现场用红油漆标明孔位及孔深；③钻孔，采用全液压潜孔钻，边角采用宣化钻钻孔，钻孔偏差不大于15cm；④装药、联网、起爆，在爆破技术员的指导下，由炮工按设计装药结构和起爆网络装药、联网；⑤爆破效果检查，每次爆破过后，对爆堆形状和爆破块度进行检查，作为爆破参数调整的依据。

（2）边坡预裂爆破施工。坝基边坡均采用预裂爆破，坝基边坡按分层（5～10m）一次预裂至设计高程，其爆破参数应通过爆破试验确定。预裂爆破的主要施工过程是：①工作面浮渣清理，为保证开孔准确和钻孔质量，首先沿边坡开口线位置采用人工清出1.0m～1.5m宽的条带；②测量放线，采用全站仪现场测量放样边坡开口线；③布孔，根据爆破设计和现场情况，现场布放预裂孔孔位，并用红油漆现场标明；④钻孔，现场用扣件式钢管脚手架按设计开挖坡度搭设样架，YQ100型轻便钻机固定在搭设的钢管脚手架样架上，钻孔过程中，应采用低风压，减慢钻孔速度，开孔前应校核角度、方位，钻孔1.5m深时应进行二次校核，必要时应一孔三校核以保证钻孔角度不发生偏差；⑤钻孔检查，钻孔完成后，采用水准仪、铅垂和罗盘对钻孔角度和深度进行检查，不满足设计要求的，采取补救措施或重新钻孔；⑥炸药现场绑扎和装药，现场按设计装药结构，用胶布将药卷和导爆索绑扎在竹片上，然后，人工轻轻送入孔内，竹片靠近边坡侧，尽量使药卷位于孔中间部位，堵塞时，先在药卷顶部堵塞纸团，然后再填塞钻孔岩屑；⑦起爆，按设计爆破网络，采用电雷管起爆；⑧预裂面检查，每次边坡部位梯段爆破完成，清除石渣，露出开挖面后，均对残孔率、坡面平整度、坡面爆破裂隙进行检查记录，作为下次预裂爆破参数调整的依据。

坝基水平建基面开挖爆破施工。坝基水平建基面采用保留2～3m保护层，进行水平光爆施工。主要施工施工方法为加快水平建基面开挖进度，多布置开挖工作面。光爆孔采用手风钻或YQ100B造孔。欠挖部分采用人工撬挖至设计面，每次出碴完成后，对残孔率和开挖面平整度进行检查，作为爆破参数调整的依据。灌浆廊道槽挖爆破施工。灌浆廊道基槽开挖，三面采用预裂爆破，YQ100B造孔，非电微差起爆网络起爆，一次爆破成型，局部欠挖部分采用人工撬挖至设计面。爆破网络采用预裂爆破和孔间毫秒微差起爆网络起爆。

3. 缺陷处理

对于出露宽度1～20cm的断层破碎带及夹泥挤压带在混凝土垫层及垫层边线向下游

延伸 10m 范围采用槽挖回填水泥砂浆的方法进行处理，即 A 类处理措施。A 类处理措施的施工方法是人工挖深两倍断层带或软弱带出露宽度，冲洗干净后，回填 M15 水泥砂浆，人工振捣密实并养护。对于出露宽度大于 20cm 的断层破碎带及夹泥挤压带在混凝土垫层及垫层边线向下游延伸 10m 范围采用槽挖回填干硬性混凝土方式进行处理，即 B 类处理措施。B 类处理措施的施工方法是挖深两倍断层或软弱夹层带出露宽度，冲洗干净后，回填 C15 干硬性混凝土，人工振捣密实并养护。对于宽度大于 1cm 的断层破碎带及夹泥挤压带出露与下游坝壳 1 倍水头范围内采用反滤料覆盖保护的方式进行处理，即 C 类处理措施。C 类处理措施的施工方法为清除表面松散物质，铺反滤料 Ⅰ 、Ⅱ 及细堆石料进行保护。

### 3.1.3　效果

大坝坝基开挖、建基面平整度及地质缺陷处理总体满足设计要求。心墙基础爆前、爆后声波波速平均衰减率 3.12% ～ 8.2% ，满足不大于 10% 的设计要求，建基面以下 1m 处声波波速多在 2500～3500m/s，爆破后岩体松弛程度增加不多，满足设计建基要求。

## 3.2　大面积薄壁垫层混凝土快速施工方法

糯扎渡大坝心墙垫层混凝土顺水流方向最大宽度 132.2m，设置 6 条纵向结构缝，划分为 7 个条块。坡度从 1∶2～1∶0.78 共 6 种坡比。混凝土垫层厚度为 1.2～3.0m。主要工程量为垫层混凝土约 121070m³，廊道混凝土约 23203m³，钢筋制安 5671.49t，混凝土采用 $C_{90}30W_{90}8F_{90}100$ 。

### 3.2.1　特点与难点

（1）施工面积大，约 7.4 万 m²，设计浇筑厚度 1.2～3m。

（2）施工干扰大，心墙垫层及廊道混凝土施工、固结灌浆、帷幕灌浆、心墙填筑施工交叉作业频繁，相互之间干扰大。

（3）斜坡段高差 261.5m，左右岸斜坡长度约 400m，顺水流方向平均宽度约 132.2m，基础面由 1∶2～1∶0.78 共 6 种坡比，且一坡到顶，没有交通平台，交通受限，材料进入困难，混凝土垂直运输手段受限，入仓难度大。

（4）垫层混凝土为三级配温控混凝土，垂直运输手段受限，温控要求高。

### 3.2.2　方法

为保证混凝土结构快速、平整、低成本施工，糯扎渡大坝垫层混凝土采用无轨滑模施工技术[15]，与传统的翻模法相比，该技术节省了大量钢模板和拉筋，节约了备仓时间，缩短了工期；与有轨滑模施工技术相比，简化了结构，避免了繁琐的轨道架设。

### 3.2.2.1 无轨滑模及牵引力计算

（1）滑模重量计算。

滑动模板要求自重加配重的法向分力略大于新浇混凝土对滑模产生的浮托力。即要求：

$$(G_2 + G_2)\cos\alpha > P \tag{3.1}$$

式中 $G_1$、$G_2$——滑模的自重和配重，kN；

$\alpha$——滑模面板与水平面的夹角，（°）；

$P$——新浇混凝土对斜坡面上滑模的浮托力，kN。

托浮力计算公式：

$$P = P_n Lb\sin\alpha \tag{3.2}$$

式中 $P_n$——内倾混凝土侧压力，kPa，$P_n$ 取 $5\sim12$kPa；

$L$——滑动模板长度即所浇板块的宽度，m；

$b$——滑动模板宽度，m。当 $P_n$ 取 $5\sim12$kPa，$L$ 取 20m，$b$ 取 1.5m，$\alpha$ 取 $29°$时，计算得：

$$G_1 + G_2 > 83\sim133(\text{kN})$$

（2）滑模牵引力计算。

滑模牵引力的大小与滑模自重、刮板与新浇混凝土的黏结力有关

$$T = (G\sin\alpha + fG\cos\alpha + \tau F)k \tag{3.3}$$

式中 $T$——滑模牵引力，kN；

$G$——滑模的自重加配重，这里取值 83kN；

$\tau$——刮板与新浇混凝土之间的黏结力，一般取 2kPa；

$f$——对于侧模支撑的滑模采用滑动摩擦系数，取值 0.3；

$\alpha$——坡面与水平面夹角，（°）；

$F$——滑模与新浇混凝土接触的表面积，m²；

$k$——安全系数取 2。

$$T = (83 \times \sin\alpha + 0.3 \times 83 \times \cos\alpha + 2 \times 1.5 \times 20) \times 2 = 244(\text{kN})$$

单点牵引力为 122kN，故 15t 卷扬机可以满足要求。

### 3.2.2.2 混凝土浇筑施工

滑模技术混凝土施工工艺流程：建基面清理→锚筋施工→钢筋制安→侧模安装→滑模安装就位→混凝土浇筑→滑模提升与浇筑交替进行→混凝土养护。

对应的滑模侧面图、断面图、平面图分别见图 3.1～图 3.3。

1. 滑模安装

（1）侧模或堵头模安装。无轨滑模侧模采用钢木组合模板，木模板主要对开挖基面进行找平；钢模板横向背枋采用 A48mm 钢管焊接成"〓"型，中间缺口处安装铜止水。侧模、堵头模采用钢筋内拉法固定，侧模、堵头模固定完成后测量校模，控制标准：①偏离

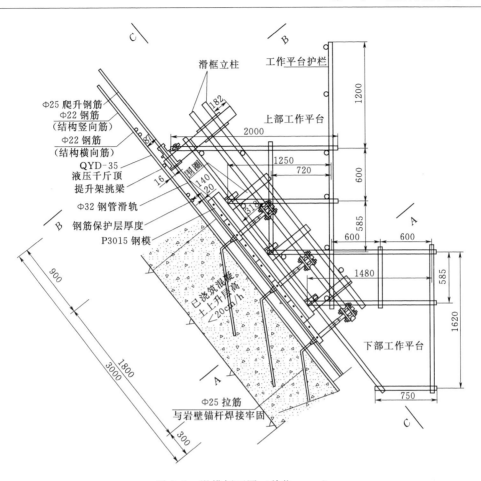

图 3.1　滑模侧面图（单位：mm）

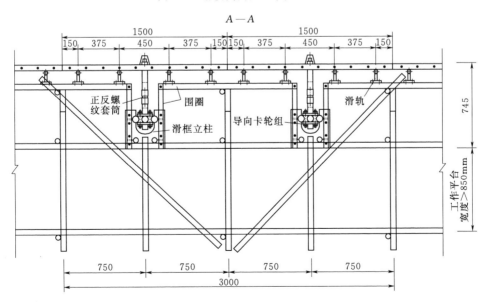

图 3.2　滑模断面图（单位：mm）

$C-C$

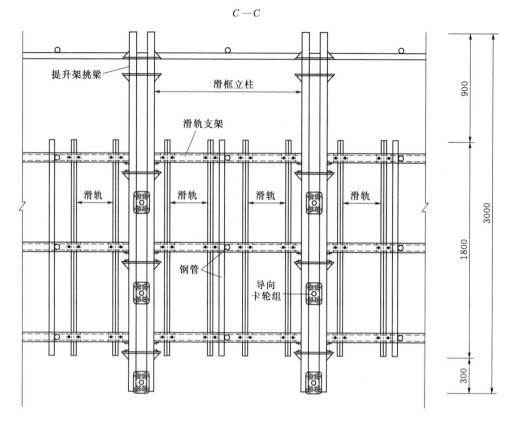

图 3.3  滑模平面图（单位：mm）

设计分缝线±3mm；②垂直度±3mm；③侧模、堵头模顶面偏离设计值±2mm。模板表面必须光洁平整、无缺损，接缝严密，不漏浆，且安装前涂刷好脱模剂。模板安装必须牢固准确。

（2）无轨滑模安装及提升系统。无轨滑模采用型钢制作，形成三角形钢桁架，上部及侧面采用 3mm 钢板焊接成封闭结构，底部焊接厚 5mm 钢板，作为面板。模体依据设计体型宽度按 3m 的倍数分成数节，根据需要拼接成不同长度，模体宽 1.0m，高 1.3m，每米自重约 0.8t。施工时，若模体重量不够，应增加配重避免模体上浮，配重采用混凝土预制块。滑模利用 50t 汽车吊吊装就位，采用卷扬机牵引将滑模滑至工作面。滑模提升采用两台 15t 卷扬机作为提升动力，卷扬机置于底部，每台卷扬机后部及两侧采用底锚与已浇混凝土连接牢固，上部滑轮固定点采用 3 根品字形布置的砂浆锚杆（A25，$L=4.5m$，外露 1.0m）固定，滑轮上部与锚杆连接牢固。滑模两侧安装两个 5t 手拉葫芦作为安全保障及应急用提升动力。

（3）滑模滑升。混凝土浇筑施工一旦开始即连续作业直到该仓号浇筑完成，滑升速度根据具体情况确定，一般保持滑升速度 1.0～2.0m/h，施工中当混凝土浇筑顶面与模板上口距离 5cm 时开始滑模提升，一次滑升高度约 30cm。模板提升时，必须保持两端同步匀速进行。滑动模板滑升前，先清除前沿超填混凝土，开仓前必须做好各项准备工作，以保证浇筑的连续性。因故中止浇筑时间超过混凝土初凝时间，按施工缝处理。每次滑升最

**108**

大间隔时间不应超过半小时。混凝土浇筑时，如因故停止，滑模应保证每隔半小时左右滑动一次，以避免模体与混凝土粘接在一起，增加滑升阻力，并应将已入仓的混凝土振捣合适、表面平整。

（4）抹面压光平台。滑模下设有一次、二次两个抹面平台，抹面平台宽 2m。同时在滑模上搭设遮阳棚，避免阳光直射浇筑仓面，改善工作环境，减少混凝土温升。

2. 混凝土运输及入仓方式

河床水平段垫层及廊道混凝土主要采用 40t 履带吊、长臂反铲配合溜槽等方式入仓。左岸高程 750.00m 至高程 561.20m 以下垫层及廊道主要采用三级配泵送混凝土入仓，局部采用塔机吊罐入仓。右岸高程 630.00m 以下垫层及廊道主要采用三级配泵送混凝土入仓，溜槽配合入仓。左岸高程 750.00m 以上、右岸高程 630.00m 以上的垫层及廊道主要采用溜筒、溜槽配合入仓。采用 6m³ 混凝土搅拌车和 15t 自卸车运输混凝土，运输车采用帆布覆盖，防止温升。

3. 混凝土浇筑

塔机直接入仓，溜筒、溜槽设 4 个入仓口，入仓口间距一般不超过 2m，采用浇筑面附近溜槽位置不断变换方式入仓。采用满铺法铺料，铺料厚度 30～35cm。振捣时，振捣器移动距离以不超过其有效半径的 1.5 倍，并插入下层混凝土 5～10cm，避免漏振或过振。振捣时间以粗骨料不再显著下沉，不出现气泡、开始泛浆时为准。在气温较高时，采取喷雾机喷雾，在浇筑仓制造小气候条件，以降低环境温度。每次滑模提升后，在滑模下设的抹面平台上人工分两道工序抹面压光，抹平 2 遍，压光 1 遍。抹平先用长 1.5m 的刮尺初平，表面平整后，再用钢抹子抹平，待混凝土表面变硬，水分开始散失，进行压光，使混凝土达到平整美观。

4. 脱模、养护

（1）侧模拆除必须待混凝土强度达 2.5MPa 以上且拆模时不至于损坏混凝土棱角方可进行，拆模采用专用工具，避免损坏模板及混凝土棱角。

（2）抹过面的混凝土表面先用塑料薄膜覆盖保温保湿，待混凝土凝固后开始洒水养护，一般在混凝土浇筑结束后 6～18h 开始养护，在干燥、炎热的气候条件下，适当提前养护时间。混凝土养护是已成型浇筑混凝土面设喷水花管流水养护，经常性保证混凝土表面湿润，混凝土养护一般至混凝土龄期。

（3）日气温变幅较大季节，气温骤降频繁的季节，对未满设计龄期的混凝土暴露面覆盖 2cm 厚聚乙烯保温卷材外套塑料编织彩条布。

5. 施工排水与心墙区填筑干扰排除

在已成型混凝土垫层表面从上游向下游方向设置贯穿垫层混凝土的截排水沟，并安装水泵，排除灌浆及养护水，避免施工水流入填筑面，影响接触黏土填筑。

6. 温控措施

对运输混凝土的罐车在打料之前对混凝土罐洒水降温，并合理调配车辆，减少运输车辆等待卸料时间；对溜槽覆盖保温被，降低混凝土入仓温升；滑模加盖彩条布遮阳棚，避免阳光直射新浇混凝土，降低混凝土入仓温度；浇筑前，仓面洒水并始终保持湿润，降低基础面温度；高温时段仓面布置喷雾机喷雾降温。另在右岸下游高程 715m 平台安装制冷机组，混凝土仓面埋设 A25mm 金属冷却水管，冷却水管蛇形布置，水平间距 1m，垫层厚度 1.2m 埋设 1 层水管；3.0m 厚度垫层和廊道边顶拱埋设 2 层水管。冷却水管单根长度不大于 250m。冷却水管距周边、缝面、混凝土顶面的距离 0.8～1.5m，控制冷却水进口水温与混凝土温度之间的温差不超过 25℃。混凝土下料时开始通水，通水冷却连续进行，每 24h 变换一次流向，每 4h 测一次混凝土温度。

### 3.2.3 效果

（1）2008 年 10 月，心墙混凝土开始施工。左右岸坝基垫层混凝土主要采用了无轨滑模技术，确保了混凝土施工质量与进度。大坝垫层混凝土提前 183d 完成，从而为大坝提前封顶创造了有利条件。

（2）有效解决垫层混凝土施工与心墙区填筑立体作业的干扰，避免了施工废水排除的影响。

（3）有效控制了垫层混凝土开裂问题。

## 3.3 大坝基础帷幕灌浆施工方法

帷幕灌浆是大坝基础防渗处理的重要手段之一，随着水利水电建设事业的不断发展，帷幕灌浆技术已经越来越多地被应用在各种大坝基础防渗中，并不断地得到了提高。王成就小浪比水电站的研究中介绍了该工程在复杂的地质条件下，大坝基础帷幕灌浆的施工方法。提出观点在对于在不同部位、不同地质条件下，施工时采取相应的技术措施。右岸灌浆时采取"孔口封闭、孔内循环"，左岸主要采取"自下而上"法灌浆，特别是对于左岸山脊区灌浆时[16]。大坝心墙区帷幕灌浆主要分布于大坝轴线河床水平廊道、左右岸灌浆廊道上，局部布置于左右岸垫层混凝土上。大坝帷幕灌浆设有单排帷幕和双排帷幕两种形式，单排帷幕灌浆孔孔距 2.0m，布置在大坝轴线上，双排帷幕灌浆孔孔距 2.0m，排距 1.5m，单双排均按 3 个次序施工。左右岸灌浆洞内上边墙（垫层混凝土上）布置单双排搭接帷幕，与上一层帷幕灌浆形成闭合面，防止渗漏。杨旭就针对禄丰县石门水库的帷幕灌浆中常出现的问题进行了研究，尤其是串浆、冒浆等问题[17]。

### 3.3.1 特点与难点

（1）糯扎渡心墙堆石坝坝高 261.5m，属于 300m 级高心墙堆石坝灌浆，面临较高压力和较深钻孔的各种灌浆难题。

（2）部分灌浆部位地质条件复杂，右岸高程 660～760m 岩体风化破碎，岩层中夹杂软弱泥沙颗粒，其下部有构造软弱岩带及断层通过，成孔难。

（3）大坝帷幕灌浆设计工程量为 93997.3m³，施工高程范围为 566.000～821.500m，施工桩号范围为帷 0＋505.500～坝 0＋703.000。大坝左岸坝肩分布有 F5、F6、F9、F15、F18、F20 等Ⅲ级结构面，从空间分布和断层规模来看，以 NNW 向中倾角、倾向坡外的 F9、F15 断层对坝肩工程地质条件影响较大。坝基岩体风化程度相对较浅且均一，风化层厚度小，基岩裸露地段多为弱风化上部岩体。岸坡地下水埋深度较大，坡降较小。

右岸坝基分布的基岩为花岗岩，局部为花岗斑岩脉，花岗岩蚀变现象较为普遍。由于受构造、蚀变等影响，右岸岩体风化复杂。除构造软弱岩带及 F11 断层出露地段岩体风化表现为槽状外，其余地段岩体风化程度随高程变化很大。

（4）合同要求 2010 年 5 月 31 日前完成高程 690m 以下帷幕灌浆工程，2011 年 12 月 31 日前完成高程 690m 以上帷幕灌浆工程，工期紧，任务重。

### 3.3.2　方法

#### 3.3.2.1　基本原则

大坝心墙区进行自下而上帷幕灌浆形成闭合防渗帷幕，水泥浆液填塞了岩体中的裂隙和渗水通道，从而改善岩体物理性能、提高岩体防渗能力，减小渗流量，保证大坝安全。

根据心墙区左、右岸地质条件的不同，大坝帷幕灌浆施工采用干磨细水泥（P.O42.5）和普通水泥（P.O42.5）进行灌注。右岸高程 660～760m 岩体风化破碎，岩层中夹杂软弱泥沙颗粒，其下部有构造软弱岩带及断层通过，按设计要求进行干磨细水泥帷幕灌浆；河床、左右岸及其他部位属于一般地质条件，岩性花岗岩，按设计要求进行普通水泥帷幕灌浆。

#### 3.3.2.2　施工方法

大坝帷幕灌浆主要采用"孔口封闭、自上而下分段、孔内循环式灌浆法"。即采用小口径钻孔，在灌浆孔的接触段灌浆后，在孔口埋设安装孔口管，自上而下分段钻孔和灌浆，各段都在孔口管上安装孔口封闭器进行灌浆。该方法的特点是：每段灌浆时，不下阻浆塞，利用钻杆代替射浆管将浆液送入孔内，孔口封闭器控制浆液返回，从而实现浆液在全孔内的循环流动。其关键工序是孔口管的埋设，埋入岩石的深度视灌浆压力和地质条件而定。一般情况下，不应小于 2m，此段习惯称为"孔口镶铸锻"，它采用较大的钻具（常用 A76～φ91mm 钻具）先行钻孔，钻入岩石 2m 进行表层常规下塞灌浆后，埋入孔口管（常用 A73mm 无缝钢管），待凝 72h 后再开始自上而下分段钻孔灌浆。此法最大的优点是：每段灌浆结束后不须待凝，可直接开钻下一段，大大节省了时间；多次复灌，有助于提高灌浆质量。

#### 3.3.2.3　施工工艺

（1）工艺流程。孔位放样→钻第一段冲洗、压水灌浆镶铸孔口管（待凝）→钻第二段冲洗、压水灌浆→钻第三段冲洗、压水灌浆→钻终孔段冲洗、压水灌浆→全孔封孔。钻孔过程中，遵循"先导孔→下游排Ⅰ序孔→下游排Ⅱ序孔→下游排Ⅲ序孔→上游排Ⅰ序孔→上游排Ⅱ序孔→上游排Ⅲ序孔"的分排分序逐渐加密的原则施工。

（2）埋设孔口管。根据地质情况，孔口管埋设入岩 2.0m。使用回转地质钻机配 90mm 金刚石钻头钻进基岩 2.0m，孔口卡塞灌注第一段后回填 0.5：1 水泥浆，埋入 A89mm 孔口钢管，管口设有护丝装置，待凝 3d。

（3）造孔。钻孔使用回转地质钻机，采用 90mm（注意与 A89mm 孔口管的问题）金刚石钻头清水钻进技术，全孔采用测斜仪进行测斜。先导孔和检查孔均进行取芯，编号入箱，绘制钻孔柱状图。

（4）钻孔冲洗及压水试验。孔壁冲洗采用大流量压力水冲洗孔壁，裂隙冲洗采用相应段灌浆压力的 80%（超过 1MPa 时采用 1MPa），进行有压脉动裂隙冲洗，直至回水澄清持续 10min，孔内残存的沉积物厚度不得超过 20cm。压水试验帷幕灌浆先导孔采用自上而下分段卡塞进行"五点法"压水试验，压力取 0.3MPa、0.6MPa、1.0MPa、0.6MPa、0.3MPa，以最大压力值的相应流量计算透水率。其余灌浆孔段灌前可结合裂隙冲洗进行简易压水试验。

（5）灌浆分段及相应灌浆压力。帷幕灌浆分段：第一段（即接触段）段长 2m；第二段段长 5m，以下各段按 5m 控制。特殊情况下可适当缩短或加长，但不得大于 10m。各段灌浆分段及压力见表 3.2。

表 3.2  各段灌浆分段及压力

| 入岩深度 /m | 段次 | 段长 /m | 灌浆压力/MPa（第一排/第二排） | | |
|---|---|---|---|---|---|
| | | | Ⅰ序孔 | Ⅱ序孔 | Ⅲ序孔 |
| 2 | 1 | 2 | 0.5/1.0 | 0.7/1.2 | 1.0/1.5 |
| 3 | 2 | 1 | 1.0/1.5 | 1.2/1.5 | 1.5/2.0 |
| 5 | 3 | 2 | 2.0/2.5 | 2.2/2.7 | 2.5/3.0 |
| 10 | 4 | 5 | 2.5 | 3.0 | 3.5 |
| 15 | 5 | 5 | 3.5 | 4.0 | 4.5 |
| 20 | 6 | 5 | 4.5 | 5.0 | 5.5 |
| 以下各段 | 7～16 | 5 | 5.0 | 5.5 | 6.0 |

（6）灌浆材料及浆液配制。灌浆材料分别使用 P.O42.5 普通硅酸盐水泥和干磨细水泥。普通硅酸盐水泥浆液采用 1:1、0.8:1、0.5:1 三个比级；干磨细水泥浆液采用 1.4:1、1:1、0.75:1 三个比级。

（7）灌浆压力与注入率的控制。基岩以下 10m 范围内严格控制灌浆压力与注入率，当注入率大于 30L/min 时，压力控制在本段灌浆压力的 50%；当注入率大于 20L/min 时，压力控制在本段灌浆压力的 75%；当注入率小于 20L/min 时，压力可达到设计值。

（8）灌浆结束条件。灌浆压力达到规定值，孔段注入率小于 1.0L/min，延续 60min 即可结束本段灌浆。

（9）封孔。过程中采用"全孔灌浆封孔法"，即全孔进行 0.5:1 浓浆置换，孔口卡塞，以最终压力灌浆封孔。

#### 3.3.2.4 特殊情况的处理

（1）左岸廊道帷幕灌浆 WZL1-10 孔在灌注第 5 段时吸浆量较大，其原因是在钻孔至 22～22.3m 时，出现泥黄色返水，局部有卡钻情况，取出岩芯芯样，发现多为短柱产出，局部中长柱，岩体较破碎，有开敞性缓倾角裂隙发育，裂隙面风化夹黄泥，走向与帷幕轴线相交。灌浆过程中采取加浓浆液、间歇、待凝及 3 次扫孔复灌等处理措施，裂隙通道得到充填封闭，灌浆效果良好。

（2）右岸高程 650m 灌浆洞帷幕灌浆个别孔在接触段钻进过程极为困难，卡钻严重，岩石较破碎，取出的岩芯多为短柱状和粉末状，含有细砂，在压水试验过程中出现不返水、不起压现象，灌浆过程中吸浆量较大，初始流量达到 43.8L/min，采用干磨细水泥浆液越级变浓进行施灌，灌浆压力逐渐达到设计压力，最后满足结束灌浆标准结束灌浆。

（3）右岸高程 700m 灌浆洞帷幕灌浆在洗孔过程中返水颜色为淡黄色，且夹杂土质颗粒，采用干磨细水泥浆液越级变浓进行施灌，灌浆压力逐渐上升，达到设计灌浆压力，最后满足结束灌浆标准结束灌浆。

**3.3.2.5　成果分析**

（1）单位注灰量成果分析。帷幕灌浆单位注灰量灌浆成果见表 3.3 和图 3.4。从表 3.3 看出：帷幕灌浆下游排Ⅰ序孔平均单位注灰量为 330.62kg/m，Ⅱ序孔平均单位注灰量为 219.37kg/m，Ⅲ序孔平均单位注灰量为 111.5kg/m；孔序间递减率分别为 33.6%、49.2%；上游排Ⅰ序孔平均单位注灰量为 160.39kg/m，Ⅱ序孔平均单位注灰量为 113.42kg/m，Ⅲ序孔平均单位注灰量为 75kg/m，孔序间递减率分别为 29.3%、33.9%；上游排平均单位注灰量为 107.4kg/m，下游排平均单位耗灰量为 197.2kg/m，排序间递减率为 45.5%。通过以上灌浆成果分析看出：各序孔平均单位注灰量逐序递减，符合随着灌浆次序增加、注灰量逐渐减小的一般灌浆规律，说明先序孔灌浆已将大部分裂隙充填，后序灌浆孔将裂隙进一步充填，灌浆效果明显。

表 3.3　　　　　　　　　　　　双排帷幕灌浆注灰量成果分析

| 项目 | | 灌浆长度/m | 总耗灰量/kg | 平均单位耗灰量/(kg·m⁻¹) |
|---|---|---|---|---|
| 第一排 | Ⅰ序孔 | 135.0 | 78350.4 | 580.4 |
| | Ⅱ序孔 | 70.2 | 22410.1 | 319.2 |
| | Ⅲ序孔 | 134.8 | 33333.9 | 247.3 |
| 小　计 | | 340.0 | 134094.4 | 394.4 |
| 第二排 | Ⅰ序孔 | 140.1 | 18287.7 | 130.5 |
| | Ⅱ序孔 | 70.2 | 8281.9 | 118.0 |
| | Ⅲ序孔 | 138.0 | 15409.2 | 111.7 |
| 小　计 | | 348.3 | 41978.8 | 120.5 |
| 合　计 | | 688.3 | 176073.2 | 255.8 |

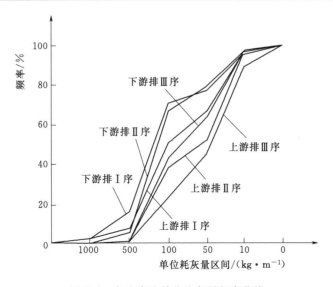

图 3.4　各次序孔单位注灰量频率曲线

**300米**级心墙堆石坝施工关键技术

（2）压水试验成果分析。灌后压水检查孔采用自上而下分段卡塞进行"五点法"压水试验。前期帷幕灌浆灌后压水试验压力组为0.6MPa、1.2MPa、2.0MPa、1.2MPa、0.6MPa，最大压水试验压力为2.0MPa。后期根据正常蓄水位与灌浆段孔底高程的相互关系，帷幕灌浆检查孔压水试验压力取值按规范的高限取值，即检查孔各段单点法压水试验的压力为灌浆施工时该孔段所使用的最大灌浆压力的80%，并不小于1MPa，五点法压水试验的压力按单点法试验压力的0.3、0.6、1.0、0.6、0.3倍取值，最大压水试验压力不超过3.3MPa。灌后压水试验成果分析见表3.4。

表3.4                        灌后压水试验成果分析

| 检查孔孔数 | 段数 | 各透水率/Lu | 区间段数（频率）（段）/% | | | 透水率/Lu | | | 防渗标准 |
|---|---|---|---|---|---|---|---|---|---|
| | | ≤1 | 1~1.5 | 1.5~2 | >2 | 最大值 | 最小值 | 平均值 | |
| 32 | 335 | 335（100） | 0（0） | 0（0） | 0（0） | 0.96 | 0 | 0.47 | $q \leqslant 1.0$Lu |

根据灌后压水试验透水率区间分布情况可以看出：灌后透水率均小于设计规定的1.0Lu合格标准，合格率100%，说明帷幕灌浆达到了预期目的。

### 3.3.3 效果

通过岩芯描述，结合地质情况分析：先导孔大部分孔段岩芯较破碎，岩芯平均采取率为62%，灌后压水检查孔钻孔取芯，岩芯平均采取率为91%，由以上采取率情况分析，灌前地质岩层较风化破碎，岩石采取率低，灌后风化破碎地质岩层形成整体，岩芯裂隙可见水泥结石充填，胶结情况较好，岩石采取率显著提高，说明灌浆效果显著。

帷幕灌浆效果显著，水泥浆液填塞了岩体中的微小裂隙和渗水通道，达到了改善岩体物理性能、提高岩体防渗能力的目的。通过帷幕灌浆成果分析表明：①双排帷幕的灌浆孔排距1.5m，孔距2m以及单排帷幕灌浆孔距2.0m是合理的，灌浆压力和灌浆分段可以达到设计规定的质量标准；②采用"孔口封闭、自上而下分段、孔内循环式灌浆法"的灌浆方法是可行的；③处于岩体风化、软弱夹层带通过的复杂部位，采用干磨细水泥材料灌浆的设计要求是适宜的。

# 第4章 坝料生产与加工

坝料包括心墙掺砾土料、反滤料、堆石料等。坝料的质量一定程度上决定了大坝的质量，所以对坝料质量的控制非常重要。本章在分析糯扎渡心墙堆石坝坝料料源、原料特点的基础上，根据坝料的技术指标要求，深入分析了坝料生产过程中的关键问题，并提出了相应的解决方法。

# 4.1　心墙土料含水率调节方法

糯扎渡水电站心墙堆石坝在国内首次采用人工掺砾土料作为心墙防渗体填筑料，心墙填筑是大坝施工的重点控制项目，掺砾土料质量指标的控制是整个工程至关重要的环节。李朝政等[18]就通过现场碾压试验研究及调整击实试验制样，对于上坝土料的含水率进行研究，对于土料击实碾压提供参考。掺砾土料是由农场土料场混合土料掺 35%（重量）白莫箐石料场开采加工的人工碎石掺拌而成；最大粒径不大于 150mm（人工掺砾最大粒径不大于 120mm），大于 5mm 颗粒含量 48%～70%，小于 0.074mm 颗粒含量不少于 19%～50%。

## 4.1.1　特点与难点

土料含水量过高或过低时，均不易击实到较高的密度，在一定的击实功下只有当土料的含水量达到最优时，才能击实到较大的密度，取得较高的压实度，因此含水率是控制土料压实的重要指标。农场土料场受当地气候条件影响，旱季、雨季土料含水率变化较大，往往旱季需要对土料进行补水，如何采取有效措施补水使掺砾土料较快、均匀获得合适的含水率满足施工进度是需要克服的难题。试验确定的掺砾土料碾压前控制的含水率为−1%～3%（为实测含水率，为最优含水率）。

## 4.1.2　方法

### 4.1.2.1　掺砾土料补水量计算

掺砾土料的最优含水率是经过土料的击实试验确定的。对生产现场的掺砾土料进行取样，并进行击实试验。测得 2009 年 9—12 月掺砾土料全料的最优含水率为 9.5%～14.5%，细料（粒径小于 20mm 的颗粒）最优含水率为 14%～16%。由于细料的 3 点击实试验能较好地解决料源变化性大的问题，且能有效地提高工作效率，因此采用控制细料（小于 20mm 细料）含水率的办法，控制掺砾土料的含水率。

通过对农场土料场混合土料含水率的测定，2010 年 1—3 月混合土料天然含水率为 17%～18%，运输至备料仓含水率平均为 15% 左右，若不对其进行补水工作，则会造成掺砾土料的含水率偏低，不利于砾石与混合土料的充分混合，亦不利于坝面的填筑碾压工作的进行。因此在掺砾土料备料及上料的过程中，需对其进行补水施工。杨晓鹏等[19]从掺砾土料含水率对大坝填筑质量的影响出发，提出了掺砾土料补水的定量计算模型和补水工艺，为本研究提供参考。

1. 掺砾土料补水量的确定

掺砾土料补水量的确定，是根据混合土料的天然含水率及掺砾土料最优含水率的控制范围确定的。由于旱季天气炎热，在掺砾土料的掺拌、运输过程及坝面碾压过程中所损失的水分过多，因此要保证坝面掺砾土料碾压前含水率控制在最优含水率浮动－1%～3%的范围，掺和料场掺砾土料开仓时的含水率需控制在最优含水的1%～3%的范围。

掺砾土料全级配的含水率与细料含水率呈直线关系，施工中可通过控制细料含水率来实现全级配料的含水率，细料与全料的最优含水率通过下式换算：

$$\omega_{opx} = (\omega_{opq} - \omega_a P_5)/(1 - P_5) \tag{4.1}$$

式中  $\omega_{opx}$——细料含水率，%；

$\omega_{opq}$——全料含水率，%；

$\omega_a$——砾石吸水率，按5%计；

$P_5$——大于5mm砾石含量，按35%计，全料含水率控制范围为9.5%～14.5%，则掺砾土料中混合土料含水率控制在14.6%～22.2%较合适。

在掺和料场备料仓检测混合土料备仓含水率平均为15.2%，经试验检测掺砾土料细料最优含水率为17.7%。

补水量计算时将砾石层看作完全饱水状态（即不吸水），计算掺和料场混合土料的补水量。

2. 糯扎渡水电站掺砾土料补水量计算

（1）取料场混合土料，测得其天然含水为 $\omega = 15.2$。

（2）取规则容器（相比细料重量，容器自重可忽略）盛满细料，称取其质量 $m$，并可计算其体积为 $V$。根据线性对比关系可得1kg细料体积为 $V_1$，即当 $m_{湿} = 1$kg 时，该细料的体积为 $V_1$（即单位质量细料的体积）$= V/M = 1/1410$（$m^3$）。

（3）计算实际含水量 $m_水$。

$$m_水/(m_{湿} - m_水) = 0.152$$

$m_水 = 0.152 m_{湿}/1.152$，且 $m_{湿} = 1$ 代入可得

$$m_水 = 0.152/1.152 = 0.132$$

根据目标含水率 $\omega_{op} = 17.7$，计算应加水量 $x$：

$$\frac{m_水 + x}{m_{湿} - m_水} = 0.177$$

$$x = 0.177 m_{湿} - 1.177 m_水 = 0.022\text{kg}$$

即体积为 $1/1410 m^3$ 含水率为15.2%的掺砾土料，补水至17.7%需要加水0.022kg。

（4）单位换算。

单位体积掺砾土料由15.2%的含水补至17.7%需要加水：$\frac{0.022}{1/1410} = 31.02$kg，即每100$m^3$ 掺砾土料补水2.5个百分点需加水3.1$m^3$。

由以上计算步骤推导补水公式如下：

$$\frac{m_水}{m_{湿} - m_水} = \omega_实 \tag{4.2}$$

$$\frac{m_\text{水} + x}{m_\text{湿} - m_\text{水}} = \omega_\text{目} \tag{4.3}$$

由$\dfrac{\text{式}(4.2)}{\text{式}(4.3)}$可得

$$x = \left(\frac{\omega_\text{目}}{\omega_\text{实}} - 1\right) m_\text{水} \tag{4.4}$$

由式（4.2）又得

$$m_\text{水} = \frac{\omega_\text{实}}{1 + \omega_\text{实}} m_\text{湿} \tag{4.5}$$

质量公式为：

$$m_\text{湿} = \rho_\text{湿}\, V_\text{湿} \tag{4.6}$$

所以

$$x = \frac{\omega_\text{目}\ \omega_\text{实}}{1 + \omega_\text{实}} \rho_\text{湿}\, V_\text{湿} \tag{4.7}$$

式（4.7）即为掺砾土料补水量的计算公式。

以上式中　　$m_\text{水}$——实际含水量，kg；

$\qquad\qquad m_\text{湿}$——混合土料质量，kg；

$\qquad\qquad x$——补水的质量，kg；

$\qquad\qquad \omega_\text{目}$——目标含水；

$\qquad\qquad \omega_\text{实}$——实际含水率；

$\qquad\qquad \rho_\text{湿}$——补水前混合土料湿密度（容重），kg/m³；

$\qquad\qquad V_\text{湿}$——混合土料体积，m³。

混合土料在掺和料场砾石摊铺工作面进行补水，最后一层混合土料采用人工补水，补水工程量根据混合土料及砾石料摊铺厚度、最优含水率及实测含水率等确定。掺砾石土料含水率及补水结果见表 4.1。

表 4.1　　　　　　　　　　混合土料含水率检测结果表

| 基础参数 | 混合土料铺料厚度 | 1.1m | 砾石铺料厚度 | 0.5m |
|---|---|---|---|---|
| | 混合土料松铺容重 | 1410kg/m³ | 洒水车每车水量 | 6m³ |
| | 混合土料最优含水率 | 17.7% | 混合土料实测含水率 | 15.2% |

| 仓号 | 每层面积 /m² | 每层混合土料体积 /m³ | 每层混合土料松铺重量 /kg | 每层补水量 /m³ | 每平方米补水量 /m³ |
|---|---|---|---|---|---|
| 1 | 9500 | 10450 | 14734500 | 323.95 | 0.0341 |
| 2 | 8500 | 9350 | 13183500 | 289.85 | 0.0341 |
| 3 | 12800 | 14080 | 19852800 | 436.48 | 0.0341 |
| 4 | 5450 | 5995 | 8452950 | 185.845 | 0.0341 |

根据以上检测结果，混合土料每层摊铺过程中需补水 0.0341m³/m²。

#### 4.1.2.2 掺砾土料含水率调节工艺

掺和料场掺砾土料补水工艺：在砾石料的铺备工作完成后在砾石层的表面进行补水工作（第一层砾石层除外），补水工作要连续，保证水分能够充分的渗入混合土料层，达到补水的效果；在每个料仓备料工作完成后，其最后一层的混合土料，由于不能承受重压，以免引起土料剪切破坏，故无法采用洒水车补水的方法进行补水，因此采用人工补水的方法进行补水。即每个料仓补水的层面分别为：第二层砾石、第三层砾石和最后一层混合土料。混合土料层的补水涉及补水设施及其型号的问题。混合土料每层摊铺过程中需补水 0.0341m³/m²。

大坝填筑最大强度时，备料强度约为每 45s/车，每车混合土料按照 12m³ 考虑，每小时所备混合土料量：

$$1 \times 3600/45 \times 12 = 960(\text{m}^3/\text{h})$$

混合土料每层摊铺厚度 1.1m，每小时摊铺面积：

$$960/1.1 = 872.73(\text{m}^2/\text{h})(\text{折合 } 14.55\text{m}^2/\text{min})$$

考虑两料仓同时备仓及 1.2 的旱情加重系数，补水强度：

$$V = 2 \times 1.2 \times 14.55 \times 0.0341 = 1.19\text{m}^3/\text{min} = 71.4(\text{m}^3/\text{h})$$

混合土料补水采用外径 70mm、壁厚 3.0mm 钢管从掺和料场高位水池引水至掺和料场。根据该管径及高程，其流量计算如下。

水管外径 70mm、壁厚 3.0mm，长度 $l = 80$m，

$$H(\text{高差}) = 870 - 820 = 50(\text{m})$$
$$d(\text{管内径}) = 70 - 2 \times 3 = 64(\text{mm})$$

$\Delta$(人工加粗高度) $= 0.15$(mm)，相对粗糙 $= \Delta/d = 0.15/64 = 0.00234$。

根据穆迪图，可得沿程水头损失系数 $\lambda = 0.017$，$\sum\zeta = 0$。

已知 $u_c$ 的求解公式为：

$$u_c = \frac{1}{\sqrt{\left(1 + \lambda \times \dfrac{1}{d} + \sum\xi\right)}} \tag{4.8}$$

根据式（4.8）可得：

$$u_c = \frac{1}{\sqrt{1 + 0.017 \times \dfrac{80}{0.064}}} = 0.211$$

$$Q = u_c A \sqrt{2gH} = 76.458\text{m}^3/\text{h} > 69.98\text{m}^3/\text{h}(\text{补水强度})$$

故采用外径 70mm、壁厚 3.0mm 钢管供水能满足强度要求。

人工补水是在摊铺完成工作面上移动软管进行补水，行进速度控制在 1.5m/s（人行进速度平均 0.75m/步）。

洒水完成之后及时在工作面采用塑料薄膜或土工布进行覆盖，最大限度减少水量损失。掺拌装车之前再掀开。在掺砾土料掺拌的过程中同时要进行补水工作。塑料薄膜要加强保护，损坏时及时更换，确保补水效果。

### 4.1.3　效果

通过对掺砾土料含水率调节方法的研究得出掺砾土料补水体积与混合土料原始含水率、目标含水率、初容重、体积有关，结合掺和料场实际地形情况，采用外径 70mm、壁厚 3.0mm、长度 $L=80m$ 的钢管可以满足补水要求。实施过程中对掺和料场掺砾土料上坝前含水率进行跟踪检测，统计试验检测数据共 201 组，检测结果小于 20mm 细料含水率最大 18%，最小 15.6%，平均 16.3%，细料含水率与最优含水率之差最大 2.1%，最小 −0.3%，平均 0.8%。检测结果表明，经采取上述水分调节措施，旱季掺砾土料含水率较好地满足了设计含水率控制要求。

## 4.2　掺砾石心墙土料掺砾工艺及质量控制方法

糯扎渡电站挡水建筑物为心墙堆石坝，坝体中央为砾质土直心墙，顶部高程为 820.5m，顶宽为 10m，上、下游坡度均为 1∶0.2，填筑方量约 460 万 $m^3$。糯扎渡水电站人工掺砾土料用作防渗料是我国近年来水电工程应用的新型材料，防渗心墙又是土石坝的核心部位，土石坝施工的质量和进度主要体现在防渗心墙部位，因此其质量控制工作至关重要。马洪琪[20]通过原位测试对于颗粒含量进行研究，通过三点击实法检查压实度，对于大坝质量控制进行评估，杨晓鹏等[21]通过制定土料开采、掺砾石料加工系统砾石料生产、掺砾土料制备及开采各工序质量控制程序及方法，对于土料质量进行评估，这些对于本研究都是极有参考价值。

### 4.2.1　特点与难点

（1）掺砾土料颗粒级配的稳定性，是掺砾土压实度指标满足设计要求的保障。设计要求掺砾土料最大粒径不大于 150mm，小于 5mm 颗粒含量 48%～73%，小于 0.075mm 颗粒含量 19%～50%。掺砾土料填筑要求细料（<20mm）压实度不小于 98%；小于 98%，且大于 96% 的压实度合格率不大于 10%。

（2）对于 300m 级的超高堆石坝来说，心墙只满足防渗性是不够的，还应有较好的力学特性。根据心墙防渗体满足变形及防渗和渗透稳定要求的原则，并参考类似工程经验，确定心墙采用农场土料场部分土料掺加人工碎石后的砾质土料填筑。

### 4.2.2　方法

通过不同砾石含量土料的压实性、渗透及抗渗稳定性、压缩特性、三轴抗剪强度及应力应变特性等试验的研究和分析论证，确定了掺砾土料采用农场土料场混合土料掺30%～40% 的砾石作为防渗料较合适，极限掺砾量不超过 50%。大坝掺砾土料级配包络线见图 4.1。

大坝心墙为掺砾石土料，混掺比例为 65∶35。根据混合土料与砾石料设计参数，结合掺和场地形条件及施工机械性能，确定混合土料单层层厚为 1.10m，砾石单层层厚为 0.5m，水平互层铺料，1 层铺砾石料，1 层铺混合土料，推土机平料，如此相间铺料 6

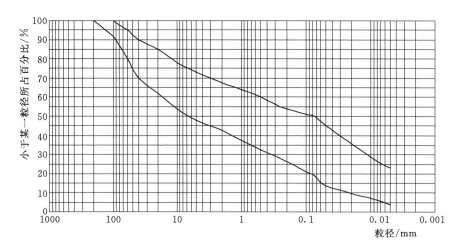

图 4.1 大坝掺砾土料级配包络线

层。料仓顶部最上层为土料。砾石料采用进占法铺料，土料则采用后退法铺料，以避免汽车轮胎压实土料。

由农场土料场运输土料和砾石加工系统砾石料至黏土砾石掺和场，采用20t自卸汽车运输，自卸汽车直接卸料，推土机平料，铺料时采用水准仪控制铺料厚度。土料和砾石料采用 6.0m³ 正铲挖掘机立采混料，掺拌3次后装料。

2009年4月，通过分析初期掺砾土料填筑情况，将掺砾土料中的 $P_5$（大于5mm颗粒含量）含量控制在40%左右，或 $P_{20}$（大于20mm颗粒含量）含量控制在30%左右，若砾石含量偏高，碾压过程中会造成砾石架空，影响压实度。掺砾土料含水率低于最优含水率时，细料与砾石黏结不好，故施工时含水率宜按含水率控制范围偏上线一侧控制，有利于改善心墙料的层间结合与压实度及渗透性。混合土料级配质量影响着成品掺砾土料中的黏粒含量，若黏粒含量不满足设计要求，直接影响掺砾土料压实度及透水率。

综上分析，掺砾土料含砾量及含水率控制尤为重要，具体质量控制措施如下。

（1）土料场混合土料开采质量控制。在土料开采之前，现场完成开采区划定界限，设明显的界标，对场地进行清理。料场周围设截排水沟，修建施工道路。准备工作完成后，严格按照规划及措施进行有序开采，以保证土料开采质量。对拟开采区域，首先进行植被清理，腐殖土剥离，腐殖层剥离厚度一般为40～50cm，然后对表层剥离情况进行联检验收，符合要求后，方可进行有用土料开采。根据土料场设计勘探试验成果分析，土料场的可用层为坡积层、残积层和强风化层。由于不同层次土料的结构及含砾量差异较大，因此要求土料开采过程中需采用立采的方式混合挖运，故开采深度及立采工艺是确保各层土料混合均匀的关键，并对超粒径（直径大于150mm）料、高黏性土等不合格料进行剔除，保证土料级配满足设计要求。具体的开采深度见图4.2。

土料开采过程中须每天严格按照规定时间及频次进行含水率检测，根据含水率变化适当调整开采作业面。当土料含水率不满足要求时进行水分调节，对含水率偏高的土料采用分段晾晒的方法，给予土料一定的脱水条件及时间，分段晾晒摊铺土料厚度20～30cm，对含水率偏低的土料采用浸闷补水法进行含水率调节，即混合土料含水率调节在掺拌料场

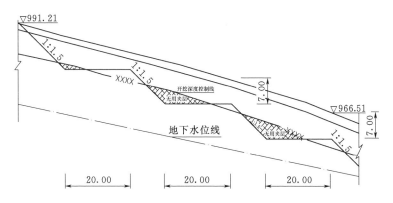

图 4.2　条带宽 20m 开采深度示意图（单位：m）

制备过程中在铺砾石层上进行均匀补水，以保证土料含水率满足设计要求。

（2）掺砾石料生产质量控制。掺砾石料最大粒径为 120mm，小于 5mm 颗粒含量为 5％～10％，生产过程中须严格按照工艺流程及按相关规定进行加工。毛料开采，石料场表土及无用层石料剥离完成后，须联检验收合格后方可进行毛料开采，对含泥量大的毛料禁止开采，以确保料源料性满足设计要求。

在生产过程中，现场巡视检查圆锥破碎机的工作性能，及时调整其工作状态（给料方式、给料速度、排料口），确保破碎机给料连续，并居中挤满给料，使破碎机破碎均匀，以保证成品料的质量。定期对加工系统生产的砾石料进行级配检测，发现级配不符合要求及时对生产加工系统进行调整，确保砾石料生产质量稳定并符合设计要求。采取有效措施防止成品料发生分离，即采用反铲掺拌削峰，当成品料生产堆料高度大于 5m 时用反铲掺拌一次，将料堆顶部挖平，并将料堆中心挖成倒圆锥形，将料堆中心细料与外围粗料均匀混合。每批砾石料经掺拌均匀、试验检测级配合格后方可备仓使用。加工系统掺砾石料生产现场见图 4.3 和图 4.4。

图 4.3　加工系统生产掺砾石料成品料堆图

图 4.4　加工系统掺砾石料生产现场图

123

（3）大坝掺砾石土料制备质量控制。严格按照规定的铺料顺序、铺料厚度、施工工艺流程施工。对每层料的铺设实行准铺证制度，只有在料仓边墙涂刷铺料层厚控制标志到位，定点网格测量检查铺设厚度满足要求后，方签发准铺证，同意下一层土料或砾石料铺设，铺设过程中再采用移动标志杆控制铺料层厚，确保铺料层厚满足设计要求，以保证砾石料与土料的混合比例。

当混合土料含水率不满足要求时，根据混合土料含水率检测情况、最优含水率控制范围，以及施工工况含水率损失情况确定补水量，在砾石层上及顶层混合土料表面进行均匀补水，使砾石保持吸水饱和状态，并使水分渗至土料层，每一料仓铺料洒水浸闷封存约7天后开采上坝。除在料场补水之外，大坝填筑面在上一层填筑验收合格，下一层填筑前根据需要及时进行刨毛洒水作业，铺填土料碾压前使用洒水车洒水补充表面土料损失的水分。

掺砾土料全级配的含水率与细料含水率呈直线关系，施工中可通过控制细料含水率来实现全级配料的含水率，细料与全料的最优含水率通过下式换算。

$$\omega_{opx}=(\omega_{opq}-\omega_a P_5)/(1-P_5) \tag{4.9}$$

式中　　$\omega_{opx}$——细料含水率，%；

　　　　$\omega_{opq}$——全料含水率，%；

　　　　$\omega_a$——砾石吸水率，按5%计；

　　　　$P_5$——大于5mm砾石含量，按35%计，全料含水率控制范围为9.5%~14.5%，则掺砾料中混合土料含水率控制在14.6%~22.2%较合适。

备仓过程中加强巡视监督，发现不合格料、超粒径料均予以剔除，严禁干土料、超径石块备仓使用。

根据混合土料级配检测情况，分析土料天然含砾情况，适当调整砾石料铺料厚度，并根据坝上掺砾土料试验检测情况进行阶段性分析总结，适时改进，累积掺砾土料料源控制经验，使掺砾土料质量达到最佳效果。

（4）大坝掺砾石土料掺拌质量控制。每个料仓备料完成后，在挖装运输前，必须采用6$m^3$的正铲混合掺拌均匀。掺拌方法为：正铲从底部自下而上装料，一次开采3个互层，将斗举到空中把料自然抛落，重复3次，20t自卸汽车运输至坝面。对每批拌制好的掺砾石土料进行级配和含水率检测，级配及含水率满足要求后方可装车上坝。

掺砾石土料掺拌质量情况。通过以上控制措施的实施，通过对上坝填筑的掺砾土料进行抽样做颗分试验，统计2012年5月21日至6月20日共取样11组，检测结果大于5mm颗粒含量平均为41%，大于20mm颗粒含量平均为30.2%，小于0.075mm颗粒含量平均为34.3%。检测结果表明，含水率及级配均在设计允许范围内，级配曲线中值率达到95%，较好地满足了设计要求。试验检测成果见表4.2，掺砾土料级配曲线见图4.5。试验结果如下。

### 4.2.3　效果

通过制定土料开采、掺砾石料加工系统砾石料生产、掺砾土料制备及开采各工序质量控制程序及方法，并严格按照制定的质量控制程序及方法实施质量控制，掺砾土料质量整体处于受控状态，掺拌质量良好。库区蓄水以来，监测结果表明大坝渗流量较小，满足设

| 检测项目 | <40mm 含量 | <20mm 含量 | <5mm 含量 | <0.075mm 含量 |
|---|---|---|---|---|
| 表 4.2　　掺砾土料颗粒特征粒径颗粒含量 | | | | |
| 设计值/% | 70~90 | 62~85 | 48~73 | 19~50 |
| 设计值中值/% | 80 | 73.5 | 60.5 | 34.5 |
| 检测组数 | 11 | 11 | 11 | 11 |
| 最大值/% | 87.5 | 77.9 | 66.5 | 48.7 |
| 最小值/% | 72 | 62.2 | 48.9 | 25.1 |
| 平均值/% | 79.3 | 69.8 | 59 | 34.3 |
| 平均值与中值相差百分数/% | −0.1 | −5.0 | −2.5 | 0.1 |

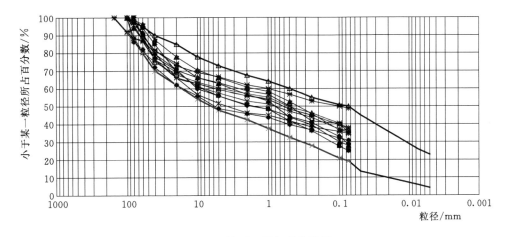

图 4.5　掺砾土料级配曲线图

计要求，掺砾土料心墙挡水效果良好，也与他人研究结论相吻合。

## 4.3　掺砾土料均匀性控制方法

砾石土是一种良好的筑坝材料，由于具有分布广泛，抗剪强度高、施工方便等优点，其用处越来越广泛，已经逐渐发展为高坝防渗料的首选。通过糯扎渡的心墙堆石坝的土料配比试验研究，掺入 35% 花岗岩碎石的混合土料作为心墙防渗土料是合适的，可显著提高心墙土料的变形模量，减少心墙和堆石体的不均匀沉降和拱效应，防止心墙发生水力劈裂[22]。另外，掺入的砾石土，在防渗体开裂时，可限制裂缝的展开，改善裂缝形态，减弱沿裂缝的渗流冲蚀。颗粒组成是决定宽级配砾石土工程特性的主要因素[23]。而掺砾土料的均匀性，直接影响到大坝填筑碾压压实度的控制，影响到大坝整体施工质量。所以在大坝施工质量控制中，掺砾土料的均匀性控制至关重要。

### 4.3.1　特点与难点

由于掺砾土料的均匀性取决于两种料（混合土料、砾石料）的掺量、掺拌效果、砾石料级配及混合土料中砾石含量，掺砾土料的均匀度受到较多因素的影响，因而在实际掺和过程中较为困难。

### 4.3.2　方法

（1）土料与砾石料设计重量混掺比例为 65：35。通过试验检测及分析，结合世界各国主要高坝工程防渗体的特性指标，绘制糯扎渡与国内外几座高心墙防渗土料级配曲线对比图，比较分析表明，按该混掺比例所得到的混合土料是较为合适的。

（2）合理的掺和工艺是掺砾土料均匀性的重要保障。本工程采用的砾土料铺料方法为：先铺一层 50cm 厚的砾石料，再铺一层 110cm 的土料，然后第二层砾石料（50cm 厚）和第二层土料（110cm 厚），如此相间铺设，每一个料仓铺 3 层。用正铲铲斗从料层底部自下而上挖装，铲斗举到空中把料自然抛落，重复 3 次。对应的掺砾石土料掺和工艺流程见图 4.6。

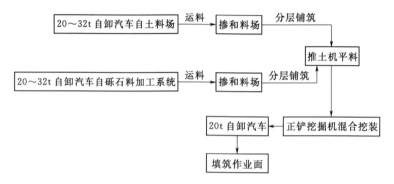

图 4.6　掺砾石土料掺和工艺流程图

（3）为严格控制掺量，采用全站仪进行 20m×20m 的方格网测量和现场层厚标志的手段进行控制。料仓铺料层厚控制主要在靠近挡墙和料仓面内两处进行控制。铺料前，沿各挡墙，在料仓边墙用红油漆做好铺料厚度标记，掺和场基础要求平整度按铺料厚度的 10％控制，掺拌料仓铺填示意图（剖面图）见图 4.7。料仓铺料采用 TCRA1202 全站仪放样、打点，在测站点上安置仪器，采用棱镜测定其三维坐标。层厚控制则采用方格网法（20m×20m），即每隔 20m×20m 处测定其高程，铺料高程用石灰打点，推土机将高于石灰之料推掉，低于石灰之料垫起。在仓面内，放置标志牌，标志牌上正反面按层厚涂抹反光漆，便于推土机操作手推平参考。铺料完成后按方格网法再次进行铺料厚度测量，对不达标的层面进行处理，经检验合格后方能进行下步工序。

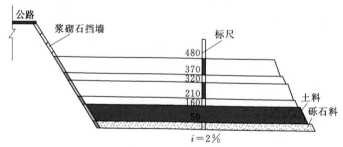

图 4.7　掺拌料仓铺填剖面示意图（单位：cm）

要求放样测站点多采用已知点，若使用后方交会法时，应避免测站点在危险圆上。放样点位误差范围：平面小于±10cm，高程小于±5cm，且做好测量记录。尽量多检查方向，确保测站设置无误。

（4）通过采用网格测量，层厚标志进行辅助的控制手段，砟石料和混合土料掺量满足要求，掺砟土料颗粒级配检测情况见表 4.3，对应的掺砟土料颗粒级配曲线见图 4.8。

表 4.3 掺砟土料颗粒级配分析试验检测

| 检测项目 | <40mm 含量 | <20mm 含量 | <5mm 含量 | <0.075mm 含量 |
|---|---|---|---|---|
| 设计值/% | 70～90 | 62～85 | 48～73 | 19～50 |
| 检测组数 | 11 | 11 | 11 | 11 |
| 最大值/% | 90.4 | 80.7 | 70.7 | 47.9 |
| 最小值/% | 58.6 | 51 | 41.6 | 23.1 |
| 平均值/% | 77.1 | 67.9 | 58.1 | 32.0 |

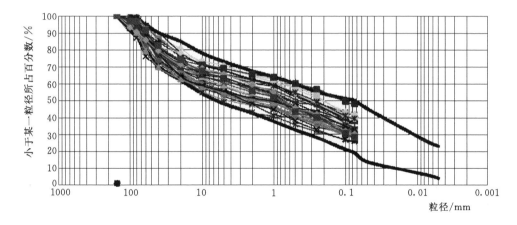

图 4.8  掺砟土料颗粒级配曲线

### 4.3.3 效果

对掺砟土料，在备料仓采用全站仪网格测量控制掺量，有效地控制混合土料：砟石料（重量比）=65%：35%的混掺比例，使得掺砟土料级配满足要求，从而为心墙防渗土料的压实性提供有力的保障。

## 4.4 大坝堆石料开采方法

糯扎渡水电站大坝填筑的施工规划是粗堆石料主要采用溢洪道、引水发电系统进口、左岸泄洪洞进口的明挖可用料，不足部分或因施工组织需要再从石料场开采。细堆石料全部由白莫箐石料场开采。白莫箐细堆石料、粗堆石料和反滤料和掺砟土料碎石的加工料开采直接使用。堆石坝料开采与坝体填筑基本对应，除反滤料和掺砟土料碎石的加工料外尽量减少转存量，石坝料开采最大月强度 65 万 m³。土料的开采方案较多，叶晓培等[24]就

127

针对立采法等方法进行了介绍，但是石料不同于土料，石料的硬度、黏度决定了其具有特殊的开采方式。钱启立等[25]通过研究，认为采用石料的开采用爆破方案是比较合理的，之后王小和等[26]对于爆破的具体方式、步骤进行了阐述。

### 4.4.1 特点与难点

#### 4.4.1.1 坝料设计指标

Ⅰ区堆石料采用明挖弱风化及微新的花岗岩、角砾岩。爆破后最大粒径800mm，小于5mm的含量不超过15%，小于1mm的含量不超过5%，填筑碾压后孔隙率小于22.5%、干容重小于20.7kN/m³，且应具有良好的级配。

Ⅱ区堆石料采用明挖强风化花岗岩岩层、弱风化及微新 $T_2m$ 岩层，其中弱风化及微新 $T_2m$ 岩层中泥岩、粉沙质泥岩总含量应不超过25%。爆破后最大粒径800mm，小于5mm的含量不超过15%，小于1mm的含量不超过5%，填筑碾压后孔隙率小于20.5%、干容重不小于21.4kN/m³，且应具有良好的级配。

细堆石料采用白莫箐石料场开挖的弱风化及微新花岗岩、角砾岩。爆破后最大粒径400mm，级配连续，小于2mm的含量不超过5%。填筑碾压后孔隙率 $n=22\%\sim25\%$。

#### 4.4.1.2 坝料开采的特点与难点

坝料开采主要采取深孔梯段爆破，随着深孔设备和装运设备的不断改进，大量的堆石坝的坝壳料深孔梯段爆破技术的应用和爆破器材的日益完善，坝料开采深孔梯段爆破技术已日趋成熟，优越性更加明显。坝壳料开采设计的基本要求是：控制石料的最大粒径小于坝料设计的最大粒径，使爆破石料一次成型，避免和减少二次破碎；满足堆石料的级配要求，增大坝料的不均匀系数，保证其连续性，以利于坝体填筑时堆石的压实；扩大孔网面积，确定合理的钻爆参数和装药结构，提高钻孔的采爆率，降低成本，提高产量；避免或减轻爆破的后冲破裂作用，保证爆破梯段边坡岩石的稳定，以保证下一次钻孔和施工安全；减少爆破岩石的飞散，减少或避免损坏现场施工机械和设施。

### 4.4.2 方法

#### 4.4.2.1 爆破参数设计

（1）孔网参数设计。

钻孔直径和梯段高度选择。根据钻孔设备及设计边坡台阶高度及料场开挖进度的要求，现场主要钻孔机械设备为 CM351 型钻机，孔径为115mm。梯段高度与设计台阶高度相适应，同时考虑与挖装、钻孔设备相匹配，梯段高度为15m，超钻深度 $h$ 一般取台阶高度的10%～15%，设计超深为1.0m。

间排距和抵抗线选择。在满足块度要求的条件下，应使每个炮孔所负担的面积最大，以提高经济效益。据堆石坝的石料开采经验，进行孔距 $a$ 和排距 $b$ 选择，公式为

$$a=mW_1 \tag{4.10}$$

式中 $m$ 为炮孔密集系数，通常大于1，在宽孔距爆破中取2～5或更大，第一排孔选较小密集系数。

孔距与排距是一个相关的参数，与合理的钻孔负担面积 $S$ 有关，即 $S=ab$，一般取

$a=1.25b$，可根据前述参数计算排距 $b$。Ⅰ区堆石料选取 $a=6.0\text{m}$、$5.0\text{m}$，$b=4.0\text{m}$ 做爆破试验。Ⅱ区堆石料选取 $a=6.0\text{m}$、$5.5\text{m}$，$b=4.0\text{m}$ 做爆破试验。细堆石料选取 $a=3.0\text{m}$，$b=2.0\text{m}$ 做爆破试验。

底盘抵抗线选择。爆破底盘抵抗线 $W_1$ 按炮孔直径计算：

$$W_1=nD \tag{4.11}$$

式中 $n=20\sim40$，硬岩取小值，软岩取大值，同时考虑过大底盘抵抗线会造成根底多，大块率高，后冲作用大。

Ⅰ区堆石料选取 $n=35$，故 $W_1=3\text{m}$。Ⅱ区堆石料选取 $n=35$，故 $W_1=4\text{m}$。细堆石料选取 $n=35$，故 $W_1=3\text{m}$。

爆破网络和单段药量选择。爆破网络采用 $V$ 型网路，以提高爆破块石料的挤压破碎效果。单段药量控制不大于 $500\text{kg}$，靠近永久边坡 $60\text{m}$ 范围内不大于 $300\text{kg}$。

（2）装药结构设计。装药结构主要考虑两方面的因素：①爆破粒径满足设计级配曲线要求；②尽可能便于操作，提高工效。装药结构对爆破岩石块度有直接影响，当爆落岩块有级配要求时，其影响显得更为重要，爆破岩块的细粒料主要由爆破产生的压缩圈部分的岩块获得，而耦合装药爆炸的强冲击荷载作用到孔壁产生较大的压缩圈，从而获得较多的细粒料。从级配料的组成上，不同粒径含量有一定的要求，不允许某一级配石料的含量过大，其他粒径含量很低，间隔装药是克服块度均匀性的有效措施，间隔的分段和块度的组成又有很大的关系。根据料源特性，以及当地爆破器材供应情况，选取 $90\text{mm}$ 乳化炸药，根据设计单耗采取间隔或连续装药结构。

（3）堵塞长度和单孔药量设计。堵塞长度 $L$ 按经验数据选取：

$$L=(20\sim30)D \tag{4.12}$$

堵塞长度为 $2.0\sim2.5\text{m}$。单孔装药量。每孔装药量 $Q(\text{kg})$ 按下式计算：

$$Q=qaW_1H \tag{4.13}$$

式中　$q$——单位耗药量，$\text{kg}\cdot\text{m}^{-3}$，经验选取Ⅰ区堆石料 $0.4\sim0.45\text{kg/m}^3$，Ⅱ区堆石料 $0.35\text{kg/m}^3$，细堆石料 $0.7\sim0.85\text{kg/m}^3$，终值由试验确定。

排数以少于 5 排为宜，便于控制爆破规模、爆破效果、进行流水作业。

### 4.4.2.2　爆破试验

1. Ⅰ区粗堆石料试验研究

（1）试验爆破参数。

1）第一次爆破施工试验。桩号：溢 $0+948.7\sim0+975.04$，高程 $725.00\sim710.00\text{m}$，梯段高度 $15\text{m}$，共计 4 排 31 孔，总计装药量 $3480.6\text{kg}$，方量约 $8000\text{m}^3$，该部位岩性为微新风化角砾岩，爆破施工试验时间是 2008 年 7 月 16 日，爆破参数见表 4.4。

表 4.4　　　　　　　　　　　　　　第一次爆破试验参数

| 爆破类型 | 孔径 $D/\text{mm}$ | 炮孔倾斜度 /(°) | 超钻 $H/\text{m}$ | 孔深 $L/\text{m}$ | 底盘抵抗线 $W_1/\text{m}$ | 孔距 $a/\text{m}$ | 排距 $b/\text{m}$ | 单耗 $q/(\text{kg}\cdot\text{m}^{-3})$ | 堵塞长度 $L_2/\text{m}$ |
|---|---|---|---|---|---|---|---|---|---|
| 梯段爆破 | 115 | 90 | 1.5 | 16.5 | 4 | 5 | 4 | 0.43 | 2.5 |

2）第二次爆破施工试验。桩号：溢 $1+020\sim1+075$，高程 $710.00\sim695.00\text{m}$，梯段

高度15m，共计4排42孔，总计装药量5434kg，方量约12000m³，该部位岩性为微新风化花岗岩，爆破施工试验时间是2008年10月12日，爆破参数见表4.5。

表4.5                           第二次爆破试验参数

| 爆破类型 | 孔径 $D$/mm | 炮孔倾斜度 /(°) | 超钻 $H$/m | 孔深 $L$/m | 底盘抵抗线 $W_1$/m | 孔距 $a$/m | 排距 $b$/m | 单耗 $q$/(kg·m⁻³) | 堵塞长度 $L_2$/m |
|---|---|---|---|---|---|---|---|---|---|
| 梯段爆破 | 115 | 90 | 1.5 | 16.5 | 4 | 5 | 4 | 0.44 | 2.5 |

（2）试验结果。

1）第一场爆破试验：起爆时，目测飞石较少，因临空面较好，爆后检查爆堆基本集中，个别飞石距离50～100m，后冲向破坏1～2m，最小抵抗线方向的爆后石渣向前推出20m，表面少量超径石，用反铲挖出一断面后检查，爆堆面层的石料块度较均匀，爆堆内基本无超径石，目测感觉石料颗粒级配良好，爆破效果较好。第二场爆破试验：爆后检查爆堆均匀，个别飞石距离50～100m，爆堆高度约16m，爆后石渣向前推进20m，表面少量超径石，用反铲挖出表面后检查，炮堆内基本无超径石，爆区内无岩埂，开挖高度达到设计爆破高程，经检测爆后对保留岩体有约1～2m拉裂破坏情况。

取样筛分结果。爆破后，根据爆堆形态，由监理工程师现场指定取样的位置及取样的方法，每次爆破后取样分析。第一次爆破试验小于100mm以下在34.3%左右，200～800mm含量约38.9%，大于600mm块石较少，级配曲线高陡，与Ⅱ区料开采级配曲线相似，满足设计级配曲线要求。第二次爆破试验小于100mm以下在40.3%左右，200～800mm含量约29.5%，靠近包络线上限，无大于800mm的块石，满足设计级配曲线要求。

2）颗粒分析级配曲线。颗粒分析级配曲线见图4.9和图4.10。

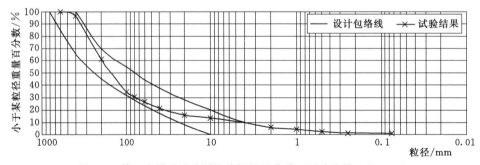

图4.9  第一次爆破试验颗粒分析级配曲线（试验编号：Ⅰ-005）

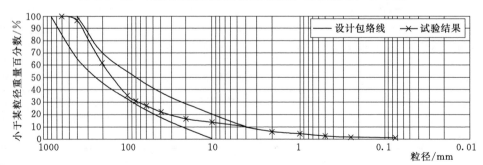

图4.10  第二次爆破试验颗粒分析级配曲线（试验标号Ⅰ-006）

2. Ⅱ区粗堆石料试验研究

(1)爆破试验参数。爆破试验参数见表4.6。

表 4.6　　　　　　　　　　　Ⅱ区粗堆石料爆破试验参数

| 次　数 | 钻孔角度 /(°) | 孔深 /m | 孔径 /mm | 间距 /mm | 排距 /m | 堵塞长度 /m | 单位耗药量 /(kg·m$^{-3}$) | 装药结构 |
|---|---|---|---|---|---|---|---|---|
| 第一次试验 | 90 | 12.5～15.8 | 115 | 6 | 4 | 2.8～3.0 | 0.35 | 连续耦合装药 |
| 第二次试验 | 90 | 15～16.5 | 115 | 5.5 | 4 | 2.8～3.0 | 0.35 | 间隔装药 |

注　第一次试验位置：溢1+008～1+078，中心距0-103.1～0-123.128。高程740.00～725.00m，共计5排51孔，总计装药量4790.86kg，方量约14000m³；第二次试验位置：溢1+024.4～1+063.3，横中心距0-139.8～0-121.66。高程725.00～740.00m，共计5排39孔，总计装药量4239kg，方量约12000m³。

(2)试验结果。

1)第一场爆破试验：起爆时，目测飞石较少，爆后检查爆堆集中，个别飞石距离50～100m，后冲向破坏1～2m，最小抵抗线方向的爆后石渣向前推出20m，表面少量超径石，用反铲挖出一断后检查，爆堆面层的石料块度较均匀，爆堆内基本无超径石，目测感觉石料颗粒级配良好，爆破效果较好。第二场爆破试验：爆后检查爆堆均匀，个别飞石距离50～100m，爆堆高度15m，爆后石渣向前推进20m，表面少量超径石，用反铲挖出表面后检查，炮堆内基本无超径石，爆区内无岩根，开挖高度达到设计爆破高程，经检测爆后对保留岩体有约1～2m拉裂破坏情况。

2)取样筛分结果。爆破后，根据爆堆形态，由监理工程师现场指定取样的位置及取样的方法，每次爆破后取样3组。第一次爆破试验小于20mm以下在11%左右，20～100mm含量在22%～27%之间，靠近包络线下限，200～800mm含量在32%～40%之间，靠近包络线上限，无超过800mm的块石。第二次爆破试验小于20mm以下在12%左右，20～100mm含量在17%～25%之间，靠近包络线下限，200～800mm含量在36%～55%之间，基本位于上下包络线之间，通过调整爆破参数，级配曲线过陡的现象和表面大块率都已改善，符合设计要求。

3. 细堆石料试验研究

(1)试验爆破参数。在爆破试验中，结合实际情况，认真实施。取得了合理的爆破参数和良好的爆破效果，提供给大坝填筑合格的细堆石料，共进行了5次爆破试验，爆破试验参数见表4.7。

表 4.7　　　　　　　　　　　细堆石料爆破试验参数

| 次　数 | 孔深 L /m | 孔径 D /mm | 孔距 a /mm | 排距 b /m | 堵塞长度 L$_2$ /m | 单位耗药量 q /(kg·m$^{-3}$) | 底盘抵抗线 W$_1$ /m | 炮孔倾斜度 /(°) |
|---|---|---|---|---|---|---|---|---|
| 第一次试验 | 9～11 | 90 | 3.5 | 3 | 2 | 0.5 | 3 | 90 |
| 第二次试验 | 10～11 | 90 | 4 | 2 | 2.5 | 0.68 | 3 | 90 |
| 第三次试验 | 7～10 | 115 | 4 | 2 | 2.3～2.5 | 0.68 | 3 | 90 |
| 第四次试验 | 9.5～11 | 105 | 3 | 2 | 2～2.5 | 0.84 | 3 | 90 |
| 第五次试验 | 11～12 | 115 | 3 | 2 | 2～2.5 | 0.84 | 3 | 90 |

注　前3次爆破试验不合格，下述不做说明。

（2）试验结果。最后两次爆破试验爆破参数相同，岩性一致，节理为水平构造。两次爆破单耗、网络敷设形式一致，现场爆破效果一致。现场爆破效果简述如下：爆破块度，爆后爆堆表面有少量大块石，实现了总体块度在40cm以下的效果，适宜的堵塞长度实现了表层岩块基本翻动，装渣效率较高；爆堆高度，爆堆从四周向中间隆起，爆堆中部略高于保留岩体约2m以下，四周下降约1m，爆堆适度集中。壁面平整度。主要受钻孔精度控制，基本无大体积垮塌或"贴膏药"现象；爆破裂隙，对保留岩体有约1～1.5m拉裂，底部浅层裂隙。通过控制钻孔深度及孔底适度装药实现了底面基本平整。

取样筛分结果。爆破后，根据爆堆形态由监理工程师现场指定取样的位置及取样的方法，每次爆破后取样3组进行分析。第4次爆破试验小于20mm平均在18%左右，20～200mm含量在30%～40%之间，200mm以上含量在40%左右，靠近包络线上限。超过400mm粒径的块石较少，约占总量的5%。第5次爆破试验小于20mm平均在20%左右，20～100mm含量在30%～40%之间，200mm以上含量在40%～50%，靠近包络线上限。超过400mm粒径的块石较少，约占总量的5%。

### 4.4.2.3　坝料开采质量控制

1. 不同坝料的鉴定与处理

对有用料类型在石方开采施工前会同监理人及相关部门进行料源界定。根据钻孔岩粉分析及已开挖面揭露的地质情况分梯段进行分段分层开采。爆破后的坝料，在挖装前会同监理工程师对其质量鉴定。并填写有用料签证纪录表及料源走向。开采作业面设置不同类型坝料种类标志牌，运输车辆悬挂与之对应的标志，避免混装。现场质量控制人员对开挖过程中意外情况进行处理，不合格料的剔除，调整挖装工作面。爆破弃料和超径石，在料场进行处理。

2. 级配控制

（1）布孔钻孔质量控制。地表孔网开孔误差不应大于20cm，垂直钻孔误差不大于1°。

（2）装药质量控制。装药间隔误差不应大于10cm。

（3）起爆网络联结质量控制。不同的联结方式，则有不同的爆破效果，施工中，必须严格按爆破设计进行联网。

（4）超径控制。由于地质条件的影响，石方爆破产生的少量超径石，挖装过程中剔除，集中进行浅孔爆破，爆破后与开挖过程中的同一类型的有用料进行混装。

3. 复杂地质条件下的质量控制

坝料开采影响钻爆质量的地质条件主要是溶洞、溶槽及岩石裂隙。主要采取减少炮孔孔网参数，改变装药结构的措施来改善石料级配，布孔时通过观察自由面表露岩石情况，尽可能把炮孔布置于完整岩石中，并做好钻孔纪录，确定炮孔中硬岩、泥土及溶洞位置，装药时药包置于硬岩中。采用间隔装药孔内微差起爆装药结构，延长下部爆炸压力作用时间，改善破碎质量。

## 4.4.3　效果

通过精心组织，合理确定钻爆参数和装药结构，提高钻孔的采爆率，提高了直接上坝料产量（共计630万m³，比规划增加了100万m³），降低了施工成本；上坝Ⅰ区粗堆石料取样 121 组，Ⅱ区粗堆石料取样 82 组，细堆石料取样 45 组，检测合格率 100%，各种坝料级配曲线全部在设计包络线内，满足设计要求。

## 4.5 大坝反滤料及掺砾石料加工系统设计方法

大坝反滤料及掺砾石料加工系统占地面积 5.5 万 $m^2$。负责生产供应大坝全部反滤料和心墙掺砾石料，加工总量约 695 万 t，其中掺砾石料 300 万 t，反滤料Ⅰ195 万 t，反滤料Ⅱ190 万 t。系统加工的石料料源从白莫箐石料场开采，主要为花岗岩，局部为花岗斑岩和沉积角砾岩。

### 4.5.1 特点与难点

（1）在整个生产加工系统工艺流程设计中，除了着重考虑不同时段砾石料和反滤料的填筑强度外，还充分考虑技术要求及料源条件，创造性地进行了工艺流程优化和设备配置，在系统布局上充分考虑利用加工场地的地形条件，做到紧凑合理。

（2）砂石加工系统设备的选型与配置在于设计和功能的实现，并能在性能和价格上作出最佳选择，降低砂石加工成本。

（3）在系统规模设计上要充分考虑生产裕度，在满足工艺流程的需要和在保证产品质量的前提下，在系统生产规模计算理论值的基础上，适当考虑 10%～15% 裕度。在实际运行过程中，就反Ⅱ料分离，反Ⅰ料细料不稳定，以及后续大坝心墙填筑工艺变更等实际情况，对系统作了局部的优化和调整，确保系统生产满足大坝填筑要求。

### 4.5.2 方法

#### 4.5.2.1 工艺流程设计原则

（1）为确保糯扎渡水电站大坝施工进度和工程质量，加工系统设计遵循加工工艺先进可靠，成品料质量符合设计要求，生产能力满足工程需要的原则。

（2）在保证反滤料和掺砾石料生产质量和数量的前提下，采用生产成本较低、总投资相对经济的设计方案。

（3）为灵活调整反滤料和掺砾石料生产级配，降低工艺流程循环负荷量，加工采用开路和闭路相结合的工艺流程。

（4）为提高加工系统长期运行的可靠性，系统关键生产设备采用技术领先、质量可靠、生产能力大、运行成熟可靠的国内外先进设备。

（5）充分利用地形地貌特点，使总体布置紧凑、合理、减少空间交叉，避免施工期和运行期内干扰。

（6）通过工艺流程和布置的优化，尽可能减少建安工程量，节约投资，缩短施工工期、降低工程造价。

#### 4.5.2.2 砂石加工系统组成

大坝反滤料及掺砾石加工系统由进料回车场、粗碎车间、半成品料仓、中碎车间，反Ⅱ破碎车间，反Ⅰ破碎车间，一筛分车间，二筛分车间，三筛分车间，成品料仓，废水处理系统，电控系统，供水供电系统及场内道路等组成。

关键工艺措施根据反滤料Ⅰ、反滤料Ⅱ及心墙掺砾石料三种产品的级配要求（图4.11和图4.12），分别采用不同的生产工艺。

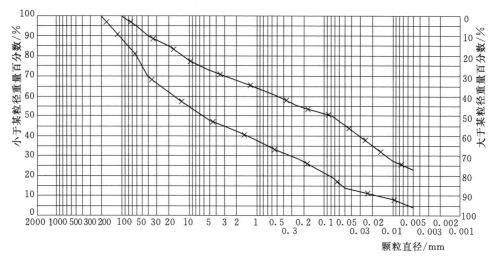

图 4.11　掺砾料级配包络线

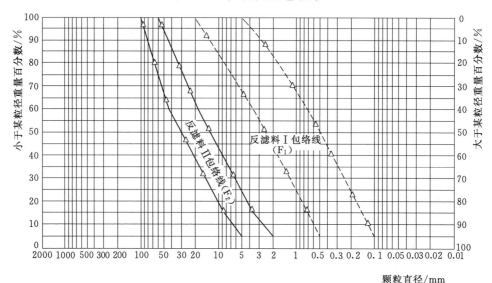

图 4.12　反滤料级配包络线

对于心墙掺砾石料，其产品由粗碎和中碎两级连续破碎获得。产品级配要求连续，最大粒径 120mm，小于 5mm 含量不超过 10%。反滤料Ⅱ由粗碎、中碎破碎后，经第一筛分筛出大于 40mm 物料，其中有 29.6% 的料进入成品料堆，其余 70.4% 再通过Ⅱ反滤料破碎车间的破碎后进入第二筛分车间，经筛分后获得最终产品，产品最大控制粒径 100mm，小于 2mm 的含量不超过 5%，级配连续。反滤料Ⅰ由粗碎、中碎破碎后，经第一筛分筛出 5~40mm 物料，该部分料进入反滤料Ⅰ破碎车间，破碎后会同第一筛分筛出的小于等于 5mm 物料及第二筛分车间筛出小于 3mm 的物料送到第三筛分车间，经筛分后获得最终产品。为控制反滤料Ⅰ产品级配符合要求，反滤料Ⅰ破碎和第三筛分形成部分闭路，将第三筛分出料中大于 20mm 料和 5～20mm 剩余料返回反滤料Ⅰ破碎车间循环破碎。产品最大控制粒径 20mm，小于 0.1mm 的含量不超过 5％。在有效控制产品质量的前提下，为简化工艺配置，心墙掺砾石料和反滤料Ⅱ采用干法生产，反滤料Ⅰ采用湿法生产。反滤料Ⅰ湿法生产工艺为：先通过第三筛分车间冲洗筛分的分级，筛出 62.9％的 5～20mm 物料转为成品料，其余 37.1％物料及不大于 5mm 物料进入筛下的螺旋分级机和脱水筛进行洗砂脱水，以控制大于 0.1mm 颗粒的含量。螺旋分级机和脱水筛排出的生产废水，经尾砂处理装置进行砂水分离处理，分离出的细砂脱水后作为弃料。

**4.5.2.3　选型原则**

（1）为适应本工程岩性特点，提高加工系统运行的可靠性，加工系统加工关键设备采用技术先进、质量可靠、生产工效高、成熟、耐用的生产设备。

（2）设备生产能力、产品粒度满足进度和质量要求，并能适应反滤料和掺砾石料三种料的变化。

（3）各流程段尽量选用相同规格型号的设备，以简化机型，方便维修。

（4）尽量选用便于操作，工作可靠，节省投资、能耗低，以及能降低运行损耗费用的设备。

（5）选用在其他大型工程已应用，并取得成熟经验的设备。

（6）主要生产设备均为全新进口设备。

**4.5.2.4　设备选型与配置**

（1）粗碎。粗碎选用 JM1211HD 型颚式破碎机 2 台，处理粒径小于 900mm 的毛料，当开口为 175mm 时，单机处理能力为 530t/h，车间设备负荷率为 85％。该设备使用效果好，维修方便，操作简单，常用于各类大、中型人工砂石料加工系统中，对破碎各种岩石具有很好的破碎性能。

（2）中碎。中碎选用 2 台 S4800-EC 型液压圆锥破碎机，单机最大处理能力为 540t/h，考虑到粗碎产品中 40mm 以下粒径近 50％，中碎设备实际负荷率为 83.3％。该设备具有破碎性能优越，产量高，粒形好，针片状含量少的优点。

（3）反滤料Ⅱ破碎车间。超细碎车间选用 GP200 型液压圆锥破碎机 2 台，单机处理能力按 170～220t/h 计，该设备实际负荷率为 53.6％。该设备故障率低，耐磨损，可靠性高，具有破碎性能优越，粒形好，针片状含量少等优点，并对碎石产品有一定的整形作用。

（4）反滤料Ⅰ破碎车间。反滤料Ⅰ破碎车间选用 B9100 型立轴冲击式破碎机 1 台，单机处理能力为 260t/h，其负荷率按照 73.2％。该设备故障率低，耐磨损，可靠性高，具有破碎性能优越，砂产量高，粒形方正等优点。选用 GP300 圆锥式破碎机 1 台，圆锥式破碎机，单机处理能力为 140～160t/h，其负荷率按照 45.3％。该设备具有破碎性能优越，粒形好，针片状含量少等优点，并对碎石产品有一定的整形作用。

（5）筛分设备及脱水设备第一筛分车间处理量为 524t/h，选用 2YKR1845 型圆振动筛 2 台，筛孔直径分别为 5mm 和 40mm，能够满足筛分生产要求。其中大于 40mm 有 29.6％直接进入Ⅱ反成品料堆，其余大于 40mm 的料进入Ⅱ反破碎车间。5～40mm 的料直接进入Ⅱ反成品料堆，小于 5mm 的料进入第三筛分车间。

第二筛分车间处理量为272t/h，选用2YKR1645型圆振动筛1台，为了对来料进行充分筛分，延长使用寿命，振动筛采用双层筛，筛孔直径分别为3mm和20mm，大于2mm的料筛分后进入Ⅱ反料堆，2mm以下的料则同第一筛分车间小于5mm的料一起进入第三筛分进行处理。

第三筛分车间处理量为700t/h，选用ZKR2460型圆振动筛2台，筛孔直径分别为5mm和20mm，能够满足筛分生产要求。其中大于20mm的料同37.1%的5～20mm的料送入Ⅰ反破碎车间，其余62.9%的5～20mm的料转为Ⅰ反成品料，小于5mm的料经过螺旋分级机、直线振动筛进行处理。

反滤料Ⅰ脱水选用2台ZKR1230型直线振动筛，满足反滤料Ⅰ的产品脱水要求。尾砂回收处理选用国产黑旋风工程机械有限公司生产的ZX－250B型高效脱水回收装置1台，单机处理能力为200t/h，满足尾砂回收处理和环保控制的要求。

大坝反滤料及掺砾石料加工系统主要工艺设备配置见表4.8。

表4.8　　　　　　　　大坝反滤料及掺砾石料加工系统主要工艺设备配置

| 序号 | 项目 | 设备名称/型号 | 台数/台 | 说明 |
|---|---|---|---|---|
| 1 | 粗碎 | MGF1545型振动喂料机 | 2 | 瑞典 |
|  |  | JM1211型颚式破碎机 | 2 | 瑞典 |
| 2 | 中碎 | GZG125－4型振动给料机 | 2 | 2×1.5kW |
|  |  | GP300S型圆锥破碎机 | 2 | 芬兰 |
| 3 | 半成品堆料场 | GZG130－4型振动给料机 | 4 | 2×1.5kW |
|  |  | RCYD－12电磁除铁器 | 1 | 4.0kW |
| 4 | 第一筛分 | 2YKR1845型双层圆振动筛 | 2 | 30kW |
| 5 | Ⅱ反料破碎 | GZG90－4型振动给料机 | 2 | 2×0.75kW |
|  |  | GP200型圆锥破碎机 | | 芬兰 |
| 6 | 第二筛分 | 2YKR2460型双层圆振动筛 | 1 | 15kW |
| 7 | 第三筛分 | 2YKR2460型双层圆振动筛 | 2 | 37kW |
|  |  | FG－15型螺旋洗砂机 | 2 | 7.5/2.2kW |
|  |  | ZKR1230型直线脱水筛 | 2 | 2×2.2kW |
| 8 | Ⅰ反料破碎 | GZG90－4型振动给料机 | 1 | 2×0.75kW |
|  |  | GZG110－4型振动给料机 | 1 | 2×1.1kW |
|  |  | GP300型圆锥破碎机 | 1 | 芬兰 |
|  |  | B9100型立轴冲击式破碎机 | 1 | 新西兰 |
| 9 | 石粉处理 | ZX－250B型高效尾砂处理器 | 1 | 48kW |
| 10 | 废水处理 | GCS－3000型高效除沙澄器 | 1 | |
| 11 | 泥浆处理 | 泥浆泵 | 1 | |
| 12 | 给水泵站 | 8SA－10B型单级离心泵 | 2 | 30kW |

### 4.5.3　效果

大坝填筑过程中，反滤料及掺砾石料加工系统运行正常，流程设计合理，生产的砂石料能够满足心墙填筑质量和进度要求。整个系统设备配置做到了操作简便，工作可靠，性价比合理，能耗及其他消耗低，较好地降低了产品生产运行成本。魏琪[27]和戴旭东[28]也就糯扎渡水电站心墙堆石坝坝体反滤料及掺砾石料加工系统进行研究，得出其该满足大坝填筑要求的结论。之后，郭敏敏等[29]就糯扎渡水电站大坝掺砾土料和反滤料加工系统进行优化改进，也是极具借鉴意义的。

## 4.6　反滤料生产工艺质量控制及防分离方法

大坝心墙上、下游设置级配良好的反滤层是防止防渗体和坝基发生渗透破坏的有效措施，反滤料由反滤料加工系统生产，生产过程中反滤料的质量控制，使其级配满足设计要求，对于保证大坝的安全运行是至关重要的。任玉勇就针对于瀑布沟反滤料要求标准的提升进行了工艺的调整与优化，解决了反滤料中石粉含量偏高以及级配不连续等问题[30]，谭劲等也就泸定水电站大坝反滤料生产系统工艺流程设计进行研究[31]，这些对于本次糯扎渡的研究都非常具有参考价值。

### 4.6.1　特点与难点

（1）本工程属大 1 型工程，心墙堆石坝为一级建筑物，大坝设计高度及填筑规模无相关规程规范可以遵循，因而提出了比国家相关规范更严格的质量要求。

（2）在反滤料的质量控制中，级配控制尤为重要，只有级配良好的反滤层，才能真正起到滤土、排水减压的作用，影响反滤料生产级配质量的因素包括操作人员技能、毛料级配、筛网的选择、供水系统、各级破碎筛分设备的工作性能、成品料分离等。

### 4.6.2　方法

#### 4.6.2.1　反滤料的设计要求

根据《碾压式土石坝设计规范》（SL 274—2001）对反滤料设计的要求，并参考《水利水电工程天然建筑材料勘查规程》（SL 251—2000）附录 A 天然建筑材料质量技术要求，反滤料的设计要求为：不均匀系数 $\eta$ 不大于 6；级配包络线上下限满足 $D_{max}/D_{min}$ 不大于 5；$D_5$ 不小于 0.075mm；无片状、针状颗粒，坚固抗冻；含泥量小于 5%。对应的反滤料级配包络线见图 4.13。

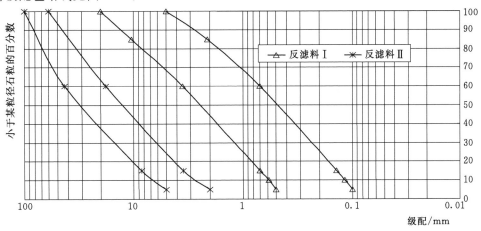

图 4.13　对应的反滤料级配包络线

#### 4.6.2.2　反滤料生产工艺

为灵活调整反滤料生产级配，降低工艺流程循环负荷量，加工采用开路和闭路相结合的工艺流程。

根据反滤料Ⅰ、反滤料Ⅱ的级配要求，分别采用不同的生产工艺。

反滤料Ⅱ由粗碎、中碎破碎后，经第一筛分筛出大于40mm物料，其中有29.6%的料进入成品料堆，其余70.4%再通过Ⅱ反料破碎车间的破碎后进入第二筛分车间，经筛分后获得最终产品，产品最大控制粒径小于100mm，小于2mm的含量不超过5%，级配连续。

反滤料Ⅰ由粗碎、中碎破碎后，经第一筛分筛出5～40mm物料，这部分料进入反滤料Ⅰ破碎车间，破碎后汇同第一筛分筛出的不大于5mm物料及第二筛分车间筛出小于5mm的物料送到第三筛分车间，经筛分后获得最终产品。为控制反滤料Ⅰ产品级配符合要求，反滤料Ⅰ破碎和第三筛分形成部分闭路，将第三筛分出料中大于20mm料和5～20mm过剩料返回反滤料Ⅰ破碎车间循环破碎。产品最大控制粒径小于20mm，小于0.1mm的含量不超过5%。

在有效控制产品质量的前提下，为简化工艺配置，反滤料Ⅱ采用干法生产，反滤料Ⅰ采用湿法生产。

反滤料Ⅰ湿法生产工艺为：先通过第三筛分车间冲洗筛分的分级，筛出62.9%的5～20mm物料转为成品料，其余37.1%物料及不大于5mm物料进入筛下的螺旋分级机和脱水筛进行洗砂脱水，以控制小于0.1mm颗粒的含量。

螺旋分级机和脱水筛排出的生产废水，经尾砂处理装置进行砂水分离处理，分离出的细砂脱水后作为弃料。

#### 4.6.2.3　反滤料生产质量控制要点

（1）严格按照反滤料的加工工艺流程进行加工生产。

（2）加强现场管理，选择责任心、质量意识强的人员进行操作，并定期对操作人员进行技术培训，使操作人员能够熟悉各运行设备的操作规程，并严格按照操作规程进行操作。

（3）毛料开采质量的控制。毛料开采时，因地质因素，通常出现含泥量偏大的现象，开采人员及时控制，对于含泥量较大的毛料采取不开采，不允许含泥量大的毛料进入料场进行加工。进场毛料生产过程中的控制。在生产加工过程中，对于已进入料斗进行加工的毛料，操作人员如发现有含泥量大的毛料，及时调节毛料的出料频率使毛料供给量减小，同时加大供水系统供水量，有效控制反滤料含泥量的标准。

（4）根据反滤料级配包络线分析，反滤料Ⅰ级配连续，最大粒径20mm，小于0.1mm（含泥量）0～5%，反滤料Ⅱ级配连续，最大粒径100mm，小于2mm含量小于5%。故在第一筛分车间选择二层筛（40mm×40mm，5mm×5mm），第二筛分车间一层筛（5mm×5mm），第三筛分车间二层筛（20mm×20mm，5mm×5mm）。

（5）加工系统破碎筛分设备的运行性能、工作效率对于生产出的反滤料级配有极大的影响。对主要设备及易损件及时维修，更换。发现筛网筛分过程中有堵塞现象、破损或者网径不符合设计要求，需及时维修，或更换新的合格筛网，力求减小成品料中超径、逊径现象的发生。振动给料频率的控制。对于生产的各种粒径分级料进行混合，执行配比的振动给料机，定期检测其配比频率和出料情况是否稳定。如配比频率和出料情况不太稳定，则需对给料机进行维修或更换，反复试验，调整，直到检测合格为止。在反滤料的级配控制过程中，必须密切注意有关圆锥破碎机的工作性能，及时调整其工作状态（给料方式、给料速度、排料口），确保破碎机给料连续，并居中挤满给料，使破碎机破碎均匀，以保证反滤料的质量。

（6）供水系统的控制。供水系统辅助于筛分系统、破碎系统。供水量要求满足筛分系统、破碎系统在生产高峰期的需要量。

（7）成品料分离。采取有效措施防止成品反滤料发生分离，当成品料生产堆料高度大于 5m 时用反铲进行掺拌一次，将料堆挖平，并将料堆中心挖成倒圆锥形。

（8）试验检测控制。现场设立实验室，每日在加工系统开机生产半小时后对反滤料进行级配检测，监理工程师对每次试验检测进行见证，并根据合同及需要进行抽检，发现一次检测不合格要重复抽取样本，如连续 5 次结果有 2 次不合格，则采取加严检验，如连续 5 次结果为不合格，则停止检验，需查明原因，或改进生产，直到产品检测合格后，方可投入生产。

反滤料上坝前根据需要对掺拌好的成品料进行试验检测，监理工程师进行现场见证，只有在成品料级配检测合格后方同意反滤上坝。

### 4.6.2.4  反滤料生产工艺的优化

（1）在反滤料加工系统干式生产过程中，取样检测反滤料 I 颗粒级配，检测结果见表 4.9。

表 4.9                         反滤料 I 颗粒分析试验检测结果

| 检测项目 | 最大粒径 /mm | <5mm 含量/% | <1mm 含量/% | <0.1mm 含量/% | 特征粒径 $D_{60}$/mm | 特征粒径 $D_{15}$/mm |
|---|---|---|---|---|---|---|
| 设计指标 | 20 | 68.1~100 | 25~68.1 | 0~5 | 0.7~3.4 | 0.13~0.7 |
| 检测结果 | 16 | 67.7 | 37.5 | 4.0 | 3.6 | 0.36 |

根据检测结果分析，小于 5mm 料偏少，即分级粒径 5mm 料偏多，不满足设计指标，分析原因是破碎机破碎性能不稳定，造成 5mm 料偏多，应对破碎机破碎性能进行调节。

将同一组料 5mm 料取出 6% 进行破碎后，再进行级配检测，检测结果见表 4.10。

表 4.10                        反滤料 I 破碎后颗粒分析试验检测结果

| 检测项目 | 最大粒径 /mm | <5mm 含量/% | <1mm 含量/% | <0.1mm 含量/% | 特征粒径 $D_{60}$/mm | 特征粒径 $D_{15}$/mm |
|---|---|---|---|---|---|---|
| 设计指标 | 20 | 68.1~100 | 25~68.1 | 0~5 | 0.7~3.4 | 0.13~0.7 |
| 检测结果 | 16 | 73.7 | 41.5 | 5.1 | 2.8 | 0.32 |

根据表 4.10 分析，小于 5mm 料含量满足设计要求，但小于 0.1mm 料（含泥量）超出设计指标，分析原因是干式生产石粉含量较多，应对成品料进行水洗，将部分小于 0.1mm 料水洗掉，以保证含泥量达标。

将同一组料水洗后进行级配检测，结果见表4.11。

表4.11　　　　　　　反滤料Ⅰ水洗后颗粒分析试验检测结果

| 检测项目 | 最大粒径/mm | <5mm 含量/% | <1mm 含量/% | <0.1mm 含量/% | 特征粒径 $D_{60}$/mm | 特征粒径 $D_{15}$/mm |
|---|---|---|---|---|---|---|
| 设计指标 | 20 | 68.1~100 | 25~68.1 | 0~5 | 0.7~3.4 | 0.13~0.7 |
| 检测结果 | 16 | 71.8 | 39.9 | 3.5 | 3.1 | 0.35 |

综上分析，反滤料Ⅰ生产应为湿法生产，质量控制重点为破碎机、筛分系统运行性能及水洗5mm以下料，控制含泥量满足设计指标0~5%。对应的反滤料Ⅰ生产颗粒分析试验检测结果见表4.12。

表4.12　　　　　　　反滤料Ⅰ生产颗粒分析试验检测结果

| 检测项目 | <5mm 含量/% | <1mm 含量/% | <0.1mm 含量/% | 特征粒径 $D_{60}$/mm | 特征粒径 $D_{15}$/mm |
|---|---|---|---|---|---|
| 设计指标 | 68.1~100 | 25~68.1 | 0~5 | 0.7~3.4 | 0.13~0.7 |
| 检测组数 | 53 | 53 | 53 | 53 | 53 |
| 最大值 | 93.5 | 52 | 12.9 | 3.8 | 0.6 |
| 最小值 | 68.9 | 29 | 0.1 | 1.1 | 0.1 |
| 平均值 | 79.8 | 40.5 | 4.7 | 2.7 | 0.4 |
| 合格率/% | 100 | 100 | — | 98.4 | 100 |

（2）根据反滤料Ⅱ设计包络线，反滤料Ⅱ最大粒径为100mm，小于20mm料占38%~63%，平均占50%，中碎车间圆锥破碎机排料口100mm，试验检测大于100mm料含量为0，满足要求，经第一筛分车间筛分70.4%（40~100mm）进入反滤料Ⅱ破碎车间，调整反滤料Ⅱ破碎车间圆锥破碎机排料口20~25mm，经破碎后在第二筛分车间筛分后汇同第一筛分车间筛分的29.6%>40mm料进入反滤料Ⅱ料成品料堆。根据试验检测情况分析，成品料满足反滤料Ⅱ级配要求。见表4.13。

表4.13　　　　　　　反滤料Ⅱ生产颗粒分析试验检测结果

| 检测项目 | <20mm 含量/% | <5mm 含量/% | <2mm 含量/% | 特征粒径 $D_{60}$/mm | 特征粒径 $D_{15}$/mm |
|---|---|---|---|---|---|
| 设计指标 | 38~63 | 5~25 | 0~5 | 18~43 | 3.5~8.4 |
| 检测组数 | 50 | 50 | 50 | 50 | 50 |
| 最大值 | 60.5 | 20.5 | 9.8 | 40.0 | 7.9 |
| 最小值 | 41 | 6.3 | 1.3 | 21.0 | 3.0 |
| 平均值 | 50.8 | 12.5 | 5.0 | 31.2 | 5.8 |
| 合格率/% | 100 | 100 | 96 | 100 | 98.0 |

综上分析，反滤料Ⅱ生产偶然存在小于2mm料超标，原因是筛网筛分过程中堵塞造

成，故反滤料Ⅱ生产质量控制重点为中碎车间、反滤料Ⅱ破碎车间圆锥破碎机排料口、运行性能及第二筛分车间筛分效果。

#### 4.6.2.5　反滤料Ⅱ防分离技术研究

根据 2009 年 7 月前反滤料Ⅱ反馈数据：大坝反滤料加工系统生产的反滤料Ⅱ皮带机上取样检测颗粒级配合格率达到 95％以上，但成品反滤料Ⅱ料堆一次检测合格率仅为63％，必须经重新掺拌后方可使用，根据反滤料Ⅱ成品料料堆试验检测数据及现场实际情况分析，反滤料Ⅱ级配合格率偏低是由于成品料发生分离所造成的，主要原因有以下两方面。

（1）成品料在料堆上滚落分离。见图 4.14。

（2）成品料输送皮带机机头抛料分离。对应图示见图 4.15。

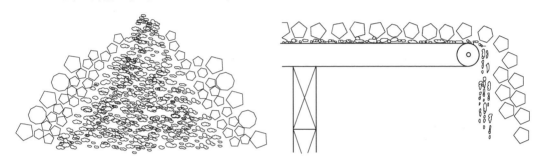

图 4.14　成品料在堆料上滚落分离　　　　图 4.15　成品料输送皮带机机头抛料分离

为了消除以上两方面影响，对可实行的技术措施进行分析。

采用反铲对成品料堆定时掺拌，并对成品料皮带机抛料点不间断地进行掺拌倒运。成品料生产过程中经掺拌后可改变抛料分离状态，再进行料堆掺拌可保证各级料混合均匀，使装车上坝的成品料级配满足设计要求，但投入设备成本较高，且影响系统生产的连续性，成品料上坝前准备工作较复杂，故采用反铲掺拌防分离不能达到理想目标。

增设布料机堆料，可避免粒径分离，但现场空间受限，无法布置布料机，增设防分离下料斗，能够改善皮带机机头抛料分离，但下料过程中容易堵料，影响堆料效率，依然无法达到理想目标。

经进一步分析研究，采取在反滤料Ⅱ成品料仓内设立一条地笼，地笼盖板上设 4 个下料口（两粗两细），地笼内架设 1 条皮带机（带宽 1000mm，带速为 2.0m/s），从成品反滤料Ⅱ输送皮带机落料点的正下方出料，使粗细料在皮带机上混和，能消除分离影响，并且成品反滤料Ⅱ落料点始终处于倒锥体漏斗状，通过反分离的方式，改善皮带机机头抛料分离，可有效避免石料的分离，也提高了成品料的装运效率。反Ⅱ料仓地笼布置图与立面图见图 4.16 和图 4.17。

通过对反滤料Ⅱ料仓增设地笼措施的实施，使得反滤料Ⅱ级配合理稳定，料堆分离现象大为改善，试验检测数据显示成品料装车级配合格率达 95.3％，满足本工程要求的90％的合格率。

反滤料Ⅱ颗粒分析试验检测结果见表 4.14，反滤Ⅱ料颗粒级配曲线图见图 4.18。

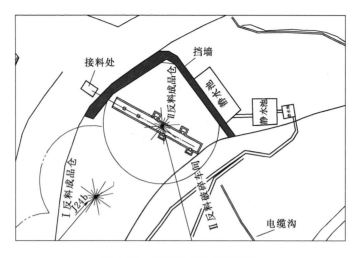

图 4.16　反Ⅱ料仓地笼布置图

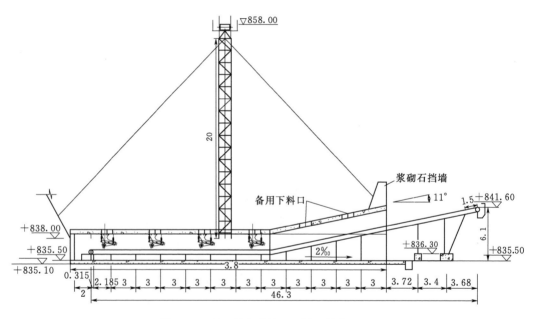

图 4.17　反Ⅱ料仓地笼立面图（单位：m）

表 4.14　　　　　　　　　　反滤料Ⅱ颗粒分析试验检测结果

| 检测项目 | <20mm 含量/% | <2mm 含量/% | 特征粒径 $D_{60}$/mm | 特征粒径 $D_{15}$/mm |
|---|---|---|---|---|
| 设计指标 | 39~63 | 0~5 | 18~43 | 3.5~8.4 |
| 检测组数 | 85 | 85 | 85 | 85 |
| 最大值 | 67.8 | 5.9 | 40.0 | 7.5 |
| 最小值 | 37.2 | 1.7 | 17.0 | 3.1 |
| 平均值 | 46.7 | 4.3 | 30.0 | 5.4 |
| 合格率 | 95.3 | 93.0 | 100 | 100 |

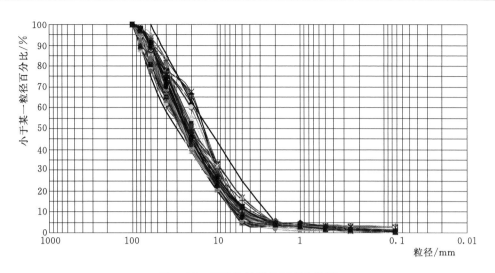

图 4.18　反滤 Ⅱ 料颗粒级配曲线图

## 4.6.3　效果

反滤料 Ⅰ 为湿法生产，质量控制重点为破碎机、筛分系统运行性能及水洗 5mm 以下料，控制含泥量满足设计指标 0～5%，试验检测数据显示级配合格率达 98.4%。通过对反滤料 Ⅱ 料仓增设地笼措施的实施，使得反滤料 Ⅱ 级配合理稳定，料堆分离现象大为改善，试验检测数据显示成品料装车级配合格率达 95.3%，满足本工程要求的 90% 的合格率。

## 4.7　反滤料及掺砾石料加工系统应用 PLC 可编程集中控制技术方法

大坝反滤料及掺砾石料加工系统位于大坝右岸上游弃渣场 Ⅱ A 区左上侧的新建码头公路内侧区域。原始地形坡度 15°～25°，天然地形较平坦开阔，利于系统布置。系统主要由粗碎车间、中碎车间、第一筛分车间、Ⅱ 反料破碎车间、第二筛分车间、第三筛分车间、Ⅰ 反料破碎车间、半成品堆料场、掺砾石料和反滤料成品堆料场、尾砂处理车间、厂内给排水及废水处理设施、厂内配电及生产自控系统等构成。整个系统布置于两条小冲沟之间和两侧的山脊上，布置高程 834～862m。主要分为粗碎及进料平台、中细碎及筛分平台、成品堆料场三大平台。系统毛料通过自卸汽车运输至粗碎进料平台，成品料主要通过胶带机运输至相应料堆及掺和场，之后采用装载机装自卸汽车与装载机直接装运相结合的运输方式。

### 4.7.1　特点与难点

反滤料及掺砾石料加工系统负责生产供应本工程全部的大坝反滤料和心墙掺砾石料，加工总量约 595 万 t。由于生产量大，工期紧张，需采取科学合理的工艺方法提高系统的运行效率，确保满足大坝填筑进度要求。

### 4.7.2 方法

整个控制系统采用 PLC 可编程集中控制，田裕康对于该编程与系统的实现进行了研究[32]，田密也对于 PLC 的实现与推广进行了一定的研究[33]，提出 PLC 仿真平台的基础上搭建开放式实验应用平台，进而实现模拟仿真。之后模拟信号显示，运行控制的实现是通过现场 1 号、2 号配电室的控制室内各设置一套的 S7 - 300PLC 系统和上位监控计算机组成的 PLC 工作站，根据现场运行要求对现场工艺设备按顺序投入和停止进行自控或集中人工控制，并采集现场设备运行状态。

整个控制系统的线路均沿着电缆沟走向，由控制室分别至各个设备控制点；启动开关设置在控制室中；在控制室内设置每台设备的故障指示灯，指示灯亮表示该设备有故障，及时停止该设备的开关检修。

1 号 PLC 工作站设置在粗碎车间附近的 2 号配电室隔壁的控制室内。主要负责采集粗碎车间～半成品堆料场的破碎机、喂料机、胶带输送机等设备的信号，并根据系统运行的要求对现场设备进行启停控制。配电室内设置一个按钮控制屏，针对每一台设备均另设现场机旁控制按钮和指示灯，方便就地管理操作。1 号 PLC I/O 点的配置按照每台设备两个输出控制点（分别为启动和停止控制），3 个输入信号点（分别为运行状态、故障状态、一次回路断路器状态）配置。

2 号 PLC 工作站设置在高程 848m 平台的 1 号配电室隔壁的控制室内，主要负责除粗碎车间与半成品堆料场以外的所有现场设备运行状态数据的采集和启停控制。配电室内设置一个按钮控制屏，针对该区每一台设备均另设现场机旁控制按钮和指示灯，方便就地管理操作。1 号 PLC 的 I/O 点配置是按照每台设备两个输出控制点（分别为启动和停止控制），3 个输入信号点（分别为运行状态、故障状态、一次回路断路器状态）配置。

上位计算机设置在高程 848m 平台的 1 号配电室的控制间内，计算机通过模拟显示系统生产的工艺过程，形象而直观地为生产管理提供现场的设备运行状态并进行控制。此外，还可根据生产管理的需要绘制并打印各种定制报表。

上位计算机、1 号 PLC、2 号 PLC 之间通过工业以太网进行数据交换。为了保证系统的稳定性，防止雷电巨大电流和外信号的干扰，PLC 之间采用屏蔽的光缆连接；PLC 系统运作流程见图 4.19。

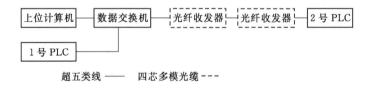

图 4.19　PLC 系统运作流程

根据系统运行生产的工艺的特点，PLC 控制系统主要有以下几种控制模式。

（1）上位计算机手动。这种手动模式的运行，在非检修模式下，生产运行通过上位计算机对现场设备进行手动控制，否则，在下个工艺的设备未运转的情况下，上个工艺的设备不能启动。

（2）上位计算机自动。在自动模式下，控制系统首先对现场设备进行无故障检测一遍，检修确定现场设备无故障的情况下，按照系统运行的生产工艺逐台启动设备，在启动过程或运行过程中如发现设备故障，则按照事先制定的设备故障程序（PLC）停止设备，并自动转入人工运行模式，故障指示灯亮，提醒程序员和运行人员注意。

（3）按钮控制屏控制。这种控制模式运行，在非检修模式下，控制室人员指示运行操作人员通过上按钮控制屏对现场设备进行手动控制，否则，在下序设备未运转的情况下，上序设备不能启动。

### 4.7.3　效果

大坝反滤料及掺砾石料加工系统采用 PLC 可编程集中控制，模拟信号显示技术，大大地提高了系统的运行效率，减少了系统的操作维护人员，节约了系统的运行成本。

# 第5章 坝体填筑

填筑施工是心墙堆石坝施工的关键，其施工质量直接决定了大坝的整体建设质量。本章针对糯扎渡心墙堆石坝坝料特点、施工场地，环境气候条件以及设计要求，就心墙区、反滤料区、堆石区的填筑，以及相关的施工关键问题进行了深入的分析，并提出了相应的解决方法。

# 5.1　大坝坝料填筑方法

糯扎渡高心墙堆石坝采用掺砾土心墙，是我国 300 级土石坝建设实践的一座里程碑，坝料填筑施工作为大坝施工的关键环节，对于大坝施工质量起着决定性作用。通过对大坝填筑工艺的分析，以及对放线、填筑、碾压进行了详细的研究[39]，确定了大坝填筑工艺方法。在施工过程中，严格按照工法组织施工，实时控制施工质量，安全、质量、进度高效统一。

## 5.1.1　特点与难点

（1）糯扎渡大坝填筑坝料分区多样、料源种类繁多、施工工艺复杂，多项施工参数超过现有土石坝施工规范。

（2）掺砾土料、反滤料的级配、填筑均匀性及料界侵占是控制大坝填筑质量的重点和难点。

（3）填筑料技术指标要求高。掺砾土料：最大粒径不大于 150mm，大于 5mm 颗粒含量 48%～70%，小于 0.074mm 颗粒含量 19%～50%；接触黏土料：最大粒径不大于 10mm，大于 5mm 颗粒含量小于 5%，小于 0.074mm 粒径含量不少于 65%；上下游堆石料和上游调节料区：级配连续，最大粒径 800mm，小于 5mm 的含量不超过 12%，小于 2mm 的含量不超过 5%；上下游细堆石料：级配连续，最大粒径 400mm，小于 2mm 的含量不超过 5；反滤 I 料：级配连续，最大粒径 20mm，$D_{60}$ 特征粒径 0.7～3.4mm，$D_{15}$ 特征粒径 0.13～0.7mm，小于 0.1mm 的含量不超过 5%；反滤 II 料：级配连续，最大粒径 100mm，$D_{60}$ 特征粒径 18～43mm，$D_{15}$ 特征粒径 3.5～8.4mm，小于 2mm 的含量不超过 5%；土料掺砾石：级配连续，最大粒径 120mm，小于 5mm 的含量不超过 15%；上下游护坡块石：最小粒径 500mm，平均粒径不小于 800mm。

（4）坝料填筑主要施工参数要求高（表 5.1）。

表 5.1　　　　　　　　　　　　坝料填筑主要施工参数

| 料物名称 | 设计指标 | 原施工参数 | | | 优化后的施工参数 | | |
|---|---|---|---|---|---|---|---|
| | | 碾压、碾重 | 铺土厚度/cm | 碾压遍数/遍 | 碾压、碾重 | 铺土厚度/cm | 碾压遍数/遍 |
| 掺砾土料 | $D\geqslant98$ | SANY - YZK20C、20T 凸块碾 | 30 | 10 | SANY - YZK20C、20T 凸块碾 | 27 | 10 |
| 接触黏土 | $D\geqslant95$ | 柳工 856、18T 装载机 | 15 | 10 | SANY - YZK20C、20T 凸块碾 | 27 | 10 |
| 反滤 I 料 | $Dr\geqslant0.80$ | SANY - YZK20C、20T 凸块碾 | 60 | 6 | SANY - YZK20C、20T 凸块碾 | 52 | 6 |

| 料物名称 | 设计指标 | 原施工参数 | | | 优化后的施工参数 | | |
|---|---|---|---|---|---|---|---|
| | | 碾压、碾重 | 铺土厚度/cm | 碾压遍数/遍 | 碾压、碾重 | 铺土厚度/cm | 碾压遍数/遍 |
| 反滤Ⅱ料 | $Dr \geq 0.85$ | SANY-YZ26E、26T 平碾 | 60 | 6 | SANY-YZK20C、20T 凸块碾 | 53 | 6 |
| 上游Ⅰ区粗堆石料 | $n \leq 22.5$ | SANY-YZ26E、26T 振动碾 | 90 | 8 | SANY-YZ26E、26T 振动碾 | 105 | 8 |
| 下游Ⅰ区粗堆石料 | | YZTY20、20T 拖碾 | 90 | 8 | YZTY20、20T 拖碾 | 105 | 8 |
| 上游Ⅱ区粗堆石料 | $n \leq 21.0$ | SANY-YZ26E、26T 振动碾 | 90 | 8 | SANY-YZ26E、26T 振动碾 | 105 | 8 |
| 下游Ⅱ区粗堆石料 | | YZTY20、20T 拖碾 | 90 | 8 | YZTY20、20T 拖碾 | 105 | 8 |
| 上游细堆石料Ⅰ | $22 \leq n \leq 25$ | SANY-YZ26E、26T 振动碾 | 90 | 6 | SANY-YZ26E、26T 振动碾 | 105 | 6 |
| 下游细堆石料Ⅰ | | YZTY20、20T 拖碾 | 90 | 6 | YZTY20、20T 拖碾 | 105 | 6 |
| 上游细堆石料Ⅱ | $n \leq 20.5$ | SANY-YZ26E、26T 振动碾 | 90 | 8 | SANY-YZ26E、26T 振动碾 | 105 | 8 |
| 下游细堆石料Ⅱ | | YZTY20、20T 拖碾 | 90 | 8 | YZTY20、20T 拖碾 | 105 | 8 |

## 5.1.2 方法

大坝心墙填筑实行程序化、标准化、规范化管理。各种坝料填筑均实行准填证制度，只有在基础验收合格或前一填筑层按施工参数及规范施工完毕，经试验检测压实指标满足设计要求，填筑面检查验收合格后方签发准填证，开始下一层填筑。施工过程采用旁站、巡视检查监督等方法，发现问题及时处理。大坝填筑采用数字大坝填筑质量 GPS 监控系统，对碾压机的行进速度、激振力实时监控；对压实层厚、压实遍数进行高密度监测统计，确保了压实厚度及碾压遍数满足设计要求；对粗堆石料坝内加水量实施了瞬时监控。数字大坝填筑质量 GPS 监控系统的应用，有效地保证了大坝填筑施工过程的质量监督与控制，对于保证大坝填筑质量起到关键性作用。

### 5.1.2.1 接触黏土填筑

心墙防渗土料包括高塑性黏土料（基础接触黏土）、掺砾土料。接触黏土用于河床与两岸坡垫层混凝土接触部位的填筑，设计厚度为垂直于垫层混凝土面 2m。施工准备，根据岸坡坡度及设计接触黏土厚度计算接触黏土带水平铺料宽度，并依此放样，对测量成果进行复核，确保接触黏土料的填筑位置、尺寸符合设计图纸。填筑前，依据设计图纸对上一仓填筑面进行现场测量放样复核，满足要求后组织下一仓施工。水泥基涂刷，铺料前，在垫层混凝土表面人工涂刷水泥基，验收合格后养护 48h。泥浆涂刷，水泥基表面须清洗干净，在水泥基表面湿润状态下涂刷一层 5mm 厚浓黏泥浆，浓黏泥浆湿润状态下铺填黏土，以保证坝体与混凝土基础之间结合良好，干、硬泥浆必须刮除重新刷涂。铺料，厚度 27cm，采用 20t 自卸车运输后退法卸料，湿地推土机平料，随卸随平。层厚，根据接触黏土面积及铺料厚度确定每层接触黏土需用量，即卸料车数，并等距离均匀卸料，铺料层厚采用目视、尺量和定点方格网测量等方法控制，超厚部位采用人工配合推土机进行减薄处理，岸坡接头和与其他料种交界处，铺以人工修整边角，铺料完成，并厚度测量、边角处理合格后，方可进行碾压。碾压，接触黏土与掺砾土料用 20t 凸块碾振动碾压，与岸坡接触部位 80～100cm 宽范围内用柳工 856 装载机轮胎顺河流方向碾压 10 遍，人工夯板夯实配合碾压，接触黏土必须由远而靠近垫层混凝土碾压，以避免接触黏土与岸坡黏接出现裂缝、错动；对碾压设备振动频率和激振力进行定期检测，确保其工作有效；碾压、检测合格后，对填筑面进行全面检查，对压实土体出现的漏压虚土层、干松土、弹簧土、剪切破坏和光面等不良现象均返工处理至合格。补水，接触黏土含水率须满足设计要求，含水率控制范围为最优含水率的 1％～3％，依据强制性条文，含水率按施工含水率控制范围靠近上线控制；在上层土料铺筑之前，下层土料表层必须湿润，否则进行含水量调节，进行表面补水，补水采用 12t 洒水车均匀洒水。抛毛，接触黏土由于含水率偏高，不管是轮胎碾压，还是凸块碾碾压，表面一般均较光滑，进行抛毛处理，采用山地推土机进行表面抛毛。检测，对压实合格面按规范要求每层均进行压实度、含水率检测，按 595kJ/m³ 击实功，压实度不小于 95％，每层取样 3 组，保证率为 100％。

**5.1.2.2　掺砾土料填筑**

施工准备，对填筑层进行测量放样复核，确保防渗体填筑位置、尺寸符合设计图纸；底部接触黏土或前一层掺砾土料验收合格并表面洒水湿润，组织后续施工。铺料与平料，掺砾土料采用进占法卸料，20t 自卸车运输卸料，湿地推土机平料，随卸随平，避免堆料风干。层厚，铺料过程采用目视、尺量或测量仪器抽检控制，铺料完成后，通过定点方格网测量层厚，并作为铺料工序验收资料，在铺料厚度满足设计要求，边角、边界包括侵占料处理合格后，方允许下一道工序施工。仓号设计，当沿坝轴线方向填筑长度较长时，为提高施工进度，避免进料路口形成超压，须合理分段填筑，流水作业，即分段铺料、分段平整碾压、分段检测。碾压，采用 20t 凸块碾振动碾压，平行于坝轴线方向进退错距法，依据碾子宽度，错距为 20cm，碾压 10 遍。据碾压机的数量按上、下游分为不同的碾压区域，并撒白灰线，分配给各碾压机碾压，避免超压和漏压，同时提高碾压机工作效率；对碾压设备振动频率和激振力进行定期检测，以确保其工作有效，保证压实质量；分段碾压时，碾压搭接宽度垂直于碾压方向不小于 0.3～0.5m，顺碾压方向不小于 1.0～1.5m；碾压、检测合格后，对填筑面进行全面检查，对压实土体出现的漏压虚土层、干松土、弹簧土、剪切破坏和光面等不良现象返工处理合格；由于施工需要，如固结灌浆、仪器埋设等影响，局部留有纵横向接缝，其坡度不陡于 1∶3。抛毛，掺砾土料含水率偏高时，碾压面一般较光滑，进行抛毛处理，采用山地推土机进行表面抛毛。补水，验收合格的填筑面，由于风吹日晒，水分蒸发，表面风干或表层土含水率不满足设计要求，需及时进行表面补水，补水采用 12t 洒水车均匀洒水。检测，掺砾土料采用细料（小于 20mm）595kJ/m³ 功能三点快速击实法检测，$Y_s$ 不小于 96％，且 $Y_s$ 不小于 98％的合格率不小于 90％；每周进行一次全料 2690kJ/m³ 功能大型击实试验，以复核掺砾土料压实度满足设计压实标准要求。

**5.1.2.3　反滤料填筑**

施工准备，依据设计图纸进行施工测量放样复核后，拉线绳，撒白灰线，确定仓号；垫层混凝土隐蔽工程验收合格及上一填筑层验收合格后，方可组织后续施工。卸料与平料，反滤料采用后退法卸料，20t 自卸车运输，根据铺料宽度、厚度及车载方量，计算出每车料铺料长度，现场做到等距离均匀卸料，避免反滤料推平过程中发生分离；为防止分离，采用反铲平料、修边，最后用推土机推平表面。层厚，铺料过程中采用目视、尺量或测量仪器测量控制铺设层厚，铺设完成后采用定点测量检测铺设层厚及平整度满足要求后方允许碾压。超厚部位须推薄处理，铺料厚度不超过设计铺料厚度的±10%；同时根据铺料长度、宽度、厚度及车载方量计算出每层总量，采用总装车数控制。碾压，采用20t自行式平碾碾压，行驶速度不大于3km/h，反滤料Ⅰ、反滤料Ⅱ均为静压6遍，局部边角采用夯板夯实。坝料填筑顺序，根据施工规范，每层填筑必须首先填筑反滤料Ⅰ，然后填筑防渗土料，使反滤料Ⅰ对防渗土料形成侧向束缚，以确保防渗土料边缘能够碾压密实；反滤料Ⅰ必须始终高于防渗土料填筑，心墙区各种防渗土料、反滤料Ⅰ、反滤料Ⅱ必须平起填筑；反滤料Ⅱ与细堆石料、细堆石料与部分粗堆石料（一般宽度不小于10m）平起填筑；同时各种坝料压实厚度应匹配，为1倍或2倍关系，以实现跨缝碾压，保证各种坝料交界处的碾压质量。检测、设计要求反滤料Ⅰ相对密度$D_r$不小于0.80，反滤料Ⅱ$D_r$不小于0.85；施工中严格控制，反滤料不能超压，$D_r$控制不大于1。

#### 5.1.2.4　细堆石料及粗堆石料填筑

施工准备，依据设计图纸进行测量放样复测合格，拉线绳、撒白灰线，确定仓号。坝基开挖及处理验收合格或上一填筑层验收合格后组织后续施工。

（1）加水。Ⅰ区粗堆石料和细堆石料坝外加水5%（体积比），坝内洒水5%；Ⅱ区粗堆石料坝外加水5%，坝内洒水7%。

（2）卸料与平料。细堆石料采用20t自卸车运输上坝，后退法卸料，推土机沿坝轴线方向推平，1m³反铲修边并对其靠反滤料一侧粒径200mm以上块石进行剔除，不得出现粗粒径料集中现象。粗堆石料采用20~32t自卸车运输上坝，进占法卸料，推土机推料推平。距离岸边坡水平宽3m范围内细堆石料必须顺河流方向摊铺，避免与岸坡接触处出现粗粒径料集中现象，对出现的集中粗粒径料予以剔除，以确保堆石料与基础面结合良好。

（3）层厚。在铺料过程中采用目视、尺量及测量仪器等方法控制铺料厚度，发现超厚及时处理；铺设完成后采用定点测量检测铺设层厚及平整度满足要求后方允许碾压，并对测量成果记录，铺料厚度不超过设计厚度的±10%。

（4）碾压。反滤料上下游侧细堆石料铺料厚度105cm，采用26t自行式振动碾平行坝轴线方向振动碾压8遍；粗堆石料及基岩上部细堆石料，铺料厚度105cm，采用26t自行式振动碾或20t拖式振动碾平行坝轴线方向或岸边顺河流方向振动碾压8遍；局部边角大型振动碾无法碾压到的部位，采用液压振动板夯实。

（5）检测。堆石料压实质量主要以碾压遍数来控制，同时压实干密度及孔隙率应满足设计控制指标的要求，当记录试验检测压实孔隙率不满足设计指标要求时，应分析原因，是否由于碾压设备性能、铺料超厚、粗粒径料集中或料性改变等原因引起，采取相应的处理措施，如补压、减薄铺料厚度后补压、粗粒料挖除处理或根据料性重新测定堆石料干密度。施工中，采用附加质量法对干密度进行检测，粗堆石料每2000m²一个测点，细堆石料每500m²一个测点，每测点仅需20min。挖坑试验则改为每3层取样一次，如此减少了对填筑进度的影响，也保证了堆石料压实质量。

### 5.1.3　效果

自大坝开始填筑至2012年12月18日（大坝封顶），对各种坝料铺料厚度抽检情况为，堆石料最大铺料厚度为116cm，最小铺料厚度为90cm，平均值为103cm；反滤料最大铺料厚度为60cm，最小铺料厚度为47cm，平均值为53.5cm；防渗土料最大铺料厚度为27cm，最小铺料厚度为23cm，平均值为24.3cm，铺料厚度均满足规范规定要求。心墙区各种坝料边界控制为：反滤料Ⅱ侵占细堆石料最大为28cm，最小为4cm；反滤料Ⅰ侵占反滤料Ⅱ最大为23cm，最小为6cm；防渗土料侵占反滤料Ⅰ最大为22cm，最小为4cm；无粗料侵占细料情况，各种坝料边界控制满足规范规定要求。共完成单元工程验收6240个，合格6240个，合格率100%，优良5903个，优良率94.6%。

## 5.2 大坝心墙掺砾土料填筑施工方法

糯扎渡大坝为心墙堆石坝，坝体基本剖面为中央直立心墙形式，心墙采用掺砾土料，填筑量约460万m³。掺砾土料由土料和砾石料掺和而成，土料由位于坝址上游约7.5km处的农场土料场主采区开采；砾石料由砾石料加工系统生产，其毛料由位于坝址上游约5.5km处的白莫箐沟石料场开采。砾石土料掺和场布置于坝址上游约4km处右岸新建码头旁，设置4个料仓，保证2个储料、1个备料、1个回采。料仓总面积约3万m²，储量约14万m³，可满足最大上坝月强度约15d的用量。

### 5.2.1 特点与难点

坝体心墙掺砾土料施工工艺复杂，施工技术专业性强、受气候影响大、持续施工时间长。

### 5.2.2 方法

#### 5.2.2.1 填筑施工工艺

1. 测量放线

基础面或填筑面经监理工程师验收合格后，在铺料前，由测量人员放出掺砾土料填筑区及其相邻料区的分界线，并撒白灰做出明显标志。

2. 铺料

（1）填筑时先填筑岸边接触黏土料，后填掺砾土料。

（2）铺料时，人工剔除料径大于150mm的颗粒，并应避免粗料集中而形成土体架空。

（3）掺砾土料铺料层厚为30cm。

（4）掺砾土料沿坝轴线方向进行铺料，采用进占法铺料，湿地推土机平料，载重运输车辆不允许在已压实的土料面上行驶，铺料应及时。

（5）严格控制铺料层厚，不得超厚，铺料过程中采用20m×20m的网格定点测量控制层厚，发现超厚时，立即停止铺料并用推土机辅以人工铲除超厚部分。

（6）填筑作业面应尽量平起，以免造成过多的接缝，由于施工需要进行分区填筑时，接缝坡度不得陡于1:3。

（7）根据工作面实际情况，卸料口应及时变化，以确保已填筑料层不因车辆过分碾压而遭到破坏。

（8）每层表面刨毛验收合格再铺下一层掺砾土料，采用平地机装配自制松土器或装载机装防滑链进行湿润刨毛。

3. 碾压

（1）根据现场生产性试验成果，掺砾土料采用20t自行式振动凸块碾碾压，碾压10遍，振动碾行进速度不大于3km/h，激振力大于300kN。

（2）采用进退错距法碾压，20t自行式振动凸块碾碾宽200cm，错距200cm/10＝20cm。分段碾压碾迹搭接宽度应满足以下要求：垂直碾压方向不小于0.3～0.5m；顺碾压方向为1.0～1.5m。

（3）碾压机具行驶方向平行于坝轴线。

（4）压实土体严禁出现漏压、过压，若出现粗料集中及"弹簧土"应及时挖除，再进行补填碾压。

（5）心墙同上下游反滤料及部分坝壳料平起填筑，骑缝碾压。采用先填反滤料后填掺砾土料的填筑顺序。按照填二层掺砾土料，填一层反滤料的方式平起上升填筑。心墙掺砾土料与上下游反滤料填筑关系，见图5.1。

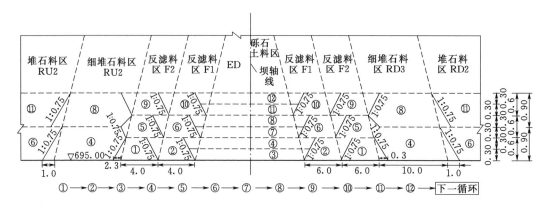

图5.1　坝体细堆石区、反滤料区、粗堆石料区填筑顺序形象示意图（单位：m）
（图中①、②、③、④、…表示填筑顺序）

4. 不连续施工处理

当填筑面不连续施工时，停工前，采用塑料薄膜对填筑层进行覆盖；填筑前，应对掺砾土料填筑层进行重新检查，需对存在积水、缺水、污染的部位处理合格并经监理工程师验收合格后，方可进行下层施工。

**5.2.2.2　施工质量控制**

1. 填筑面管理

（1）填筑面禁止出现烟头、纸屑、施工废弃物、混凝土浆液及超径石等。

（2）运输车辆、碾压设备及仪器埋设须专人负责指挥、管理，防止设备对填筑面过分碾压及埋设的仪器因填筑施工遭到损坏。

2. 含水率和颗分检测

（1）备料过程中应进行掺砾土料的含水率测试和颗分检测。

（2）掺砾土料填筑的含水率应按最优含水率偏干1%至最优含水率偏湿3%标准控制，

备料的含水率应尽量接近最优含水率。

（3）掺砾土料最大粒径不大于 150mm，小于 5mm 颗粒含量 48%～70%，小于 0.074mm 颗粒含量 19%～50%。

（4）掺砾土料在备料前应进行充分掺和并进行颗分检测；掺砾土料在进行挖装运输前应进行含水率及颗分检测，含砾量控制在 40%左右。当颗粒级配满足设计要求，含水率在可碾范围内时才能装运上坝，进行填筑。

3. 含水率控制

（1）晴天，土料含水量偏低时，在料场采用压力水和压缩空气混合成雾状均匀喷洒补水，并检测控制在允许范围内方可挖运上坝。运输车辆应设防晒棚，防止坝料含水量损失过快。当风力或日照较强时，因运输距离较长，为保持水分不会过分蒸发，需采取坝面喷雾加水或在掺和场拌料时适当喷雾加水。

（2）降雨前，采取光面振动碾碾压使掺砾土料填筑层表面封闭，同时采取覆盖塑料薄膜等其他保护措施，避免雨水浸入填筑面。

（3）雨晴后坝面含水量较高时，应清理积水，同时采取晾晒、挖除浸泡软化部位的土料等措施，并进行表面刨毛处理经监理工程师验收合格后才能恢复填筑施工。

4. 不合格料源处理

对于不满足要求的料源应做弃料处理。

5. 防雨、防晒措施

土料料源备料及掺砾土料填筑尽量在旱季施工，雨季不得进行掺砾土料填筑施工。雨季停工时，填筑层表面应铺设保护层，复工时予以清除。掺砾土料在降雨或低温下填筑施工停工标准见表 5.2。

表 5.2　　　　　　　掺砾土料填筑施工采取防护措施的停工标准

| 日 降 水 量/mm | | | | |
| --- | --- | --- | --- | --- |
| 0～0.5 | 0.5～5 | 5～10 | 10～30 | >30 |
| 照常施工 | 照常施工 | 雨日停工 | 雨日停工，雨后停半日 | 雨日停工，雨后停一日 |
| 日平均气温/℃ | | | | |
| >5 | 5～0 | 0～-5 | -5～-10 | <-10 |
| 照常施工 | 照常施工 | 防护施工 | 防护施工 | 停工 |

在砾石土料掺和场，现场备有足够的塑料薄膜，对于已经备好的料源采用塑料薄膜遮盖，以做到晴天防晒、保湿，雨天防雨。防雨塑料薄膜应顺料堆顶面坡度方向横向依次铺设，已备好掺砾土料的料仓表面通过 2%坡度将雨水排至料场外，排至料仓之间的雨水通过路面自然坡比流入路面排水沟内。

在坝体填筑作业面上，根据当地气象预报信息，在降雨之前，填筑一层掺砾土料（厚15cm 左右），使填筑区中部略高于四周，两侧岸坡预留排水沟，然后采用光面振动碾碾压使掺砾土料填筑层表面封闭，并采取覆盖塑料薄膜的保护措施，使雨水从两侧岸坡及掺砾土料填筑层表面汇集至两侧排水沟，通过反滤料层设置的流水缺口流出心墙区，避免雨水损坏填筑面。岸坡排水沟、填筑层及塑料薄膜覆盖示意见图 5.2。

防雨薄膜幅与幅之间搭接宽度不小于 40cm，每幅周边及搭接界线采用编织袋装土料

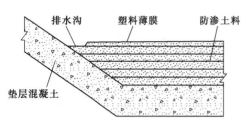

图 5.2　岸坡排水沟、填筑层及塑料
薄膜覆盖示意图

压重，间距不大于 2m，每袋重不低于 5kg。

### 5.2.3　效果

糯扎渡大坝心墙区掺砾土料填筑按照上述的填筑施工工艺及方法有序进行，填筑整体质量处于受控状态，共完成单元工程验收评定 2295 个，合格 2295 个，合格率 100%，优良 2188 个，优良率 95.34%。检测过程可以通过收集对于大坝填筑的影响因素的数据，采用李纯林提出的因果分析图法[40]，也可以通过马洪琪提出的双控法，即在现场对细料进行三点法快速击实，在试验室进行全料压实度复核[41]。最终测量得到掺砾土料颗粒级配检测合格，压实度、干密度、含水率、渗透系数等检测指标满足设计要求。

## 5.3　大坝心墙雨季施工方法

心墙掺砾土料的填筑是大坝工程关键线路，质量控制的重点是掺砾心墙料的压实度，确保压实度合格的最有效的措施是适当减少铺料厚度，为此从 2009 年 4 月 11 日开始掺砾土料铺料厚度由原设计 30cm 调整为 27cm，工作量大大增加。堆石坝的施工质量直接影响着工程施工安全和使用性能，但其施工质量的影响因素亦是多方面的，如温度或雨雪等自然因素、工程机械方面、施工管理方面等[42]。为如期实现大坝填筑工期目标，必须在雨季采取特殊应对措施进行心墙防渗土料填筑施工。

### 5.3.1　难点与特点

大坝心墙区填筑平均面积约 2 万 m²，工程量大；掺和料场作为制备料区，仓号面积约 5 万 m²，雨季期间施工，雨晴天反复，为争取工期，合理解决料源防护、填筑工作面保护、快速复工办法等是雨季施工的关键。

### 5.3.2　方法

心墙防渗土料填筑雨季施工根据降水量的不同，停工与复工的时间不同。日降水量小于 10mm 时正常施工；日降水量在 10～30mm 之间时雨日停工，雨后停半日后复工；日降水量大于 30mm 时雨日停工，雨后停 1 日后复工。根据气象台发布的天气情况及降雨量测报成果，合理安排施工任务，提前做好防雨工作，注意坝面排水，充分利用晴天施工，减少雨天对施工的影响。

#### 5.3.2.1　土料开挖雨季施工

农场土料场作为心墙土料的开采区，开采的混合土料先运输到砾石土料掺和场进行掺和后再运输上坝。料场边坡的护面和加固工作在雨季前按照施工图纸要求完成。在雨季开挖施工中，做好基础工程质量和安全施工的技术措施，有效防止雨水冲刷边坡和侵蚀地基土壤，同时做好场地排水措施。

#### 5.3.2.2 掺和料场雨季施工

防渗土料由混合土料与砾石料按重量比掺和而成，在掺和料场制备成品后堆放在备料仓，备料容量需满足大坝心墙区填筑半个月用量。根据天气情况可选择多备或者少备，已堆满掺和料的料仓顶部铺设防水布。雨后要及时打开防水布，对表层潮湿的掺和料及时进行翻晒处理，等试验人员做好含水率试验符合上坝要求后，再运输上坝。

#### 5.3.2.3 心墙填筑雨季施工

（1）进入多雨施工期后，有规划的使心墙土料填筑区下游填筑面略高于上游及两侧（土料填筑保持向上游倾斜 2‰～3‰），两侧岸坡预留排水沟，填筑平面图见图 5.3。

（2）密切关注天气预报，掌握天气情况，根据降雨量测报成果，提前做好相应的防雨措施。当预报降雨超过土料填筑的允许降雨强度时，提前停止进料，用光面振动碾碾压使掺砾土料填筑层表面封闭，并采取覆盖塑料薄膜的保护措施，使雨水从两侧岸坡及掺砾土料填筑层表面汇集至两侧排水沟及上游细堆石区，两侧排水沟的汇水亦排至上游细堆石区，然后利用上游游坝壳区水泵将集水抽至上游围堰上游侧。岸坡排水沟、填筑层及塑料薄膜覆盖示意见图 5.4。

防雨薄膜幅与幅之间搭接宽度不小于 40cm，每幅周边及搭接界线采用编织袋装土料压重，间距不大于 2m，每袋重不低于 5kg，防止被大风掀起。

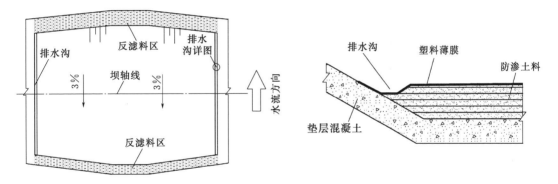

图 5.3 心墙区土料雨天填筑平面图　　　图 5.4 岸坡排水沟、填筑层及塑料薄膜覆盖示意图

（3）雨后一定的时间内，禁止人员和机械在已碾压的层面上行走。雨后复工时，先晾晒或除去表层土，待含水量达到要求后，再刨毛，铺填新土。雨后复工后，第一层采用薄层铺筑碾压，以免因雨后清淤造成局部坑洼部位填筑超厚。待大面积填平后，进行正常的填筑。

（4）填筑土料因含水量过大或超碾等原因造成"弹簧土"或剪切破坏时，清除不合格的填筑层后，再进行填筑。

### 5.3.3 效果

大坝心墙防渗土料填筑从 2009—2012 年连续 4 年采用雨季施工措施，通过雨季期间施工赶回工期 92d，在掺砾土料压实度指标调整造成铺层厚度变化、数字大坝 GPS 监控系统应用推行导致心墙填筑超碾严重等不利条件影响下，大坝于 2012 年 12 月 18 日提前 13d 填筑至设计高程，达到正常蓄水、挡水条件，确保了电站机组如期发电。

## 5.4 垫层混凝土表面水泥基渗透结晶型防水材料施工方法

心墙垫层及廊道混凝土区顺水流方向最大宽度132.2m，心墙区垫层混凝土底部高程561.2m，顶部高程为821.5m。大坝垫层及廊道混凝土与接触黏土接触面积大，如何保证垫层混凝土与接触黏土结合部位防渗效果，是实现大坝填筑质量目标的关键。

图5.5 垫层及廊道混凝土浇筑与接触黏土填筑

### 5.4.1 特点与难点

（1）按照设计要求，在垫层及廊道混凝土与接触黏土料间涂刷水泥基渗透结晶型材料浆液，厚度1.0～1.2mm，比《水泥基渗透结晶型防水涂料》（GB 18445—2001）标准高。

（2）大坝左右岸垫层及廊道混凝土与心墙填筑料接触黏土接触面广，心墙接触黏土填筑随之上升。由于混凝土与黏土材料物质属性的不同，两者无法很好的结合，结合面存在一定的缺陷，该部位一旦渗水，容易形成管涌，严重危害大坝安全。对应的垫层及廊道混凝土浇筑与接触黏土填筑见图5.5。

### 5.4.2 方法

施工过程中，采用水泥基渗透结晶型防水涂料，涂刷于混凝土与黏土的接触面，然后在涂刷过水泥基渗透结晶型防水涂料的面上涂刷浓黏土泥浆，解决混凝土与黏土接触面结合不良的难题。

#### 5.4.2.1 水泥基渗透结晶型防水涂料介绍

（1）主要特点。水泥基渗透结晶型防水材料具有该材料防水施工简单，操作方便，对混凝土基层湿度要求不高，可带水作业，节省工期。同时具有无毒无味、耐久性好、与混凝土黏结力强，具有较好的抗渗、防漏效果，而且具有防水效果持久、自愈性能好、耐腐蚀，在地下工程、水利工程、公路桥梁等工程防水中，具有良好的应用前景[43]，而且徐波成功地将水泥基渗透结晶型防水涂料运用到桥梁，获得了不错的效果[44]。渗透结晶型防水涂料属于刚性防水材料，它具有其他材料难以比拟的二次抗渗性以及与结构的相融性。混凝土结构最大的缺点就是开裂，结构的开裂就会带来渗漏，另外因施工等原因造成的蜂窝麻面、对拉螺栓孔同样会造成渗漏现象，水泥基防水涂料与混凝土结合后，可向混凝土内部渗透，在混凝土中形成不溶于水的结晶体，填塞毛细孔道，从而使混凝土致密，能有效封住结构基面微小开裂带来的渗漏，对混凝土结构能直接起到补强的作用，这是聚胺脂涂料及其他防水材料所无法比拟的。具有独特超凡的自我修复能力，可修复小于0.3mm的裂缝；抗渗能力强，能耐受高强水压，属无机材料，不存在老化问题；不受温变、冻融影响，抑制碱骨料反应，能抵御侵蚀性地下水、海水、氯离子、碳酸化合物、氧化物、硫酸盐及硝酸盐等绝大部分化学物质的侵蚀，对混凝土和钢筋起防护作用，防止化学腐蚀对混凝土结构的破坏；对混凝土、钢筋、水泥砂浆无任何腐蚀作用，无毒、无害环保型产品、耐湿、耐氧化、耐碳化、耐紫外线；施工简单、速度快，施工前无需做找平层，施工后不需做保护层。

（2）主要技术指标。垫层混凝土表面涂刷水泥基渗透结晶型材料的物理力学性能技术指标见表 5.3。

表 5.3 垫层混凝土表面涂刷水泥基渗透结晶型材料的物理力学性能技术指标

| 序号 | 试 验 项 目 | | | 本工程要求性能指标 |
|---|---|---|---|---|
| 1 | 安定性 | | | 合格 |
| 2 | 凝结时间 | 初凝时间/min | ≥ | 50 |
| | | 终凝时间/h | ≤ | 24 |
| 3 | 抗折强度/MPa | 7d | ≥ | 4.0 |
| | | 28d | ≥ | 5.0 |
| 4 | 抗压强度/MPa | 7d | ≥ | 15 |
| | | 28d | ≥ | 25 |
| 5 | 湿基面黏结强度/MPa | | ≥ | 1.2 |
| 6 | 抗渗压力（28d）/MPa | | ≥ | 1.3 |
| 7 | 第二次抗渗压力（56d）/MPa | | ≥ | 1.1 |
| 8 | 渗透压力比（28d）/% | | ≥ | 300 |
| 9 | 抗冻性能 | | ≥ | F100 |
| 以上 1～9 项为强制检测指标要求 | | | | |

注 试验方法依据 GB 18445—2001《水泥基渗透结晶型防水涂料》标准。

（3）检测指标。根据设计及 GB 18445—2001《水泥基渗透结晶型防水涂料》规范要求，本工程选用的 CCCW 水泥基渗透结晶型材料（Ⅰ）性能检测指标见表 5.4。

表 5.4 CCCW 水泥基渗透结晶型材料（Ⅰ）性能检测指标

| 检测项目 | 设计标准 | 检测结果 | 单项评定 |
|---|---|---|---|
| 安定性 | 合格 | 符合标准规定 | 合格 |
| 抗折强度/MPa | 7d≥4.0 | 5.53 | 合格 |
| | 28d≥5.0 | 6.20 | |
| 抗压强度/MPa | 7d≥15 | 34.8 | 合格 |
| | 28d≥25 | 45.5 | |
| 凝结时间 | 初凝时间/min，7d≥50 | 55 | 合格 |
| | 终凝时间/h，≤24 | 24 | |
| 湿基面黏结强度/MPa | ≥1.2 | 1.6 | 合格 |
| 抗渗压力（28d）/MPa | ≥1.3 | 1.5 | 合格 |
| 第二次抗渗压力（56d）/MPa | ≥1.1 | 1.1 | 合格 |
| 渗透压力比（28d）/% | ≥300 | 375 | 合格 |
| 抗冻性能 | ≥F100 | F100 | 合格 |
| 检测结论 | 合格品 | | |

#### 5.4.2.2 施工工艺

（1）基面处理。在涂刷水泥基渗透结晶型防水涂料前，需对混凝土基面进行处理。检查混凝土结构，找出结构中需要加强的部位，如振捣不到位产生的蜂窝麻面，因二次浇筑产生的施工缝部位，并用粉笔做出记号；对需要加强的部位进行清理，蜂窝麻面部位需要清理到新鲜骨料外露，并用水冲洗干净，施工缝中的薄弱部位刻 2cm×2cm 方槽；对混凝土外露的钢筋，应先剔凿 2cm 厚的混凝土后，割掉钢筋；对存在的错台用砂轮机打磨平顺；除去混凝土表面附着的污渍、尘土、脱模剂、松浮物及其他附着物质；用高一个标号的混凝土砂浆对蜂窝麻面补平，保证新、旧混凝土结合牢固或用补强材料进行补强；清理过的施工缝中薄弱部位，用高一个标号混凝土砂浆或补强材料进行补强；最后清洗基面，使之干净即可。

（2）湿润基面。用水反复淋湿基面，但要掌握好时间间隔，避免混凝土表面积水。

（3）涂刷涂料。将涂料倒入盛清洁凉水的容器内，涂料与水的重量比约为 1:0.26，使用电动搅拌器充分搅拌均匀至无小颗粒、无结块，搅拌时间约 3min，搅拌好的料浆静置熟化 3min，再搅拌 30s；施工时应使用硬毛刷或排刷、滚轮刷沾料涂刷，涂刷时用力将材料均匀涂刷到潮湿的混凝土基面上，待涂刷的第一遍浆液固化产生一定强度后，再涂刷第二遍浆液；搅拌混合后的浆液必须在 1h 内用完，使用过程中禁止再加水。对应的涂刷水泥基渗透结晶型防水涂料图见图 5.6。

图 5.6 涂刷水泥基渗透结晶型防水涂料

（4）湿水养护。涂刷过水泥基渗透结晶型防水涂料的混凝土表面喷洒洁净清水，24h 内对涂层进行湿水养护。

（5）控制要点。适宜常温施工，不宜在雨、雾、风沙等恶劣条件下施工；施工时如阳光照射强烈，应采取防护措施，防止混凝土基层失水过快；水泥基渗透结晶型防水涂料必须在温度不低于 5℃ 的情况下进行施工和养护；水泥基渗透结晶型防水涂料需要与空气直接接触才能确保养护成功，塑料薄膜养护时不能直接铺在涂层上；施工 36h 后方可填湿土，但 7d 内不可回填干土，以防止其向防水涂层吸水。

### 5.4.3 质量与效果

施工中，严格按各项要求进行操作，接触黏土与混凝土面结合良好，防渗效果超出预期。大坝蓄水达到正常蓄水位，坝基廊道总渗流量 4.14L/s，坝后渗流量 5.42L/s，大坝总渗流量约为 9.56L/s，大坝坝体坝基渗流量很小，处于正常状态。水泥基渗透结晶型防水涂料在大坝施工中的应用，解决了黏土与混凝土结合不良存在的缺陷，发挥了其优良的防渗功能。

## 5.5  大坝填筑初期渗流控制方法

渗流方向是边坡稳定分析的关键,渗流方向朝向上游坡面,渗透力表现为不利于边坡稳定的滑动力,边坡安全系数远低于其他渗流方向。因而在边坡稳定分析须结合渗流作用[45]。大坝施工期的渗流控制系统由上游围堰防渗墙、下游围堰防渗墙和掺砾黏土心墙(含垫层及灌浆帷幕)组成,其防渗效果可以通过渗压计监测成果检验。除此之外,樊述斌选用 E-B 屈服准则作为土石坝有限元计算的本构模型,也实现了对土石坝的模拟仿真[46],郭国林通过大量的数据采集与原理分析,通过对于宁化桥下水库大坝的研究,整理出来了有限元求解渗流的公式[47]。黏土心墙堆石坝施工初期的渗流控制,对大坝施工安全、施工质量有着重要的意义。在施工期进行渗流监测有一定困难,但可以通过渗压监测,揭示渗流控制系统的运行情况。通过对糯扎渡心墙堆石坝施工初期渗压监测资料的全面分析,初步掌握了渗流监测系统的运行状况,这对于后期土建施工具有针对性的指导作用。

### 5.5.1  特点与难点

(1)渗流控制及监测系统总体布置。施工初期的渗流系统控制主要由 3 道墙组成,即上游围堰防渗墙、下游围堰防渗墙、掺砾黏土心墙(含垫层及灌浆帷幕)。与混凝土大坝施工不同,堆石坝上、下游围堰防渗墙也是大坝的一部分,在大坝填筑高程超过上、下游围堰防渗墙顶部高程后即完成了其工程意义上的防渗使命。心墙在基坑形成后即开始施工,在黏土心墙与基岩之间设有一层混凝土垫层,并进行了固结灌浆,在垫层以下的基岩里进行了帷幕灌浆。心墙将整个大坝施工区分成了两个部分,即上游坝壳区和下游坝壳区。图 5.7 为渗流控制及检测系统布置图。

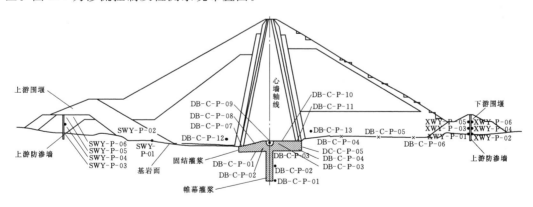

图 5.7  渗流控制及检测系统布置示意图

(2)上、下围堰防渗墙在保障大坝填筑方面发挥了重要作用,但由于岩体内存在断层、裂隙等地质缺陷,防渗墙局部也有可能存在施工质量的问题,上、下游江水均有可能渗入基坑,而且大气降雨、施工洒水、两岸山体渗水都会直接进入基坑,为确保大坝施工顺利进行,还需要在上、下游坝壳区设置排水设施,及时抽排基坑内积水。

## 5.5.2 方法

### 5.5.2.1 渗压计埋设

检测上、下游围堰防渗墙施工质量以及心墙填筑质量的重要指标就是渗透压力。为监测大坝及其基础的渗透压力情况，在上游围堰防渗墙下游侧到上游围堰防渗墙上游侧的施工区内埋设了一定数量的渗压计。大坝施工初期，上、下游水位均高于基坑水位，为监测上游防渗墙的防渗效果，在上游围堰防渗墙的下游侧以钻孔方式埋设了3支渗压计。为监测下游围堰防渗墙的防渗效果，在下游围堰防渗墙的上游侧以钻孔方式埋设了3支渗压计。每一个钻孔内的3支渗压计均位于不同高程。在分期蓄水期及运行期，心墙及位于心墙基础的混凝土垫层和灌浆帷幕组成了大坝的防渗体系。这一防渗体系在施工期也起到了防止上游坝壳区地下水向下游坝壳区渗透的作用。由于基础岩体存在裂隙或小断层，而且在基坑开挖时，这些裂隙或小断层可能因为开挖卸荷产生应力调整而扩大，为减少岩体裂隙以及垫层与基岩结合面可能形成的渗透通道，对垫层以下一定深度的岩体进行了固结灌浆。为监测固结灌浆的效果，在垫层与基岩的结合面布置了5支渗压计。防止上游江水通过基础岩体向下游渗透的一道重要的屏障是心墙基础的灌浆帷幕。为监测灌浆帷幕不同高程处的防渗效果，在灌浆帷幕下游侧不同高程以钻孔方式埋设了3支渗压计。为监测施工期上游坝壳区及下游的地下水位情况，同时也是用来监测上、下游围堰防渗墙的防渗效果，在上游坝壳区及下游坝壳区的基岩面上分别埋设了2~3个渗压计。

### 5.5.2.2 防渗墙防渗效果分析

上游围堰防渗墙。上游围堰的防渗效果，可以通过上游围堰防渗墙下游侧到心墙之间的上游坝壳区基础渗压计的监测成果来检验。上游坝壳区的地下水，主要来自大气降雨、上游渗透水以及施工洒水。在旱季，地下水主要来自上游渗透水以及施工洒水。为保证施工的正常进行，在坝壳区靠心墙部位设置了地下水抽排系统。随着大坝坝体填筑升高，抽排系统也不断上升。当心墙填筑高程高于上游防渗墙顶高程时，抽排系统也就完成了使命。在上游坝壳区埋设了4支渗压计，基本上位于同一断面。2008年5月24日及2010年1月15日测得上游水位和4支渗压计渗压测值折算的水位见表5.5，由此绘制的水位坡降见图5.8。

表5.5 上游坝壳区不同时间渗压水位与上游水位检测情况

| 点　　名 | 测　点　距 | 上游水位/m | 渗压水位/m |
|---|---|---|---|
| 上游水位 | 上围堰轴线上游52m以上 | 611.00 | 606.00 |
| SWY - P - 03 | 上围堰轴线上游50m | 590.61 | 621.16 |
| SWY - P - 02 | 上围堰轴线下游58.5m | 584.31 | 622.73 |
| SWY - P - 01 | 上围堰轴线下游133.5m | 577.63 | — |
| DB - C - P - 12 | 上围堰轴线下游200m | 571.20 | 623.23 |

SWY - P - 03布置在混凝土防渗墙下游1m处，从2008年5月24日的水位坡降图中可以看出，上游水位与SWY - P - 03渗压水位相差较大（高出约20m），说明防渗墙防渗效果明显，较好地防止了上游江水的渗透。从表5.5和图5.8（a）中同时可以看出，从上游到下游，水位是逐渐下降的。这主要是因为地下水抽排系统位于心墙部位，因此这一部位的DB - C - P - 12渗压计的渗压水位最低。说明上游坝壳区的渗压水位是由上游围堰

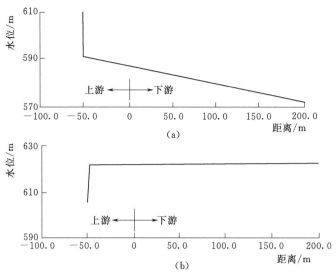

图 5.8　上游围堰及上游坝壳区渗压水位坡降

(a) 2008 年 5 月 24 日；(b) 2010 年 1 月 15 日

防渗墙的防渗效果及抽排系统控制的。

上游围堰防渗墙的墙顶高程为 624m，2009 年 10 月大坝填筑高程整体超过上游围堰防渗墙的墙顶。2009 年 12 月大坝填筑高程达到 648m。之后，上游坝壳区的地下水位不再增加，维持在 621～623m。从 2010 年 1 月 15 日的水位坡降图中可以看出，上游坝壳区地下水位高出上游水位约 15m，同样说明了上游围堰防渗墙的良好防渗效果。当上游坝壳区地下水位低于 621m 时，上游围堰防渗墙有效地阻止了坝壳区地下水向上游的反渗。当上游坝壳区地下水位高于 621m 时，高出这一高程的地下水则通过上游防渗墙顶部向上游反渗出去。从表 5.5 和图 5.8 (b) 中还可以看出，越靠近上游，渗压水位越低，越靠近下游，渗压水位越高，但各点的渗压水位差别不大，说明坝壳区地下水是自然向上游流动的。

综上所述，上游围堰防渗墙高程 621.00m 以下的防渗效果良好，保证了施工初期的施工安全。

下游围堰防渗墙。下游围堰的防渗效果，是通过下游围堰防渗墙上游侧到心墙之间的下游坝壳区基础渗压计的监测成果来检验的。下游坝壳区的地下水，同样主要来自大气降雨、下游渗透水以及施工洒水。表 5.6 为下游坝壳区 2010 年 1 月 15 日的渗压计观测成果。

表 5.6　　　　　　　　　下游坝壳区渗压水位与上游水位监测情况

| 点　名 | 测 点 距 | 水位/m |
|---|---|---|
| 下游水位 | | 600.5 |
| XWY - P - 03 | 下有围堰防渗墙上游侧 | 603.1 |
| DB - C - P - 06 | 坝轴线下游 307m | 602.2 |
| DB - C - P - 05 | 坝轴线下游 198m | 602.3 |
| DB - C - P - 04 | 坝轴线下游 150m | 602.5 |
| DB - C - P - 13 | 坝轴线下游 85m | 603.6 |

注　观测时间为 2010 年 1 月 15 日。

从表 5.6 可以看出，下游坝壳区地下水位略高出下游水位约 3m，同样说明了下游围堰防渗墙的良好防渗效果。当下游坝壳区地下水位低于 602m 时，下游围堰防渗墙有效地阻止了坝壳区地下水向下游的渗透。当下游坝壳区地下水位高于 602m 时，高出这一高程的地下水，则通过下游防渗墙顶部向下游渗透出去。据此可以判定下游围堰防渗墙高程 602m 以下的防渗效果良好。下游围堰防渗墙有效防渗高程高于游水位，从而保证了施工初期的施工安全。

### 5.5.2.3 固结灌浆及帷幕灌浆效果分析

为更好地阻止上游库水向下游的渗透，以保证心墙的安全，对基础岩体进行了帷幕灌浆，在基础岩体和混凝土垫层之间进行了固结灌浆。固结灌浆和帷幕灌浆的防渗效果，可以通过位于基岩钻孔内的渗压计及位于基础岩体和混凝土垫层之间的渗压计的监测成果来检验。这里以位于河床中心的 C 断面的渗压计监测成果加以分析。

C 断面垫层混凝土和大坝基础交界处的伸缩缝上，安装有 5 支渗压计，渗压计于 2008 年 10 月底埋设并取得基准值，截至 2009 年年底，最大渗压水位为 612.95m。3 支基岩钻孔渗压计的渗压水位均在 600m 左右。各点的安装桩号、高程及各渗压水位见表 5.7。

表 5.7                                      C 断面垫层渗压水位

| 测点编号 | 桩号 | 埋设高程/m | 水头/m | 渗压水位/m |
|---|---|---|---|---|
| DC－C－P－01 | 0－25.4 | 565.998 | 46.95 | 612.95 |
| DC－C－P－02 | 0－5.4 | 567.713 | 32.43 | 600.14 |
| DC－C－P－03 | 0+5.4 | 569.960 | 25.81 | 595.77 |
| DC－C－P－04 | 0+25.4 | 570.043 | 29.70 | 599.74 |
| DC－C－P－05 | 0+50.9 | 569.705 | 34.48 | 604.19 |

从渗压计的分布及渗压水位的对比情况分析，可以看出渗透压力在廊道处渗压水位最低，越往上游或越往下游渗压水位越高。从各渗压计的量值来看，靠近上游的 DC－C－P－01 渗压计的渗压水位低于上游坝壳区的地下水位。靠近下游的 DC－C－P－05 渗压计的渗压水位与下游坝壳区的地下水位相当，而中间靠廊道部位的渗压计因受灌浆廊道内排水通畅的影响，渗压水位比上、下游两端均低。这一量值分布规律表明，固结灌浆和帷幕灌浆的防渗效果良好，同时也说明灌浆廊道对降低垫层以下渗透压力具有一定的作用。

### 5.5.2.4 黏土心墙内部渗压成果分析

在黏土心墙内部不同高程埋设了渗压计，以监测心墙内部的渗压状况。C 断面高程 626.00m 的渗压监测成果，可以粗略描述心墙内部的渗压分布状况。在心墙区 626.00m 高程共埋设了 5 支渗压计，埋设部位及监测成果见表 5.8。从表中可以看出，除 DB－C－P－18 点外，其余各测点的渗压水位均超过 660.00m。DB－C－P－18 点接近下游坝壳区，该部位的渗压水位与下游坝壳区的地下水位基本相当，而该渗压计的埋设高程高出了下游坝壳区地下水位 20 多米，故渗透压力为零。

| 表 5.8 | C 断面心墙内高程 626.1m 渗压水位对比 | | |
|---|---|---|---|
| 测点编号 | 测点部位 | 渗透压力/MPa | 渗压水位/m |
| DB-C-P-14 | 坝轴线上游 45.88m | 0.3423 | 661.03 |
| DB-C-P-15 | 坝轴线上游 22.5m | 0.4143 | 668.37 |
| DB-C-P-16 | 坝轴线上 | 0.3440 | 661.20 |
| DB-C-P-17 | 坝轴线下游 22.5m | 0.3696 | 663.82 |
| DB-C-P-18 | 坝轴线下游 46.88m | 0 | — |

注　2010 年 2 月 1 日观测结果。

从以上监测数据对比看，由渗透压力折算的水位已经接近填筑高程，远远高出上下游水位以及上下游坝壳区的地下水位。表面上看，这与现实情况不符。但从其他类似水电工程心墙内的渗压监测成果来看，均存在这一现象，即心墙内的渗压成果折算的水位普遍偏高。从 DB-C-P-14 渗压计渗压水位的变化过程来看，渗压与心墙填筑高程密切相关，见图 5.9。这说明心墙内部的渗压测值变化并没有受上下游坝壳区地下水位的影响，而主要是受心墙填筑高程的影响。

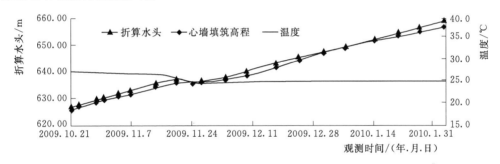

图 5.9　DB-C-P-14 渗压水头与心墙填筑高程对比

### 5.5.3　效果

大坝初期施工中的基坑防渗，采用了由上、下游围堰防渗墙及掺砾黏土心墙（包括灌浆帷幕）组成渗控系统的实施方案。从各部位渗压监测结果分析，各项施工中的防渗措施均达到了预期的理想效果，也表明了所布设的监测仪器分布合理、工作状态良好，保证了初期的施工安全。监测中反映出心墙内渗压值偏高的现象，经分析论证，认为是与心墙填筑高密实度有关，在受到高强度碾压之后，整个心墙就近似一个不透水的封闭体，事实充分说明了心墙的透水性很低，反映出心墙的填筑质量极高。

## 5.6　坝料搭接界面处理方法

糯扎渡心墙堆石坝由砾质土心墙区、上下游反滤料区、上下游细堆石料区、上下游粗堆石料区和上下游护坡块石区等组成。由于坝体填筑量大、施工期短、施工强度高，并且各种填筑体间搭接部位多，所以处理难度大，能否保证各填筑体按照规范及设计要求进行处理是确保坝体填筑质量的关键。

### 5.6.1 特点与难点

（1）大坝施工强度高，心墙基础处理、垫层混凝土浇筑与及心墙填筑交叉作业，施工干扰较大。

（2）坝体左、右坝肩山体陡峭，坝面填筑料种类多，料源复杂，且受填筑区技术要求限制，施工道路布置困难。

（3）填筑过程中，高级料可以侵占低级料，低级料不能侵占高级料，需采取科学合理的方法解决料源侵占问题，提高填筑效率。

### 5.6.2 方法

#### 5.6.2.1 工艺流程

填筑体搭接界面处理包括临时断面的处理、坝体分区交界面的处理、坝基及岸坡结合部位的处理和上下游坡面的处理，其工艺流程见图 5.10。

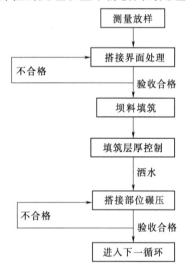

图 5.10 填筑体搭接界面处理工艺流程

#### 5.6.2.2 处理临时断面

临时断面边坡处理。由于施工强度高，且填筑初期与心墙底部基础处理及心墙填筑施工干扰较大，在粗堆石料区与细堆石料区施工时，分单元进行施工。各个填筑单元临时边坡采用台阶收坡法，即每上升一层填筑料，在其基础面的填筑层上预留足够宽度的台阶，随着填筑层的上升，形成台阶状，平均坡不陡于 1∶1.5。后续回填时采用反铲对相应填筑层的台阶松散料挖平修整，待该层铺料碾压时，可进行搭接骑缝碾压，从而保证交接面的碾压质量。

上坝路与坝体结合部位施工。由于坝体左、右坝肩山体陡峭，布置施工道路比较困难，并且坝体填筑料受料源及填筑区技术要求限制，上坝料通过上坝道路在坝区内的坝体上、下游坡面布置"之"字形临时施工道路进入施工填筑作业面。临时施工"之"字形道路在坝体设计体型线以外增填 6m，坝体占用 6m。上游坡面 670m 以下道路在分期施工完成后，对于坝体占用的 6m 面路与坝体接合部，坝区内采用坝体相同料区的石料进行分层填筑并按相同区料的填筑要求控制；增填的 6m 道路采用反铲挖除运输到指定的位置，恢复设计体形。下游坡面的"之"字形道路按设计图纸要求予以修整到 10m 宽，恢复设计体型。典型结构见图 5.11 和图 5.12。

坝内斜坡道路的处理。随着坝体临时断面上升，在坝体临时边坡必须形成临时斜坡运输道路。坝内斜坡道路按纵坡 10%～12%，路面宽度 12m 设置。道路填筑料采用相同坝区的石料，填筑质量按同品种料要求进行铺料和碾压。当坝体填筑上升覆盖坝内临时斜坡道时，采用反铲将斜坡道路两侧的松散石料挖除到同一层面上，与该层填筑料同时碾压。

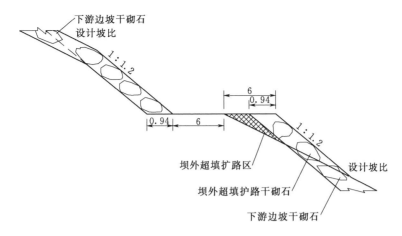

图 5.11 下游坝坡道路结构图（单位：m）

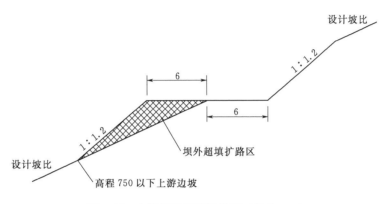

图 5.12 上游坝坡道路结构图（单位：m）

### 5.6.2.3 坝体分区交界面处理

心墙料与反滤料交界面的处理。心墙料、反滤料铺料时按测量放样线先铺填反滤料，再铺填心墙料，保证反滤料不侵占心墙料；反滤料填筑时，先铺粒径大的反滤料再铺粒径小的反滤料，保证粒径小的反滤料铺填范围满足设计宽度。在铺填粒径小的反滤料前，采用人工将大粒径区反滤料滚落在其区域内大于 20mm 的块石清理干净，两种料源在同一高程时进行同时碾压。

反滤料与细堆石料交界处理。在反滤料与细堆石料交界部位，反滤料填筑料允许侵占细堆石料，反之不允许。在交界部位，细堆石料尽量挑选粒径较小的石料进行填筑，在交界部位采用反铲与人工配合将细堆石区滚落到反滤料接触面上的大于 100mm 以上的块石清除，然后再铺填反滤料。对应的坝体反滤料区、心墙料区、细堆石料区填筑顺序形象示意见图 5.13。

细堆石料区与粗堆石料区交界面的处理。先进行两层细堆石料填筑后，再填筑一层粗堆石料。填筑的粗堆石料不允许侵占细堆石料区，并且在粗堆石填筑料与细堆石料接触的部位时先将靠近细堆石料区面上大于 40cm 的块石清除到粗堆石料区，使细堆石料区与粗堆石料区有一个平顺的过渡。

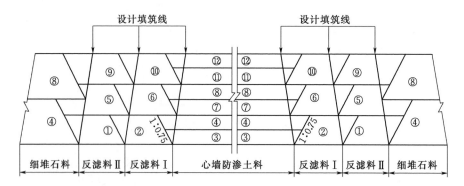

图 5.13　坝体反滤料区、心墙料区、细堆石料区填筑顺序形象示意图
（图中①、②、③、④、…表示填筑顺序）

坝体反滤料区、细堆石料区、粗堆石料区填筑顺序形象示意见图 5.14。

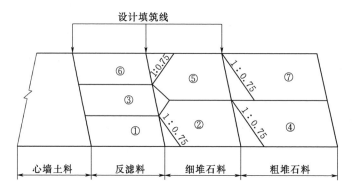

图 5.14　坝体反滤料区、细堆石料区、粗堆石料区填筑顺序形象示意图
（图中①、②、③、④、…表示填筑顺序）

高塑性黏土区与混凝土垫层接缝部位处理。高塑性黏土料区与混凝土垫层接缝部位在靠近混凝土部位采用振动夯板夯实，或者 12t 轮胎设备平行垫层混凝土方向进行碾压。

### 5.6.2.4　坝基、岸坡结合部位处理

岸坡局部的反坡，用开挖或填混凝土或浆砌石修复处理成 1∶0.3 后，再进行填筑；在岸坡 2m 宽范围内，先回填细石料，粗堆石料采用后退法先填筑细石料侧边 4～5m，然后再进行正常填筑；尽可能使振动碾沿岸坡方向碾压，碾压不到的地方，采用液压振动夯板夯实；断层、夹层处理，首先挖除其中的冲积杂物，用反滤料分层填筑保护，并用振动夯板夯实，然后再进入主堆石填筑。大坝两岸坝肩接头区必须依据设计要求铺填细堆石料，使用 25t 以上自行式振动平碾沿坝肩碾压，局部碾压不到的部位辅以手扶式振动碾或液压振动平板碾压。

### 5.6.2.5　坝体填筑上下游坡面处理

在坝体填筑靠近边坡部位每 2～4 层按设计质量标准控制碾压完成后，将反铲布置在填筑面边缘自下而上按照设计要求进行修坡，修坡料放在作业面作为下一层填筑料，留出外形边坡为块石护坡作为护坡体型。在填筑到高程 760m 时，将上游坡面高程 760m 以下

"之"字形道路挖除并按设计边坡进行修整,待坝体填筑到坝顶后再将高程 760m 以上的"之"字形道路挖除,并恢复成设计边坡。

#### 5.6.2.6　质量控制要点

填筑料在坝体的卸料堆放必须分布合理。在粗堆石料区与岸坡交接部位、粗堆石料区与细堆石料区交接部位、细堆石料区与反滤料区交接部位采用相对比较细的石料进行填筑,并采用推土机顺岸坡方向推平、碾压。在填筑期间或填筑以后,受污染的材料全部予以清除。

在推土机平料过程中,将粗堆石料搭接界面处超径石剔出推至填筑面前方 20m 之外,由装载机运至坝面上指定地点集中存放,一部分直接用于坝坡干砌石的砌筑,一部分用冲击锤解小;细堆石料搭接界面处的超径石用反铲挖除,或大锤打碎;反滤料的超径石人工捡到细堆石区。

### 5.6.3　效果

大坝填筑严格按照设计要求、施工规范及批准的施工工法和施工参数进行各种填筑体间搭接处理施工,过程中严格控制施工质量,经测量和试验检测,填筑体型和内在质量均满足设计要求,单元工程质量全部合格,大坝填筑质量良好。

## 5.7　大面积填筑测量控制方法

糯扎渡大坝月填筑量最高达 100 万 $m^3$,心墙掺砾土料月填筑最高峰约 20 万 $m^3$,平均每天填筑量达 $6500m^3$,心墙掺砾石土料填筑面积最大约为 2.5 万 $m^2$,心墙掺砾石土料的填筑质量是堆石坝发挥挡水蓄水功能的关键。朱自先等通过采用数字大坝监控系统和附加质量法等先进的质量控制技术对于糯扎渡大坝的工程填筑质量进行评估[48],取得了不错的效果。

### 5.7.1　特点与难点

(1) 大坝填筑体型大,填筑料复杂,各种料易互相侵占,控制难度大。

(2) 填筑仓面大,心墙最大面积约 2.5 万 $m^2$,沿坝轴线长 373m,上下游宽 67m,铺料厚度难以控制,测量频次高,工作量大。

(3) 坝址处于炎热带季风区,施工期晴雨间隔频繁,作业面泥水混杂经常出现。

### 5.7.2　方法

(1) 施工控制网布设。依据施工蓝图的设计指导思路,在测量中心提供的首级控制网上成梯级布设加密控制网,平面控制采取三角测量、边角组合测量、导线测量,高程控制采用三角高程测量,布设成闭合环线、附和线路或结点网。结合大坝填筑进度,分别在高程 620m、690m、760m 和 821.5m 4 个面上布设梯级网,每个梯级网在左右岸边坡各布设两个加密控制点。大坝填筑必须全天候、不间断施工,为了满足夜间、阴雨大雾天气进行设站的要求,控制点布设采取预埋棱镜,用混凝土固定在基础坚硬、不易被坏、通视条件好的地方。平面控制网建立后，定期进行复测，尤其在建网一年后或大规模开挖结束后，全面进行一次复测。若使用过程中发现控制点有位移迹象时，也应及时复测。平面控制网的观测资料，可不作椭圆投影改正。采用平面直角坐标系统在平面上直接进行计算。但观测边长应投影到测区所选定的高程 700m 基准面上。

（2）体型控制。体型控制的主要目的是控制大坝各种料的填筑边线，保证各种料填筑到位，做到不欠填、不超填，确保各种料填筑至设计体形。大坝填筑前，将设计体型外轮廓线用红白相间的油漆醒目涂刷于左、右岸坝坡上，并在高程变化每 20m 处用红旗做标志，并注以高程、桩号。施工中，上、下游边线控制采用红旗每 10m 做一边控点，并以彩带相连，以便整形、砌坡施工。

（3）料界控制。大坝填筑料源涉及掺砾土料、反滤料Ⅰ、反滤料Ⅱ、细堆石料、坝Ⅰ料、坝Ⅱ料，在坝面上各种料的分界线处，测量人员每隔 20m 跑杆放点，插不同颜色旗帜做标志，并用人工石灰洒 5cm 线相连。在左右岸心墙混凝土面上用红色自喷漆涂刷心墙各种料分界线，并每隔 1m 标注高程，所有标志牢固醒目，便于施工控制及作业。对应的实际作业图示见图 5.15 和图 5.16。

图 5.15　实际作业图示 1

图 5.16　实际作业图示 2

（4）仓号控制。根据心墙坝轴线方向距离大（平均 350m）的特性，在一个填筑料仓内采取画线分仓辅助填筑流水作业施工，采用仪器配合人工撒石灰粉的方式将分界线明显标志出来，大仓号变成小仓号，高峰期心墙填筑区划分 A、B、C、D 4 个仓号，把各种碾压设备编号分仓，快速实现上料、平料、碾压、验收作业同时进行，提高了机械使用效率，大大缩短了填筑工期。

（5）层厚控制。大坝填筑层厚控制主要在两面岸坡处和填筑面内两处进行控制。沿两面岸坡处，按层厚测量放出控制线，红油漆喷涂。在堆石料填筑面内，放置标志牌，标志牌上正反面按层厚涂抹反光漆，便于推土机操作手推平参考。标志牌用钢筋和铁皮焊接而成，宽 1m，高 1.5m。心墙掺砾土料填筑层厚设计要求不超过 27cm，测量人员全天候 24h 在坝面进行层厚控制，采用方格网法（10m×10m）精密测定铺料高程，并将铺料厚度偏差及时告知现场指挥人员，指挥人员安排机械将高于开仓高程之料推掉，低于开仓高程之料垫起。铺料完成后按方格网法进行铺料厚度复测，对不达标的层面进行平整度处理，经质检合格后方能进行下一步工序。

（6）与数字大坝 GPS 监控系统相互配合。每次填筑开仓前，测量人员将开仓高程、分仓桩号范围及时传输至数字大坝 GPS 监控系统。测量全站仪现场施测与 GPS 监控系统相互配合，实现了包括铺料位置、铺料厚度、碾压遍数、碾压机械行驶速度及激振力挡位运行工况等主要施工过程参数的实时、自动、连续、高精度监控，有效地提升了大坝填筑质量。

### 5.7.3 效果

大坝施工测量控制技术是保证坝体施工质量受控的关键环节，通过全站仪人工施测和 GPS 全天候监测相结合的方法，确保了坝体体型、料源分界、填筑层厚等重要参数满足设计要求，质量评定验收优良率达到 94% 以上。2012 年 12 月 18 日，大坝填筑提前 13d 封顶。

## 5.8 大坝施工数字化监控方法

以往国内土石坝填筑施工中一般采用人工监督运输车辆和碾压机碾压参数的方式进行现场管理，难以做到精确化质量控制，其工作效率难以适应大规模机械化施工的需要，也制约了施工进度。随着 GPS 技术、无线通信技术及计算机技术的发展，有关科研单位已将 GPS 技术与无线网络集成，构建了大坝填筑施工质量实时监控系统。该系统不仅可以实现对心墙堆石坝施工过程主要环节进行全天候、实时、自动、在线监控和反馈，使工程施工始终处于受控状态，而且能够对施工进度、质量、安全、地质、监测、灌浆及渗控工程等相关数据信息进行集成，实现数字化大坝，为糯扎渡大坝施工期质量控制和运行期反演分析提供有力保障。数字化监控管理系统在国内运用已经比较成熟，比如余学农等将施工数字化管理系统在大岗山水电站中成功运用，由此得到了三维可视化仿真、施工灌浆、混凝土温控及安全爆破监测 4 个成果实例，可为建设决策提供支持[49]；孙周辉在长河坝水电站通过采用数字化监控系统，在质量、进度控制上获得成功，不仅缩短了施工质量检查的时间，优化了碾压分区，而且提高了坝面平仓及碾压设备的使用效率与施工质量[50]，由此可见，数字化控制施工技术将对我国乃至国际超高土石坝的快速建设和高质量保证起到重要的创新推动作用[51]。

## 5.8.1 特点与难点

（1）糯扎渡300m级心墙堆石坝在小浪底大坝基础上跨越了100m台阶，超出了我国现行规范的适用范围，由于大坝特别高，填筑规模巨大，施工期及运行期沉降量大，各种填筑料施工工艺要求严格，质量要求高。

（2）坝料种类多，料源复杂，机械设备数量大，交叉作业频繁，常规质量控制手段受人为因素干扰大，管理粗放、难以实现对施工质量精确控制，GPS大坝填筑施工质量实时监控技术的应用有效提升了糯扎渡水电站心墙堆石坝大规模机械化联合施工管理与质量控制水平。

## 5.8.2 方法

"数字大坝"实时监控技术的运用，实现了高心墙堆石坝碾压质量实时监控、坝料上坝运输实时监控、PDA施工信息实时采集、土石方动态调配和进度实时控制及工程综合信息的可视化管理。系统运用GPRS无线通信技术和GSM改进控制技术，保证GPS数据传输的实时性和稳定性；采用GPRS作为无线通信手段，为PDA信息采集提供保证；以信息集成手段为基础，结合GIS技术和B/S开发模式，实现了水电大坝建设实时信息的可视化及远程决策功能。系统的功能及特点主要体现在以下几个方面。

### 5.8.2.1 系统特性

与传统水利水电工程建设监控和管理手段相比，"数字大坝"系统主要体现了数字化程度高、管理便利、操作简便及监控精度高等特点，有效地实现了对于大坝碾压质量的精确控制和各类建设信息的集成管理。

（1）自动化、精确化。"数字大坝"系统结合心墙堆石坝施工质量操作需求，构建了大坝填筑及碾压实时监控数学模型，实现了各类坝料碾压变数、碾压轨迹、行车速度、激振力及压实厚度等方面全过程，高精度，实时在线自动监控，完全改变了传统粗放的管理模式及容易受人为主观因素影响的弊端，有效地提高和控制了施工质量。

（2）实时性。运用实时监控技术，构建了上坝车辆实时监控模型，实现了料源与卸料区域的匹配，有效地控制了坝料多样性情况下料源的混淆，确保了上坝料的正确性。同时，运用PDA实时信息监控技术，实现大坝碾压质量和上坝运输车辆信息实时采集和发送，方便了现场的施工组织管理和车辆优化调度。

（3）资源配置动态化。结合高心墙堆石坝施工特点，综合考虑动态施工过程，系统建立了土石方动态调配模型，实现了满足不同材料级配要求和上坝强度情况下土石方动态配置，并实现在当前施工进度的情况下，实现施工动态分期与机械设备配套的多种方案优化及进度预测。

（4）信息可视化。系统提供了网络环境下信息可视化技术，将实时性高、工程量大、类型复杂的数据进行集成，以三维方式进行可视化表达，实现了大坝全面、有效、综合的信息管理。

#### 5.8.2.2　系统的主要构成及功能

数字大坝系统主要由总控中心站、分控站、GPS基准站及移动远端设备四部分构成。总控中心是数字大坝系统的核心,以GPS无线网络为基础,运用无线数据接受的方式,接收和发布实时数据,实现各分站与流动站数据相互反馈,并进行数据存储、分析、处理等工作。分控站是总控站的分支机构,分控站设置在施工作业现场,通过分控站可以了解现场实时施工状况和资源配置状况,以便合理地进行施工状态调节和资源优化配置。GPS基准站和流动站是为了提高系统的精度而设置,将GPS接收机安装在基准站上,接收实时传输数据,并对数据进行分析。流动站作为卫星信号接收系统,接收实时数据,采用差分GPS技术,实现将两种信息进行对比分析,寻找误差,以便实时调整观测结果,并对结果进行修正,提高精度。移动远端是一种GPS移动观测设备,其主要组成由机箱、接收天线、无线通信天线所组成,设备集成了GPS主机,无限通信天线等。主要目的是监控碾压机械的运动轨迹、碾压变数及速度,并将结果反馈到总控中心站,各部分之间实现数据传输,相互协调,糯扎渡水电站GPS数字大坝监控系统主要功能结构见图5.17。

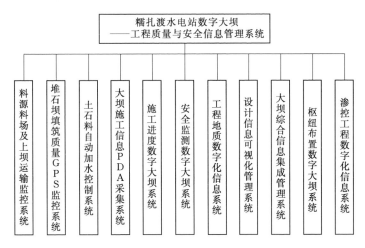

图5.17　糯扎渡水电站GPS数字大坝监控系统主要功能结构图

1．料源料场及上坝运输监控系统

于料源上坝运输自卸车上安装自动定位设备,实现对自卸车从料源点到坝面的全过程定位与卸料监控。主要实现如下功能。

（1）上坝运输车辆实时定位。车载定位终端每分钟对自卸车进行常规定位。应用GIS技术建立大坝施工区二维数字地图,根据车载定位数据与状态数据于地图上实时显示上坝运输车辆位置、车辆编号、装料点、载料性质、目的卸料分区,并以不同颜色来表示车辆空满载状态(红为满载,绿为空载)。

（2）车辆调度信息PDA录入。为现场车辆调度人员配备装有内置数据采集程序的PDA,根据现场实际情况及时更新上坝运输车辆的装料点、载料性质及目的卸料分区信息,保证系统数据的实时性。

（3）上坝运输车辆卸料点判定。自卸车于坝面卸料时,系统即时记录此时车辆所在位置为卸料位置,并将卸料点坐标对应车辆编号、卸料时间入库存储;同时,根据卸料点坐标判断其所属填筑分区，与该车辆的目的卸料分区进行比较，如不一致则在监控终端显示错误卸料报警，同时以短信形式发送至现场施工管理人员手持 PDA 上。

（4）上坝强度统计。按照卸料记录对应车辆额定装载方量对不同填筑分区、不同料源分时段进行上坝强度统计。

（5）上坝道路行车密度统计。根据车辆监控数据，统计各施工期内上坝路口的行车密度，并分析车辆排队情况。

2. 堆石坝碾压质量 GPS 监控系统

在碾压机械上安装高精度自动定位装置与激振力状态监测装置，实现对于碾压机械碾压作业过程中各项碾压控制参数的实时监测与反馈控制。主要实现如下功能。

碾压机机载 GPS 设备与激振力监测设备对碾压机进行三维定位与振动状态监测，并将监测数据发送至监控中心根据监测数据实时动态绘制碾压机行进轨迹，根据碾压轨迹自动计算碾压遍数，并在位于监控中心的监控客户端坝面施工数字地图上实时显示碾压轨迹、行进速度、激振力状态与任意位置的碾压遍数统计及监控。动态计算大坝各区各层填筑料的压实厚度，实时绘制碾压高程与压实厚度分布图形。

将上述数据自动写入数据库，以备后续应用分析。根据自动监测的施工数据，对大坝碾压过程进行实时监控。当填筑过程中的压实厚度超过规定，或有超压、漏碾、超速、激振力不达标情况发生时，能够自动醒目地提示施工管理人员和质量监管人员，并以短信形式进行报警，以便及时进行现场调整，使碾压质量在整个施工过程中始终处于受控状态。收面后即时输出监控结果图形报告，作为工程竣工验收的补充资料。

3. 堆石料自动加水控制系统

为有效保证堆石料运输车辆的加水量，避免人工操作的误差以及常规加水量监控的局限性，集成无线射频技术、自动控制技术和无线通信技术，建设一套堆石料运输车辆加水量全天候、远程、自动监控系统，以实现按车按量精细监控，确保加水量满足设定的标准要求。该系统可实现如下功能：满足堆石料运输车辆加水量 24h 连续监控的需要。车辆驶入加水区域后，自动读取加水车辆的信息，如车辆编号、型号、应加水量、应加水时间、载重量等。采用红黄绿信号等自动提示车辆加水状态。车辆驶入加水区域后，系统自动打开加水管道阀门，并在达到该车应加水量后自动关闭阀门；同时，信号灯提示车辆可驶离。将每台运输车的到达与离开时间（由此计算实际加水时间和实际加水量）、车辆编号等信息自动发送到总控中心，评判该车加水量是否达标；若不达标，通过现场监理分控站的电脑和监理、施工人员的 PDA 手机进行报警。按期统计汇总运输车辆的加水情况，形成报表上报相关部门。

4. 大坝施工信息 PDA 采集系统

大体积填筑体施工质量控制不能单纯依靠实时监控系统，实际施工中对于一些施工数据的采集，还必须辅以填筑面人工检测、巡视检查等手段。现场施工管理人员通过手持具有无线通信功能的 PDA，实现现场数据的采集。系统主要实现如下功能：现场试验数据（试坑试验）与现场照片的 PDA 采集，包括整个施工期内的所有试坑信息（包括监理、施工单位、业主三方数据）。坝料、料场、运输车辆等信息的 PDA 采集。现场采集与分析数据通过 PDA 无线传输至系统中心数据库，以备后续应用。对于相对固定的信息通过

PC 输入，PDA 主要采集施工过程中的临时变动数据。实时接收各监控系统的报警信息，准确提示施工管理和监理人员，以便他们及时指示返工或调整，使大坝填筑质量在整个施工过程中始终处于受控状态。

5. 数据库的录入更新

施工进度数字化信息系统主要实现以下功能：大坝施工过程的三维动态可视化仿真。根据设计的进度方案及资源设备的配置情况，采用仿真的手段，实现大坝施工进度的三维动态可视化，即计划进度，并分析土石方动态平衡。实时仿真预测将来施工进度。针对施工实际进程和资源配置情况等施工条件，实时仿真预测将来施工进度，为大坝施工进度的实时控制以及施工机械设备的优化配置决策提供依据。工程实际进度信息的采集与可视化。根据实际施工进度，采集相关进度信息（如大坝各区施工高程、工作量等）建立工程实际施工进度的三维动态信息模型，以供后续查询与分析。

安全监测数字化信息系统主要功能为：定期录入水电站大坝安全监测标数据，将监测结果数据存入安全监测数字大坝系统数据库，以备查询、分析之用；通过数据接口以及访问中心数据库，实现对大坝变形、沉降、水平位移、渗流、渗压、应力应变、地震、水温、水位等安全监测信息分时间、分空间、分类别的查询和浏览；将监测数据信息进行可视化处理，通过图形或报表的形式（三维或二维）展示出来，如测值各分量变化过程、趋势图、变化速率图以及相应的空间分布和时间分布图等；并且可以结合大坝三维模型，利用 GIS 技术，把数据进行空间的三维可视化，包括工程结构、监测系统仪器布置图、变形、应力、渗流等监测量及其统计特征值与时空分布的可视化，便于监测数据直观分析；通过对数据库中数据的调用，根据监测项目和部位的不同，自动生成工程安全状况的报表（如 doc 格式、Excel 格式）；根据选择的需要统计的监测数据（反映监测部位和监测项目），调用数据库数据，实现对监测点观测值的统计分析，包括数据特征值统计，对部分特征信息进行空间分布对比分析。统计分析的结果存放于中心数据库中，以备下次调用；提供在一定权限下对数据进行修改、保存、删除的编辑功能；可以将任意时间段的数据以及系统信息（包括测点属性、系统中使用的参数输出模板、设置等）备份出来，在系统需要时还原进系统（如恢复系统等）。

工程地质数字化信息系统主要实现以下功能：工程地质（坝区、枢纽、料场渣场）三维统一模型的动态反馈重建；工程岩体质量分级三维模型的动态重建；大坝工程地质三维分析与优化调整；工程地质信息的可视化动态管理与查询；工程地质分析成果的输出；建设期工程地质信息的动态更新及实时分析。

设计信息可视化管理系统主要实现以下功能：大坝形体三维建模（含坝体内部构造及布置）；坝基开挖三维建模与实现；大坝设计信息数据库建立与可视化查询。

大坝综合信息集成管理系统主要功能为：建立地形、水文、地质、枢纽布置以及大坝设计、施工、运行等综合信息数据库和图形库，并设立信息动态更新机制，实现工程信息的综合集成、动态可视化管理（查询、分析）。

枢纽布置数字化信息系统主要实现以下功能：工程施工总布置三维动态可视化分析；在对工程施工场地布置、道路交通、枢纽布置、地形地貌、水文地质情况等数字化基础上，建立水电站施工总布置三维动态仿真模型（含地上枢纽建筑物及地下厂房洞室群），为工程施工总布置分析提供一个直观的平台；坝区枢纽布置的交互式仿真场景建模；利用虚拟现实技术、计算机仿真技术，构建大坝三维虚拟场景，并实现交互漫游与操纵，为观察大坝细部设计和枢纽布置效果提供逼真的交互式平台。

渗控工程数字化信息系统主要实现以下功能：建立基础开挖面、混凝土垫层、固结灌浆孔布置、帷幕灌浆孔以及灌浆廊道布置等三维模型；建立基础灌浆与渗控工程数据库，实现渗控工程信息的动态录入与管理维护；建立三维模型与数据库信息的一一对应关系，实现灌浆与渗控工程动态信息的可视化查询。

#### 5.8.2.3 数字大坝监控系统应用效果分析

糯扎渡大坝从开工至 2012 年 12 月 18 日填筑到顶，数字大坝监控系统主要对上坝料运输车辆及大坝填筑质量实施了监控。

上坝料运输车辆监控包括：①有效地进行了上坝料运输车次统计及计算填筑方量；②监控并统计上坝公路行车密度；③监控并统计车辆卸料错误。由于实施了有效地监控，在大坝填筑施工过程中未发生错误卸料现象。

大坝填筑质量主要是通过对碾压机行驶速度（超速报警）、激振力（低频高振、挡位监控）、压实厚度、碾压遍数及碾压遍数达标率等施工参数的监控来实施大坝填筑质量的控制。开工以来对于各种坝料，共计 7973 个仓面实施了监控。

其中数字大坝系统共监控发现碾压机行驶超速 4252 次，平均每台班超速约 0.1 次；共监控发现碾压机振动状态不达标为 242 次，平均每台班振动不达标约 0.02 次。

对心墙区掺砾石土料 3347 个仓面压实厚度（层厚）的监控资料表明，所有仓面的平均压实厚度为 0.24m。满足不大于 27cm 的设计要求。

各种坝料碾压遍数及达标率监控成果及分析详见表 5.9。

表 5.9                  不同部位坝料碾压合格情况统计表

| 坝料部位 | 设计遍数 | 设计碾压合格率/% | | | （设计遍数-2）碾压合格率/% | | | 结果 |
| --- | --- | --- | --- | --- | --- | --- | --- | --- |
| | | 最高 | 最低 | 平均 | 最高 | 最低 | 平均 | |
| 上下游坝壳区粗堆石料 | 8 | 100 | 90 | 96.55 | 100 | 92.48 | 99.28 | 合格 |
| 上下游细堆石料 | 6 | 99.92 | 91.25 | 97.46 | 100 | 96.15 | 98.27 | 合格 |
| 上下游反滤料 | 6 | 99.93 | 92.73 | 96.33 | 100 | 93.99 | 98.98 | 合格 |
| 心墙掺砾石土料 | 10 | 99.89 | 90.20 | 97.24 | 100 | 92.95 | 99.57 | 合格 |

### 5.8.3 效果

GPS 监控技术在糯扎渡水电站大坝填筑施工过程中的成功应用，是同类型工程施工管理水平的一大创新和进步，提高了堆石坝施工的程序化、精细化、标准化控制水平。通过对大坝填筑主要环节的全天候、实时、自动、在线监测和反馈控制（包括碾压遍数、铺料厚度、碾压机械行走速度、激振力、料源卸料匹配、上坝强度、行车密度等监控），以及工程综合信息的集成化管理，实现了施工参数的量化、精确化控制，保证了施工质量，使大坝施工质量始终处于受控状态，因而提高了施工过程的质量监控水平和效率，尤其是为我国 300m 级超高型土石坝建设质量的高标准、严要求控制提供有力的技术保障。同时，作为现有常规堆石坝施工质量控制手段的有益补充，该系统建立了以实时监控技术为核心的"监测—反馈—处理"的施工质量监控体系，并将监控成果报告纳入单元验收环节，为心墙堆石坝施工质量的高要求控制提供了新的途径，实现了工程的创新化、精细化管理，为打造优质精品工程提供了强有力的技术支持。填筑至今，心墙最大沉降量约为4305mm，约占最大填筑高度的 1.65%，小于安全监控预警值，与同类工程总体相当；坝后量水堰实测渗流量在 5.42L/s 左右，渗流量小于安全监控预警值，渗流量较小；表明大坝填筑质量良好，工程安全可靠。

## 5.9　坝体填筑分期及道路规划方法

大坝填筑总工程量为 3274 万 $m^3$，其中，心墙防渗料为 465 万 $m^3$，反滤料为 202 万 $m^3$，堆石料 2607 万 $m^3$。所处地段的河谷系数小，施工条件差，上坝道路布置困难。因此，合理的坝体填筑规划及上坝道路布置是确保坝体施工的关键技术问题。在大坝道路的研究中，李彩虹结合柏叶口水库大坝的特点，有针对性的编制了道路布置原则，并进行了道路规划[52]。

### 5.9.1　特点与难点

（1）大坝所处地段的河谷系数（坝顶长比坝高）小（仅 2.3），施工条件差：两岸岸坡陡峻，上坝道路布置困难。

（2）施工工期短，工程填筑量大，施工强度高，坝料填筑种类多、料源分散。

因此，合理的坝体填筑规划及上坝运输道路的布置是确保坝体施工的关键技术问题。

### 5.9.2　方法

#### 5.9.2.1　坝体填筑分期

综合考虑心墙堆石坝施工技术的可靠性、施工工期的保证性、施工的连续性、工程提前发电的效益等技术和经济因素，将坝体填筑规划工期定为 51 个月。根据现场填筑情况，坝壳区堆石料开工时间是 2008 年 10 月 3 日，心墙掺砾土料开工时间是 2008 年 11 月 30 日。2010 年 5 月 3 日坝体填筑至高程 675m 以上，具备挡 200 年重现期洪水度汛条件，提前 28d 完成；2011 年 2 月 28 日坝体填筑至高程 720m 以上，具备 1 号～4 号导流隧洞下闸封堵条件，提前 8.5 个月完成；2012 年 5 月 31 日坝体填筑至高程 804m 以上，具备挡500 年重现期洪水度汛条件，超填 2.0m；2012 年 12 月 18 日坝体填筑至坝顶高程，达到正常挡水条件。

坝体分期填筑规划见表 5.10 及图 5.18。

#### 5.9.2.2　坝料料源规划

（1）开挖渣料利用原则。强风化花岗岩、弱风化及以下 $T_2m$、岩层用于坝体Ⅱ区堆石料；弱风化及以下花岗岩用于坝体Ⅰ区堆石料。

（2）开挖可用料料源规划。坝体填筑粗堆石料总量（含围堰部分）2574.87 万 $m^3$，其中Ⅰ区堆石料区料 2036.05 万 $m^3$，Ⅱ区堆石料区料 538.82 万 $m^3$。坝体堆石料主要利

表 5.10                                     坝 体 分 期 填 筑 规 划

| 分期 | 高程/m | 时间 | 周期/月 | 上游 I 区堆石料/万 m³ | 上游 II 区堆石料/万 m³ | 上游细堆石料/万 m³ | 反滤料/万 m³ | 心墙料/万 m³ | 下游细堆石料/万 m³ | 下游 I 区堆石料/万 m³ | 下游 II 区堆石料/万 m³ | 总填筑量/万 m³ | 平均月强度/万 m³ |
|---|---|---|---|---|---|---|---|---|---|---|---|---|---|
| I | 560~613 | 2008 年 10 月 3 日—2009 年 5 月 31 日 | 8 | 36.23 | 68.87 | 19.31 | 12.66 | 43.84 | 22.32 | 108.24 | 0.49 | 311.96 | 44.57 |
| II | 613~679 | 2009 年 6 月 1 日—2010 年 5 月 31 日 | 12 | 171.11 | 230.59 | 33.39 | 40.67 | 143.27 | 27.50 | 95.29 | 367.87 | 1109.69 | 92.47 |
| III | 679~734 | 2010 年 6 月 1 日—2011 年 5 月 31 日 | 12 | 200.36 | 174.13 | 29.47 | 58.45 | 144.85 | 34.36 | 59.98 | 311.73 | 1013.33 | 84.44 |
| IV | 734~804 | 2011 年 6 月 1 日—2012 年 5 月 31 日 | 12 | 235.59 | 30.30 | 33.78 | 74.78 | 114.91 | 33.91 | 142.24 | 102.69 | 768.20 | 64.02 |
| V | 804~821.5 | 2012 年 6 月 1 日—2012 年 12 月 31 日 | 7 | 12.35 | 0 | 1.75 | 13.41 | 18.17 | 0.11 | 18.77 | 0 | 64.56 | 9.22 |
| 合 计 | | | 51 | 655.64 | 503.89 | 117.70 | 199.97 | 465.04 | 118.20 | 424.52 | 782.78 | 3267.74 | 64.07 |

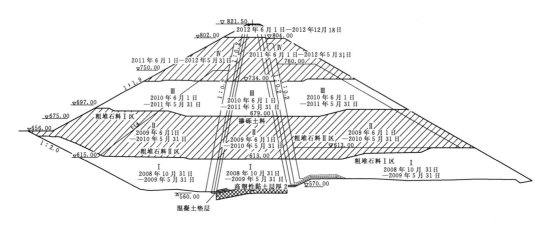

图 5.18 坝体分期填筑示意图（单位：m）

用的明挖料为溢洪道石方开挖料、电站进水口石方开挖料、左岸泄洪洞进口石方开挖料、尾水渠石方开挖料、出线场石方开挖料。

上述枢纽建筑物上石方开挖总量为 4126 万 m³，扣除分布零星、不易单独开采的部分，以及因施工分层开挖造成不同特性的岩石或岩层混杂而无法分离用作可用料的部分后，规划用于坝体填筑的开挖料 1374.69 万 m³，其中直接上坝 659.16 万 m³，另从上游白莫箐石料场开采 610.14 万 m³ 石料上坝。

大坝心墙防渗上料总量为 465 万 m³，防渗心墙采用掺砾黏土上料料源为农场土料场，碎石用白莫箐石料场石料加工。掺砾黏土采用自卸汽车运输、分层铺料立采混掺方案。

### 5.9.2.3 坝体填筑

1. 填筑强度与料源供给关系

料源供给直接关系到大坝填筑强度的高低，料源满足供给，则大坝填筑强度得到保证，若料源供不应求，则会降低施工强度，影响填筑施工进度。解决料源供应问题时，优先考虑利用建筑物开挖料，在开挖料供给不足时，由石料场开采调节，以满足大坝填筑的高强度要求。

2. 坝料上坝运输方式

采用自卸汽车直接运输上坝方式。

3. 上坝道路规划

在施工机械足够的条件下，上坝道路的布置和质量将直接影响到施工强度。坝体填筑料源分散，建筑物开挖料位于坝址左岸下游，石料场位于坝址右岸上游，勘界河存渣场位于坝址左岸上游，而火烧寨沟存渣场位于右岸下游。根据坝型和料源分布特点，坝址上、下游均布置上坝道路，进行坝体填筑施工。

上坝道路布置采用岸坡道路与坝坡斜马道相结合的方式。路面宽度按双车道设计，两岸主要上坝运输道路路面宽15m，最大纵坡控制在8%左右；其余道路路面宽度根据使用功能及运输强度分别按12m和10m设计；坝体上下游坡面的坝坡道路路面宽12m，最大纵坡控制11%以下。

(1) 右岸上游上坝道路。右岸上游上坝道路主要为高程760.695m和656m的3条经坝坡上坝的道路，主要承担白莫箐石料场、农场土料场方向围堰及坝体填筑料物的运输。

右岸上游高程656m公路。该公路承担坝体高程560~675m上游堆石区及心墙填筑，总上坝填筑量468万m³，高峰期上坝月强度53.13万m³。按45t和32t自卸汽车联合运输核算，高峰期运输强度为68辆/h（单向）。采用公路明线布置方式。混凝土路面宽15m。

右岸上游高程695m公路。该公路承担坝体高程675~760m上游堆石及心墙填筑，总上坝填筑量940.22万m³，高峰期上坝月强度64.96万m³。按45t和32t自卸汽车联合运输核算，高峰期运输强度为81辆/h（单向）。采用双线公路隧洞独立布置，以形成上坝道路单向行车运输条件。公路隧洞断面7m×7m。

右岸上游高程760m公路。该公路承担坝体高程760~812m上游堆石及心墙填筑，总上坝填筑量304.2万m³，高峰期上坝月强度46.53万m³。按45t和32t自卸汽车联合运输核算，高峰期运输强度为59辆/h（单向）。采用单线公路加单线公路隧洞布置，以形成上坝道路单向行车运输条件。单线公路路面宽7m，混凝土路面，公路隧洞断面7m×7m。

(2) 右岸下游上坝道路。右岸下游上坝道路为高程645m和715m经坝坡上坝道路上坝，主要承担火烧寨沟存渣场方向坝体填筑堆石料上坝运输。

右岸下游645m公路。该公路承担坝体高程560~705m下游堆石填筑，总上坝填筑量264.17万m³，高峰期上坝月强度19.42万m³，按45t自卸汽车运输核算，高峰期运输强度为21辆/h（单向）。同时，该公路还为围堰填筑、右岸导流洞施工、右岸泄洪洞施工和坝基开挖施工道路，经分析计算，该公路最高峰运输强度为44辆/h（单向）。采用公路明线布置，混凝土路面宽12m。

右岸下游高程715m公路。该公路承担坝体高程675~821m下游堆石填筑，总上坝填筑量672.55万m³，高峰期上坝月强度45.05万m³。按45t自卸汽车运输核算，高峰期运输强度为48.85辆/h（单向）采用单洞双向行驶布置，混凝土路面公路隧洞断面12m×7m。

（3）左岸上游上坝公路。左岸上游上坝公路主要为高程 660m 经坝坡上坝道路上坝，主要承担勘界河存渣场Ⅱ区料转运上坝运输。

该公路承担坝体高程 640～705m 下游堆石区填筑，总上坝填筑量 207.39 万 m³，高峰期上坝月强度 21.18 万 m³。按 45 自卸汽车运输核算，高峰期运输强度为 22.97 辆/h（单向）。该公路为左岸坝顶公路—上游围堰左岸堰顶 656m 公路。采用公路明线布置，混凝土路面宽 10m。

（4）左岸下游上坝公路。左岸下游上坝道路主要为高程 670m 和 625m 经坝坡上坝道路上坝，主要承担溢洪道消力池段开挖料直接上坝填筑料物运输。

左岸下游高程 670m 公路。该公路承担坝体高程 620～750m 下游堆石填筑，总上坝填筑量 452.32 万 m³，高峰期上坝月强度 24.02 万 m³。按 45t 自卸汽车运输核算，高峰期运输强度为 26.05 辆/h（单向）。该公路为消力塘出口经尾水隧洞出口高程 635m 马道至左岸下游坝肩高程（670m），主要承担尾水出口边坡开挖、消力塘坝体开挖料直接上坝、坝体填筑。采用公路明线布置，混凝土路面宽 15m。

左岸下游高程 625m 公路。该公路承担围堰、坝体高程 560～620m 下游堆石填筑，总上坝填筑量 124.07 万 m³，高峰期上坝月强度 22.32 万 m³。按 45t 自卸汽车运输核算，高峰期运输强度为 20.21 辆/h（单向）。该公路为经高程 670m 公路至左岸下游坝肩（高程 625m）。主要承担尾水出口边坡开挖、消力塘坝体开挖料直接上坝、坝体填筑。采用公路明线布置，混凝土路面宽 10m。

（5）右岸上、下游联络上坝公路。右岸下游火烧寨沟存渣场Ⅰ区堆石料需经右岸上游高程 695m 上坝道路上坝，故布置右岸上、下游联络公路，即利用右岸泄洪洞转弯段以前直段作为上坝通道，设置右岸泄洪洞岔洞，连接右岸下游高程 715m 上坝公路隧洞与右岸泄洪洞进口。

岔洞承担坝体下游高程 675～710m 堆石填筑，总上坝填筑量 139.14 万 m³，高峰期上坝月强度 21.24 万 m³。按 45t 自卸汽车运输核算，岔洞高峰期运输强度为 23.04 辆/h（单向）。岔洞隧洞断面 10m×7m。

（6）5 号导流洞临时交通通道。从 5 号导流洞至坝体上游高程 656m 平台，溢洪道消力池段开挖料经 5 号导流洞出口、5 号导流洞、5 号导流洞出口及左岸上游高程 660m 公路、上游围堰坝坡公路上坝。

5 号导流洞岔洞承担坝体高程 560～675m 上游堆石填筑，总上坝填筑量 267.36 万 m³，高峰期上坝月强度 28.96 万 m³，坝体堆石采用 45t 自卸汽车运输上坝，按 45t 自卸汽车运输核算，5 号导流洞高峰期运输强度为 31.41 辆/h（单向），5 号导流洞隧洞断面 10m×7m。

（7）上坝道路特性。根据《厂矿道路设计规范》（GB J22—1987），上坝道路参照露天矿山道路二级公路标准进行布置，为保证工程施工的顺利进行，主要采用 45t 自卸汽车运输。上坝道路特性见表 5.11，上坝道路布置见图 5.19。

### 5.9.3 效果

糯扎渡水坝体填筑施工过程中，通过对坝体分期、料源规划以及节点工期安排等因素

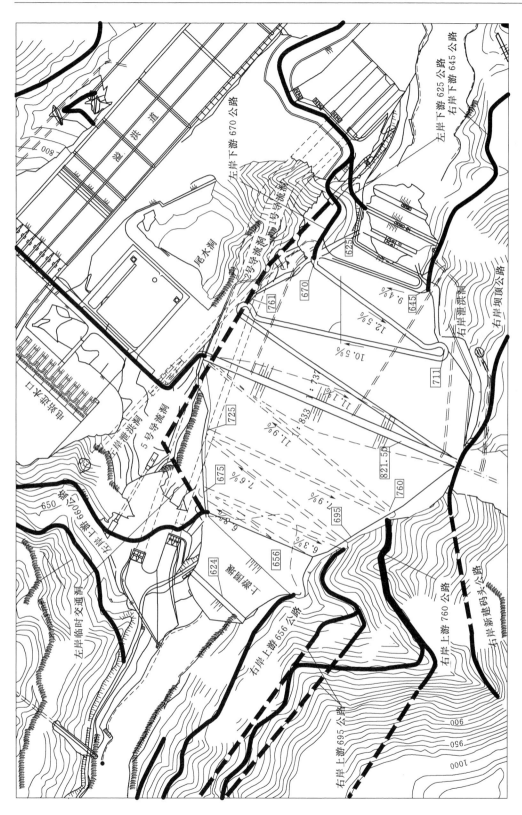

图 5.19　坝体施工上坝道路布置

认真分析研究，合理布置上坝施工道路，月高峰强度达到 120 万 $m^3$/月，为大坝提前封顶提供了可靠的保障。

表 5.11　　　　　　　　　　上 坝 道 路 特 性

| 序号 | 道 路 名 称 | | 平均坡度/% | 路面宽度/m | 明线长度/km | 隧洞 | | 道路等级 |
|---|---|---|---|---|---|---|---|---|
| | | | | | | 断面/m | 洞线长/km | |
| 1 | 右岸上游上坝公路 | 右岸上游高程656m公路 | 6.6 | 15.0 | 3.00 | | | 矿山二级 |
| | | 右岸上游高程695m公路 | 0.7 | 12.0 | 0.26 | 7.0×7.0（双洞） | 0.86 | 矿山二级 |
| | | 右岸上游高程760m公路 | 1.0 | 15.0 | 0.52 | 7.0×7.0 | 1.3 | 矿山二级 |
| | | | | 7.0 | 1.52 | | | |
| 2 | 右岸下游上坝公路 | 右岸下游高程645m公路 | 0.5 | 12.0 | 1.20 | | | |
| | | 右岸下游高程715m公路 | 3.8 | | | 10.0×7.0 | 1.20 | 矿山二级 |
| 3 | 左岸上游上坝公路 | 左岸上游高程660m公路 | | 10 | 2.36 | | | 矿山二级 |
| 4 | 左岸下游上坝公路 | 左岸下游高程670m公路 | 4.5 | 15.0 | 1.20 | | | 矿山二级 |
| | | 左岸下游高程625m公路 | | | | | | |
| 5 | 右岸上下游联络公路 | 右岸泄洪岔洞 | 3.6% | | | 10.0×7.0 | 0.47 | |
| 6 | 左岸上下游联络公路 | 5 号导流洞 | 1.7% | | | 10.0×7.0 | 0.23 | |

## 5.10　糯扎渡水电站堆石坝大型施工机械应用与研究

糯扎渡水电站大坝施工的主要特点是度汛标准高、施工工期短、填筑方量大、料源品种多、强度高，为了实现高强度的施工，需配备先进、大容量、性能好的成套的机械施工设备。施工过程中合理安排，统一调配，确保了每台设备的完好率，从而更好地保证了大坝填筑的进度，大坝填筑进度均超合同节点工期完成。在水电项目化施工过程中，机械设备的管理成效直接影响到施工进度、质量和成本，只有不断总结、不断探索，推动设备管理向信息化、网络化、智能化和集成化的方向发展，才能充分发挥设备的使用效能，提高设备效益的最大化[53]，因而良好的资源设备，合理的规划、调控安排、设备的完好率在施工中起到了重要的作用。比如在水利机械上，姚建国等就结合糯扎渡电站高水头、特大型水轮发电机组及地下厂房的特点进行了水轮机参数选择、水轮机结构设计、辅助系统设计及地下厂房布置设计与优化，保证了工程的正常运行[54]。

## 5.10.1　特点与难点

### 5.10.1.1　大坝填筑施工强度高

大坝填筑主要施工时段为 2008 年 10 月至 2012 年 12 月，共 49.5 个月（其中心墙区每年雨季不可施工），总平均填筑强度 66.0 万 $m^3$/月，最高月平均填筑强度 86.96 万 $m^3$/月，持续时间 12 个月，最高峰值达到 120 万 $m^3$/月。

### 5.10.1.2　大坝填筑压实度标准高

（1）防渗土料。糯扎渡大坝填筑伊始，参建各方就将质量放在第一位，而作为质量的重中之重的碾压质量尤为重要，作为国内乃至世界的最高土石坝施工，没有成熟的施工经验可以给我们借鉴，而且压实度标准也没有规范，所以在确定压实度标准过程中，开始采用全料 2690kJ/$m^3$ 功能预控法检测，满足设计压实度不小于 95%；2009 年 3 月 4 日根据专家咨询意见开始采用细料（小于 20mm）595kJ/$m^3$ 功能三点快速击实法检测，$Y_s$ 不小于 96%，且 $Y_s$ 不小于 98% 的合格率不小于 90%。对压实合格面按规范要求每层均进行压实度、含水率及级配检测；掺砾土料采用细料（小于 20mm）595kJ/$m^3$ 功能三点快速击实法检测，每周进行一次全料 2690kJ/$m^3$ 功能大型击实试验，以复核掺砾土料压实度是否满足设计压实标准要求。并定期对渗透系数进行检测。从开始填筑掺砾石土料铺料厚度为 30cm，为保证 $Y_s$ 不小于 96%，且 $Y_s$ 不小于 98% 的合格率不小于 90% 的标准要求，根据专家咨询意见，2009 年 4 月 17 日心墙填筑至高程 603.23m，掺砾石土料铺料厚度按不大于 27cm，压实厚度不大于 25cm 控制。

（2）接触黏土料。接触黏土铺料厚度为 15cm，对压实合格面按规范要求每层均进行压实度、含水率检测，按 595kJ/$m^3$ 击实功，压实度不小于 95%，每层取样 3 组，保证率为 100%。监理工程师按施工单位检测组数的 10% 进行抽检，以复核施工方自检结果和压实质量，必要时进行级配检测，并定期对渗透系数进行检测。为使其铺料厚度与掺砾石土料匹配并便于施工，于 2009 年 4 月 27 日，现场填筑至高程 605.24~605.43m 时，根据现场实际施工情况接触黏土铺料厚度改为 27cm，并与掺砾石土料一块用 SANY - YZK20CT 凸块碾碾压 10 遍，经现场加密检测压实度满足设计要求后，同意使用该施工碾压参数。

（3）堆石体。堆石料压实质量主要以碾压遍数来控制，同时压实干密度及孔隙率应满足设计控制指标的要求；当记录试验检测压实孔隙率不满足设计指标要求时，应分析原因，是否由于碾压设备性能、铺料超厚、粗粒径料集中或料性改变等原因引起，采取相应的处理措施，如补压、减薄铺料厚度后补压、粗粒料挖除处理或根据料性重新测定堆石料干密度。糯扎渡堆石料压实质量按压实干密度及孔隙率指标控制，每填筑层进行一次挖坑试验检测。由于挖坑检测耗时较长，影响填筑进度，经过 2 个月的现场灌水法和附加质量法试验取样对比，附加质量法测试成果与实际的坑测成果比对结果相符，附加质量法测试结果与坑测值相比，检测密度差值最大值为 0.12g/$cm^3$，只有 3 个点的相对误差大于 5%，其余点的相对误差都小于 5%，测试的密度平均相对误差为 1.86%。2009 年 4 月 25 日统一采用了附加质量法对干密度进行检测，粗堆石料每 2000$m^2$ 一个测点，细堆石料每 500$m^2$ 一个测点，每测点仅需 20min。挖坑试验则改为每三层取样一次，如此减少了对填筑进度的影响，也保证了堆石料压实质量。

### 5.10.1.3　坝址填筑施工难度高

糯扎渡心墙堆石坝坝高 261.5m，为国内第一、世界第三，工程建设具有挑战性，大坝下游是景洪市景洪电站，再出去就是国际河流——湄公河，保证大坝填筑质量是确保大坝安全运行和施工安全防洪度汛是关键，同时坝体结构复杂，同一种高程填筑料种类多、量大、质量要求高。特别是心墙区土料受季节气候影响较大且施工质量要求更高；坝址处河谷狭窄，为稍不堆成的"V"形横向河谷，两岸高峻陡峭，两岸山高坡陡，坝基开挖完成后，右岸坡度一般为 30°～52°，下游只有 645m 和 715m 交通洞两条上坝道路，上游有高程 656m、695m 和 760m 三条上坝公路，但是作为开采料场的防渗土料距离大坝工作面较远，运距达到 11.2km。

### 5.10.1.4　数字大坝监控系统的应用

糯扎渡水电站采用数字大坝填筑质量监控系统对掺砾土料、反滤料、细堆石料、粗堆石料的施工参数进行监控堆石坝填筑碾压过程实时监控。

主要实现如下功能：实时动态监测碾压机械运行轨迹，自动监测记录碾压机械在坝面上的碾压遍数、行驶速度及振动状态，并在坝面施工数字地图上可视化显示；动态监测大坝各区各层填筑料的压实厚度；将上述动态数据自动写入数据库，以备后续应用分析；根据自动测量的施工数据，对大坝填筑过程进行实时监控。当填筑过程中的铺层厚度超过规定、或有漏碾、超速、激振力不达标时，能够自动醒目地提示施工管理人员和质量监理人员，以便他们及时指示返工或调整，使施工质量在整个施工过程中始终处于受控状态；总控中心和现场分控站可对大坝坝面上运行的碾压机械进行监控。

## 5.10.2　方法

### 5.10.2.1　挖装运设备应对措施

（1）土料场开采及掺和料场。大坝填筑用的土料采自白莫菁土料场，从开采面运输至料仓进行备仓，平均运距 7km，土料开采自下而上分台阶分层进行，开挖台阶宽 20m，开挖边坡 1∶1.19。采用平采与立采相结合，开采时，分层厚度约为 5m，考虑到土料在平面和立面上的不均匀性，采取立采方案，由各采区自下而上垂直坡面顺序立体开采，开采台阶面的高度 9～10m。料场开采初期，先以 2.5m³ 反铲后退法开挖为主，待形成立采工作面后，再以 4m³ 正铲立面开挖装车为主，配备 2.0m³ 反铲对边角和底部进行清理挖装，20t 自卸汽车运输到掺和场，辅以高塑性黏土开采区坡积层高塑性接触黏土开采以 2.0m³ 反铲后退法开采，配 20t 自卸汽车运输。

大坝填筑所用的主要掺砾石土料均在掺砾石料场摊铺及掺拌。土料从农场土料场开采，砾石料从砾石料加工系统生产，然后安排柳工 856 装载机装车运输至备料仓进行备料掺拌施工，每个料仓备料完成后，在挖装运输上坝前，必须用 4～6m³ 正铲 6 台进行混合掺拌均匀，平时施工时基本安排 4 台正铲进行施工，便可保证施工强度，另外两台设备进行维护保养，及时地进行轮换，从而更好地保证施工强度与设备完好率。掺拌方法为：正铲从底部自下而上装料，斗举到空中把料自然抛落，重复做 3 次。掺拌合格的料采用的正铲装料，由 32t 自卸汽车运输至填筑作业面。对应的土料场开采及掺和料场主要机械配置

第 5 章　坝体填筑

见表 5.12。

表 5.12　　　　　　　　　　土料场开采及掺和料场主要机械配置

| 序号 | 机械设备名称 | 规格型号 | 单位 | 数量 | 备　注 |
|---|---|---|---|---|---|
| 1 | 液压正铲 | 4.0m³ | 台 | 3 | 土料开采 |
| 2 | 液压反铲 | 2.0m³ | 台 | 2 | |
| 3 | 长臂反铲 | 1.0m³ | 台 | 1 | |
| 4 | 装载机 | 3.0m³ | 台 | 1 | 道路维护 |
| 5 | 推土机 | 165kW | 台 | 3 | 剥离，平仓 |
| 6 | 自卸汽车 | 20t/32t | 辆 | 55 | 备用 5 台 |
| 7 | 洒水车 | WX150X | 辆 | | |
| 8 | 油罐车 | HQ631L | 辆 | 1 | |
| 9 | 液压正铲 | Pc1000-6m³ | 台 | 6 | 掺拌、装料 |

（2）白莫箐石料场主要供应坝体细堆石料和掺和料场加工系统生产所需的毛料，为满足大坝填筑细堆石、掺和料场毛料高峰期的要求，配备了 VOLVO460-2.5m³ 液压反铲 4 台、CAT330C-1.6m³ 反铲 2 台，白莫箐石料场Ⅰ区平均开采强度 14.27 万 m³/月，最大开采强度 18.53 万 m³/月，发生在大坝Ⅲ、Ⅳ期填筑时段 2009 年 9 月 16 日—2010 年 5 月 31 日及 2010 年 9 月 16 日—2011 年 5 月 31 日。依据该强度，此时Ⅰ区已开挖至高程 851m，工作面约 6.5 万 m²，长度方向近 400m，宽度方向近 150m，沿长度方向考虑布置 6 个工作面，平均每天有 3 个工作面能同时出料，每个工作面 3000m³，则每天出料 9000m³，按每月 25d 工作日计算，每月开采高峰强度为 22.5 万 m³，设备配置和工作面布置可满足强度要求。

**5.10.2.2　铺碾设备应对措施**

心墙区填筑湿地推土机平料时，根据铺土厚度计算出每车土料铺开的面积，以便在填筑底面上均匀卸料，随卸随平，并用插钎法配合测量随时检查。对超厚部位采用人工配合推土机做减薄处理。对岸坡接头和各品种料交界处，则辅以人工铺料。铺料完成后检查达到铺料厚度后进行碾压。碾压设备主要采用 5 台 20t 凸块振动碾同时施工，平行坝轴线方向进行，行走速度控制在 3km/h 以内。基本在两班正常施工情况下，可满足高强度的施工要求。反滤料施工采用 32t 自卸车用后退法卸料，推土机平整，26t 自行式平碾或 20t 拖式振动碾平行坝轴线方向碾压。岸坡自行碾碾压不到的部位，采用液压振动平板压实。

堆石料取自上、下游的存料场和消力塘以及白莫箐石料场，分单元进行填筑，单元面积 3000～5000m²，由 32～42t 自卸汽车运输上坝，采用进占法铺料，推土机铺料平整，26t 振动平碾和 20t 拖式振动碾平行坝轴线方向碾压，碾压遍数为 8 遍。

细堆石料由 32～42t 自卸汽车由白莫箐石料场运输上坝采用后退法卸料，推土机平整，洒水不少于 6%（体积比），26t 振动平碾和 20t 拖式振动碾平行坝轴线进行碾压，碾压遍数为 6 遍，对于靠近岸坡和建筑物附近边角部位大型设备无法进行碾压的部位采用液压振动板夯实。

185

根据土料场开采强度、掺砾场掺和强度及大坝填筑强度进行设备配置，所配置资源满足大坝填筑高峰强度的需求。坝面填筑主要施工机械设备见表5.13。

表 5.13　　　　　　　　　　　　坝面填筑主要施工机械设备

| 序号 | 设备名称 | 型号规格 | 单位 | 数量 | 备　　注 |
|---|---|---|---|---|---|
| 1 | 液压反铲 | 1.2m³ | 台 | 5 | 主要进行平料，修边 |
| 2 | 装载机 | 5.0m³ | 台 | 2 | |
| 3 | 装载机 | 3.0m³ | 台 | 3 | 道路维护 |
| 4 | 自卸汽车 | 42t | 辆 | 12 | 坝料运输 |
| 5 | 自卸汽车 | 32t | 辆 | 70 | 坝料运输 |
| 6 | 自卸汽车 | 20t | 辆 | 62 | 坝料运输 |
| 7 | 洒水车 | 20m | 辆 | 4 | 道路维护 |
| 8 | 油罐车 | HQ631L | 辆 | 3 | |
| 9 | 推土机 | 220HP | 台 | 8 | 其中湿地推土机4台、平仓 |
| 10 | 推土机 | 320HP | 台 | 4 | 平仓 |
| 11 | 自行式振动凸块碾 | SANY-YZK20C 凸轮碾 | 台 | 6 | 整机质量19800kg，额定功率133kW |
| 12 | 自行式振动碾 | SANY-26t | 台 | 3 | 振动轮宽度：2.17m，振动轮直径：1.7m；行驶速度高挡位0～10km/h，低挡位0～5km/h |
| 13 | 拖式振动碾 | 20t | 台 | 3 | |
| 14 | 自行式平碾 | 20t | 台 | 2 | |
| 15 | 手持式冲击夯 | | 台 | 6 | |

### 5.10.2.3　加水设备应对措施

糯扎渡大坝填筑伊始，为了保证大坝均匀沉降，软化岩石角磨系数，要求堆石料上坝车辆进行加水，为了避免人工操作的误差以及常规加水量监控的局限性，采用了一套先进的集成无线射频技术、自动控制技术和无线通信技术，对土石料运输车辆加水量全天候、远程、自动监控系统，以实现按车按量精细监控，确保加水量满足设定的标准要求。

因糯扎渡大坝后期坝顶长度越来越长，单一的加水点很难满足施工要求，为此专门将加水设备安装在一台20t的斯太尔车上，上、下游各一台，及时根据施工道路调整进行车辆管路调整，从而有效地保证了上坝车辆的加水时间的缩短，很好地控制了车流，保证大坝填筑的强度。

## 5.10.3　效果

糯扎渡大坝填筑通过综合利用大型机械化施工实践，曾创下国内同等坝型心墙区月填筑上升12.18m的纪录，除了科学的施工管理经验以外，还拥有合理配套的大中型机械施工设备，依靠合理的调度，细化施工工序，从而保证了流水线式的机械化施工水平。

（1）合理的施工安排，统筹管理，是做好施工的前提保证，同时注重设备的配套使用，保养及维修，是提高机械设备利用率和获得最大生产率的关键。

（2）施工过程大型机械设备的使用是保证质量、保证施工生产的关键环节。数字化大坝填筑质量监控系统的应用，其对大坝填筑碾压遍数、碾压机行驶速度、激振力以及压实厚度的实时监控，是人力监控所不及的，为大坝填筑压实质量起到了的保证作用，但人力旁站监督也是不可或缺的，仍须发现细节问题和及时协调解决问题。

## 5.11　数学模型在调配平衡心墙堆石坝坝料中的应用

糯扎渡水电站大坝填筑料分为Ⅰ区堆石料、Ⅱ区堆石料，包括粗堆石料Ⅰ、粗堆石料Ⅱ、细堆石料、反滤料、掺砾土料、块石护坡等，填筑总量达 3432 万 m³，填筑料需求量巨大，合理进行土石方调配平衡，对工程顺利进行具有重要的决定作用。在大坝的研究中，数学模型的应用非常广泛，如张进平等通过建立坝体位移分布数学模型的方法对大坝实现了安全监测[55]，陈维江通过遗传回归模型对于大坝进行模拟，对于工程实现了拟合[56]。通过分析糯扎渡心墙堆石坝土石方填筑和开挖工程之间的料源平衡和进度协调的关系，采用线性规划方法，结合施工中的实际因素，建立土石方调配优化数学模型。通过实际运用，达到了节约资源、节省费用、合理快速施工的目的。

### 5.11.1　特点与难点

土石方调配平衡系统受土石方开挖进度、填筑进度、渣场规划、场地平整规划、出渣道路设计及施工道路设计等多种条件制约，且各种影响因素之间存在着明显的线性关系；通过分析糯扎渡心墙堆石坝土石方填筑和开挖工程之间的料源平衡和进度协调的关系，如何采用线性规划方法，结合施工中的实际因素，建立土石方调配优化数学模型。

### 5.11.2　方法

#### 5.11.2.1　调配原则

（1）满足对填料的基本技术要求，主要是料性要求。

（2）填料直接上坝量最高，减少料场开采和中转场存渣量。

（3）就近开采、弃料、转运，高料高用、低料低用，综合运量较小、运距较短、费用最低。

（4）土石方挖方按天然密实体积计算，填筑方按压（夯）实后的体积计算。

（5）所有的开挖、运输、填筑及中转等必须考虑相应的损失系数。

#### 5.11.2.2　挖填进度计划

糯扎渡水电站坝体堆石料主要利用溢洪道石方开挖料、电站进水口石方开挖料、左岸泄洪洞进口石方开挖料、尾水渠石方开挖料等。根据电站总体规划，上述枢纽建筑物土石方开挖总量约 4100 万 m³，在大坝标开工前，火烧寨沟Ⅰ区料中转场、火烧寨沟Ⅱ区料中转场、勘界河Ⅱ区料中转场和白莫箐石料场的存量分别为 600 万 m³、600 万 m³、600 万 m³ 和 400 万 m³（自然方），在满足进度要求的前提下，为了增加直接上坝量，制定了表 5.14 和表 5.15 所示的开挖与填筑计划（所有开挖料均为有效利用量，不考虑弃渣）。

表 5.14                溢洪道消力塘及出口段高程 740m 以下土石方开挖计划        单位：万 m³

| 填 料 | Ⅰ期 | Ⅱ期 | Ⅲ期 | Ⅳ期 | Ⅴ期 | Ⅵ期 | Ⅶ期 | Ⅷ期 | Ⅸ期 | Ⅹ期 | 小计 |
|---|---|---|---|---|---|---|---|---|---|---|---|
| 粗堆石料Ⅰ | 34.75 | 106.41 | 104.52 | 125.68 | 175.82 | 267.78 | 252.08 | 0 | 0 | 0 | 1067.04 |
| 粗堆石料Ⅱ | 98.18 | 75.59 | 31.52 | 43.19 | 61.37 | 161.72 | 284.46 | 0 | 0 | 0 | 756.03 |

表 5.15                              坝 体 填 筑 进 度 计 划                       单位：万 m³

| 填 料 | Ⅰ期 | Ⅱ期 | Ⅲ期 | Ⅳ期 | Ⅴ期 | Ⅵ期 | Ⅶ期 | Ⅷ期 | Ⅸ期 | Ⅹ期 | 小计 |
|---|---|---|---|---|---|---|---|---|---|---|---|
| 粗堆石料Ⅰ | 83.48 | 119.82 | 79.48 | 136.52 | 18.21 | 121.19 | 134.48 | 250.04 | 319.16 | 27.66 | 1290.04 |
| 粗堆石料Ⅱ | 0 | 45.72 | 76.59 | 79.47 | 399.32 | 161.72 | 284.46 | 104.71 | 34.62 | 0 | 1186.61 |

### 5.11.2.3 数学模型

糯扎渡心墙堆石坝土石方调配问题就是在已知土石方开挖进度计划和坝体填筑进度计划的条件下合理调配各料源材料的上坝数量，以达到节省资源、节省费用的目的。坝体挖填料物平衡是典型的线性规划中的物资调运问题，将物资从 $m$ 个仓库料源分 $n$ 期运到不同的目的地，其中第 $i$ 个料源的存量为 $a_i$ $(i=1,\cdots,m)$，第 $j$ 期的开挖量和需求量分别为 $b_j$ 和 $d_j$ $(j=1,\cdots,n)$，在第 $j$ 期从第 $i$ 个料源到目的地的综合运输单价和运输量分别为 $c_{ij}$ 和 $x_{ij}$。模型可表示为目标函数：

$$\min F(x_{ij}) = \sum_{i=1}^{m} \sum_{j=1}^{n} c_{ij} x_{ij} \tag{5.1}$$

约束条件：

$$\sum_{j=1}^{n} x_{ij} = a_i + \sum_{j=1}^{n} b_j \quad (i=1,2,\cdots,m) \tag{5.2}$$

（1）运量不能超过储量。

$$\sum_{i=1}^{m} x_{ij} = d_j \quad (j=1,2,\cdots,n) \tag{5.3}$$

（2）运量要求等于需求量。

目标函数中的 $c_{ij}$ 是与决策变量 $x_{ij}$ 对应的综合单价，包括各料场采、翻、挖，运等环节所发生的费用，同时由于工程持续时间较长，计算综合单价时要考虑物价波动因素的影响。

### 5.11.2.4 调配结果及分析

（1）土石方调配结果。由于糯扎渡工程提供细堆石料、反滤料、砾石的料源只有白莫箐石料场，而提供土料的料源只有农田，所以土石方的现场动态调配只针对粗堆石料Ⅰ、Ⅱ，块石护坡包含在粗堆石料Ⅰ中。针对上面的数学模型，代入糯扎渡心墙堆石坝土石方调配项目的原始条件，利用 MATLAB 软件进行求解，计算得出调配结果如下。由表5.16 和表 5.17 可以看出此次关于粗堆石料Ⅰ和粗堆石料Ⅱ的调配结构能够满足各分期内开挖和填筑进度计划的要求，以及料场存量的限制，达到节省费用的目的。

表 5.16 粗堆石料 I 调配结果 单位：m³

| 料 场 | Ⅰ期 | Ⅱ期 | Ⅲ期 | Ⅳ期 | Ⅴ期 | Ⅵ期 | Ⅶ期 | Ⅷ期 | Ⅸ期 | Ⅹ期 | 小计 |
|---|---|---|---|---|---|---|---|---|---|---|---|
| 溢洪道消力塘 | 32.93 | 111.47 | 79.48 | 136.52 | 18.21 | 121.19 | 19.43 | 0 | 0 | 0 | 519.23 |
| 火烧寨沟Ⅰ区料中转站 | 50.55 | 0 | 0 | 0 | 0 | 0 | 0 | 250.04 | 156.16 | 27.66 | 484.41 |
| 白莫箐石料场 | 0 | 8.35 | 0 | 0 | 0 | 0 | 115.05 | 0 | 163 | 0 | 286.4 |
| 小计 | 83.48 | 119.82 | 79.48 | 136.52 | 18.21 | 121.19 | 134.48 | 250.04 | 319.16 | 27.66 | 1290.04 |

表 5.17 粗堆石料 Ⅱ 调配结果 单位：m³

| 料 场 | Ⅰ期 | Ⅱ期 | Ⅲ期 | Ⅳ期 | Ⅴ期 | Ⅵ期 | Ⅶ期 | Ⅷ期 | Ⅸ期 | Ⅹ期 | 小计 |
|---|---|---|---|---|---|---|---|---|---|---|---|
| 溢洪道消力塘 | 0 | 0 | 0 | 41.03 | 62.45 | 51.42 | 11.94 | 0 | 0 | 0 | 166.84 |
| 勘界河Ⅱ区料中转场 | 0 | 45.72 | 76.59 | 38.44 | 116.50 | 93.84 | 67.81 | 40 | 0 | 0 | 478.90 |
| 火烧寨沟Ⅱ区料中转场 | 0 | 0 | 0 | 0 | 220.37 | 16.46 | 0 | 64.71 | 34.62 | 0 | 540.87 |
| 白莫箐石料场 | 0 | 0 | 0 | 0 | 0 | 0 | 0 | 0 | 0 | 0 | 0 |
| 小计 | 0 | 45.72 | 76.59 | 79.47 | 399.32 | 161.72 | 284.46 | 104.71 | 34.62 | 0 | 1186.61 |

（2）坝体填筑强度。大坝填筑总量 3432 万 m³，实际有效施工期共 53.5 个月，总平均强度约 62.65 万 m³/月，高峰强度 82.08 万 m³，75 万～80 万 m³ 的高峰强度持续 29 个月。各期强度见图 5.20。

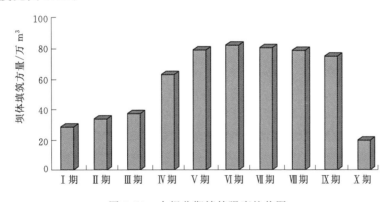

图 5.20 大坝分期填筑强度柱状图

（3）坝体填筑高峰强度分析，坝体填筑施工时段中，综合最高强度为 82.06 万 m³/月，出现在 2010 年 6 月 1 日—9 月 15 日期间的Ⅵ期填筑中，填筑高程上游区 675.00～696.14m，下游区 650～693m，按 1.2 的不均匀系数考虑，月最大高峰强度为 98.5 万 m³，每月按 25d 有效工作日考虑，平均每天需填筑料物 3.94 万 m³。现分别从施工作业面、上坝道路、料源 3 个方面进行满足月坝体填筑高峰强度条件分析。

## 5.11.2.5 施工中应用

Ⅵ期上游填筑平台作业面积约 5.95 万 m²，下游填筑平台作业面约 3.05 万 m²，两个面总计达 9 万 m²。按 0.6 万～0.8 万 m² 划分填筑单元计，可有 11～15 个填筑单元作业面施工。每层填筑厚度按 1m 计，每个填筑单元每天可容纳 $0.6 \sim 0.8$ 万 $m^3$，共计约 9 万 $m^3$。因此，从作业面上分析，满足高峰强度填筑要求。

（1）上坝道路看，Ⅵ期主要利用左岸下游高程 670m 公路、左岸上游高程 660m 公路、右岸下游高程 645m 公路、右岸上游高程 656m 公路运输，路面宽度 12m，按 45t 自卸汽车平均宽度 3.3m，能满足运输车双车道行走的要求；按照 98.5 万 $m^3$ 月强度，每月 25d，每天 20h 有效时间考虑，45t 自卸汽车每车装 $20m^3$（填筑方），32t 自卸汽车每车装 $14.5m^3$（填筑方），两种车型按 1:1 配置，道路入口流量见表 5.18。

表 5.18 关键道路车流量强度统计表

| 运 输 道 路 | 月运输量/万 $m^3$ | 每小时单向交通量/辆 | 每分钟入口流量/次 |
|---|---|---|---|
| 左岸下游高程 670m 公路 | 59.18 | 69 | 1.15 |
| 左岸上游高程 660m 公路 | 32.17 | 38 | 0.63 |
| 右岸下游高程 645m 公路 | 5.64 | 7 | 0.12 |
| 右岸上游高程 656m 公路 | 1.5 | 2 | 0.03 |

从表 5.18 可以看出，各道路单向行车密度均小于《仓房道路设计规范》允许的最大行车密度（二级厂内公路单向行车密度为 $25 \sim 85$ 辆/h），因此道路能够满足施工强度要求。

（2）从料源方面看，勘界河、火烧寨沟已有充足的Ⅰ区、Ⅱ区备料，而溢洪道消力塘开挖正值高峰期，料源充足，完全满足填筑要求。

### 5.11.3 效果

通过编程计算求解该模型来得到整个施工期内最为经济的土石方调配方案，确定时段内的土石方流向和相应的调运量。同时根据求解结果及土石方调配道路系统对渣场填渣特性、道路行车密度等工程指标进行统计分析，从而分析调配方案实施的可行性。比较招标阶段的土石方调配计划，增加了比较大数量的直接上坝料，减少了中转料的数量、料场的开采量，质量、进度满足要求。

# 第6章 试验与检测

试验与检测是衡量工程建设质量的重要环节。本章针对糯扎渡大坝建设项目的特点，重点就掺砾土、反滤料、堆石料及其施工质量的检测方法进行了深入的研究与分析，提出了相应的实施方法。

# 6.1　糯扎渡水电站掺砾土击实特性及填筑质量检测方法研究

糯扎渡水电站防渗心墙土料采用人工掺砾技术在国内属首次，在对掺砾土进行一系列击实试验研究以获得掺砾土的击实特性的基础上，进一步研究了全料压实度预控线法及细料（小于 20mm）压实度控制法两种质量检测方法。其中，黄宗营等通过采用直径600mm 的超大型击实仪进行掺砾土料全料击实试验，得以全面真实地反映了掺砾土料击实效果[57]。

## 6.1.1　特点与难点

大坝防渗心墙土料采用混合土料掺入人工碎石组成的掺砾土料，混合土料允许最大粒径 150mm，掺砾用碎石最大粒径 120mm，掺砾量按 35％控制。设计要求心墙防渗土料全料压实度按修正普氏 2690kJ/m³ 击实功能应达到 95％以上。在国内首次大规模采用人工掺砾技术，无规范及成熟的经验可借鉴。

## 6.1.2　方法

### 6.1.2.1　掺砾土料的击实特性

糯扎渡大坝心墙掺砾土料最大粒径为 150mm，为全面了解其击实特性，研制了直径为 600mm 超大型击实仪对掺砾土料进行原级配全料击实试验研究；同时采用直径 300mm 大型击实仪、直径 152mm 小型击实仪分别对掺砾土替代法全料及小于 20mm 细料进行击实试验，比较掺砾土替代法全料与原级配全料击实特性的差异，掌握掺砾土细料的击实特性。

### 6.1.2.2　心墙压实质量的检测方法

压实度检测包括击实试验和现场密度试验两个过程。由于料场混合土及掺砾碎石含量的变化，掺砾土最大干密度和最优含水率有相当大的变化范围。为准确评价掺砾土压实质量，可以通过对全料进行三点击实试验得到全料压实度，但该方法存在检测效率低的问题，实际难以操作。若考虑某一料仓的混合土经开采、掺拌、铺料等工序后已基本均匀，则影响掺砾土料最大干密度的主要因素是砾石含量，因此只要确定某一施工时段内掺砾土料最大干密度与砾石含量的关系曲线（预控线），便可根据现场实测干密度及砾石含量计算全料压实度。此外，对砾石土采用细料压实度进行质量控制也是国内外常用的一种方法。目前国内对砾质土一般以 5mm 作为粗细料的分级粒径，但实际检测时因 5mm 以下颗粒不易过筛，因此难以及时得到 5mm 以下细料密度，而对掺砾土料以 20mm 为粗细分级粒径则可解决细料的过筛问题。为确定 20mm 以下细料的压实标准，需要对掺砾土全料压实度与细料压实度之间的对应关系进行研究。

### 6.1.2.3 试验参数

试验主要依据《水电水利工程土工试验规程》（DL/T 5355—2006）及《水电水利工程粗粒土试验规程》（DL/T 5356—2006）进行。但击实筒直径为 152mm，击实功能为 595kJ/m³ 的小型击实试验，水工规范及国标对最大粒径 20mm 土料均未规定相应参数；击实筒直径为 600mm 的超大型击实试验，国内目前尚无应用，故小型和超大型击实试验根据击实功能及仪器规格经计算得出击实参数。试验参数见表 6.1。对两组混合土分别以全料掺砾量为 0%、20%、30%、40%、50%、60%、80%、100% 进行试验。

表 6.1                                  击 实 试 验 参 数

| 试验名称 | 击实筒直径 /mm | 击实筒高度 /mm | 冲量 /(kPa·s) | 功能 /(kJ·m⁻³) | 锤重 /kg | 落高 /mm | 装土层数 | 每层击数 |
|---|---|---|---|---|---|---|---|---|
| 超大型击实 | 600 | 600 | 7 | 2690 | 125 | 760 | 3 | 163 |
|  |  |  |  | 595 | 125 | 760 | 3 | 37 |
| 大型击实 | 300 | 288 | 7 | 2690 | 35.2 | 600 | 3 | 88 |
|  |  |  |  | 595 | 35.2 | 600 | 3 | 20 |
| 小型击实 | 152 | 116 | 7 | 2690 | 4.5 | 457 | 5 | 56 |
|  |  |  |  | 595 | 4.5 | 457 | 3 | 21 |

### 6.1.2.4 试验结果

研究成果最大干密度、最优含水率、击实后 $P_{20}$（全料击后粒径大于 20mm 颗粒）含量与掺砾量关系曲线见图 6.1 和图 6.2。

从图 6.1 和图 6.2 可知：

（1）超大型及大型击实时，掺砾土 $P_{20}$ 含量随掺砾量增加而大致呈抛物线增加，由于击实功能的增加，相同掺砾量下 2690kJ/m³ 击实功能下的 $P_{20}$ 含量小于 595kJ/m³ 击实功能的。

（2）在 2690kJ/m³、595kJ/m³ 击实功能下，超大型、大型击实试验掺砾土全料最大干密度随掺砾量的增加而呈现先增后降的趋势，且峰值均出现在掺砾量为 70%～80% 附近；小型击实试验掺砾土细料最大干密度则随着掺砾量的增加而持续增加，没有明显峰值。

（3）超大型、大型及小型击实试验所得最优含水率均随掺砾量的增加而降低。在相同击实功能下，超大型和大型击实试验最优含水率略有差别，但差别不大。

（4）2690kJ/m³ 击实功能下，当掺砾量小于 30% 时，超大型击实最大干密度小于大型击实最大干密度；当掺砾量为 40%～50% 时，超大型击实最大干密度与大型击实最大干密度差异不大；当掺砾量大于 60% 时，超大型击实最大干密度大于大型击实最大干密度。595kJ/m³ 击实功能下，当掺砾量小于 30% 时，超大型击实最大干密度与大型击实差异不明显；当掺砾量大于 40% 时，超大型击实最大干密度大于大型击实最大干密度。相同击实功能下随掺砾量增加，替代法全料的骨架效应大于原级配全料的骨架效应，因此超大型击实最大干密度与大型击实最大干密度的差值增大。

（5）当掺砾量小于 30% 时，粗颗粒在土中基本处于悬浮状态，此时掺砾土的最大干

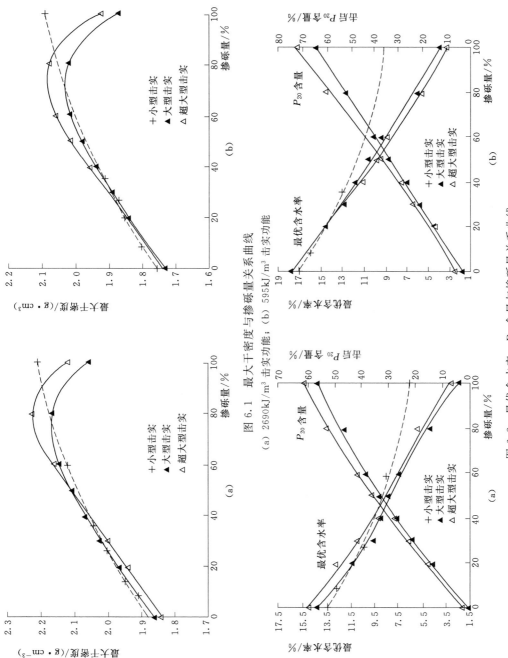

图 6.1　最大干密度与掺砾量关系曲线

(a) 2690kJ/m³ 击实功能；(b) 595kJ/m³ 击实功能

图 6.2　最优含水率、$P_{20}$ 含量与掺砾量关系曲线

(a) 2690kJ/m³ 击实功能；(b) 595kJ/m³ 击实功能

密度主要取决于混合土击实效果。595kJ/m³ 击实功能下，3 种击实试验最大干密度及最优含水率相差不大；而在 2690kJ/m³ 击实功能下，则略有差异，初步分析是高击实功能下尺寸效应更为明显所致。

### 6.1.2.5　全料压实度预控线法研究

（1）试验方法。掺砾土击实特性研究表明，2690kJ/m³ 击实功能下，当掺砾量小于50％时，大型击实（替代法全料）最大干密度总体略大于超大型击实（原级配全料）最大干密度，因此结合设计要求，用大型击实试验进行预控线法研究，同时进行了部分小型及超大型击实复核对比试验。主要步骤如下：选 4 个备料仓，每个备料仓按开采方向分 3 个区，各区每一层混合土料按 15m×15m 网格布点取样充分拌和均匀，按掺砾量 0、20％、30％、40％、50％，击实功能 2690kJ/m³ 进行大型击实试验，得出 $P_{20}$ 含量及对应的全料最大干密度。如此重复 3 个区的击实试验，取 3 组试验结果的平均值绘制 $P_{20}$ 含量与全料最大干密度曲线（预控线），作为该仓掺砾土料质量控制依据；每一备料仓的掺砾土料，在碾压前取全料进行 3 组（分别对应备料仓每 1 分区）五点击实试验，复核预控线全料最大干密度的有效性；现场检测每一备料仓中的掺砾土料，得到填筑密度、含水率、$P_{20}$ 含量，根据 $P_{20}$ 含量查预控线得到全料最大干密度，进而求得全料压实度。

（2）试验成果。相同掺砾量下，同仓土料全料最大干密度存在一定差异。4 个备料仓预控线最大干密度与现场复核最大干密度差值在 $-0.04\sim0.02\text{g/cm}^3$ 之间。考虑最大干密度真值为 $2.09\text{g/cm}^3$、压实度真值为 95％时，预控线全料压实度最大误差约为 1.8％。综合 4 个试验仓的取样试验结果，通过预控线法得到的全料压实度合格率为 95.1％，最小值为 93.6％，满足规范要求。混合土经开采、掺拌、铺料等多道工序混合后，其土性已基本均匀，同时预控线法采用 3 个土样最大干密度的平均值，从方法上进一步减小压实度的计算误差，其检测的压实度一定程度上能够反映土料性质的变化，可实现对掺砾土总体压实质量的控制。另外，预控线法缩短了现场检测时间，可以与现场快速施工相适应，得到的全料压实度直接与设计指标匹配，但该方法事前需进行一系列大型击实试验，现场需快速检测掺砾土含水率，其准确性主要依赖于混合土的均匀程度。

### 6.1.2.6　细料压实度控制研究

（1）试验目的。在研究掺砾土击实特性的基础上，对 5 组代表性混合土料进行了全料掺砾量为 0、20％、30％、40％、50％、60％、100％时，2690kJ/m³ 击实功能下的替代法全料大型击实试验及相应 2690kJ/m³ 及 595kJ/m³ 击实功能下的小于 20mm 细料的小型击实试验，以进一步了解掺砾土细料干密度及细料压实度的变化规律。

（2）试验成果。与一般风化砾质土不同，掺砾土细料部分含有风化混合土及掺砾碎石两种性质差异很大的土料，在粗料未成骨架时细料干密度随掺砾量或 $P_{20}$ 含量变化而变化，并与全料最大干密度均表现出存在峰值的特点。

虽然掺砾土细料干密度及细料最大干密度随粗粒含量的变化与一般砾石土有所差异，但细料压实度的变化与一般砾石土是类似的。对于大型击实试验，2690kJ/m³ 击实功能下，当 $P_{20}$ 含量小于 35％时（掺砾量约 50％），由于细料干密度及细料最大干密度增加趋势基本一致，细料压实度随掺砾量增加降低幅度较小。$P_{20}$ 含量进一步增加后，细料最大干密度仍在增加，而掺砾土细料干密度已出现明显下降，因此压实度显著降低。

各组混合土料性能虽有较大差异，但其对细料压实度影响相对较小，$P_{20}$ 含量在 15%～35%（对应掺砾量约为 20%～50%）时，相同 $P_{20}$ 含量下各组掺砾土细料压实度差异较小，从而以细料三点击实法进行压实度检测作为掺砾土填筑日常质量控制的方法是可行的。由于细料在 595kJ/m³ 击实功能工作量小，最优含水率与料场基本接近并适合现场掺砾土碾压，因此细料击实功能宜选用 595kJ/m³。根据试验结果可以得出，相同 $P_{20}$ 含量下，当全料压实度为 95% 时，若以 5 组细料压实度（595kJ/m³ 击实功能）平均值代表该 $P_{20}$ 含量的细料压实度，对应全料压实度的最大误差约为 1.4%。

（3）现场填筑质量检测根据以上研究成果，确定糯扎渡工程掺砾土填筑质量日常控制标准。小于 20mm 细料 595kJ/m³ 击实功能下压实度应大于 98%，最小值不低于 96%，细料压实度 98% 标准合格率大于 90%，细料压实度检测方法采用三点击实法。同时每周进行全料 2690kJ/m³ 功能大型击实压实度复核检测。现场检测结果表明：掺砾土细料压实度均大于 96%，98% 标准合格率为 96.1%，标准差为 1.76%，复核全料压实度除 1 组略小于 95% 外，其余均大于 95%。掺砾土压实度满足设计及规范要求。

### 6.1.3　效果

（1）通过对掺砾土击实特性、全料预控线法、细料压实度法的研究，全面掌握了掺砾土的击实特性。国内首次对超大粒径掺砾土料进行全料击实试验，首次以 20mm 粒径为粗细料分级粒径对掺砾土料进行试验研究，有效指导了工程设计与施工。

（2）全料预控线检测方法有效降低现场检测时间，在土料经各工序混合比较均匀的情况下，可以实现对掺砾土总体压实质量的控制。

（3）细料压实度在较大程度上反映了掺砾土的渗透及力学性能。用粒径小于 20mm 的细料进行三点击实以快速检测填筑体压实度的方法。与直接检测全料压实度指标的方法相比，细料三点击实快速检测法简捷实用且准确度高[58]。当掺砾量在 20%～50% 时，不同混合土相同 $P_{20}$ 含量下掺砾土全料压实度与细料压实度存在较好的对应关系，即全料 2690kJ/m³ 击实功能下，压实度为 95% 时的土料细料密实度与细料 595kJ/m³ 击实功能下，压实度为 98% 时相当。掺砾土采用 595kJ/m³ 功能细料三点击实进行质量控制，可减少检测时间、降低工作强度、提高工作效率，同时结果与试坑土料相对应，准确度也明显提高。

（4）由于掺砾土细料压实度与掺砾碎石级配及 $P_{20}$ 含量密切相关，采用细料压实度控制时，掺砾碎石级配、混合土超径含量及掺砾土级配的控制显得更为重要。

## 6.2　掺砾土料压实度快速检测方法

在掺砾土料心墙堆石坝施工检测中，压实度的检测是个难点及重点，在有效控制心墙掺砾土料填筑质量的同时，缩短掺砾土料压实度检测时间，提高检测效率，实现压实度的快速检测，以满足现代高强度机械化快速施工的要求。

### 6.2.1　特点与难点

（1）设计指标。掺砾土料由天然混合土料和加工系统生产的砾石料按质量为 65∶35

的比例混合掺拌而成。压实度按修正普氏功能 2690kJ/m³ 应达到 95％以上，按修正普氏功能 595kJ/m³ 击实功能下，掺砾土料填筑体粒径小于 20mm 细料压实度指标为 $D$ 不小于 98％。掺砾土料干密度应大于 1.90g/cm³，压实参考平均干密度平均 1.96g/cm³，渗透系数小于 $1×10^{-5}$ cm/s。级配要求最大粒径不大于 150mm，小于 5mm 颗粒含量 48％～73％，小于 0.074 颗粒含量 19％～50％。

（2）压实度检测作为掺砾土料填筑的必需环节，试验过程的快慢直接影响着现场施工效率。施工过程中，常规压实度检测耗时 6.6h 左右，无法满足心墙填筑快速保质施工。为此，进行了多种击实试验方法研究，以实现压实度的快速检测。

## 6.2.2 方法

### 6.2.2.1 击实试验方法优选

（1）最大干密度多点移动平均值法。该方法是对每个掺砾土料备料仓在不同位置取几组土样，分别进行标准击实试验，测得各自的最优含水率、最大干密度，并取平均值，作为填筑压实测得现场干密度同样土料的最大干密度指标，采用现场检测干密度与移动平均最大干密度相比即得出压实度。定期提前从备料仓取样进行标准击实试验，不断得出掺砾土料的最优含水率、最大干密度指标。由于备料仓中标准击实试验土体与现场检测土体不能一一对应，若土料变化较大则会影响质评精度，而标准试验超前，节省大坝心墙填筑直线工期，及时提供了 $\rho_{dmax}$ 指标，只要现场测得现场 $\rho_d$ 即可及时作出质评结果，是一种快速确定 $\rho_{dmax}$ 的方法。但标准击实试验需 2～3d 耗时过长且工作量大。

（2）相关资料统计法。不均匀土料的性质不同，不仅表现在最大干密度 $\rho_{dmax}$、最优含水率 $\omega_{op}$ 不同，同时也表现在其他物性指标上也不相同。超前统计液限含水率与标准击实试验获得的最大干密度、最优含水率相关关系图或相关关系式，供现场质评使用。当现场测得压实后土体的干密度时，同时也测得液限含水率，根据该液限含水率，在备好的液限含水率与最大干密度相关关系图上查得该土料的最大干密度，在液限含水率与最优含水率相关关系图上查得最优含水率，用现场测得的最大干密度与查得的最大干密度相比即得出掺砾土料压实度。同时现场测得的含水率和查得的最优含水率相比较，即可得出质评结果。此方法尽管最大干密度的土料与 $\rho_d$ 的土料不是同一土样，但两种土料在物性指标液限上是相同的，故可以说土性基本相同，或者说土性是接近的。同时用此方法可节省标准击实试验的大量工作，但土体液塑限试验亦耗时较长且前期统计资料工作量较大。

（3）大型击实试验。糯扎渡心墙掺砾土料最大粒径为 150mm，采用直径为 300mm 大型击实仪进行试验时，大于 60mm 的超径颗粒用粒径小于 60mm 砾石料进行等量替换，以获得原级配掺砾土料填筑体的替代料。利用掺砾土料全料替代料进行击实试验，得出含水率与最大干密度的关系曲线图，从而得出最大干密度。现场检测全料干密度与击实最大干密度之比即为压实度，从而得出质评结果。此方法虽然现场测得的密度指标和室内试验测得的密度指标两者土料相同，试验结果较准确、可靠，但大型击实试验耗时过长、工作量大，不能满足现代高速机械化施工的要求。

（4）细料三点快速击实法。该法的优点是在现场质量检验时，不需测定填土含水率，仅在测定密度后，用测密度试验的土样作 3 种含水率的击实试验，测定 3 个击实湿密度，就可以确定填土的压实度、最优含水率与填土含水率的差值。方便、快捷，大大地缩短了标准击实试验时间，可以快速做出质评结果。利用现场实际填筑的湿土料在室内进行标准击实试验，使现场测得的密度指标和室内试验测得的密度指标两者土料相同，使压实度两指标建立在同一土料的基础上，压实度准确度较高。

（5）对比分析。最大干密度多点移动平均值法，使用了超前资料，不需立即进行击实试验，但土料不是一一对应，土料性质变化较大时精度稍差，是一种近似快速方法；相关资料统计法利用以往资料，经统计方法提供了液限含水率和最大干密度、液限含水率与最优含水率资料，不进行击实试验，是一种快速方法，但是在统计资料的基础上，是一种近似方法；大型击实试验法土料与试坑相对应是一种较准确的方法，但击实试验耗时长、工作量大，不能满足施工要求；细料（小于20mm）三点快速击实法不测含水率，只用三点击实湿密度，能获得压实度及现场含水率与最优含水率差值的鉴定结果，$\rho_d$ 和 $\rho_{dmax}$ 两种试验的土料一一对应，土性一致，可比性强、精度高、时效性好。因此通过对以上几种方法的比较：心墙掺砾土料压实度检测采用三点快速击实法能准确、快速得出质评结果，能够满足心墙填筑快速机械化施工的要求。

#### 6.2.2.2 压实度检测流程优化

为优化压实度检测流程，需减少或者消除在路途中耗费的时间。为此，可以将检测室建在施工现场，但随着大坝填筑的上升，检测室需随之搬迁，耗费太大，且搬迁过程中影响现场填筑施工进度。因此，在选用三点快速击实法检测的同时，研制试验移动检测车，用于在现场进行细料三点击实试验。移动检测车可随填筑作业面的变动而移动，移动灵活、方便，且能在现场完成试验，实现了压实度快速检测的预期目标，满足现场施工进度要求。

#### 6.2.2.3 快速检测质量成果复核

为保证三点快速击实法的检测质量，对质量控制效果进行复核，由原来全料压实度按95%进行控制改为按细料（小于20mm）压实度98%进行控制。每周进行一组大型击实和细料三点快速击实复核试验，共进行了75组对比试验。其结果统计见表6.2。通过以上大型击实和三点快速击实试验对比结果可以看出：对比的75组击实试验全料压实度和细料压实度均满足设计要求。且细料压实度比全料压实度高出约1.5%，满足质量控制要求，是一种快速、有效的方法。

表6.2　　　　大型击实和细料三点快速击实对比复核试验统计表

| 压 实 度 | 检测组数 | 最大值 | 最小值 | 平均值 |
|---|---|---|---|---|
| 细料三点击实压实度/% | 75 | 101.3 | 98.2 | 99.6 |
| 全料三点击实压实度/% | 75 | 100.5 | 96.9 | 98.1 |

### 6.2.3 效果

大坝心墙掺砾土料检测，通过优选击实试验方法和改进试验检测流程，合理、快速、准确得出了压实度检测结果，质量控制满足设计及规范要求。改进后压实度检测只需2.5h，完全满足大坝心墙填筑机械化快速施工的要求。

## 6.3 反滤料试验检测方法

大坝反滤料位于心墙防渗土料的上下游侧，对心墙防渗土料起反滤作用。反滤料分 2 个填筑区，即反滤料Ⅰ区、反滤料Ⅱ区，上游侧反滤料Ⅰ区、反滤料Ⅱ区水平宽度均为 4m，下游侧反滤料Ⅰ区、反滤料Ⅱ区水平宽度均为 6m，总填筑量约 203 万 m³。反滤料填筑质量检测指标主要为压实干密度、相对密度、颗粒级配及含泥量[59]。

### 6.3.1 特点与难点

（1）反滤层设计指标。心墙区上下游两侧由 4m 宽和 6m 宽反滤Ⅰ、反滤Ⅱ防渗体作保护层。反滤Ⅰ分机制砂和天然河砂两种，反滤Ⅱ由加工系统生产，其设计颗粒级配见表 6.3 和图 6.3。压实要求：反滤料Ⅰ相对密度 $Dr > 0.8$，渗透系数大于 $5 \times 10^{-3}$；反滤料Ⅱ相对密度 $Dr$ 大于 0.85，渗透系数大于 $5 \times 10^{-2}$。

表 6.3 反滤料颗粒级配曲线设计指标

| 种类 | 最大粒径/mm | <5mm 颗粒含量/% | <0.1mm 颗粒含量/% | 特征粒径 $D_{60}$/mm | 特征粒径 $D_{15}$/mm |
|---|---|---|---|---|---|
| 反滤料Ⅰ | 20 | 68.1~100.0 | 0~5 | 0.7~3.4 | 0.13~0.70 |
| 种类 | 最大粒径/mm | <5mm 颗粒含量/% | <2mm 颗粒含量/% | 特征粒径 $D_{60}$/mm | 特征粒径 $D_{15}$/mm |
| 反滤料Ⅱ | 100 | 5~25 | 0~5 | 18~43 | 3.5~8.4 |

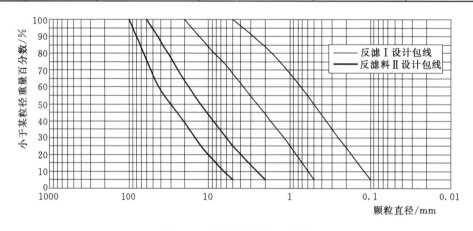

图 6.3 反滤料设计级配包线

（2）大坝填筑规模巨大，在高施工强度、高质量标准前提下，如何快速、准确得出反滤料压实检测结果是实现大坝填筑目标的关键。

### 6.3.2 方法

#### 6.3.2.1 碾压参数的选定

施工前对反滤料Ⅰ、Ⅱ进行了相关的碾压试验工作，结合施工现场避免不同物料之间错台，最终将反滤Ⅰ碾压参数确定为：铺料厚度 52cm，静碾压 6 遍；对于河砂反滤料因长年冲刷使其颗粒表面比较圆润，颗粒之间不易产生咬合压实，碾压遍数调整为 8 遍。反滤料Ⅱ施工参数确定为：铺料厚度 53cm，静碾压 6 遍，见表 6.4。

表 6.4 反 滤 料 碾 压 参 数 表

| 工程部位 | 料种名称 | 压实标准 | 碾压设备 | 铺料厚度/cm | 碾压遍数 |
|---|---|---|---|---|---|
| 上、下游两侧 | 人工生产反滤Ⅰ | 相对密度 $Dr \geqslant 0.80$ | 26t 振动碾静碾压，碾压时速小于 3km/h | 52 | 6 遍 |
| 上、下游两侧 | 天然河砂反滤Ⅰ | 相对密度 $Dr \geqslant 0.80$ | 26t 振动碾静碾压，碾压时速小于 3km/h | 52 | 8 遍 |
| 上、下游两侧 | 反滤Ⅱ | 相对密度 $Dr \geqslant 0.85$ | 26t 振动碾静碾压，碾压时速小于 3km/h | 53 | 6 遍 |

#### 6.3.2.2 反滤料检测方法

（1）反滤料Ⅰ。反滤料Ⅰ上坝前应具备两个条件：①颗粒级配和小于 0.1mm 的含量不应超过 5%，否则影响渗透性能；②含水率要适中，含水过大易造成碾压弹簧，含水过小会影响压实效果。颗粒分析试验采用传统的筛分法[60]，现场渗透试验采用垂直渗透双环法[61]，现场密度检测采用挖坑灌水法，最大干密度采用表面振动法测定，最小干密度采用倾注松填法测定[62]，由于反滤料Ⅰ颗粒组成比较稳定，每周进行一次最大、最小干密度试验用以核对相对密度，试验方法参数见表 6.5。

表 6.5 表面振动器和试样筒基本参数表

| 振动器主要技术指标 | | | 试 样 筒 | | | 允许最大粒径/mm | 试样质量/kg |
|---|---|---|---|---|---|---|---|
| 压重质量/kg | 频率/Hz | 激振力/N | 内径/cm | 高度/cm | 容积/cm³ | | |
| 100 | 47.5 | 4218 | 30.5 | 28.8 | 21042 | 60 | 40~50 |

大坝心墙区反滤料Ⅰ检测结果统计见表 6.6，颗粒分析试验成果见图 6.4，检测结果表明反滤料Ⅰ相对密度、干密度、颗粒级配、渗透系数满足设计要求。

表 6.6 反滤料Ⅰ相对密度、颗粒分析试验检测结果

| 检测项目 | 含水及密度指标 | | | | | | 级配指标 | | |
|---|---|---|---|---|---|---|---|---|---|
| | 湿密度/(g·cm⁻³) | 含水率/% | 干密度/(g·cm⁻³) | 最大干密度/(g·cm⁻³) | 最小干密度/(g·cm⁻³) | 相对密度 | $D_{60}$ | $D_{15}$ | <0.1mm 颗粒含量/% |
| 设计值 | — | — | — | — | — | ≥0.80 | 0.7~3.4 | 0.13~0.7 | ≤5 |
| 检测组数 | 515 | 515 | 515 | 515 | 515 | 515 | 515 | 515 | 515 |
| 最大值 | 2.25 | 9.5 | 2.13 | 2.17 | 1.70 | 1.04 | 4.0 | 0.61 | 7.6 |
| 最小值 | 1.77 | 1.7 | 1.69 | 1.75 | 1.43 | 0.80 | 0.8 | 0.10 | 0.2 |
| 平均值 | 2.00 | 4.5 | 1.91 | 1.98 | 1.52 | 0.89 | 2.5 | 0.37 | 3.1 |
| 标准差 | 0.11 | 1.59 | 0.10 | 0.12 | 0.05 | 0.05 | 0.64 | 0.11 | 1.45 |
| 离散系数 | 0.057 | 0.354 | 0.051 | 0.063 | 0.030 | 0.059 | 0.260 | 0.307 | 0.461 |

大坝心墙区反滤料Ⅰ（黑河河砂）检测结果统计见表 6.7，颗粒分析试验成果见图 6.5，检测结果表明反滤料Ⅰ（黑河河砂）相对密度、干密度、颗粒级配、渗透系数满足设计要求。

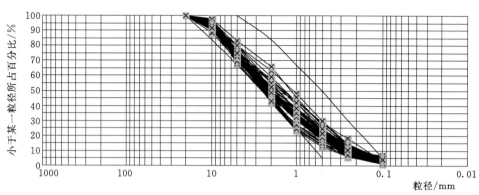

图 6.4  反滤料 I 颗粒分析试验检测曲线图

表 6.7　　　　　　　　反滤料 I （黑河河砂）相对密度、颗粒分析试验检测结果

| 检测项目 | 含水及密度指标 | | | | | | 级配指标 | | |
|---|---|---|---|---|---|---|---|---|---|
| | 湿密度 /(g·cm⁻³) | 含水率 /% | 干密度 /(g·cm⁻³) | 最大干密度 /(g·cm⁻³) | 最小干密度 /(g·cm⁻³) | 相对密度 | $D_{60}$ | $D_{15}$ | <0.1mm 颗粒含量/% |
| 设计值 | — | — | — | — | — | ≥0.80 | 0.7~3.4 | 0.13~0.7 | ≤5 |
| 检测组数 | 507 | 507 | 507 | 507 | 507 | 507 | 507 | 507 | 507 |
| 最大值 | 2.26 | 8.9 | 2.11 | 2.17 | 1.70 | 1.09 | 5.0 | 0.60 | 7.9 |
| 最小值 | 1.76 | 1.8 | 1.70 | 1.75 | 1.42 | 0.80 | 0.3 | 0.13 | 0.3 |
| 平均值 | 2.06 | 4.9 | 1.96 | 2.04 | 1.50 | 0.89 | 2.6 | 0.33 | 3.4 |
| 标准差 | 0.11 | 1.50 | 0.09 | 0.11 | 0.04 | 0.06 | 0.62 | 0.10 | 1.36 |
| 离散系数 | 0.051 | 0.304 | 0.045 | 0.054 | 0.029 | 0.063 | 0.235 | 0.288 | 0.399 |

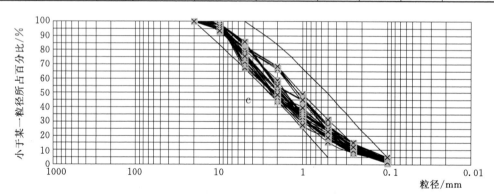

图 6.5  反滤料 I （黑河河砂）颗粒分析试验检测曲线图

反滤料 I 现场原位渗透试验检测 13 组，试验结果满足设计要求，见表 6.8。

表 6.8　　　　　　　　　　反滤料 I 渗透试验检测结果

| 试验项目 | 设计指标 /(cm·s⁻¹) | 组数 | 渗透系数/(cm·s⁻¹) | | |
|---|---|---|---|---|---|
| | | | 最大值 | 最小值 | 平均值 |
| 现场原位渗透 | >5×10⁻³ | 13 | 1.90×10⁻¹ | 2.19×10⁻² | 6.76×10⁻² |
| 备注 | | | | | |

（2）反滤料Ⅱ。反滤料Ⅱ属无黏性粗粒料，最大粒径 100mm，采用灌水法进行现场湿密度检测。反滤料Ⅱ最大干密度与最小干密试验量大，要达到一一对应的标准试验，检测用时达 13h，因此采用了间接试验法。根据以往工程实践及现场大量试验，根据反滤料Ⅱ设计级配曲线配制出 6 种标准试样，测定出各自的最大干密度 $\rho_{d\max}$、最小干密度 $\rho_{d\min}$ 值，绘制出 $\rho_{d\max}$、$\rho_{d\min}$ 和小于 5mm 颗粒含量 S5 线性回归分析方程，根据分析反滤料Ⅱ $\rho_{d\max}$、$\rho_{d\min}$ 与其中的细料含量密切相关，为此计算出 S5 在上述备用的曲线上查得相应的标准试验值 $\rho_{d\max}$ 和 $\rho_{d\min}$，即可按公式作出质评结果，为保证间接法的试验精度，每周用直接试验法进行校核 $\rho_{d\max}$ 和 $\rho_{d\min}$ 值。该控制方法行之有效，加快了现场检测速度，满足了现场高强度的施工要求。

大坝心墙区反滤料Ⅱ检测结果统计见表 6.9，颗粒分析试验成果见图 6.6，检测结果表明反滤料Ⅱ相对密度、干密度、颗粒级配、渗透系数满足设计要求。

表 6.9　　　　　反滤料Ⅱ相对密度密度、颗粒分析试验检测结果

| 检测项目 | 含水及密度指标 | | | | | 级配指标 | | | |
|---|---|---|---|---|---|---|---|---|---|
| | 湿密度 /(g·cm$^{-3}$) | 含水率 /% | 干密度 /(g·cm$^{-3}$) | 最大干密度 /(g·cm$^{-3}$) | 最小干密度 /(g·cm$^{-3}$) | 相对密度 | $D_{60}$ | $D_{15}$ | <2mm 颗粒含量/% |
| 设计值 | — | — | — | — | — | ≥0.85 | 18~43 | 3.8~8.4 | <5 |
| 检测组数 | 986 | 986 | 986 | 986 | 986 | 986 | 986 | 986 | 986 |
| 最大值 | 2.27 | 3.8 | 2.21 | 2.25 | 1.67 | 1.11 | 45.0 | 9.0 | 8.2 |
| 最小值 | 1.76 | 0.3 | 1.74 | 1.82 | 1.42 | 0.85 | 15.2 | 2.0 | 0.8 |
| 平均值 | 1.99 | 1.8 | 1.95 | 1.99 | 1.52 | 0.94 | 29.9 | 5.6 | 4.2 |
| 标准差 | 0.06 | 0.49 | 0.06 | 0.06 | 0.04 | 0.05 | 5.22 | 1.01 | 0.86 |
| 离散系数 | 0.029 | 0.278 | 0.030 | 0.031 | 0.025 | 0.051 | 0.175 | 0.182 | 0.205 |

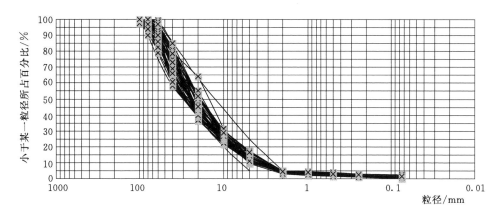

图 6.6　反滤料Ⅱ颗粒分析试验检测曲线图

从图 6.6 反滤料Ⅱ颗粒级配曲线图可以看出：所填筑的反滤料Ⅱ整体处于设计包络线内。

反滤料Ⅱ现场原位渗透试验检测 13 组，试验结果满足设计要求，见表 6.10。

**表 6.10**                          反滤料Ⅱ渗透试验检测结果

| 试 验 项 目 | 设计指标 /(cm·s$^{-1}$) | 组数 | 渗透系数/(cm·s$^{-1}$) | | |
|---|---|---|---|---|---|
| | | | 最大值 | 最小值 | 平均值 |
| 现场原位渗透 | ＞5×10$^{-2}$ | 13 | 7.25×10$^{-1}$ | 1.82×10$^{-1}$ | 3.66×10$^{-1}$ |
| 备注 | | | | | |

### 6.3.3 效果

在工期紧、填筑强度高的情况下，反滤料试验检测采用间接的最大干密度、最小干密度和小于5mm颗粒含量 S5 回归分析方程关系曲线的方法，有效缩短检测时间和试验强度，控制了现场压实质量，实现了大坝填筑目标[73]。反滤料填筑共完成单元工程验收评定 2004 个，合格 2004 个，合格率 100%，优良 1882 个，优良率 93.9%。

## 6.4 实现反滤料相对密度快速检测的方法

相对密度是砂类土紧密程度的指标，对于土作为材料的建筑物和地基的稳定性特别是在抗震稳定性方面具有重要的意义。糯扎渡心墙堆石坝反滤料压实控制指标为相对密度，反滤料相对密度用 $Dr$ 表示，计算公式如下：

$$Dr = \frac{\rho_{d\max}(\rho_{d0} - \rho_{d\min})}{\rho_{d0}(\rho_{d\max} - \rho_{d\min})} \tag{6.1}$$

式中    $Dr$——相对密度；

       $\rho_{d0}$——天然状态或人工填筑之干密度，g/cm$^3$；

       $\rho_{d\max}$——最大干密度，g/cm$^3$；

       $\rho_{d\min}$——最小干密度，g/cm$^3$；

按以上公式计算相对密度，需要先确定填筑干密度 $\rho_{d0}$、最大干密度 $\rho_{d\max}$、最大干密度 $\rho_{d\min}$，否则无法计算相对密度值。

### 6.4.1 技术难点

为正确作出反滤料压实质量评价，需要准确快速地完成相对密度试验。在大坝填筑现场测得反滤料压实干密度后，还要对同一试坑范围内的反滤料进行标准试验，以获取反映压实特性的最大、小干密度值。一个标准试验，从取样到试样烘干，直到试验完成，约需13h。由于这种材料的特点是颗粒粗、试验用量大、劳动强度高，要达到一一对应的标准试验，工作量增大，时间拖长，这是矛盾的焦点。检测时间长与快速质量评价的矛盾，无法满足施工需要。像糯扎渡样的高坝工程，反滤料填筑强度很高，4 个区域反滤料每填筑一层就必须检测其相对密度，合格后才能进入下一层填筑。因此如何加快反滤料相对密度的检测速度，直接影响着整个心墙填筑的速度，同时也是个技术难题。

### 6.4.2 方法

解决矛盾的关键，就是如何快速准确地获得反映上反滤料的压实特性的最大、最小干密度指标。

### 6.4.2.1　干密度试验

反滤料Ⅱ最大粒径10cm，属无黏性粗粒土。填筑碾压后原位密度检测用试坑灌水法，试坑直径约50cm。灌水法测密度试验见图6.7。

（1）按下式计算填筑干密度：

$$\rho_d = \frac{m}{v} \qquad (6.2)$$

式中　$\rho_d$——干密度，kg/m³；

　　　$m$——试样干质量，kg；

　　　$v$——试坑体积，m³。

（2）按下式计算试坑体积：

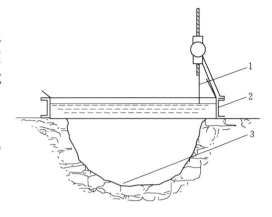

图6.7　灌水法测密度试验
1—水位测针；2—套环；3—塑料薄膜

$$V = \frac{m_2 - m_1}{\rho_w} + \Delta V \qquad (6.3)$$

式中　$V$——修正后试坑体积，m³；

　　　$m_1$——套环内注水质量，kg；

　　　$m_2$——套环加试坑注水质量，kg；

　　　$\rho_w$——$t$℃时水的密度，kg/m³；

　　　$\Delta V$——薄膜体积，m³。

### 6.4.2.2　最大、最小干密度的确定

相对密度试验中的3个参数即最大干密度、最小干密度和填土干密度对相对密度都很敏感，因此试验方法和仪器设备的标准化是十分重要的然。相对密度试验适用于透水性良好的无黏性土，对含细粒较多的试样不宜进行相对密度试验，美国ASTM规定小于0.074mm土粒的含量不大于试样总质量的12%。

我国《水电水利工程粗粒土试验规程》（DL/T 5356—2006）对粗粒土相对密度试验方法如下：适用于最大粒径为60mm且能自由排水的无黏性粗粒土，粗粒土中小于0.075mm土粒的含量不得大于12%。采用振动台法或表面振动法测定粗粒土的最大干密度，采用倾注松填法测定粗粒土的最小干密度。表面振动器和试样筒基本参数见表6.11。

表6.11　　　　　　　　　　表面振动器和试样筒基本参数表

| 振动器主要技术指标 | | | 试样筒 | | | 允许最大粒径/mm | 试样质量/kg |
|---|---|---|---|---|---|---|---|
| 质量/kg | 频率/Hz | 激振力/N | 内径/cm | 高度/cm | 容积/cm³ | | |
| 28.5 | 47.5 | 5396 | 50.5 | 50 | 100148 | 60 | 180~240 |
| 27 | 47.5 | 4218 | 30.5 | 28.8 | 21042 | 60 | 40~50 |

问题的核心是如何快速地确定标准试验密度指标，解决途径有如下两种。

1. 直接试验法

要取得同一砂石料在标准试验条件下的密度指标，首先尽可能在现场最近处建立试验

室，适当配备运输工具及人员，为及时进行现场试验提供方便，尽快提出试验结果。这种方法的优点是3个密度指标为同一砂石料的试验值，质评结果准确直观。

2. 间接近似法

根据以往工程实践，粗粒土的最大、最小干密度主要与其颗粒级配有关。分析设计级配范围，预先对代表级配料分别进行标准试验，测定出各自的最大干密度 $\rho_{dmax}$、最大干密度 $\rho_{dmin}$ 值，绘制出 $\rho_{dmax}$、$\rho_{dmin}$ 和小于 5mm 颗粒含量 S5 关系曲线备用。在测定填筑料干密度和S5值，用此S5值在上述备用的曲线上查得相应的标准试验值 $\rho_{dmax}$ 和 $\rho_{dmin}$，即可按公式作出质评结果。下面以糯扎渡工程反滤 Ⅱ 料为例，介绍无黏性粗粒土相对密度的快速检测方法。

（1）试验方案。根据设计的包络线，采用剔除法对反滤料Ⅱ按不同级配线进行配制，包括设计上包络线、下包络线及中线。同时为更好地与现场实际级配线相接近，还配制了3条特殊曲线，各级配线具体见图 6.8 和图 6.9。

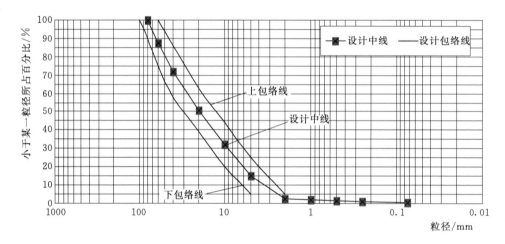

图 6.8　滤料Ⅱ设计上、下包络线及中线

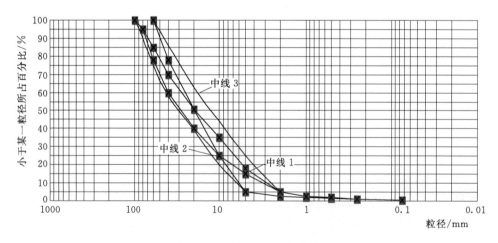

图 6.9　反滤料Ⅱ三条特殊曲线

（2）试验结果。反滤料Ⅱ标准级配曲线下最大、最小干密度试验成果见表6.12。

表6.12 反滤料Ⅱ相对密度试验成果

| 配制曲线 | 试验组数 | 最大干密度实测平均值/(g·cm⁻³) | 最小干密度实测平均值/(g·cm⁻³) | 特征粒径 | | | | 不均匀系数 $C_u$ | 曲率系数 $C_c$ | <20mm含量 $S_{20}$/% | <10mm含量 $S_{10}$/% | <5mm含量 $S_5$/% |
|---|---|---|---|---|---|---|---|---|---|---|---|---|
| | | | | $D_{60}$ | $D_{30}$ | $D_{15}$ | $D_{10}$ | | | | | |
| 上包线 | 4 | 2.15 | 1.61 | 19 | 6 | 3.1 | 2.4 | 7.9 | 0.79 | 63 | 44 | 25 |
| 中线 | 4 | 2.07 | 1.57 | 27 | 9 | 5.0 | 3.4 | 7.9 | 0.88 | 51 | 32 | 15 |
| 下包线 | 4 | 1.91 | 1.48 | 42 | 14 | 8.0 | 6.0 | 7.0 | 0.78 | 39 | 20 | 5 |
| 中线1 | 2 | 2.11 | 1.57 | 28 | 8 | 4.0 | 2.8 | 10.0 | 0.82 | 51 | 35 | 18 |
| 中线2 | 2 | 2.06 | 1.57 | 40 | 13 | 5.0 | 3.2 | 12.5 | 1.32 | 40 | 25 | 15 |
| 中线3 | 2 | 1.87 | 1.46 | 25 | 12 | 7.0 | 5.9 | 4.2 | 0.98 | 51 | 25 | 5 |

填筑的反滤料Ⅱ的实测级配线都处于中线1、中线2及上包络线之间，而通过对现场试坑料进行的最大干密度试验平均值为2.10g/cm³，此结果与室内配制的中线1、中线2和上包络线试验结果（2.06g/cm³、2.11g/cm³、2.15g/cm³）相吻合。

（3）回归分析。通过对以上试验结果分析，可以得出最大、最小干密度分别与各特征粒径及不均匀系数 $C_u$、曲率系数 $C_c$、小于20mm含量（$S_{20}$）、小于10mm含量（$S_{10}$）和小于5mm含量（$S_5$）之间的关系。由于中线3的不均匀系数 $C_u=4.2$ 在施工中很少出现，在进行回归分析时暂不引用。典型的回归曲线及方程分别见图6.10～图6.13。

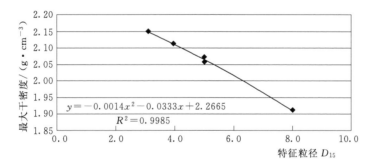

图6.10 最大干密度与特征粒径 $D_{15}$ 关系曲线图

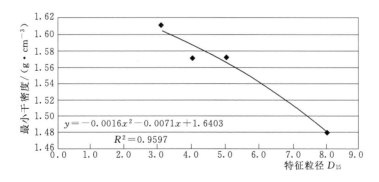

图6.11 最小干密度与特征粒径 $D_{15}$ 关系曲线图

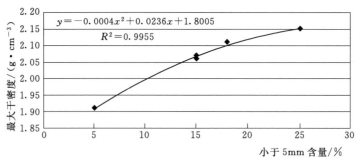

图 6.12　最大干密度与小于 5mm 含量关系曲线图

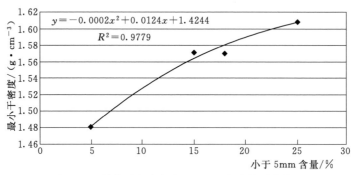

图 6.13　最小干密度与小于 5mm 含量关系曲线图

通过以上各因素与最大、最小干密度值的关系曲线图分析可知：特征粒径 $D_{15}$ 和小于 5mm 含量与最大、最小干密度值相关性最好，其相关系数分别为：特征粒径 $D_{15}$（$R^2_{pd\max} = 0.998$，$R^2_{pd\min} = 0.960$），小于 5mm 含量（$R^2_{pd\max} = 0.996$，$R^2_{pd\min} = 0.978$）。分析设计中线及中线 1、中线 2，其特征粒径 $D_{15}$ 分别为：5mm、4mm、5mm，其小于 5mm 含量分别为：15%、18%、15%，代表了反滤料Ⅱ级配的同一个特征。因此反滤料Ⅱ最大、最小干密度值与其中的细料含量密切相关。为方便现场施工填筑质量控制，可按小于 5mm 颗粒含量（$S_5$）来计算反滤料Ⅱ最大、最小干密度值，见表 6.13。

表 6.13　　　反滤料Ⅱ小于 5mm 颗粒不同含量对应的最大、最小干密度值

| 小于 5mm 含量 $S_5$/% | 最大干密度 /(g·cm⁻³) | 最小干密度 /(g·cm⁻³) | 小于 5mm 含量 $S_5$/% | 最大干密度 /(g·cm⁻³) | 最小干密度 /(g·cm⁻³) |
|---|---|---|---|---|---|
| 5 | 1.91 | 1.48 | 16 | 2.08 | 1.57 |
| 6 | 1.93 | 1.49 | 17 | 2.09 | 1.58 |
| 7 | 1.95 | 1.50 | 18 | 2.10 | 1.58 |
| 8 | 1.96 | 1.51 | 19 | 2.10 | 1.59 |
| 9 | 1.98 | 1.52 | 20 | 2.11 | 1.59 |
| 10 | 2.00 | 1.53 | 21 | 2.12 | 1.60 |
| 11 | 2.01 | 1.54 | 22 | 2.13 | 1.60 |
| 12 | 2.03 | 1.54 | 23 | 2.13 | 1.60 |
| 13 | 2.04 | 1.55 | 24 | 2.14 | 1.61 |
| 14 | 2.05 | 1.56 | 25 | 2.14 | 1.61 |
| 15 | 2.06 | 1.57 | 26 | 2.14 | 1.61 |

通过对比试验，验证反滤料Ⅱ最大、最小干密度值与其级配组成密切相关，按 5mm 以下含量 $S_5$ 回归后的精度可以满足施工需要。反滤料Ⅱ可根据现场填筑料的级配变化，按其小于 5mm 颗粒含量（$S_5$），通过以下回归式求解出最大、最小干密度值。

$$\rho_{d\max} = -0.0004S_5^2 + 0.0236S_5 + 1.8005$$

$$\rho_{d\min} = -0.0002S_5^2 + 0.0124S_5 + 1.4244$$

### 6.4.3　效果

糯扎渡心墙堆石坝反滤料填筑后实测结果表明，用表 6.13 中的参数计算出来的检测结果精度可满足现场填筑施工的需要，一次相对密度检测用时缩短到 2h 以内。当反滤料颗粒形状发生变化时，其最大、最小干密度也会发生较大变化。颗粒浑圆时，最大、最小干密度比较大；反滤料中针状、片状颗粒含较多时，最大、最小干密度会偏小。实际应用中，每周或级配发生明显变化时，需重新测定反滤料最大、最小干密度，对上述成果进行校核。

## 6.5　堆石体密度检测附加质量法改进的方法

堆石体密度是体现堆石坝质量的重要参数。因此，堆石体密度检测对于保证大坝施工质量具有重要意义。工程中常见的堆石体密度检测方法包括直接法和间接法两类。直接法通常为坑测法，这种方法较为准确，但存在检测效率低、成本高等不足。间接法有压实沉降观测法、振动碾装加速度计法、控制碾压参数法、静弹模法、动弹模法、面波法、核子密度法等。其中，前 5 种属定性分析法，不能得到定量数据；而面波对 1m 以内的表层信息反映不准确，使用面波法测定堆石体密度效果不好；核子密度法要求现场有严格的防护措施，且对测试对象的尺度有较严格的限制，因此有较大的局限性。随着技术的进步，1999 年李丕武等将附加质量法引入堆石体密度的检测中，可以较为准确地得到堆石体的密度。该方法具有方便、无损等特点，而且适用于不同颗粒大小的堆石体，为大坝填筑施工提供了一种便捷实用的检测手段[63]。糯扎渡大坝施工过程中采用了附加质量法检测堆石体密度，并进行了一定的改进。

### 6.5.1　特点与难点

虽然附加质量法在堆石体密度检测中已经有了较为广泛的应用，施工过程中发现附加质量法仍然有一定的缺陷，需进一步改进。

（1）在目前常用的附加质量法当中，往往采用 5 级质量块进行测试。但是，由于测试方法、条件等限制，主频提取往往并不准确，在 5 个主频中有 1 个数据偏差较大的情况较为常见。

（2）原有主频确定方案是选取几次测试中主频相近两组数据，将其对应主频作为实测主频。这种方法存在较大主观因素，而且实际上有可能两组数据同样误差较大，只是碰巧相近。

（3）在附加质量法测试过程中，偏移距和震源的高度对测试结果的影响往往被忽视。

### 6.5.2　方法

#### 6.5.2.1　测定堆石体密度的附加质量法介绍

附加质量法测定堆石体密度的示意图见图 6.14（a）。在堆石体表面放置重量为 $\Delta_m$ 的质量块，在质量块上布置检波器，在质量块附近利用落锤作为震源激发。在附加质量法中，将测试模型简化为质弹模型见图 6.14（b）。其中 $m_0$ 为堆石体的参振质量，$\Delta_m$ 为质量块的质量。根据质弹模型的性质，可得到如下公式：

$$m\ddot{z} + kz = 0 \tag{6.4}$$

$$m = m_0 + \Delta_m \tag{6.5}$$

$$k = \omega^2 m \tag{6.6}$$

$$\omega = 2\pi f \tag{6.7}$$

$$z = A\sin(\omega t + \phi) \tag{6.8}$$

式中　$m$——总的参振质量，kg；

$\quad z$、$\ddot{z}$——质量块振动的位移和加速度，m 和 m/s$^2$；

$\quad k$——弹簧刚度，N/mm；

$\quad \omega$、$f$——振动的圆频率和频率，rad/s 和 Hz。

设 $D = \dfrac{1}{\omega^2} = \dfrac{1}{4\pi^2 f^2}$，则由式（6.5）和式（6.6），有

$$m_0 + \Delta_m = Dk \tag{6.9}$$

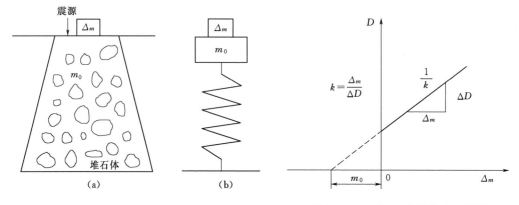

图 6.14　堆石体模型

（a）实际测试模型；（b）质弹模型

图 6.15　$\Delta_m$ 与 $D$ 之间关系示意图

由此可见，附加质量 $\Delta_m$ 与变量 $D$ 之间的关系是线性的，见图 6.15。当附加质量 $\Delta_m$ 改变时，振动频率 $f$ 随之变化，因而变量 $D$ 也随之变化，对一系列的附加质量 $\Delta_m$ 与变量 $D$ 进行线性回归即可得到弹簧刚度 $k$。在目前常用的方法中，往往采用 5 级左右的附加质量进行测试。堆石体对应的质弹模型的弹簧刚度 $k$ 与堆石体密度 $\rho$ 之间的关系式近似线性的。因此，只要事先在待测场地率定弹簧刚度 $k$ 与堆石体密度 $\rho$ 之间的关系式，即可由弹簧刚度 $k$ 得到堆石体密度 $\rho$。

#### 6.5.2.2 附加质量法测试结果的分析及改进

1. 附加质量的级数对测试结果的影响

在目前常用的附加质量法当中，往往采用 5 级质量块进行测试。以糯扎渡堆石坝建设项目为例，测试中采用 2～6 个质量块分别测试主频，每个质量块重 75kg。但是，由于测试方法、条件等的限制，主频的提取往往并不准确，在 5 个主频中有 1 个数据偏差较大的情况较为常见。

现在假设只利用两个不同的主频 $\omega_1$、$\omega_2$ 来得到刚度 $k$，则

$$k = \frac{\Delta_m}{\Delta D} = \Delta_m \frac{\omega_1^2 \omega_2^2}{\omega_2^2 - \omega_1^2} \approx \frac{\Delta_m \omega_1^3}{2\Delta\omega} \tag{6.10}$$

则令 $\Delta_m \omega_1^3 = A$，假设 $\Delta\omega$ 存在误差 $\varepsilon$，则实际计算得到的刚度为

$$k' = \frac{A}{2(\Delta\omega + \varepsilon)} \tag{6.11}$$

因此，刚度的误差可写为

$$\Delta k = k' - k = \frac{-\varepsilon A}{2\Delta\omega(\Delta\omega + \varepsilon)} \tag{6.12}$$

相对误差为

$$\frac{\Delta k}{k} = \frac{-\varepsilon}{\Delta\omega + \varepsilon} \tag{6.13}$$

由于 $\Delta\omega$ 本身较小，因此刚度的相对误差往往较大。以实际数据为例，$\Delta_m = 75\text{kg}$，假设 $\omega_1 = 50\text{Hz}$，$\omega_2 = 52\text{Hz}$，则 $\Delta\omega = 2\text{Hz}$。若 $\omega$ 的计算存在 1% 以内的相对误差，即实际提取的主频满足 $49.5\text{Hz} < \omega_1' < 50.5\text{Hz}$，$51.5\text{Hz} < \omega_2' < 52.5\text{Hz}$，因此 $-1\text{Hz} < \varepsilon < 1\text{Hz}$。由此计算的刚度相对误差有

$$-33.3\% < \frac{\Delta k}{k} < 100\% \tag{6.14}$$

可见，只利用两个不同的主频来推得刚度，主频提取时 1% 的相对误差即有可能造成得到刚度 $-33.3\%$ 到 100% 的相对误差。在不改变主频测试的精度的情况下，降低这一误差的唯一方法就是利用更多的主频数据来得到刚度。

以糯扎渡水电站编号为 01 - 11 - 1410 - 0222 - 7 的测点为例，将附加质量的级数由 5 级增加为 9 级，分别为 450kg、410kg、375kg、335kg、300kg、260kg、225kg、185kg、150kg。利用 9 级附加质量和原来的 5 级附加质量测试的结果见图 6.16。利用 9 级附加质量和 5 级附加质量测试得到的刚度分别为 101.7888N/m 和 104.9581N/m，差别并不大。然而，假设质量块质量为 450kg 时主频测试存在 1% 的误差，则利用 9 级附加质量和 5 级附加质量得到的 $m$ - $D$ 曲线图 6.17。

当质量块质量为 450kg 时主频测试存在 1% 的误差时，若利用 9 级质量块测试，则刚度 $k$ 增加了 3.63N/m，相对误差为 3.6%；而若利用 5 级质量块测试，则刚度 $k$ 增加了 5.86N/m，相对误差为 5.6%。可见，增加质量块级数可以提高刚度测试结果的稳定性。

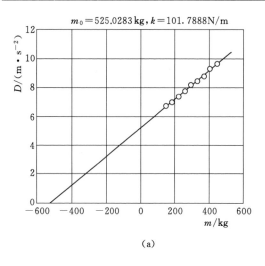
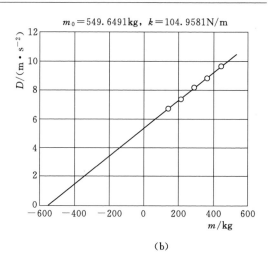

(a)            (b)

图 6.16    $m-D$ 关系曲线

(a) 利用 9 级质量块测试的结果；(b) 利用 5 级质量块测试的结果

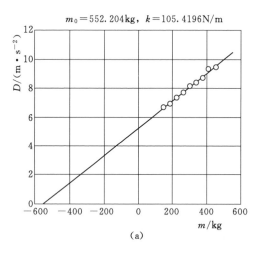
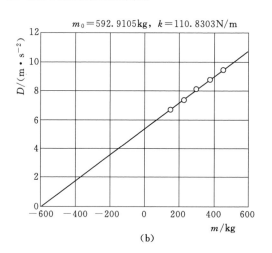

(a)            (b)

图 6.17   当质量块为 450kg 时的主频存在 1% 的误差时的 $m-D$ 关系曲线

(a) 利用 9 级质量块测试的结果；(b) 利用 5 级质量块测试的结果

因此，在条件允许的情况下，建议将附加质量级数由目前的 5 级增加到 10 级以上，这样可以显著提高刚度测试的稳定性，进而提高密度测试的稳定性。

2. 主频的确定方法对测试结果的影响

原有的主频确定方法是选取几次测试中主频相近的两组数据，将其对应的主频作为实测主频。这种方法存在较大的主观因素，而且实际上有可能两组数据同样误差较大，只是碰巧相近。因此利用原有的主频确定方法所得结果出现较大误差的可能性比较大。在实验中，利用原有的 5 级附加质量进行测试，对于每一级附加质量激发并提取 20 组主频数据，对这 20 组主频数据利用统计学方法剔除异常数据，求出剩余数据的算术平均值作为该附加质量条件下的主频。以糯扎渡水电站编号为 01-21-2410-0198-7 的测点为例，测试得到的主频数据见表 6.14。

表 6.14                          测点 01－21－2410－0198－7 的主频数据

| 序号 | 质量块 150kg 时的主频/Hz | 质量块 225kg 时的主频/Hz | 质量块 300kg 时的主频/Hz | 质量块 375kg 时的主频/Hz | 质量块 450kg 时的主频/Hz |
|---|---|---|---|---|---|
| 1 | 53.833 | 50.637 | 49.123 | 46.599 | 45.590 |
| 2 | 54.338 | 51.982 | 50.132 | 47.104 | 45.926 |
| 3 | 53.665 | 50.300 | 49.291 | 47.104 | 45.926 |
| 4 | 54.506 | 50.468 | 50.132 | 47.104 | 45.758 |
| 5 | 53.328 | 50.973 | 49.291 | 46.936 | 46.263 |
| 6 | 52.824 | 51.141 | 49.796 | 47.440 | 46.095 |
| 7 | 54.506 | 51.478 | 49.291 | 47.104 | 45.758 |
| 8 | 54.169 | 50.805 | 48.954 | 47.609 | 46.095 |
| 9 | 54.842 | 50.637 | 48.618 | 47.104 | 46.263 |
| 10 | 55.347 | 51.310 | 48.954 | 47.777 | 46.263 |
| 11 | 54.842 | 51.141 | 48.954 | 47.440 | 45.758 |
| 12 | 53.665 | 50.805 | 49.123 | 47.272 | 46.599 |
| 13 | 55.852 | 50.973 | 49.291 | 47.440 | 45.590 |
| 14 | 54.506 | 50.973 | 49.291 | 47.609 | 46.431 |
| 15 | 58.207 | 51.478 | 48.786 | 47.945 | 46.263 |
| 16 | 53.160 | 50.637 | 48.954 | 47.272 | 46.431 |
| 17 | 54.506 | 51.310 | 48.618 | 46.936 | 46.599 |
| 18 | 54.338 | 51.814 | 49.459 | 46.599 | 46.263 |
| 19 | 55.347 | 50.637 | 48.618 | 47.104 | 45.758 |
| 20 | 54.338 | 51.141 | 49.291 | 47.945 | 46.599 |

由于每组待处理数据有 20 个数据，适合利用统计学中的 $t$ 检验准则剔除异常数据。根据统计学中的 $t$ 检验准则，对于某一次测试的主频 $f$，先将该主频数据排除在外，求出其他 19 个主频数据的算术平均值 $\overline{f}$ 和标准偏差 $s$。若该数据满足：

$$|f-\overline{f}|>K(n,a) \tag{6.15}$$

则该数据应予以剔除。

式中    $a$——显著性水平；

$K(n,a)$——$t$ 检验系数；

$\quad\quad n$——数据总数，当取显著性水平 $a$ 为 0.05 时，$K(n,a)$ 的取值依据《实验误差与数据处理》[64]。利用 $t$ 检验准则剔除异常数据后，求出剩余数据的算术平均值见表 6.15。

表 6.15                              算 术 平 均 值 数 据

|  | 附加质量 150kg | 附加质量 225kg | 附加质量 300kg | 附加质量 375kg | 附加质量 450kg |
|---|---|---|---|---|---|
| 根据 $t$ 检验准则去除的异常主频/Hz | 58.207 | 51.982 | 50.132 | — | — |
| $t$ 检验准则处理后得到的平均主频/Hz | 54.311 | 50.982 | 49.095 | 47.272 | 46.111 |

由表 6.15，当附加质量为 300kg 时，两个被剔除的异常主频同为 50.132Hz，若采用原有的主频确定方法，这两个主频相等，波形接近，而且小于附加质量 225kg 时的主频，因此是可以作为测试结果进行保留的。然而在本实验中，利用 $t$ 检验准则处理后得到的平均主频为 49.095Hz，与之有较大的差别。因此，此时若采用原有的主频确定方法将会产生较大的误差。由表 6.15 中得到的平均主频和采用常规测试方法得到的主频计算的刚度见图 6.18（a）、（b）。采用主频统计确定方案处理后求得刚度 91.04N/m，而原方法得到的刚度为 79.95N/m，相对误差达到了 12.1%，可见有必要采用更为合理的主频统计确定方法处理主频数据。

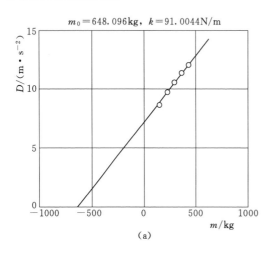

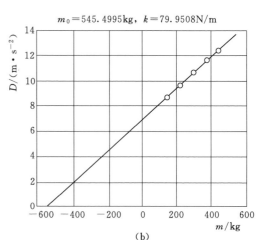

图 6.18  $m - D$ 关系曲线
(a) 采用新方法处理后的结果；(b) 原方法结果

在实际应用中，建议通过如下步骤进行测试。

（1）保持测试参数不变，激发并提取 20 组时域信号，同时利用时域信号得到其对应的主频数据，在测试时可根据经验随时人为剔除掉明显异常的数据，最终保留 20 组数据。

（2）根据 $t$ 检验准则给出建议舍弃的数据及舍弃这些数据后的其他数据的算术平均值和标准偏差。

（3）操作人员根据程序建议选择舍弃哪些数据。

（4）若舍弃数据个数小于等于 5 个，计算剩余数据的算术平均值作为实测主频。若舍弃数据个数大于 5 个时，再进行测试补充相同个数的数据，重复步骤 2、3，直到剩余数据个数大于等于 15 个，计算算术平均值作为实测主频。

在利用原来的方法进行测试时，由于主频提取的稳定性并不好，所以为了得到较为理想的结果经常要重复激发并提取波形 10 次以上。因此，与原有的主频测试方法相比，这种方法的工作量没有明显增加，但所得结果更可靠。

3. 测试参数及外界因素对主频测试结果的影响

在附加质量法测定堆石体密度时，规范测试方法对于保证测试结果可靠性和准确性有重要意义。落锤重量应在 50kg 左右，锤底直径约 200mm，在附加质量块与地面之间应有 20mm 厚的砂层使得附加质量块水平。但是在附加质量法的测试过程中，偏移距和震源的高度对测试结果的影响往往被忽视。另外，在利用附加质量法测定堆石体密度时，经常会在测点附近放置一些杂物，如暂不使用的质量块等，以往认为这对测试结果没有明显的影响。下面研究这些因素对主频测试结果的影响。

为了研究偏移距和震源的高度对主频测试结果的影响情况，计算了不同震源高度和偏移距情况下提取得到的平均主频和主频的标准偏差。将附加质量固定为 225kg，分别在偏移距 20cm、40cm、60cm、100cm，震源高度 20cm、40cm、60cm 的情况下激发并提取 20 组主频数据，得到不同震源参数时的平均主频和主频提取的标准偏差见表 6.16和表 6.17。

表 6.16　　　　　　　　　　　　不同震源参数时的平均主频

|  | 偏移距 20cm | 偏移距 40cm | 偏移距 60cm | 偏移距 100cm |
|---|---|---|---|---|
| 震源高度 20cm | 52.29Hz | 53.98Hz | 54.67Hz | 57.24Hz |
| 震源高度 40cm | 51.50Hz | 52.16Hz | 54.03Hz | 55.96Hz |
| 震源高度 60cm | 52.74Hz | 53.16Hz | 53.81Hz | 55.20Hz |

表 6.17　　　　　　　　　　　　不同震源参数时主频的标准偏差

|  | 偏移距 20cm | 偏移距 40cm | 偏移距 60cm | 偏移距 100cm |
|---|---|---|---|---|
| 震源高度 20cm | 0.8896Hz | 0.5088Hz | 0.8249Hz | 0.6946Hz |
| 震源高度 40cm | 0.4273Hz | 0.6672Hz | 1.2282Hz | 0.9267Hz |
| 震源高度 60cm | 0.3918Hz | 0.5646Hz | 1.0053Hz | 0.6524Hz |

由表 6.16，当震源高度固定时，偏移距越大，提取的主频就越高，这说明当偏移距增加时，参振质量有所增大。而当偏移距固定时，主频随震源高度的变化并不规律。但是，可以看到无论偏移距还是震源高度对主频的数值都有一定的影响，因此在包括率定阶段的附加质量法测试全过程中应尽量保证震源参数不变。在目前常见的附加质量法测试中，通常采用人工落锤的方式进行激振，这使得每次测试的震源高度和偏移距都会发生一定的偏差。因此建议在条件允许的情况下采用可调节参数的可控自动震源进行激振。

表 6.17 可知，不同的震源参数对主频提取的标准偏差有一定的影响，即震源参数的选取会对主频提取的稳定性有影响。在不同震源高度下主频提取的标准偏差随偏移距的变化情况见图 6.19。总的来说，震源高度较高，偏移距较小时主频提取的稳定性较高。当偏移距取 20cm，震源高度取 60cm 时，主频提取的稳定性最高。因此，当采用可控自动震源进行激振时，建议尽量选取较小的偏移距和较高的震源高度以提高主频提取的稳定性。

为研究测试时质量块旁边放置重物对测试结果是否存在影响，当使用重为 $\Delta_m$ 的附加质量块进行测试时，在旁边放置重为 $\Delta_m'$ 的质量块，二者距离为 $d$，实验的示意见图 6.20。改变 $\Delta_m$ 和 $\Delta_m'$ 以及 $d$ 的取值以研究当附加质量块旁不同距离放置重量大于、等于或小于它的重物对测试结果的影响情况。

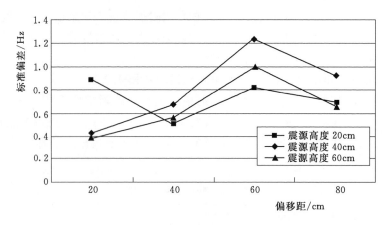

图6.19 不同震源高度下主频提取的标准偏差随偏移距的变化情况

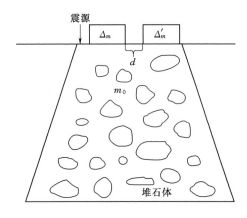

图6.20 附加质量块旁放置重物的
测试示意图

对糯扎渡水电站测点 01 - 19 - 1510 - 0273 - 3 进行了实验。$\Delta_m$ 和 $\Delta'_m$ 的取值见表6.18。距离 $d$ 分别取 0cm、20cm、40cm、60cm、100cm 进行测试，每次测试提取 20 个主频。图 6.21 为提取主频的标准偏差随距离 $d$ 的变化情况。可以看到，当测试使用的质量块较重时，提取主频的标准偏差较小，即测试使用的质量块较重时主频提取的稳定性较好。反之，当测试使用的质量块较轻时主频提取的稳定性较差。除了 $\Delta_m=150\text{kg}$，$\Delta'_m=300\text{kg}$，$d=0$ 的情况以外，质量块之间的距离对主频提取的稳定性影响较小。而当 $\Delta_m=150\text{kg}$，$\Delta'_m=300\text{kg}$，$d=0$ 的时

候，多数频域波形见图 6.22（a），在低于主频的区域存在一个幅值相对较小的"次峰"，这是由于旁边放置的质量块质量大于测试使用的质量块，其在激振后自振而成为一个二次震源

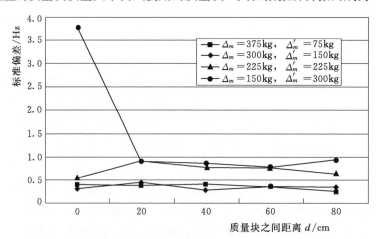

图6.21 主频的标准偏差随距离 $d$ 的变化情况

216

造成的。而在个别情况下，频域波形的"次峰"的幅值会大于图 6.22（a）中主频对应的幅值，形成图 6.22（b）的频域波形。在这种情况下，由于旁边放置的质量块质量相对较大，其自振对测试数据造成较大的影响，使得主频提取稳定性极差。因此，在紧挨着质量块的位置放置重量大于质量块的重物会严重影响主频提取的稳定性，但其他情况对主频提取的稳定性影响很小。

图 6.22 当 $\Delta_m=150\text{kg}$，$\Delta_m'=300\text{kg}$，$d=0$ 时的频域波形
（a）多数情况存在一个"次峰"；（b）个别情况"次峰"的幅值大于（a）中主频对应的幅值

表 6.18 $\Delta_m$ 和 $\Delta_m'$ 的取值

| $\Delta_m/\text{kg}$ | 375 | 300 | 225 | 150 |
|---|---|---|---|---|
| $\Delta_m'/\text{kg}$ | 75 | 150 | 225 | 300 |

图 6.23 为提取的主频经过 $t$ 检验准则剔除异常数据后的平均值随距离的变化情况。可以看到，提取的主频受到质量块之间距离的影响较为明显，尤其是当重物的重量大于等于质量块的重量时，提取的主频受到的影响较大。可见，在测试的质量块附近放置重物会对提取的主频造成一定的影响。因此，建议在利用附加质量法进行测试时，在距离质量块1m 以内的区域内尽量避免放置重物，尤其是尽量避免放置重量接近或超过质量块的重物。

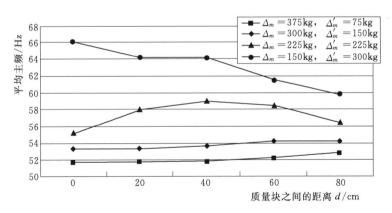

图 6.23 平均主频随 $d$ 的变化曲线

## 6.5.3 效果

附加质量法通过实时测定堆石体密度，以便随施工碾压进度及时发现和揭露堆石体内部缺陷，达到控制大坝填筑碾压施工质量的目的。在糯扎渡水电站施工过程中系列试验研究成果的基础上，有效改进了现有的附加质量法测试方案，大大提高了附加质量法在测定

堆石体密度时的准确性。从应用情况看，检测的数据真实、可靠，操作简单、快速，确保了大坝填筑的质量与进度，取得了较好的效果。

## 6.6　堆石坝料试验检测方法

大坝反滤层与粗堆石料间设置 10m 宽的细堆石过渡料区，细堆石过渡料区以外为堆石体坝壳。堆石料填筑总方量 2606.41 万 $m^3$，高峰期月填筑量达 100 万 $m^3$。根据《碾压式土石坝施工规范》（DL/T 5129—2001）要求，防渗土料每 200～500 $m^3$ 检测 1 次压实度，最高峰每层掺砾土料需检测 14 组左右[65]。所以在工期紧、填筑强度高、坝体结构填筑种类繁多的情况下，如何快速、准确得出坝体压实检测结果是实现大坝填筑目标的关键。必须研究应用高效、可靠的压实质量检测方法[66]。

### 6.6.1　特点与难点

（1）细堆石料。为了保护反滤料安全，协调坝体变形，反滤料与坝壳区堆石料之间设置了细堆石料。设计参数及技术要求：孔隙率 $n=22\%～25\%$，保证率为 $100\%$，压实参考干密度 2.03$g/cm^3$，渗透系数大于 $5×10^{-1}cm/s$，要求级配连续，最大粒径 400mm，小于 5mm 的颗粒含量不超过 $15\%$。坝壳粗堆石料与岩层面之间细堆石料（简称细堆石料 Ⅱ）孔隙率 $n$ 不大于 $20.5\%$ 控制。

（2）坝壳区堆石料。坝壳区主要分坝Ⅰ料和坝Ⅱ料，坝Ⅰ料采用开挖的边坡及洞室的弱风化及微新花岗岩、角砾岩；坝Ⅱ料采用弱风化及微新 $T_2m$ 岩层，下游还包括采用强风化花岗岩。坝Ⅰ料设计参数及技术要求：孔隙率 $n$ 小于 $22.5\%$，压实参考干密度 2.07$g/cm^3$，渗透系数大于 $1×10^{-1}cm/s$，要求级配连续，最大粒径 800mm，小于 5mm 的含量不超过 $15\%$，小于 1mm 的含量不超过 $5\%$；坝Ⅱ料设计参数及技术要求：孔隙率 $n$ 小于 $21.0\%$，压实参考干密度值 $T_2m$ 岩性为 2.17$g/cm^3$，花岗岩岩性为 2.10$g/cm^3$。渗透系数大于 $5×10^{-3}cm/s$，要求级配连续，最大粒径 800mm，小于 5mm 的含量不超过 $15\%$，小于 1mm 的含量不超过 $5\%$。设计级配曲线见图 6.24。

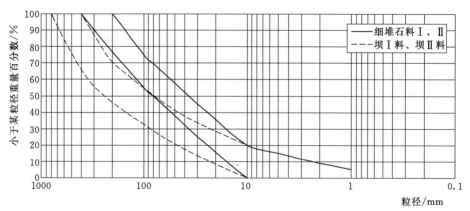

图 6.24　坝壳区粗堆石料曲线图

## 6.6.2　方法

### 6.6.2.1　确定碾压参数

细堆石料施工参数确定为采用自行式 26t 振动碾，碾压时速小于 3km/h。上料采用后退法卸料，推土机及时平料，铺料厚度为 105cm，厚度不应超过层厚的 10%。粗堆石料碾压参数确定采用进占法卸料，推土机及时平料，铺料厚度为 105cm，厚度不应超过层厚的 10%，上坝前需对坝料加 5% 的用水，使用设备与细堆石料一致。

### 6.6.2.2　堆石料试验检测

土石坝堆石体密度检测目前采用较为成熟的灌水法，糯扎渡工地考虑到最大粒径达 800mm，所用塑料薄膜存在一定厚度，对检测结果存在一定误差，为此通过灌砂、灌水法的比对试验对试坑体积进行修正（1%），同时采用"附加质量法"进行相应的复核辅助试验。附加质量法是目前堆石体新的一种辅助检测方法，对堆石体采用 2000m³ 为一个测点，同时对每单元不足 2000m³ 的取 2 点进行控制，远高于试坑检测频率（10000～100000m³），且附加质量法每测一个点用时为 20min，从开始检测至得出成果总共用时不超过半小时。施工过程中，采用附加质量法检测，共进行上千个测点的挖坑灌水法试验，检测密度差值最大值为 0.13g/cm³，只有 1.28% 干密度平均相对误差大于 5%，其余点的相对误差都小于 5%。从现场比对试验，附加质量法与现场挖坑灌水法检测结果干密度误差基本吻合，且误差较小、用时短、无破坏性的特点，为此附加质量法作为辅助检测方法，加密了堆石体密度检测频率，全面掌控大坝料填筑质量，是目前堆石体压实度控制的一种新型检测方法。细堆石料检测结果统计见表 6.19、表 6.20 和图 6.25、图 6.26，检测结果表明细堆石料孔隙率、颗粒级配、渗透系数满足设计要求。

表 6.19　　　　　　细堆石料 Ⅰ 密度、颗粒分析试验检测结果

| 检测项目 | 平均比重 /(g·cm⁻³) | 含水及密度指标 | | | | 级配指标 | 渗透系数 /(cm·s⁻¹) |
|---|---|---|---|---|---|---|---|
| | | 湿密度 /(g·cm⁻³) | 含水率 /% | 干密度 /(g·cm⁻³) | 孔隙率 /% | <5mm 颗粒含量 | |
| 设计值 | — | — | — | — | ≤25 | ≤15 | >5×10⁻¹ |
| 检测组数 | 369 | 369 | 369 | 369 | 369 | 369 | 5 |
| 最大值 | 2.66 | 2.18 | 3.20 | 2.12 | 25.8 | 18.7 | 8.72×10⁻¹ |
| 最小值 | 2.63 | 1.98 | 0.60 | 1.76 | 19.6 | 5.4 | 5.55×10⁻¹ |
| 平均值 | 2.64 | 2.06 | 1.45 | 2.03 | 23.2 | 11.2 | 7.47×10⁻¹ |
| 标准差 | 0 | 0.03 | 0.42 | 0.03 | 0.92 | 1.80 | — |
| 离散系数 | 0.001 | 0.013 | 0.289 | 0.014 | 0.040 | 0.161 | — |

表 6.20　　　　　　细堆石料 Ⅱ 密度、颗粒分析试验检测结果

| 检测项目 | 平均比重 /(g·cm⁻³) | 含水及密度指标 | | | | 级配指标 | 渗透系数 /(cm·s⁻¹) |
|---|---|---|---|---|---|---|---|
| | | 湿密度 /(g·cm⁻³) | 含水率 /% | 干密度 /(g·cm⁻³) | 孔隙率 /% | <5mm 颗粒含量 | |
| 设计值 | — | — | — | — | ≤20.5 | ≤15 | — |
| 检测组数 | 538 | 538 | 538 | 538 | 538 | 538 | — |

| 检测项目 | 平均比重 /(g·cm⁻³) | 含水及密度指标 | | | | 级配指标 | 渗透系数 /(cm·s⁻¹) |
|---|---|---|---|---|---|---|---|
| | | 湿密度 /(g·cm⁻³) | 含水率 /% | 干密度 /(g·cm⁻³) | 孔隙率 /% | <5mm 颗粒含量 | |
| 最大值 | 2.66 | 2.71 | 3.2 | 2.19 | 22.2 | 19.8 | — |
| 最小值 | 2.63 | 2.09 | 0.5 | 2.05 | 17.2 | 6.0 | — |
| 平均值 | 2.64 | 2.16 | 1.6 | 2.13 | 19.5 | 11.5 | — |
| 标准差 | 0 | 0.03 | 0.45 | 0.02 | 0.71 | 1.96 | — |
| 离散系数 | 0.001 | 0.014 | 0.279 | 0.009 | 0.036 | 0.170 | — |

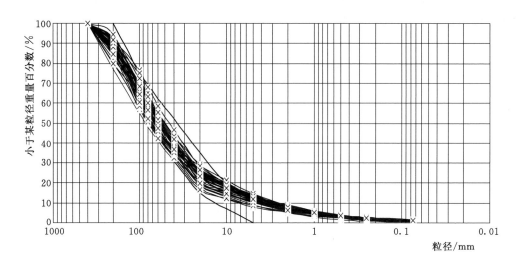

图 6.25　细堆石料 I 颗粒级配曲线图

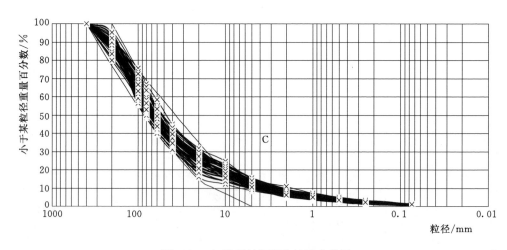

图 6.26　细堆石料 II 颗粒级配曲线图

坝 I 料检测结果统计见表 6.21 和图 6.27，检测结果表明坝 I 料孔隙率、颗粒级配、渗透系数满足设计要求。

表 6.21　　　　　　　　　　　坝Ⅰ料密度、颗粒分析试验检测结果

| 检测项目 | 平均比重 /(g·cm⁻³) | 含水及密度指标 | | | | 级配指标 | | 渗透系数 /(cm·s⁻¹) |
|---|---|---|---|---|---|---|---|---|
| | | 湿密度 /(g·cm⁻³) | 含水率 /% | 干密度 /(g·cm⁻³) | 孔隙率 /% | <5mm 颗粒含量 | <1mm 颗粒含量 | |
| 设计值 | — | — | — | — | ≤22.5 | ≤15 | ≤5 | >1×10⁻¹ |
| 检测组数 | 264 | 264 | 264 | 264 | 264 | 264 | 264 | 5 |
| 最大值 | 2.67 | 2.24 | 2.8 | 2.19 | 22.8 | 19.7 | 9.8 | 7.04×10⁻¹ |
| 最小值 | 2.61 | 2.07 | 0.4 | 2.04 | 16.9 | 3.0 | 1.0 | 5.85×10⁻¹ |
| 平均值 | 2.64 | 2.12 | 1.4 | 2.10 | 20.6 | 9.3 | 4.2 | 6.41×10⁻¹ |
| 标准差 | 0.01 | 0.03 | 0.43 | 0.03 | 1.16 | 2.38 | 1.27 | — |
| 离散系数 | 0.002 | 0.016 | 0.315 | 0.015 | 0.056 | 0.256 | 0.301 | — |

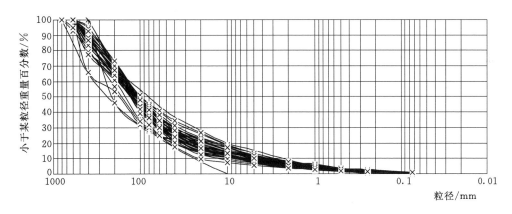

图 6.27　大坝坝Ⅰ料颗粒级配曲线图

坝Ⅱ料检测结果统计见表 6.22 和图 6.28，检测结果表明坝Ⅱ料孔隙率、颗粒级配、渗透系数满足设计要求。

表 6.22　　　　　　　　　　　坝Ⅱ料密度、颗粒分析试验检测结果

| 检测项目 | 平均比重 /(g·cm⁻³) | 含水及密度指标 | | | | 级配指标 | | 渗透系数 /(cm·s⁻¹) |
|---|---|---|---|---|---|---|---|---|
| | | 湿密度 /(g·cm⁻³) | 含水率 /% | 干密度 /(g·cm⁻³) | 孔隙率 /% | <5mm 颗粒含量 | <1mm 颗粒含量 | |
| 设计值 | — | — | — | — | ≤21 | ≤30 | ≤10 | >5×10⁻³ |
| 检测组数 | 307 | 307 | 307 | 307 | 307 | 307 | 307 | 4 |
| 最大值 | 2.77 | 2.30 | 3.6 | 2.26 | 21.5 | 15.8 | 9.7 | 1.0×10⁻² |
| 最小值 | 2.63 | 2.11 | 0.6 | 2.08 | 17.4 | 3.1 | 1.2 | 9.4×10⁻³ |
| 平均值 | 2.72 | 2.21 | 1.4 | 2.18 | 19.9 | 9.5 | 4.3 | 9.8×10⁻³ |
| 标准差 | 0.04 | 0.03 | 0.52 | 0.03 | 0.79 | 2.49 | 1.30 | — |
| 离散系数 | 0.013 | 0.016 | 0.366 | 0.015 | 0.040 | 0.261 | 0.304 | — |

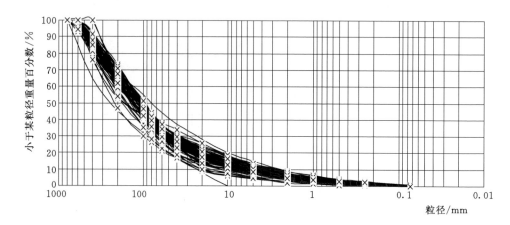

图 6.28  大坝坝Ⅱ料颗粒级配曲线图

### 6.6.3 效果

大坝填筑严格按照设计要求、施工规范及批准的施工工法和施工参数进行施工，堆石料试验检测采用体积修正提高了灌水法的检测精度，利用附加质量法实现了准确、快速质量检测。堆石料填筑共完成单元工程验收评定 1941 个，合格 1941 个，合格率 100%，优良 1833 个，优良率 94.4%。

## 6.7 超大粒径掺砾土料击实特性研究方法

随着筑坝技术与施工机械的发展，防渗土料的原料范围进一步扩大，红土、膨胀土和分散性土都在一些工程中得到了应用，但是其中砾石土甚至风化料仍然为高心墙堆石坝的首选土料。国外在 20 世纪 70 年代用风化岩天然砾质土或人工掺和粗砾土填筑高坝防渗体的做法已相当普遍，1970 年之前，在世界已建成的十余座高于 100m 级的土石坝中，使用粗粒土作防渗体的就占 70%。如美国 1968 年用黏土掺砂砾石作心墙料建成坝高 234m 的奥罗维尔心墙堆石坝，塔吉克斯坦共和国境内的罗贡坝最大坝高为 335m，也采用砾石黏土斜心墙，但至今未建成。国内 20 世纪 80 年代中期在云南修建的鲁布革心墙堆石坝，坝高 103.8m，采用风化砾质土作为心墙防渗料。近年来我国高土石坝采用砾质土作为防渗料也已成为发展趋势，如四川瀑布沟、云南糯扎渡等工程。

### 6.7.1 技术难点

糯扎渡大坝心墙采用掺砾土料（混合土料中掺入 35% 硬岩碎石），混合土料允许最大粒径 150mm，掺碎石最大粒径 120mm，以 2690kJ/m³ 功能下压实度 95% 为设计压实标准。超大粒径掺砾土料应用于 260m 级高土石坝，国内尚属首次，在砾质土料压实特性方面存在一定的技术难点。

（1）掺砾土料超大型击实试验的击实特性。我国现行的试验规程，击实仪最大直径为 300mm，适用于粒径不大于 60mm 的土料。糯扎渡心墙掺砾土料最大粒径为 150mm，远超规范，需研制超大型击实试验来研究全料的击实特性。

（2）掺砾土料的压实标准。依据现行土石坝设计规范，压实度指标可以是针对砾质土的，也可以是针对砾质土中的细料部分，规范没有给出两者之间的对应关系。因此必须探求掺砾土全料压实度与细料密实度的相关关系，便于确定压实标准。

## 6.7.2　方法

戴益华、李锡林和宁占金等在对掺砾土进行一系列击实试验研究以获得掺砾土的击实特性的基础上，进一步研究了全料压实度预控线法及细料（小于20mm）压实度控制法两种质量检测方法[67]，这也为本次研究提供了参考。为确定掺砾土料的压实控制标准，需进行大粒径土料的击实特性实验研究。对不同掺砾量的土料分别进行不同直径的〔A600mm（全料）、A300mm（替代法全料）、A152mm（20mm以下细料）〕击实试验，为掌握掺砾土全料击实特性，通过分析A600mm超大型击实与A300mm大型击实成果的差异性，以确定全料压实度与细料压实度的相关关系。

### 6.7.2.1　击实试验参数

根据击实功能及仪器规格确定了相应的击实参数，研制了国内最大直径为600mm的超大型击实仪。超大型、大型及中型击实试验采用的击实参数见表6.23。

表6.23　　　　　各型击实试验技术参数

| 类别 | 试样最大粒径/mm | 电动击实仪技术参数 | | | | | 层数 | 每层击数 | 冲量/(kNs·m⁻²) | 击实功能/(kJ/m³) |
| | | 筒径/mm | 筒高/mm | 重量/kg | 落距/mm | 锤底直径/mm | | | | |
| 超大型 | 120 | 600 | 600 | 125 | 760 | 300 | 3 | 36 | 6.8 | 595 |
| | | 600 | 600 | 125 | 760 | 300 | 3 | 163 | 6.8 | 2690 |
| 大型 | 60 | 300 | 288 | 35.2 | 600 | 150 | 3 | 19 | 7.0 | 595 |
| | | 300 | 288 | 35.2 | 600 | 150 | 3 | 88 | 7.0 | 2690 |
| 中型 | 20 | 152 | 116 | 4.5 | 457 | 51 | 3 | 21 | 7.0 | 595 |
| | | 152 | 116 | 4.5 | 457 | 51 | 3 | 94 | 7.0 | 2690 |

### 6.7.2.2　试验内容及组数

对两组混合土料按0%、20%、30%、40%、50%、60%、80%、100%共8种全料掺砾量，按595kJ/m³、2690kJ/m³两种击实功能进行试验：A600mm击实仪全料击实，试样最大粒径120mm，全料制样；A300mm击实仪等量替代法全料击实，试样最大粒径60mm，替代法制样；A152mm击实仪小于20mm细料击实，试样最大粒径20mm，剔除法制样。

### 6.7.2.3　击实试验成果

以2690kJ/m³击实功能为例，A600、A300击实试验成果见图6.29。

根据掺砾土料击实试验成果，3种不同击实筒掺砾土料的击实特性如下。

（1）最大干密度与掺砾量关系。掺砾土在A600原级配全料与A300替代法全料击实时，其最大干密度均随掺砾量的增加而呈先增后降的趋势，峰值出现在掺砾量约80%处；

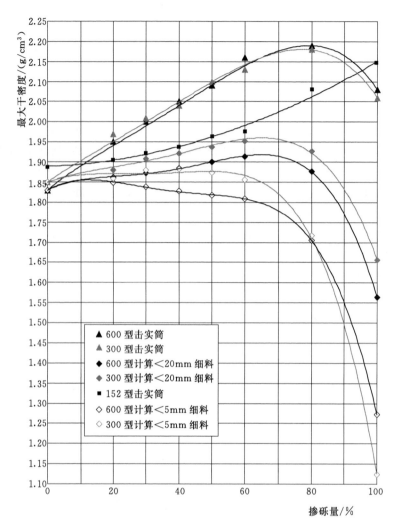

图 6.29  2690kJ/m³ 击实功能下掺砾土击实特性曲线

相应 $P_{20}$ 细料的干密度也随着掺砾量的增加而呈先增后降的趋势，峰值出现在掺砾量约 60%处。当掺砾量大于 60%时，掺砾碎石骨架效应明显，土料出现架空现象。

（2）不同击实仪参数的差异。掺砾土原级配全料与替代法全料在 2690kJ/m³ 高功能下的击实特性有所不同。当掺砾量为 0%~30%时，A600 击实全料最大干密度略小于 A300 击实全料最大干密度，相差在 0.5%~1.5%之间；当掺砾量为 40%~50%时，A600 击实全料最大干密度与 A300 击实全料最大干密度差异不大，相差仅在 0.5%以内；当掺砾量为 60%~100%时，A600 击实全料最大干密度则大于 A300 击实全料最大干密度，相差在 0.5%~2.83%之间。因此，在本工程设计掺砾量范围内，采用 2690kJ/m³ 功能 A300 大型击实成果作为掺砾土全料压实质量控制是合适的。

（3）不同击实功能最大干密度的差异。在 2690kJ/m³、595kJ/m³ 击实功能下得到的最大干密度值相差明显，掺砾量 0~60%范围内 2690kJ/m³ 高击实功能与 595kJ/m³ 标准击实功能可以建立起较为稳定对应关系。当掺砾量在 $30\%\sim40\%$ 之间时，600 型击实 $595\mathrm{kJ/m^3}$ 功能与 $2690\mathrm{kJ/m^3}$ 功能的最大干密度比值为 $96.0\%$，300 型击实 $595\mathrm{kJ/m^3}$ 与 $2690\mathrm{kJ/m^3}$ 功能的最大干密度比值为 $93.6\%$。说明掺砾土设计采用 $2690\mathrm{kJ/m^3}$ 功能下以压实度 $95\%$ 作为质控标准是合适的。

（4）最优含水率规律。在各击实参数下，掺砾土最优含水率均随掺砾量的增加而降低，符合一般规律。

### 6.7.2.4　全料、细料压实度关系

全料压实度（$D$）定义：通过现场试验得出试坑的全料干密度（$\rho_d$），用击实试验确定全料最大干密度（$\rho_{d\max}$），全料压实度 $D=\rho_d/\rho_{d\max}$。细料压实度（$D_x$）定义：假定土体粗颗粒间的孔隙均为细料所填充，通过现场试验得出试坑的细料干密度（$\rho_{dx}$），用击实试验确定细料最大干密度（$\rho_{dx\max}$），细料压实度 $D_x=\rho_{dx}/\rho_{dx\max}$。本次研究得出以下结论。

（1）混合土料不同掺砾量 300mm 直径 $2690\mathrm{kJ/m^3}$ 功能击实及小于 20mm 细料 $2690\mathrm{kJ/m^3}$、$595\mathrm{kJ/m^3}$ 功能击实试验表明，细料压实度与掺砾量有明显关系：随着掺砾量增加，细料压实度逐渐降低，见表 6.24。

表 6.24　全料 300mm $2690\mathrm{kJ/m^3}$ 击实压实度 $D=95\%$ 时细料压实度与掺砾料关系

| 项目 | 掺砾量/% | 0 | 20 | 30 | 40 | 50 | 60 | 80 | 100 |
|---|---|---|---|---|---|---|---|---|---|
| 1 | 全料 300mm $2690\mathrm{kJ/m^3}$ 下，细料干密度/$(\mathrm{g\cdot cm^{-3}})$ | 1.76 | 1.78 | 1.78 | 1.80 | 1.81 | 1.81 | 1.77 | 1.51 |
| 2 | 细料 152mm $595\mathrm{kJ/m^3}$ 下，击实最大干密度/$(\mathrm{g\cdot cm^{-3}})$ | 1.76 | 1.81 | 1.83 | 1.86 | 1.89 | 1.91 | 1.98 | 2.10 |
| 3 | <20mm 细料干密度差值 $1\sim2$/$(\mathrm{g\cdot cm^{-3}})$ | 0 | −0.03 | −0.05 | −0.06 | −0.08 | −0.10 | −0.21 | −0.59 |
| 4 | <20mm 细料压实度 $D_{20}$ $1\sim2$/% | 100.0 | 98.3 | 97.3 | 96.8 | 95.8 | 94.8 | 89.4 | 71.9 |

（2）当击后 $P_{20}$ 含量为 $15\%\sim35\%$（对应掺砾量约为 $20\%\sim50\%$）时，全料压实度 $100\%$ 对应的细料 595 功能压实度平均值在 $104.5\%\sim101.9\%$ 之间，平均 $103.6\%$；全料压实度 $95\%$ 对应的细料 $595\mathrm{kJ/m^3}$ 功能压实度平均值在 $98.7\%\sim94.9\%$ 之间，平均 $97.2\%$。

### 6.7.2.5　细料压实度标准

在 $20\%\sim50\%$ 掺砾量范围内，全料 $2690\mathrm{kJ/m^3}$ 功能压实度 $95\%$ 对应的细料压实度在 $98.7\%\sim94.9\%$ 之间，平均 $97.2\%$。故可认为细料 $595\mathrm{kJ/m^3}$ 功能下 $98\%$ 压实度略高于全料 $2690\mathrm{kJ/m^3}$ 功能压实度 $95\%$ 时土料细料密实度。因此，采用细料 $595\mathrm{kJ/m^3}$ 功能压实度 $98\%$ 进行现场控制是偏于安全的，略高于全料 $2690\mathrm{kJ/m^3}$ 功能下全料压实度为 $95\%$ 的设计要求。

## 6.7.3　效果

研究结果表明，在本工程设计掺砾量范围内采用 $2690\mathrm{kJ/m^3}$ 功能 A300 大型击实成果对掺砾土全料进行质量控制是可靠可行的。该结论在宁占金[68]和乔兰等[69]的研究试验中

也得到了证明。掺砾土料采用全料 2690kJ/m³ 功能压实度 95％的控制标准是合适的，20mm 以下细料 595kJ/m³ 功能 98％压实度作为控制指标，可以达到并略高于全料 2690kJ/m³ 功能 95％压实度标准。

## 6.8　反滤Ⅰ区料碾压试验的方法

反滤料位于心墙防渗土料的上下游侧，对心墙防渗土料起反滤作用。反滤料分 2 个填筑区，即反滤料Ⅰ区、反滤料Ⅱ区。上游侧反滤料Ⅰ区、反滤料Ⅱ区水平宽度均为 4m、下游侧反滤料Ⅰ区、反滤料Ⅱ区水平宽度均为 6m。总填筑量约 203 万 m³。

### 6.8.1　特点与难点

反滤Ⅰ区料由白莫箐石料场开挖的弱风化及微新花岗岩、角砾岩加工料经人工砂石加工系统加工而成。级配连续，最大粒径 20mm，$D_{60}$ 特征粒径 0.7～3.4mm，$D_{15}$ 特征粒径 0.13～0.7mm，小于 0.1mm 的含量不超过 5％。压实密度 1.80g/cm³。渗透系数（5～10）×$10^{-3}$cm/s。

### 6.8.2　方法

反滤料碾压试验主要目的是核实反滤Ⅰ料设计填筑标准的合理性及可行性，研究达到设计填筑标准的压实方法及土料压实质量控制措施及质量检测的有效方法，通过试验和比较确定合适的碾压施工参数，包括压实机械类型、机械参数、铺料厚度、碾压遍数等。其中方法很多，比如王贵杰等通过对于广东惠州抽水蓄能电厂枢纽工程的大量实验，通过控制变量法，得出了试验的最佳加水量、碾压遍数和松铺厚度等参数，为工程的进行确定了指标[70]；宋刚勇就水牛家水电站大坝工程进行土工试验和现场碾压试验后，在获得大量真实有效试验数据的基础上，运用数理统计线性回归法和最小二乘法，以及 Excel 图表分析法对试验数据进行，得出相关参数[71]；王泽生等就糯扎渡水电站大坝 9 种填筑料的碾压试验进行分析、总结，分别取多重试验参数进行对比，最终确定了糯扎渡水电站填筑施工参数[72]，这些都对于本次研究提供了参考。

#### 6.8.2.1　碾压试验前期工作

在碾压试验前，对试验用大坝反滤Ⅰ料进行相关的室内物理、力学性能试验，包括颗分、含泥量、渗透试验、三轴试验、压缩试验、最优含水率等。

#### 6.8.2.2　反滤Ⅰ料碾压

反滤Ⅰ料碾压试验计划进行三场次，根据已有工程经验，这种级配的反滤料，因细料含量较大，其压实效果和含水率关系明显，试验中将含水率作为一项重要指标纳入。

（1）第一场试验。试验场地布置。根据工地现场实际情况，在左岸地面开关站平台选取试验场地，场地平坦，场地地基要求坚实。为减少误差，在正式的碾压试验前应先在选好的碾压试验场地地基上铺筑一层 60cm 厚的试验用反滤Ⅰ料，用振动平碾碾压密实（碾压 6～8 遍至不再发生沉降为止），全站仪控制平整度，人工配合，用振动碾将表面碾压整平，平整度偏差控制为±3cm。场地面积要求。以每一试验单元（一种碾压机械、一个铺料厚度、一个碾压遍数为 1 试验单元）按 6m×10m 计算，一场次所需场地面积约为 32m×45m（包括回车调整区、周边预留尺寸等）。含水率为体积比的 3％、6％；铺料厚度 60cm、70cm；碾压遍数为 2 遍、4 遍、6 遍。在已平整好的场地上用全站仪将试验区各试验点标示于试验场地，用白灰线将各试验块标出，对边界线部位，应用白灰线引出场外，并打桩标示。

现场试验方法和内容。在碾压整平后达到试验要求的场地上，用全站仪将每场的沉降观测点按要求，放点于试验场地上，并记录各取样试验点的高程、位置等。在大坝反滤Ⅰ料加工生产点，用 4m³ 正铲挖掘机取料，32t 自卸车拉运进试验场地，按指定地点进占法卸料，220HP 推土机推平，铺料时用全站仪控制铺料厚度，人工配合精平。铺料分别为 60cm、70cm 两个铺料厚度，铺料厚度偏差控制为±2cm。测量人员用全站仪在已放试验取样点处测松铺高程，计算松铺厚度。用 20t 自行式平碾平行铺土厚度方向行进，前进后退法静碾（行驶速度 1.5～2.0km/h，1 挡中油门，高幅低频运行），一来一回计两遍；在碾压过程中应保持行驶速度的稳定，错车时搭接 10～20cm。在两个铺料厚度上分别碾压 2 遍、4 遍、6 遍后，用全站仪在已放的沉降测试点上测高程，计算压实厚度。用挖坑灌水法（或灌砂法）取样测密实度，烘干法测含水率，试坑直径不小于 30cm，试坑深度为该碾压层层厚，在挖坑取样时应对每个试坑情况进行描述，以便试验数据的分析，每一试验单元取样不少于 10 个。

碾压试验过程描述。试验用料在装运过程中应注意取料的均匀性，避免装料时发生料的分离；推土机在平料过程中应注意尽量一次推平，避免在已铺料层上过多来回走动，以免影响试验效果。碾压时要求碾子行走顺直，不在试验区内错位倒车等。在碾压试验过程中注意观察运输设备运输、卸料方法，铺料方式等对碾压试验的压实质量等的影响。在碾压试验场，检查有无粗细颗粒分离现象。

第一场试验成果整理。

根据现场试验方法和内容所取试样试验结果及碾压试验过程描述情况，整理以下试验成果：整理出碾压前后土料的物理性能试验成果汇总表，整理出碾压试验中各种相关参数的关系曲线，整理出碾压前后沉降量汇总表，整理出碾压试验的其他成果汇总表。

（2）第二场试验。在第一场试验初步了解的反滤Ⅰ料压实性能和确定最优含水率的基础上，根据所整理的沉降量汇总表结果，在上一场试验的基础上选取最优含水率，两个铺料厚度；根据上一场试验中碾压遍数与干密度关系曲线等试验结果等的分析，选取 3 个碾压遍数；进行两种铺料厚度，3 个碾压遍数共计分 6 个试验单元进行试验。目的为选定最佳铺土厚度和最佳碾压遍数。

试验场地布置、现场试验方法及内容、碾压试验过程描述试验场地布置、现场试验方法及内容、碾压试验过程描述均同第一场，场地尺寸为 18m×29m。

第二场试验成果整理。根据现场试验方法和内容所取试样试验结果及碾压试验过程描述情况等，整理以下试验成果。整理出碾压前后土料的物理性能试验成果汇总表；整理出碾压试验中各种相关参数的关系曲线；整理出碾压前后沉降量汇总表；整理出碾压试验的其他成果汇总表。

（3）第三场试验为复核试验。根据第二场碾压试验所得的试验成果的总结分析，确定出反滤Ⅰ料的最佳碾压遍数、最佳铺料厚度，最优含水率，进行反滤Ⅰ料的最佳碾压遍数、最佳铺料厚度等的复核试验。目的在于确定选定的最佳施工碾压参数情况下的合格率。

试验过程与第一、第二场试验相同。

第三场试验成果整理。根据现场试验方法和内容所取试样试验结果及碾压试验过程描述情况等，整理以下试验成果。整理出碾压前后土料的物理性能试验成果汇总表；整理出碾压试验中各种相关参数的关系曲线；整理出碾压前后沉降量汇总表；整理出碾压试验的其他成果汇总表。

### 6.8.2.3  试验资料的整理

（1）整理出碾压试验的成果分析和汇总表。

（2）论证反滤Ⅰ料设计填筑标准的合理性及可行性。

（3）提出反滤Ⅰ料的建议碾压施工参数。

（4）根据试验情况提出实际施工现场的质量控制措施及质量控制方法和施工中的注意事项等。

## 6.8.3  效果

通过大坝反滤料碾压试验，核实反滤料设计填筑标准的合理性及可行性，研究达到设计填筑标准的压实方法。通过试验和比较，确定合适的碾压施工参数，包括压实机械类型、机械参数、铺料厚度、碾压遍数等，研究反滤Ⅰ料压实质量控制措施及质量检测的有效方法。通过碾压试验分析，为大坝反滤料碾压提供科学依据，进而达到降低施工成本，提高施工进度。

## 6.9  堆石坝碾压参数快速选定方法

离散单元法是近年来迅速发展起来的针对颗粒性材料力学理论及其数值模拟的技术，已成功应用于堆石体、级配碎石、宕渣路堤及岩土工程等领域的研究。糯扎渡大坝堆石体施工过程中，采用离散单元法通过宏细观对比，大大缩减试验时间，快速确定施工参数，为高质量完成堆石体填筑任务提供了科学依据。李晓柱等通过分析碾压过程中颗粒的运动规律、密度形成机制及压实特性，采用离散元数值模拟方法应用于堆石坝碾压特性的研究，从而为堆石料选取科学合理的碾压施工参数，验证了此方法的可行性[73]，杨正清将采用的几种碾压方法的施工效率、质量控制、适宜条件等工程指标作分析比较，最终确定乌江洪家渡水电站中错距碾压法和搭接碾压法的具体布局[74]。

### 6.9.1  特点与难点

（1）糯扎渡大坝堆石体大型现场试验耗资大、试验工作量大、周期长。

（2）数据离散性高，难以分析掌握堆石体运动规律、密度形成机制及压实特性等。

## 6.9.2　方法

### 6.9.2.1　堆石坝现场碾压试验

（1）试验概况。糯扎渡水电站大坝为掺砾土心墙堆石坝，由砾质土心墙、上下游反滤区、上下游细堆石料区、上下游粗堆石料区、上下游块石护坡等组成。最大坝高 261.5m，上下游粗堆石区分为坝Ⅰ料和坝Ⅱ料堆石区。

影响坝体稳定的主要影响因素是堆石体的抗剪强度，取决于堆石体的压实干密度、孔隙率，以及堆石料的形状、大小、级配和堆石料质量，因此，为提高堆石体的抗剪强度，保证施工质量，给施工提供科学合理的碾压控制参数，需要进行堆石料的现场碾压试验分析研究。本文主要研究糯扎渡上下游粗堆石区Ⅰ区料源的现场碾压试验，Ⅰ区堆石料来自于消力塘和白莫箐石料场开挖料，其物理力学参数见表 6.25，设计控制指标见表 6.26。

表 6.25　　　　　　　　　　消力塘和白莫箐石料场开挖料物理力学参数

| 岩石类型 | 风化程度 | $\rho$ /(g·cm$^{-3}$) | $\rho_d$ /(g·cm$^{-3}$) | 压实孔隙率 $P$ /% | $\omega_{max}$/% | 抗压强度 $\sigma$/MPa | |
|---|---|---|---|---|---|---|---|
| | | | | | | 干 | 湿 |
| 砂砾岩 | 弱～微 | 2.71 | 2.67 | 1.47 | 0.37 | 124.2 | 93.1 |
| 角砾岩 | 弱 | 2.67 | 2.54 | 4.76 | 0.34 | 84.1 | 68.5 |
| 花岗岩 | 弱 | 2.66 | 2.63 | 1.16 | 0.29 | 143.6 | 120.3 |

表 6.26　　　　　　　　　　Ⅰ区堆石料主要设计控制指标

| 分区 | 料物名称 | 压实孔隙率 $P$/% | 压实干密度/(g·cm$^{-3}$) | 渗透系数 $k$/(cm·s$^{-1}$) |
|---|---|---|---|---|
| UI | 粗堆石料（Ⅰ区） | <22.5 | >2.05 | <0.1 |

（2）试验方法。现场堆石料，200mm 以上的颗粒用钢尺量记其代表粒径，小于 200mm 的用大筛现场筛分至 20mm，小于 20mm 的细颗粒经四分法取样进行室内筛分，以确定全试样级配组成。

大坝Ⅰ区堆石体采用 SANY－YZ26E 型振动碾进行碾压，测定不同级配组成、铺料厚度、加水量及碾压遍数、压实干密度、碾压沉降量、颗粒级配、渗透系数等指标，为大坝施工提供科学合理的施工参数和施工工艺。试验流程按照铺料→厚度测量→洒水→碾压→沉降量测量→试验检测→增加碾压变数→沉降量测量→试验检测的顺序进行。采用进占法铺料，全站仪测量铺料厚度，并计算平均铺料厚度；加水量按照填料体积的百分数由水表计量；堆石料浸润透彻后，按 20cm 错缝搭接振碾，行车速度控制在 2.5km/h 以下。碾压过程中，用全站仪测量每遍的沉降量，并计算出沉降百分比。分别碾压 6 遍、8 遍后，用灌水法检测堆石体的干密度。

### 6.9.2.2　堆石体离散元数值模型

（1）研究思路及模型建立。堆石体的碾压特性由于受其物理特性、碾压参数及应力环境等诸多因素的影响，模拟中通过构建虚拟试件，模拟力学试验，对比分析相应的宏细观力学参数来表征这些影响，在满足精度的前提下，再现碾压下堆石体力学性状的发展过程，故提出了研究思路见图 6.30。

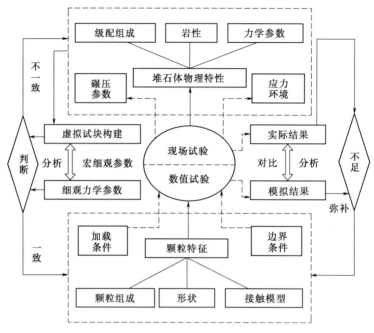

图 6.30　堆石坝碾压试验颗粒流模型试验构建思路

（2）颗粒形状及组成。模型中的颗粒组成采用相似级配法，控制初始孔隙率，大坝 I 区堆石料，$d_{max}=800mm$，$d_{min}=0.1mm$，$d_{max}/d_{min}=8000$，刘东等通过研究颗粒形状对堆石体仿真三轴数值试验力学特性的影响，提出由于堆石体的超大粒径及形状，其强度主

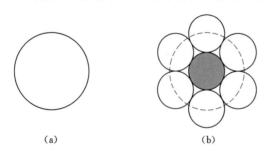

图 6.31　颗粒形状

（a）圆形颗粒；（b）圆锯齿状颗粒

要取决于堆石体之间的摩擦力和咬合力，而圆球颗粒无法模拟，而蒋应军等又验证了圆形颗粒模拟小于 150mm 级配碎石的可行性。鉴于此，为更完整地反映实际级配组成情况，对 150mm 以下级配颗粒采用圆形颗粒，对于 150mm 以上级配颗粒利用 cluster 命令建立类圆形颗粒簇，见图 6.31，这种类圆形颗粒簇类似圆锯齿状，不仅解决高粒径差的问题，还可更好地模拟堆石体之间的摩擦力和咬合力。

（3）接触模型。堆石体属于非线性材料，为了更好地模拟材料的真实特性，本文在下面的分析中均采用了 Hertz 接触刚度模型，该模型与线性接触刚度模型不同，是一种近似非线性接触模型，由颗粒的剪切模量 $G$ 和泊松比 $\nu$ 两个参数决定。其颗粒间接触的法向割线刚度和切向切线刚度分别为

$$K^n=\left[\frac{2\langle G\rangle\sqrt{2\,\widetilde{R}}}{3\times(1-\langle\nu\rangle)}\right]\sqrt{U^n} \tag{6.16}$$

$$K^s=\left[\frac{2\langle G\rangle^2 3\times(1-\langle v\rangle\widetilde{R})^{\frac{1}{3}}}{2-\langle\nu\rangle}\right]|F_i^n|^{\frac{1}{3}} \tag{6.17}$$

以上式中　　$U^n$——颗粒的重叠量；

　　　　　　$|F_i^n|$——颗粒间的法向接触力；

　　$\langle G \rangle$、$\langle v \rangle$——分别为两接触颗粒剪切模量以及泊松比的平均值；

　　　　　　　$R$——两接触颗粒半径乘积与半径平均值的比值。

（4）孔隙率转换。PFC2D 属于二维离散元数值分析软件，因此在孔隙率的转换上存在一定的问题。本书采用 B. P. B. Hoomans 等的方法进行二维和三维孔隙率的转换。

$$\varepsilon_{3D} = 1 - \frac{2}{\sqrt{\sqrt{3}\pi}}(1-\varepsilon_{2D})^{\frac{3}{2}} \tag{6.18}$$

式中　$\varepsilon_{3D}$、$\varepsilon_{2D}$——分别为三维和二维孔隙率。

（5）碾压荷载的施加。数值模型通过将 31 个直径为 0.3m 的颗粒球叠合一起构成 Clump 块来模拟实际振动碾，见图 6.32。

振动碾压采用的弹跳模型[21]的运动方程为

$$M\ddot{S} = -Mg + M_e\omega^2\sin(\varphi_0+\omega t) \tag{6.19}$$

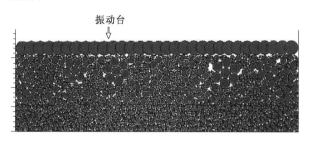

图 6.32　堆石坝振动碾压数值模型

任意时间振动碾速度为

$$V(t) = -9.81t - 0.051\cos(\pi/10+62\pi) + 0.049 \tag{6.20}$$

运用能量等价法 $E = E_D + E_s + E_C$，可得出振动碾压台每遍碾压试验所施加的细观参数，施加的碾压荷载见图 6.33。

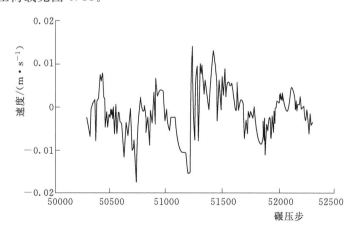

图 6.33　施加的碾压荷载

碾压试验的数值模拟采用与实际大型试验相仿的尺寸和 3 组摊铺厚度，模型尺寸为 6m×2m（宽×高），选取摊铺厚度分别为 100cm、105cm 和 120cm。模型边界由左、右和下部 3 道墙体形成，底层铺设 50cm 的级配碎石垫层，预先碾压平衡后铺设堆石体，建立颗粒流模型，模型细观参数见表 6.27。

表 6.27　　　　　　　　　　　　　　数 值 模 型 细 观 参 数

| 工 况 | 颗粒密度 $\rho$ /(g·cm⁻³) | 剪切模量 $G$ /(10¹²Pa) | 泊松比 $\nu$ | 摩擦因数 $f_u$ | 阻尼系数 $d$ | 粒径范围 /mm |
|---|---|---|---|---|---|---|
| 不加水 | 2.71 | 3.0 | 0.24 | 1.0 | 0.20 | |
| 加水5% | 2.67 | 2.9 | 0.24 | 0.8 | 0.20 | |
| 加水10% | 2.61 | 2.8 | 0.23 | 0.7 | 0.20 | 5~650 |
| 加水15% | 2.53 | 2.2 | 0.20 | 0.5 | 0.20 | |
| 振动台 | 7.80 | 8.2 | 0.30 | — | — | 300 |
| 颗粒簇 | 2.71 | 3.0 | 0.24 | 1.0 | 0.20 | — |
| 褥垫层 | 2.54 | 3.0 | 0.21 | 0.6 | 0.15 | 1~90 |

### 6.9.2.3　堆石坝碾压试验结果分析

Ⅰ区堆石料料源碾压试验分为现场碾压试验及离散元数值碾压试验，数值碾压试验以现场碾压试验为背景，并与现场碾压试验相互对应，共进行46组试验，前24组试验通过现场筛分Ⅰ区堆石料料源选取不同级配组成，探讨粒径分布对碾压质量的影响，以确定最佳级配范围；之后按照最佳级配范围选取4组级配组成，进行22组工况的碾压试验，以分析堆石体在碾压过程中颗粒的运动规律、密度形成机制及压实特性，最后将数值试验结果与实际室内及现场试验结果进行对比分析，确定科学合理的碾压施工参数，并验证整个数值碾压试验过程的可行性。

1. 粒径分布对碾压质量的影响

堆石体粒径分布具有统计概率分布特征，通过现场堆石料粒径筛分，绘出粒径对数分布曲线，见图6.34，可见分布曲线近似正态分布，中间粒径30~70mm的颗粒含量明显较大，显然，在振动碾压作用下，对堆石体干密度影响也比较大，同时，细颗粒和粗颗粒对堆石体骨架形成起重要作用，因此，本文主要研究 $P_5$（小于5mm颗粒，下同），$P_{200}$ 及 $P_{30\sim70}$（大于30mm，小于70mm的颗粒）百分含量对堆石体碾压质量的影响。

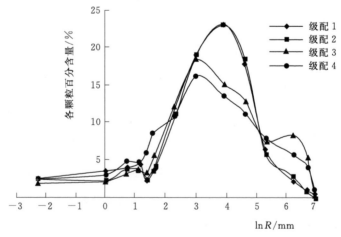

图 6.34　堆石体粒径对数分布曲线

数值模型中的孔隙率通过 measure 命令布设一定的监测圆（图 6.35）加权平均求得，由于模拟过程不直接考虑水的含量，可得

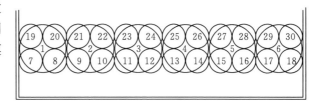

图 6.35　模型中检测圆位置图

$$\rho = \rho_s(1-e)$$

式中　$\rho$——试样的干密度；

　　　$\rho_s$——颗粒的密度；

　　　$e$——试样的孔隙率。

数值试验的干密度略大于实际试验测得的干密度，这是由于一方面二维孔隙率和三维孔隙率转换略有偏差，另一方面数值模型中仅有圆形和圆锯齿状 2 种颗粒，而实际堆石体为各种的不规则松散颗粒，但数值试验与实际试验结果基本一致，可以反映粒径分布对碾压堆石体的影响，见图 6.36。

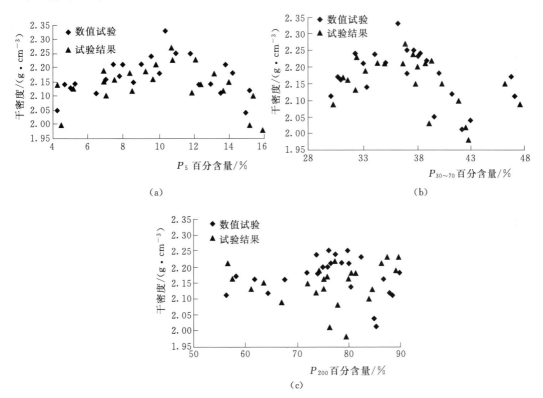

图 6.36　堆石体碾压干密度与 $P_{200}$ 百分含量的关系

（a）堆石体碾压干密度与 $P_5$ 百分含量的关系；（b）堆石体碾压干密度与 $P_{30\sim70}$ 百分含量的关系；

（c）堆石体碾压干密度与 $P_{200}$ 百分含量的关系

$P_5$ 含量与碾压堆石体干密度关系密切，随着 $P_5$ 含量的增加其干密度缓慢升高，直到达到最大干密度，之后，干密度随着 $P_5$ 含量的增加则缓慢下降。见图 6.36（a），当 $P_5$ 含量为 6.32%～10.97%时干密度较大，达 2.12～2.343g/cm。可以看出，在堆石体碾压过程中，$P_5$ 组细颗粒主要作用是充填大颗粒间空隙，当 $P_5$ 含量较低时，细颗粒

不足以填充大颗粒间的空隙，因此碾压堆石体的干密度较小；但随着 $P_5$ 含量的缓慢增加，粗颗粒之间的空隙被充填至密实，此时碾压堆石体的干密度达到最大值；随后，当 $P_5$ 含量继续增加，粗颗粒的含量则逐渐降低，但粗颗粒为较密实的块体，自身密度相对较高，在碾压堆石体干密度中占主导地位，当其含量的降低时，碾压堆石体的干密度也随之减小。

$P_{200}$ 含量对碾压堆石体的干密度有较大影响，见图 6.36（c），当 $P_{200}$ 含量大于 82.36％时，干密度较小，由于此时细颗粒含量较高，粗颗粒不足以形成骨架，细颗粒填满粗颗粒空隙并逐渐取代粗颗粒开始起骨架作用，因此碾压堆石体宏观密度降低；当 $P_{200}$ 含量为 71.92％～82.36％时，粗颗粒全部形成骨架，细颗粒又可填充粗颗粒间空隙，因此碾压堆石体容易获得较大干密度，达到 2.13～2.283g/cm，当 $P_{200}$ 含量小于 71.92％ 时，粗料颗粒形成主要骨架，压实特性主要决定于粗料颗粒的级配和性质，但细料颗粒含量减少，不足以填充粗颗粒之间的空隙，从而造成碾压堆石体宏观密度下降。

$P_{30\sim70}$ 中间粒径颗粒由于其粒径相对集中且含量较大（达 28％～50％），对碾压堆石体的干密度影响显著，由图 6.36（b）可知，在达到最大干密度之前，干密度随着 $P_{30\sim70}$ 含量逐渐增加，随后，干密度反而缓慢下降，当 $P_{30\sim70}$ 含量为 29.3％～39.2％时密度较大，达 2.16～2.343g/cm，当 $P_{30\sim70}$ 含量达 43.1％后干密度有轻微反弹；这是由于 $P_{30\sim70}$ 颗粒在碾压过程中随着其含量的增加逐渐起到次骨架作用，干密度也随之升高，当 $P_{30\sim70}$ 含量较大时，将影响细颗粒和粗颗粒含量，细颗粒不足以填充大颗粒之间的间隙，粗颗粒起不到主骨架的作用，直接导致干密度的下降，当含量大于 43.1％后 $P_{30\sim70}$ 颗粒将由次骨架渐取代为主骨架作用，因此干密度有轻微反弹。

**2. 堆石坝碾压试验宏细观分析**

通过粒径分布对碾压质量的影响研究分析可知，当 $P_5$ 含量为 6.32％～10.97％、$P_{30\sim70}$ 含量为 29.3％～39.2％ 及 $P_{200}$ 含量为 71.92％～82.36％时，碾压堆石体干密度较大，故根据试验结果提出了最佳级配范围，见图 6.37，选取 4 组级配颗粒，进行 22 组试验，各工况见表 6.28。

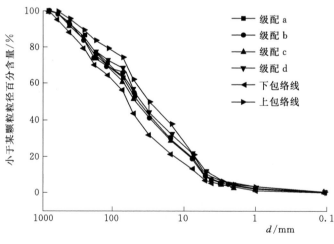

图 6.37　最佳级配范围

表 6.28                                碾 压 试 验 各 工 况

| 级配 a ($P_0=35.7\%$) | | 级配 b ($P_0=36.8\%$) | | 级配 c ($P_0=38.2\%$) | | 级配 d ($P_0=37.2\%$) | |
|---|---|---|---|---|---|---|---|
| 试验编号 | 碾压参数 ($N=8$) | 试验编号 | 碾压参数 ($N=8$) | 试验编号 | 碾压参数 ($N=8$) | 试验编号 | 碾压参数 ($N=8$) |
| 1 | 100/不加水 | 7 | 100/加水 5% | 13 | 100/加水 10% | 19 | 105/不加水 |
| 2 | 105/不加水 | 8 | 105/加水 5% | 14 | 105/加水 10% | 20 | 105/加水 5% |
| 3 | 120/不加水 | 9 | 120/加水 5% | 15 | 120/加水 10% | 21 | 105/加水 10% |
| 4 | 100/加水 5% | 10 | 105/不加水 | 16 | 120/不加水 | 22 | 105/加水 15% |
| 5 | 100/加水 10% | 11 | 105/加水 10% | 17 | 120/加水 5% | | |
| 6 | 100/加水 15% | 12 | 105/加水 15% | 18 | 120/加水 15% | | |

注　1. 数值模型中不直接考虑加水，通过一些细观参数改变来表征加水量的影响，细观参数见表 5.11。
　　2. $N=8$ 表示碾压 8 遍。

(1) 碾压过程细观分析。碾压性状分析。以摊铺厚度 105cm 为例，图 6.38 为碾压过程中堆石体颗粒受力及速度性状，见图 6.38 (a)，初始堆积状态，堆石体颗粒松散地分布在底部碾压夯实后的褥垫层上，施加自重荷载后，见图 6.38 (b)，自重应力下堆石体颗粒重新分布，细颗粒开始填充到粗颗粒空隙中，试样产生压缩，孔隙比减小。自重作用下颗粒相互接触，形成了颗粒间作用力，黑线表示颗粒间的接触力，线越粗表示颗粒间作用力越大，可以看出在自重应力作用下，颗粒不断向下移动，自重平衡后底部颗粒间作用力较大。碾压荷载施加后，在力的作用下边界墙体开始与颗粒接触，共碾压 8 遍，图 6.38 (c) 为碾压 2 遍后的颗粒之间接触力，图 6.38 (d) 为碾压 2 遍后颗粒的速度场，箭头所指方向为颗粒的运动方向，箭头长度表示此时颗粒速度的大小，颗粒大体向下移动，细颗粒向粗颗粒附近聚集，底部颗粒向两侧移动。从图 6.38 可以看出，随着碾压遍数的增加，碾压前 4 遍，颗粒之间最大接触力逐渐增大，碾压后 4 遍，最大接触力反而有所下降，说明逐级施加的碾压荷载由表层向深部延伸并有效传至底部，因为前 4 遍随着荷载施加，最大接触力缓慢集中，来不及消散和传递，故最大接触力逐渐增大，碾压后 4 遍，随着时间的推移，最大接触力缓慢消散并有效传至底部堆石体颗粒，因此，最大接触力反而有所下降；颗粒最大速度逐渐减小，说明堆石体渐趋密实，越来越难以压实。卸除碾压荷载后，最大接触力缓慢消散，颗粒之间的接触应力减小，最大速度增大，仅在自重作用下颗粒之间存在一定的颗粒间接触力，沉降出现一定的反弹，见图 6.38 (k)、(l)。

碾压过程微观机制分析。通过碾压过程模拟及分析，可将堆石体碾压过程分为 3 个阶段，见图 6.39，第一阶段是振动压密阶段，其次是孔隙填充阶段，之后是堆石体卸荷回弹阶段，最终碾压堆石体达到一种稳定的密实状态。堆石体在振动碾压过程中，初始状态属于松散介质，具有较大孔隙率，在振动碾压荷载作用下，产生向下速度，堆石体颗粒在挤压作用下整体向下运动并达到一定的密实状态，见图 6.40 (a)；在颗粒压密后，颗粒之间会因不均匀压密出现一些孔隙，此时堆石体颗粒处于相互接触状态，各颗粒因接触力

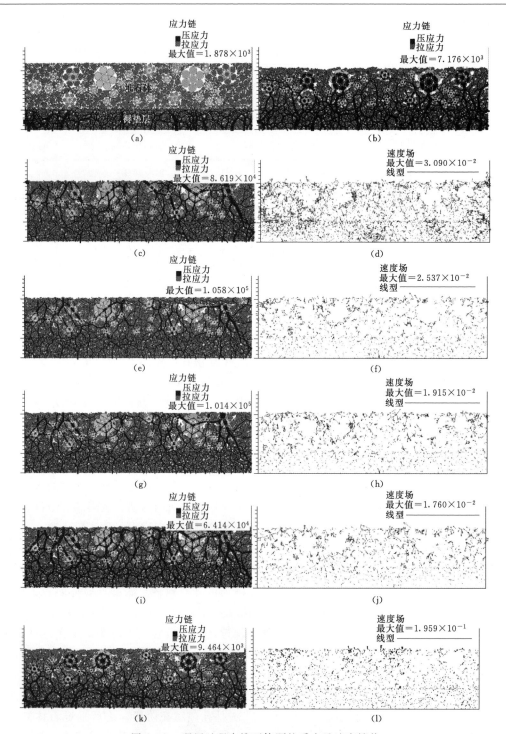

图 6.38　碾压过程中堆石体颗粒受力及速度性状

（a）初始堆积状态；（b）自重平衡下颗粒之间接触力；（c）碾压 2 遍颗粒之间接触力；（d）碾压 2 遍颗粒速度场；
（e）碾压 4 遍颗粒之间接触力；（f）碾压 4 遍颗粒速度场；（g）碾压 6 遍颗粒之间接触力；
（h）碾压 6 遍颗粒速度场；（i）碾压 8 遍颗粒之间接触力；（j）碾压 8 遍颗粒速度场；
（k）卸荷平衡后颗粒间接触力；（l）卸荷回弹颗粒速度场

开始相互作用，在粗颗粒附近，由于颗粒受力的不均匀性，细颗粒被挤压填充至粗颗粒间的孔隙，见图 6.40（b），这时颗粒的速度和孔隙有关，不再是向下的，在接触力作用下细颗粒"自动"填充孔隙，但由于粗颗粒质量较大，阻力亦较大，在这个过程中位置基本不变（图 6.38），当堆石体颗粒逐渐达到各自的平衡位置，这个过程也就缓慢结束了；同时在振动碾压荷载作用下，堆石体颗粒吸收能量并发生一定程度的弹性变形，蓄积一定的弹性能，当荷载卸去后，释放弹性能，堆石体颗粒则会出现一定程度的回弹，直到达到平衡状态，见图 6.40（c），此时堆石体碾压过程结束。应该指出的是，碾压过程中的各个

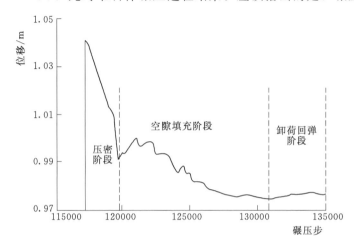

图 6.39　堆石体碾压夯实曲线

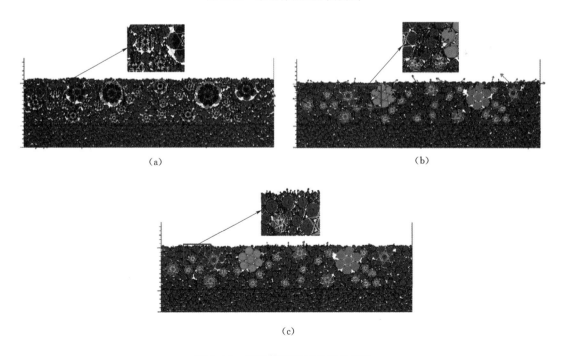

图 6.40　堆石体碾压过程中各阶段
（a）压密阶段；（b）空隙填充阶段；（c）卸荷回弹阶段

阶段可能同时发生，并不是相互独立的，但从各阶段的主导地位来看，可以大致分为这 3 个阶段。

（2）碾压宏观参数的选取。通过对数值试验及实际试验结果的统计对比分析（图 6.41～图 6.43）。选取合理的铺料厚度、碾压遍数及加水量。见图 6.41，无论是现场试验或数值试验，碾压前 4 遍每遍沉降百分比均为 14%～35%，后 4 遍每遍的沉降百分比均在 10%以下，且趋于稳定，由图 6.42 也可看出，碾压前 4 遍干密度增长较快，后 4 遍干密度基本趋于平稳，且碾压 4 遍后，干密度均大于 2.053g/cm³（设计干密度），说明主要沉降量发生在前 4 遍，但在施工中为防止漏碾和铺料超厚，可追加碾压 2～4 遍，即经济碾压遍数为 4 遍，保守碾压遍数 6～8 遍，一般不宜超过 8 遍。

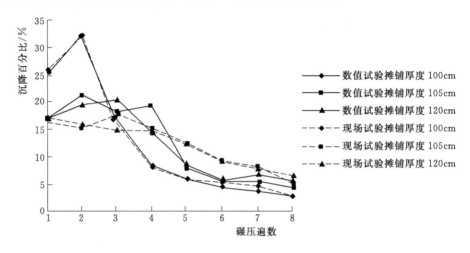

图 6.41　不同摊铺厚度碾压遍数与沉降百分比的关系

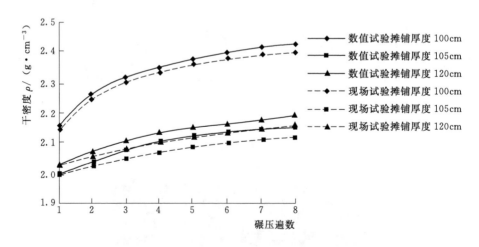

图 6.42　不同摊铺厚度碾压遍数与干密度的关系

在碾压过程中，当铺料厚度较厚时，因碾压机的振动压实作用深度有限，上部堆石体压实较好，而下部的堆石体没有充分压实，铺料较薄时振动压实效果明显，但并不经济可

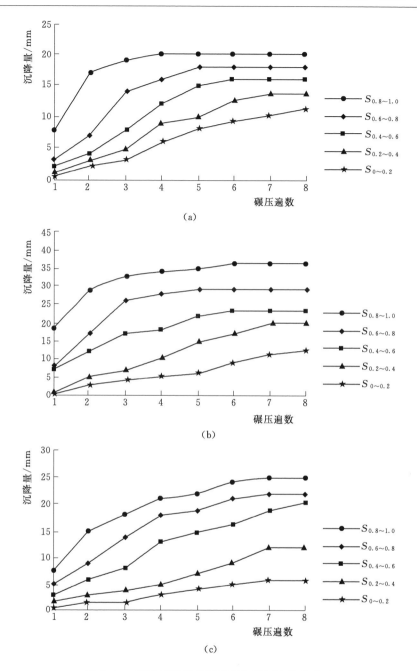

图 6.43　不同摊铺厚度沉降量与碾压遍数的关系
(a) 摊铺厚度 100cm；(b) 摊铺厚度 105cm；(c) 摊铺厚度 120cm

行，因此，为了选取合适的铺料厚度，故在数值试验过程中，在不同深度处布设位移监测点，监测的结果见图 6.43（注：$S_{0.8\sim1.0}=S_{1.0\sim0.8}$，其中 $S_{0.8\sim1.0}$ 为深度 $0.8<H<1.0$m 范围内监测的沉降量，$S_{1.0}$ 为深度 1.0m 处监测的不同颗粒位移加权平均值，$S_{0.8}$ 为深度 0.8m 处监测的不同颗粒位移加权平均值，下同），见图 6.43 (a)，铺料厚度 100cm，碾压 4 遍 $S_{0\sim0.2}$ 开始显著增加，说明此时振动能量已传至底部，碾压 6 遍各深度沉降量开始

趋于稳定，碾压第7、第8遍，沉降量基本不变；见图6.43（b），铺料厚度105cm，碾压6遍 $S_{0\sim0.2}$ 开始显著增加，说明此时振动能量已传至底部，碾压第7、第8遍各深度沉降量趋于稳定；见图6.43（c），铺料厚度120cm，碾压7遍深度 $S_{0.2\sim0.4}$ 开始显著增加，说明此时振动能量已传至深度 $0.2\sim0.4$m，碾压8遍 $S_{0\sim0.2}$ 仍是缓慢增长，未出现明显增长点，说明摊铺厚度120cm，碾压8遍振动能量未有效传至底部，下部的堆石体没有得到充分压实；另外，见图6.42，随着摊铺厚度的增加，干密度有所下降，但变化不大，总的趋势是铺料越薄，压实后干密度越大，同时，铺料厚度相同时，随着碾压遍数的增加，干密度也随之上升，但碾压遍数达到一定数量后，再增加碾压遍数，其压密效果已不明显。施工中也并不是铺料越薄越好，如果铺料层过薄，会影响现场施工的进度，增加施工费用。根据试验结果，建议Ⅰ区堆石料铺料厚度为105cm。

碾压过程中加水对于压实效果是比较突出，加水可以减小颗粒之间的摩擦，有利于堆石体压实密度的提高，但一般在坝体填筑施工时，具体加水量主要依靠经验，根据当时的气候条件，适当加水碾压。

加水虽然可以在一定程度上提高压实干密度，但并不是加水越多越好，通过研究加水对大坝碾压质量的影响，提出科学合理的加水量。试验结果见图6.44，无论是现场试验还是数值试验，干密度随着碾压遍数增加而增大，不加水、加水5％及加水10％干密度逐渐增大，但加水15％干密度有所下降，这是因为加水过多降低颗粒的密度、剪切模量及泊松比，进而影响碾压质量，因此建议在碾压过程中根据现场条件，加水量10％为宜。

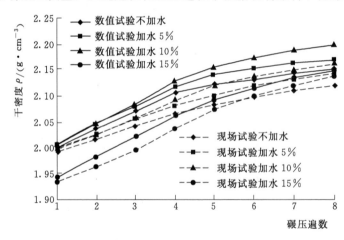

图6.44　不同加水量干密度与碾压遍数的关系曲线

### 6.9.3　效果

通过离散元数值方法来研究堆石体的碾压特性，在糯扎渡水电站大坝上下游粗堆石区Ⅰ区料源的现场碾压试验基础上，现场试验与数值试验结果基本吻合，更直观地从细观角度解释了堆石体碾压过程中宏观参数（如干密度等）的变化规律及施工参数选取的依据，从微观上分析了碾压下堆石体运动规律、密度形成机制及压实特性，通过宏细观试验结果对比，选取了科学合理的施工参数，为300米级堆石坝高质量的建成，提供了科学依据。

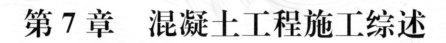

# 第7章　混凝土工程施工综述

糯扎渡大坝建设过程中，混凝土工程方量巨大，其施工质量直接影响整个糯扎渡水电站的整体质量水平。本章主要就大坝心墙垫层混凝土、导流洞堵头混凝土和泄洪洞抗冲耐磨混凝土的施工特点和难点进行分析，并提出了相应的解决方法。

# 7.1　心墙区高陡边坡垫层混凝土入仓方法

糯扎渡大坝心墙垫层混凝土主要包括心墙基础混凝土垫层和灌浆廊道混凝土两部分。心墙基础混凝土垫层分布于灌浆廊道上下游及左右岸坡，顺水流方向最大宽度 132.2m，设置 6 条纵缝，划分为 7 个浇筑块，最大块长 20m。桩号坝 0+000～坝 0+386.300 混凝土垫层厚度 1.8m，桩号坝 0+386.300～坝 0+393.897 混凝土垫层厚度 1.8～3.0m。灌浆廊道分水平廊道和斜面廊道，水平段混凝土浇筑分 3 层，第 1 层 1.5m 厚；第 2 层形成廊道，厚 4.0m；第 3 层 1.8m。斜坡段分 2 层，第 1 层 1.5m 厚；第 2 层形成廊道及封顶，垂直于斜坡面厚 5.8～7.0m。主要工程量为垫层混凝土 151696m$^3$，廊道混凝土 42988m$^3$。大坝心墙垫层混凝土技术性能：大坝基础垫层和灌浆廊道混凝土技术性能指标为 $C_{90}25W_{90}8F_{90}100$，掺入聚丙烯微纤维（掺量 0.9～1.5kg/m$^3$），掺和料为 Ⅱ 级粉煤灰；混凝土浇筑温度不大于 19℃，混凝土允许最高温度不大于 38℃。

## 7.1.1　技术难点

大坝心墙区垫层混凝土面积大约 7.4 万 m$^2$；心墙垫层及廊道混凝土施工和心墙填筑施工存在施工干扰，特别是大坝河床段高程 560.0～570.0m 区较小范围内，布置有垫层混凝土、灌浆廊道、混凝土防渗墙等混凝土结构，施工干扰大。大坝心墙区垫层混凝土温控要求高，设计要求混凝土浇筑温度不得大于 19℃，混凝土允许最高温度不得大于 38℃；心墙混凝土垫层是心墙和基础的连接构件，不允许产生裂缝，防裂要求严；垫层混凝土面积大，受基础约束大的薄板结构极易产生裂缝。

## 7.1.2　方法

### 7.1.2.1　大坝心墙垫层混凝土入仓方式选择

根据大坝心墙区垫层混凝土施工场地条件、结构特性和施工进度等要求，心墙区混凝土须采用合理入仓方式才能满足工程质量和进度要求。传统的门机或塔吊布料存在着布料速度慢、布料半径小、安装周期长、成本高和布料存在盲区等缺陷，因此泵送入仓成为首选。又考虑到二级配泵送混凝土的胶凝材料过大容易导致温度裂缝，不能满足大坝心墙区垫层混凝土防裂要求，结合三一重工股份有限公司研制生产的 HBT120A 三级配混凝土输送泵的性能特点，决定以三级配混凝土输送泵为主。

三级配混凝土输送泵是采取封闭式管道输送而非敞开式，且布料速度是传统布料方式的 3 倍以上，大大缩短了混凝土料与环境的热交换时间，混凝土料入仓时的温度较传统方式布料有所下降。同时与二级配混凝土相比，可减少水泥用量，简化混凝土温控措施，降低费用，加快工程进度，节省了温控成本，有效保证了大坝的施工质量。

### 7.1.2.2　三级配混凝土输送泵参数

HBT120A 三级配混凝土输送泵为斜置式闸板阀混凝土拖泵，主要由液压系统、泵送系统、动力系统、搅拌系统、水泵清洗系统及润滑系统等部分组成。其主要技术性能参数见表 7.1。

表 7.1　　　　　　　　　　HBT120A 三级配混凝土输送泵技术性能

| 技 术 性 能 | 参　　数 | 技 术 性 能 | 参　　数 |
| --- | --- | --- | --- |
| 整机质量 | 12000kg | 混凝土骨料最大粒径 | 80mm |
| 外形尺寸 | 7845mm×2330mm×2750mm | 混凝土坍落度 | 100～230mm |
| 理论混凝土输送量 | 121m³/h | 输送缸直径×行程 | 280mm×1400mm |
| 理论混凝土输送压力 | 10.5MPa | 主油泵排量 | 190×2ml/r |
| 输送管径 | 205mm | 理论最大输送距离 | 水平 250m+垂直 100m |
| 料斗容积 | 0.9m³ | 柴油机功率 | 161×2kW |

### 7.1.2.3　混凝土运输方式

大坝心墙区垫层混凝土泵送水平距离最大 60～70m，垂直高差最大 15～20m。6m³ 搅拌车运输，运输距离约 1000m，运输时间约 5min。搅拌车运输的三级配混凝土和易性较好，骨料基本不分离，坍落度损失较小，30min 内基本无损失，混凝土输送泵在正常工况下即可满足施工要求。

### 7.1.2.4　混凝土原材料及配合比

（1）原材料。水泥为思茅建峰水泥有限公司生产的 42.5 级普通硅酸盐水泥，品质检验合格。粉煤灰为云南宣威发电有限公司生产的 Ⅱ 级粉煤灰，品质检验合格。细骨料为火烧寨砂石系统（本电站的一个独立标段）生产的花岗岩人工砂，细度模数 2.61，石粉含量 15.4%。粗骨料为火烧寨砂石系统生产的花岗岩人工骨料，大石最大粒径为 80mm。外加剂为浙江龙游 ZB-1A 萘系类缓凝高效减水剂，掺量 0.6%；引气剂为江苏博特 JM-2000 引气剂，掺量 0.004%。微纤维为深圳市维特耐工程材料有限公司生产的 WK-2 型聚丙烯微纤维。直径 30.5Lm，长度 19mm，抗拉强度 695MPa、纤维杨氏弹性模量 5055MPa、纤维断裂伸长率 23%。拌和水取自澜沧江，检验结果符合施工用水要求。

（2）配合比。为了尽可能地降低混凝土单位用水量，结合工程选用的原材料，对混凝土配合比进行了优化试验，配合比见表 7.2。

表 7.2　　　　　　　　　　大坝心墙区垫层混凝土施工配合比

| 设计坍落度/mm | 掺和料掺量/% | 水灰比 | 砂率/% | ZB-1A/% | JM-2000/10⁻⁴ | 材料用量/(kg·m⁻³) | | | | | | | | | |
| --- | --- | --- | --- | --- | --- | --- | --- | --- | --- | --- | --- | --- | --- | --- | --- |
| | | | | | | 水 | 水泥 | 粉煤灰 | 砂 | 小石 | 中石 | 大石 | 纤维 | 减水剂 | 引气剂 |
| 140～160 | 30 | 0.47 | 38.0 | 0.55 | 0.3 | 141 | 210 | 90 | 712 | 465 | 349 | 349 | 0.9 | 1.650 | 0.009 |

### 7.1.2.5　混凝土内部温升计算

（1）计算方法。参照《大体积混凝土施工规范》（GB 50496—2009）中的相关内容进行。

（2）计算结果。建峰 42.5 级普通硅酸盐水泥 1d、3d、7d 水化热分别为 142kJ/kg、

221kJ/kg、269kJ/kg。据此计算出的混凝土内部最高温度历时变化曲线见图 7.1 和图
7.2。计算结果表明，三级配泵送混凝土理论温升满足设计温控要求。

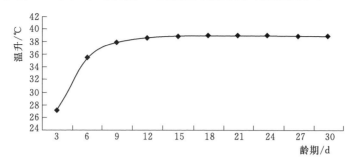

图 7.1　混凝土绝热温升过程曲线

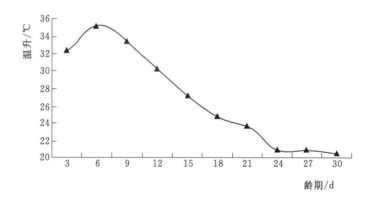

图 7.2　混凝土内部最高温度变化曲线（浇筑层厚为 1.5m）

### 7.1.3　效果

2008 年 10—12 月月底，大坝心墙区垫层混凝土共完成浇筑近 20000m³，硬化混凝土
未出现大的裂缝，其他性能指标均符合设计要求。采用三级配泵送混凝土，与同条件二级
配混凝土相比，胶凝材料用量减少 30kg/m³。工程实践表明，糯扎渡大坝心墙垫层混凝土
采用三级配泵送混凝土，有效地克服了场地条件、结构特性和施工进度等因素的制约，简
化了温控措施，确保了工程质量，降低了工程成本。

## 7.2　三级配泵送混凝土性能选择方法

糯扎渡水电站心墙堆石坝混凝土工程，由于受现场施工条件限制，心墙垫层混凝土主
要采用三级配泵送混凝土方式入仓。坝址地区的花岗岩生产的砂石中含有大量的石粉，为
了能有效地利用石粉配制出符合工程需求的三级配泵送混凝土，通过试验探讨了石粉含量
以及石粉与粉煤灰复合技术对三级配泵送混凝土工作性和力学性能的影响，并分析了其作
用机理，得到了用于配制三级配泵送混凝土适宜的石粉含量。相对大体积水工建筑物常用
的二级配混凝土而言，三级配不仅可以减少胶凝材料用量，降低水化热及温度收缩，而且

可结合泵送技术实现连续作业，解决场地条件的限制问题[75]。

### 7.2.1　特点与难点

（1）三级配混凝土，当石粉含量较少时（国际规定的上限值7%），混凝土工作性较差，并伴有轻微的离析泌水，随着石粉含量的增加，工作性得到改善，离析泌水程度逐渐减小，而石粉含量过高（达到20%）时，则混凝土偏黏，不利于泵送。

（2）坍落度与粉煤灰在掺和料中所占比例成线性正比、与石粉在掺和料中所占比例成反比，说明石粉直接取代粉煤灰配制混凝土坍落度降低，不利于泵送混凝土的配制。

（3）受现场施工条件限制，三级配泵泵管布设长度达60～120m，确定合理的石粉及粉煤灰含量，即能确保混凝土顺利入仓，又能确保较好混凝土工作性。

### 7.2.2　方法

#### 7.2.2.1　试验用原材料

（1）胶凝材料水泥选用思茅建峰水泥有限公司生产的P.O42.5水泥，其主要性能见表7.3，粉煤灰选用云南宣威发电有限公司生产的Ⅰ级粉煤灰，其主要性能指标见表7.4。

表7.3　水泥的主要力学性能

| 细度 | 标准稠度用水量/% | 安定性 | 凝结时间/min | | 抗压强度/MPa | | 抗折强度/MPa | |
|---|---|---|---|---|---|---|---|---|
| | | | 初凝 | 终凝 | 3d | 28d | 3d | 28d |
| 3.5 | 23.8 | 合格 | 149 | 185 | 28.8 | 51.4 | 5.9 | 8.8 |

表7.4　粉煤灰的主要力学性能

| 颜色 | 细度/% | 含水量/% | 需水量比/% | 烧失量/% | 密度/(g·cm$^{-3}$) |
|---|---|---|---|---|---|
| 黄褐 | 7.2 | 0.1 | 92 | 1.50 | 2.37 |

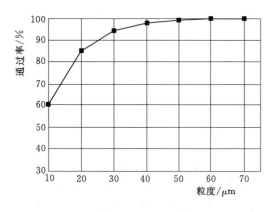

图7.3　筛选出的石粉粒度分布

（2）骨料。粗骨料选用火烧寨砂石系统（本电站的一个独立标段）生产的花岗岩人工骨料，大石最大粒径为80mm，大石：中石：小石为3：3：4；细骨料选用火烧寨砂石系统生产的花岗岩人工砂，细度模数2.61。

（3）外加剂和水。减水剂掺量0.6%，引气剂掺量0.005%，水取自澜沧江，检验结果符合施工用水要求。

（4）石粉选用。火烧寨砂石系统生产的花岗岩人工砂中筛选的石粉，其粒度分布见图7.3。对石粉进行了X射线衍射（XRD）定性分析，主要成分是$SiO_2$和CaO，分别占到58.6%和19.9%。此外还有一些$Al_2O_3$、$Fe_3O_4$和MgO。

### 7.2.2.2　试验安排

本研究基于配制强度等级为 $C_{90}30$ 的三级配泵送混凝土，配合比及性能测试结果见表 7.5。

表 7.5　　　　　　　　　　　混凝土配合比及性能测试结果

| 编号 | 砂中石粉含量/% | 混凝土单位材料用量/(kg·m⁻³) | | | | | 水粉比/% | 坍落度/cm | 扩展度/cm | 工作性描述 | | | 抗压强度/MPa | |
| | | 水泥 | 掺和料(FA+石粉) | 水 | 机制砂 | 碎石 | | | | 黏聚性 | 离析情况 | 泌水情况 | 7d | 28d |
| --- | --- | --- | --- | --- | --- | --- | --- | --- | --- | --- | --- | --- | --- | --- |
| P7 | 7 | 296.0 | 0+0 | 139 | 715 | 1173 | 0.40 | 17.0 | 45.0 | 一般 | 轻微 | 轻微 | 35.0 | 52.0 |
| P10 | 10 | 296.0 | 0+0 | 139 | 715 | 1173 | 0.38 | 18.0 | 43.0 | 一般 | 轻微 | 轻微 | 37.5 | 54.0 |
| P15 | 15 | 296.0 | 0+0 | 139 | 715 | 1173 | 0.34 | 17.0 | 35.0 | 一般 | 轻微 | 轻微 | 37.2 | 55.5 |
| P20 | 20 | 296.0 | 0+0 | 139 | 715 | 1173 | 0.32 | 12.0 | 30.0 | 黏 | 无 | 无 | 37.0 | 52.0 |
| 15F7 | 7 | 251.6 | 44.4+0 | 139 | 715 | 1173 | 0.40 | 17.0 | 44.0 | 一般 | 轻微 | 轻微 | 30.0 | 44.5 |
| 15F10 | 10 | 251.6 | 44.4+0 | 139 | 715 | 1173 | 0.38 | 18.5 | 42.0 | 一般 | 轻微 | 轻微 | 33.5 | 51.0 |
| 15F15 | 15 | 251.6 | 44.4+0 | 139 | 715 | 1173 | 0.34 | 18.0 | 40.0 | 一般 | 轻微 | 轻微 | 31.5 | 49.0 |
| 15F20 | 20 | 251.6 | 44.4+0 | 139 | 715 | 1173 | 0.32 | 10.5 | 28.0 | 黏 | 无 | 无 | 32.0 | 50.0 |
| 25F7 | 7 | 222.0 | 74.4+0 | 139 | 715 | 1173 | 0.40 | 19.0 | 46.0 | 一般 | 轻微 | 轻微 | 24.0 | 40.5 |
| 25F10 | 10 | 222.0 | 74.4+0 | 139 | 715 | 1173 | 0.38 | 18.0 | 40.0 | 一般 | 轻微 | 轻微 | 23.5 | 36.0 |
| 25F15 | 15 | 222.0 | 74.4+0 | 139 | 715 | 1173 | 0.34 | 20.0 | 38.0 | 一般 | 轻微 | 轻微 | 24.0 | 36.0 |
| 25F20 | 20 | 222.0 | 74.4+0 | 139 | 715 | 1173 | 0.32 | 15.5 | 31.0 | 黏 | 无 | 无 | 24.0 | 40.0 |
| D25 | 10 | 222.0 | 55.5+18.5 | 139 | 715 | 1173 | 0.38 | 20.0 | 42.0 | 一般 | 轻微 | 轻微 | 22.0 | 38.5 |
| D50 | 10 | 222.0 | 37.0+37.0 | 139 | 715 | 1173 | 0.38 | 19.0 | 43.5 | 一般 | 轻微 | 轻微 | 22.0 | 35.0 |
| D75 | 10 | 222.0 | 18.5+55.5 | 139 | 715 | 1173 | 0.38 | 18.0 | 39.0 | 一般 | 轻微 | 轻微 | 22.0 | 36.5 |
| D100 | 10 | 222.0 | 0+74.0 | 139 | 715 | 1173 | 0.38 | 17.0 | 35.0 | 黏 | 无 | 无 | 21.5 | 33.5 |

表中 P 组的胶凝材料完全是水泥、机制砂中石粉含量由 7%、10%、15% 升到 20%；15F 组以 I 级粉煤灰取代 15% 的水泥、25F 组是以粉煤灰取代 25% 的水泥，15F、25F 组机制砂中的石粉含量同 P 组。D 组是固定机制砂中石粉含量比例为 10%，先以粉煤灰取代 25% 的水泥，另外再用石粉取代粉煤灰的 25%、50%、75% 和 100%，分别研究石粉和 I 级粉煤灰对混凝土性能影响方面的差别，探求最优石粉含量与粉煤灰掺量的组合。

### 7.2.2.3　结果分析

表 7.5 列出了不同配合比下混凝土拌和物的工作性及不同龄期的强度试验结果。

(1) 混凝土拌和物工作性影响。从表 7.5 中可以看出，在每一组配合比中，当石粉含量较少时（国际规定的上限值 7%），混凝土工作性较差，并伴有轻微的离析泌水，随着石粉含量的增加，工作性得到改善，离析泌水程度逐渐减小，而石粉含量过高（达到 20%）时，则混凝土偏黏，不利于泵送。

图 7.4 给出了不同粉煤灰掺量下，机制砂石粉含量对混凝土坍落度的影响。从图 7.4 可以看出，当粉煤灰以不同比例取代水泥后，混凝土的坍落度随之增加，而产生最大坍落

度时砂中石粉含量基本相同,即 10%～15%,其关系曲线是近似曲线逐渐向上平移;坍落度与粉煤灰在掺合料中所占比例成线性正比、与石粉在掺和料中所占比例成反比,说明石粉直接取代粉煤灰配制混凝土坍落度降低,不利于泵送混凝土的配制,见图 7.5。

为方便研究,引入一个"水粉比"概念,即拌和物中单位体积用水量与所有粉体材料(水泥＋粉煤灰＋石粉)的比值,用水粉比变化对混凝土拌和物坍落度影响大小进行分析。图 7.6 给出了三级配泵送混凝土坍落度与水粉比的关系。从图 7.6 可以看出,水粉比对拌和物坍落度影响较大:随着水粉比增大,坍落度增大;当水粉比在 0.37 左右产生最大的坍落度。可见,对于新拌混凝土工作性而言,利用水粉比能有效地控制其坍落度并根据工程需要进行相应的配合比设计。

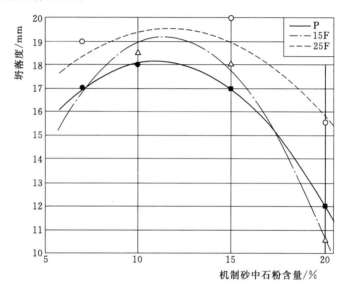

图 7.4　机制砂中石粉含量对混凝土拌和物坍落度影响

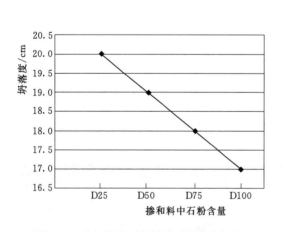

图 7.5　掺和料中石粉掺量对坍落度影响　　　图 7.6　混凝土拌和物坍落度与水粉比关系

(2)混凝土抗压强度影响。图 7.7 分别给出了石粉含量对混凝土 7d 和 28d 龄期的抗压强度影响。从图 7.7 可见:P 组及 15F 组两组强度随石粉含量的变化规律相似,即石粉较少时，强度随着石粉含量的增加而增加；石粉含量介于 10％～15％之间时，强度最高；石粉含量继续增多，则强度开始下降；石粉含量在 20％以下时，对强度基本上有增强作用。对于 25F 组，粉煤灰所占比例已经很高，石粉含量的增加提高混凝土中的浆体含量，使水泥在浆体中的相对比例进一步降低。石粉含量在 15％以下时，28d 强度随石粉含量增加而降低，此时的拌和物随着水粉比的减小，黏聚性和保水性逐渐增强，离析泌水情况得到改善；石粉含量在 20％时，强度略有升高。7d 强度随石粉含量增加而有小部分增加。对 D 组见图 7.8，在粉煤灰取代 25％水泥的基础上，石粉作掺和料部分取代粉煤灰直至全部取代时，强度随石粉取代比例的增加而降低，7d 抗压强度最多降低了 3.6％，28d 抗压强度最多降低了 12.7％。

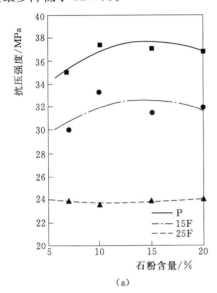
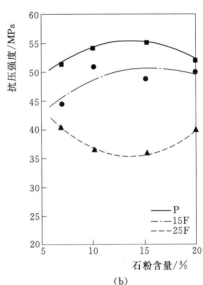

(a)                                (b)

图 7.7    石粉含量与混凝土抗压强度关系
(a) 7d；(b) 28d

#### 7.2.2.4    作用机理分析

通过对机制砂配制的三级配泵送混凝土的试验研究，可知石粉含量在一定范围内增加对混凝土的工作性和强度均有好的一面。关于其作用机理从以下两个方面进行分析。

1. 石粉对于三级配泵送混凝土工作性改善机理分析

（1）级配效应。对于三级配泵送混凝土，由于胶凝材料用量很小，增加的石粉在一定程度上补充了粉体材料，完善了三级配泵送混凝土颗粒级配，减小了颗粒间

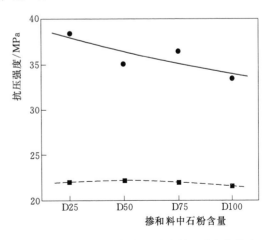

图 7.8    掺和料中石粉含量对混凝土强度的影响

的空隙，排出空隙中的自由水，从而使拌和物的流动性和密实度都增加，并减少了拌和物

的泌水。

（2）轴承效应。粉的增加提高了三级配泵送混凝土拌和物中的浆体含量，弥补了机制砂棱角性和表面粗糙的缺点，克服机制砂形貌效应的不良影响，有利于降低机制砂与碎石间的摩擦，改善拌和物的和易性。此外，在相同体积的浆体用料条件下，由于水泥用量的降低而使新拌混凝土坍落度经时损失大幅度降低。在研究中发现，石粉含量达到15%时，其1h后的坍落度几乎没有损失。

（3）比表面积效应。在相同体积用量的细骨料条件下，石粉掺量增加无疑提高了固体物的总比表面积，增加了对用水量的需求。在水灰比不变时，固体总比表面积的增加，就会使混凝土和易性降低。研究显示，当石粉含量超过15%后，混凝土的流动性开始下降，石粉含量达到20%以后，其流动性要差于相同配比下不掺石粉的混凝土和易性。

通过水粉比可很方便地控制好石粉含量：当水粉比过大时，可通过提高石粉含量适当降低水粉比，改善黏聚性和增强保水性，减小离析泌水；当水粉比过小时则可降低石粉含量，从而提高拌和物的工作性。

2. 石粉对于三级配泵送混凝土强度作用机理分析

多数研究人员认为石粉不具有活性，在水泥混凝土体系中仅起填充作用，不具有水化及胶结作用，亦有学者认为石粉虽不具有火山灰效应，但能与铝相反应构成Afm。本研究采用的石粉，其主要成分是$SiO_2$和CaO，其增强作用机理主要体现在以下两方面。

（1）填充效应或微集料效应，石粉微粒可以增加水泥石的密实度，减少界面泌水，有效堆积使过渡区密实化，改善"次中心区过渡层"的结构，提高三级配泵送混凝土硬化后的力学性能和耐久性。

（2）晶核作用和匀化效应，石粉颗粒尤其是$10\mu m$以下的微粒，可以诱导水化物析晶，促进$C_3S$和$C_3A$水化，石粉在水泥浆中的均匀分布，能够通过提高有效结晶产物含量而提高强度。

### 7.2.3 效果

通过石粉与粉煤灰复合掺加对比试验，最终确定三级配泵送混凝土配合比为$C30W_{90}8F_{90}100$，并在糯扎渡水电站大坝心墙垫层混凝土施工中成功应用，完成三级配泵送混凝土总量约12万 $m^3$。其工作性能满足施工要求，泵送过程中无堵管、无离析、泌水现象且坍落度在60min无明显损失。硬化后混凝土的力学性能及耐久性均满足设计要求。利用本研究成果配制的三级配泵送混凝土，仅在节约水泥用量方面，为本工程节约资金224万元左右，获得了较大的经济效益和社会效益。

## 7.3 降低心墙盖板混凝土胶凝材料用量方法

糯扎渡水电站大坝为掺砾石土心墙堆石坝，最大坝高261.5m，为目前在建和已建的同类坝型中属亚洲第一、世界第三的高坝。针对本项目工程大坝心墙区垫层混凝土浇筑的特殊性和施工难度，引进了先进的三级配混凝土泵，并对三级配泵送温控混凝土进行了全面系统的试验研究。利用经典的级配理论，计算分析比选了三级配泵送混凝土的粗骨料组合比。通过试验对比，选取了适合三级配泵送混凝土的最优粗骨料组合比。研究结果表明，在相同水泥用量条件下，最优粗骨料组合比混凝土抗压强度能提高 20％以上。

## 7.3.1　特点与难点

（1）在同水胶比情况下，三级配泵送混凝土比二级配泵送混凝土节约胶凝材料，有效降低了混凝土的温升，从而可减少温差收缩，保证了施工质量。

（2）泵送混凝土必须保证输送泵对拌和物的和易性要求，才能使混凝土拌和物在输送管道中输送畅通，不堵管。

（3）该工程中所采用的原材料均来自于施工现场，骨料的级配分布、石粉的含量、水泥的品质等均将对三级配泵送混凝土的实施带来较大的挑战，如何在经济条件下，通过骨料级配的优化，实现胶凝材料用量最小非常重要。

## 7.3.2　方法

### 7.3.2.1　粗骨料级配选择

1. 选择原则

粗骨料级配对混凝土的性能产生重要影响，当采用级配优良的粗骨料配制混凝土时，可以用较少的用水量和水泥用量拌和出流动性强、和易性好的混合料，浇筑成型后，获得密实均匀、强度高的混凝土。一般来说，混凝土配比设计过程中，粗骨料级配确定需考虑到以下 3 个方面。

（1）尽可能采用最优级配。最优级配即单位用水量及相应的水泥用量最少的级配。对于大坝混凝土而言，由于体积庞大，每立方米少用 1kg 水泥，整个大坝就可以节约大量水泥，经济效益十分可观。在技术层面上，由于单位用水量和水泥用量少，可以显著降低水化热和体积干缩，大大提高混凝土耐久性和体积稳定性，不易开裂。

（2）满足施工要求。配制的混凝土应有良好的和易性，不易离析和泌水，尤其对三级配泵送混凝土，泵送性能十分关键。试验室内选得的最优级配，应经现场施工的检验，使其满足施工要求。

（3）降低骨料市场成本。采用卵石，应考虑其天然级配，尽量减少弃料；也要考虑各级骨料能均衡供应，防止出现某分级骨料供不应求而影响施工。当然，兼顾天然级配可降低骨料生产成本，但可能要多选用水泥，这时就要权衡利弊得失，选定粗骨料级配。采用人工骨料（大多数大坝工程采用的），应考虑破碎机的生产级配，尽量降低破碎能耗。好在破碎机的生产级配，大粒径含量较多，与最优级配接近；而且人工骨料生产系统一般可灵活掌握，其产品能满足任何级配的需求，不会存在弃料和某分级骨料供不应求的问题。

总之，选择粗骨料级配需兼顾以上 3 个方面。对于三级配泵送混凝土，尤以满足施工性能要求。

2. 粗骨料最佳级配理论比选

20 世纪初，富勒（W. B. Fuller）等美国学者经过大量试验工作，依靠筛分试验结果，提出最大密度的理想级配曲线。富勒级配理论依据是将混凝土材料的骨料颗粒，按粒度大小，有规则地组合排列粗细搭配，成为密度最大，空隙最小的混合物。富勒的理想级配曲

线是：细骨料以下的颗粒级配以抛物线表示，其方程为

$$P = 100\sqrt{\frac{D}{D_{\max}}} \tag{7.1}$$

式中　　$P$——通过筛孔 $D$ 骨料的质量百分比，%；

　　　　$D$——颗粒粒径，mm；

　　$D_{\max}$——骨料最大粒径，mm。

堆积理论认为，在达到理想紧密堆积的状态时，不同粒径粗细骨料相互掺混，只有一种状态是最紧密堆积的。Andreasen 提出了一种基于连续尺寸分布颗粒的堆积理论，并由 Dinger 和 Funk 引入最小颗粒粒径概念，不同粒径颗粒通过量的累积百分数的理论分布可用 Dinger - Funk 方程表示。

$$\frac{C_{PFT}}{100} = \frac{D^n - D_{\min}^n}{D_{\max}^n - D_{\min}^n} \tag{7.2}$$

式中　　$D$——颗粒的粒径，mm；

　$C_{PFT}$——粒径不大于 $D$ 的颗粒量的累积百分数，%；

　$D_{\min}$——骨料中最小粒径，m；

　$D_{\max}$——骨料的最大粒径，m；

　　　　$n$——分布模数，取 $0.30\sim0.60$。

当不同密度的碎石混合后，表征碎石特征尺寸的筛孔孔径形成一种分布，这个分布函数是一种数学分形，由此导致其不同粒径之间的级配情况也为分形，集料的分形级配形式可表示为

$$P(D) = \frac{D^{3-D'} - D_{\min}^{3-D'}}{D_{\max}^{3-D'} - D_{\min}^{3-D'}} \tag{7.3}$$

式中　$P(D)$——筛孔孔径为 $D$ 时骨料的通过率；

　　　$D'$——骨料粒径分布维数。

（1）富勒级配确定粗骨料组合比。

通常认为，为了使混凝土可以产生最优化的结构密度和强度，常采用富勒曲线来确定各粒径骨料颗粒的比例。根据式 7.1 的富勒级配曲线方程式，可以得到小于某粒径骨料的质量百分数见表 7.6。

表 7.6　　　　　　　　　　小于某粒径骨料的质量百分数

| $D$/mm | 80 | 60 | 40 | 20 | 5 |
|---|---|---|---|---|---|
| $D/D_{\max}$ | 1.00 | 0.75 | 0.50 | 0.25 | 0.0625 |
| 通过筛孔 $D$ 的骨料质量百分数/% | 100 | 86.6 | 70.7 | 50 | 25 |

由表 4.6 可以推算出，粗骨料的最佳级配大石（40~80mm）：中石（20~40mm）：小石（5~20mm）＝3.9：2.8：3.3。

（2）Andreasen 方程确定粗骨料组合比。

Andreasen 是经典的连续堆积理论的倡导者，以统计类似为基础提出了连续分布粒径的堆积模型

$$U(D) = 100 \left( \frac{D}{D_{\max}} \right)^q \tag{7.4}$$

式中　$U(D)$ ——累计筛下百分数；

　　　　$q$——富勒指数；

其他符号意义同前。

Andreasen 认为，各种分布空隙率随方程中分布模数 $q$ 的减小而下降，当 $q = 1/2 \sim 1/3$ 时空隙率最小，而当 $q$ 小于 $1/3$ 是没有意义的。比较式（7.1）和式（7.4）可知，当 $q = 1/2$ 时，Andreasen 方程即为富勒级配方程。表 7.7 给出了 $q = 1/2$ 和 $q = 1/3$ 时小于各粒径的骨料质量百分数，从表 7.7 中可以计算出在 $q = 1/2$ 时，大石∶中石∶小石 ≈ 3.9∶2.8∶3.3；$q = 1/3$ 时，大石∶中石∶小石 ≈ 3.5∶2.7∶3.8。可见随着富勒指数的变化，中石的比例变化很小，主要是大石与小石之间的含量的变化，说明到一定程度以后，大石和小石的比例对级配的影响较大。

表 7.7　　　　　　　基于 Andreasen 方程小于某粒径骨料质量百分数（%）

| $D$/mm | 80 | 60 | 40 | 20 | 5 |
|---|---|---|---|---|---|
| $U(D)$($q = 1/2$) | 100 | 86.6 | 70.7 | 50 | 25 |
| $U(D)$($q = 1/2$) | 100 | 90.8 | 79.4 | 63 | 39.7 |

（3）Dinger-Funk 方程确定粗骨料组合比。采用 Dinger-Funk 方程建立的骨料级配模型，得出一种最紧密堆积状态：根据式（7.3）建立基于不同分布模数的级配曲线，其小于某粒径粗骨料的质量百分数见表 7.8。

表 7.8　　　　　　　基于 Dinger-Funk 方程小于某粒径骨料的质量百分数

| 骨料粒径 $D$ /mm | 小于某粒径骨料的质量百分数/% | | | | | | |
|---|---|---|---|---|---|---|---|
| | $n = 0.30$ | $n = 0.35$ | $n = 0.40$ | $n = 0.45$ | $n = 0.50$ | $n = 0.55$ | $n = 0.60$ |
| 80 | 100 | 100 | 100 | 100 | 100 | 100 | 100 |
| 60 | 85 | 84 | 84 | 83 | 82 | 81 | 80 |
| 40 | 67 | 65 | 64 | 62 | 61 | 59 | 58 |
| 20 | 40 | 38 | 36 | 35 | 33 | 32 | 30 |
| 5 | 0 | 0 | 0 | 0 | 0 | 0 | 0 |

由表 7.8 可以推算出在分布模数 $n = 0.3$ 时，大石∶中石∶小石 ≈ 3.3∶2.7∶4.0；分布模数 $n = 0.4$ 时，大石∶中石∶小石 ≈ 3.6∶2.7∶3.6；分布模数 $n = 0.5$ 时，大石∶中石∶小石 ≈ 3.9∶2.8∶3.3；分布模数 $n = 0.6$ 时，大石∶中石∶小石 ≈ 4.2∶2.8∶3.0。可见随着分布模数的变化，中石的比例几乎不变，主要的变化体现在大石与小石的含量上。

（4）最紧密粗骨料组合比。比较式（7.2）和式（7.3）可以发现 Dinger-Funk 方程和分形特征方程结构是一致的，只是在形式上指数 $n$ 和 $3 - D'$ 的不同，而且分形特征方程给出了指数的具体意义，即分形维值 $D'$ 的不同反映了骨料颗粒的复杂程度的不同。图 7.9

给出了基于分形特征方程的最紧密堆积曲线范围，图 7.10 为 Andreasen 方程与分形特征方程紧密堆积曲线。

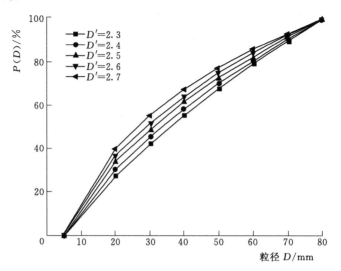

图 7.9　分形特征方程的最紧密堆积曲线范围

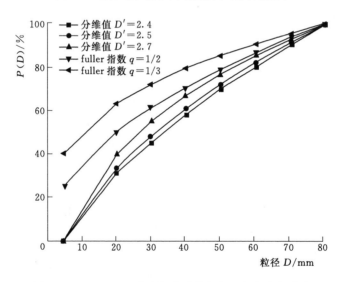

图 7.10　Andreasen 方程与分形特征方程紧密堆积曲线

从图 7.10 中看出，实现最紧密级配曲线应该落在 Fuller 指数 $q=1/3$ 级配曲线和分维值 $D'=2.4$ 级配曲线之间，由此可以计算出最紧密粗骨料组合比范围：大石的比例范围落在 $3.3\sim4.2$ 之间；中石的比例范围落在 $2.7\sim2.8$ 之间；小石的比例范围落在 $3.0\sim4.0$ 之间。

### 7.3.2.2　试验

（1）试验原材料。水泥选用思茅建峰水泥有限公司生产的 P.O42.5 普通硅酸盐水泥；粉煤灰选用云南宣威发电有限公司生产的 I 级粉煤灰；外加剂选用浙江龙游 ZB-1A 萘系类缓凝高效减水剂；引气剂为江苏博特 JM-2000 引气剂；骨料选用火烧寨砂石系统生产的花岗岩人工砂石骨料，其物理性能见表 7.9 和表 7.10。

表 7.9　　　　　　　　　　　　　人 工 砂 物 理 性 能

| 项目 | 细度模数 | 饱和面干密度/(kg·m⁻³) | 饱和面干吸水率/% | 石粉含量/% |
|---|---|---|---|---|
| 人工砂 | 2.61 | 2680 | 1.0 | 15.4 |

表 7.10　　　　　　　　　　　　人 工 骨 料 物 理 性 能

| 粒径/mm | 压碎指标/% | 超径/% | 逊径/% | 饱和面干密度/(kg·m⁻³) | 饱和面干吸水率/% |
|---|---|---|---|---|---|
| 5～20 | | 2 | 5 | 2630 | 0.7 |
| 20～40 | 8.3 | 1 | 3 | 2620 | 0.5 |
| 40～80 | | 1 | 6 | 2600 | 0.2 |

（2）粗骨料级配试验。参照《水工混凝土配合比设计规程》（DL/T 5330—2005），将不同级配粗骨料按比例组合，分别测试其振实密度和振实空隙率，并与理论计算结果进行比较。不同级配粗骨料振实密度测试结果见表 7.11。

表 7.11　　　　　　　　　　不同粒径骨料组合密度试验

| 混凝土级配 | 级配百分比/% | | | 骨料振实密度/(kg·m⁻³) | 振实孔隙率/% | 粗骨料组合比（理论分析） |
|---|---|---|---|---|---|---|
| | 5～20mm | 20～40mm | 40～80mm | | | |
| 三级配 | 30 | 35 | 35 | 1800 | 31 | 小石比例范围 3.0～4.0 中石比例范围 2.7～2.8 大石比例范围 3.3～4.2 |
| | 30 | 30 | 40 | 1780 | 32 | |
| | 25 | 30 | 45 | 1820 | 30 | |
| | 37 | 21 | 42 | 1770 | 32 | |
| | 25 | 25 | 50 | 1760 | 33 | |

（3）混凝土性能试验。本项目以配制 C25 三级配泵送混凝土为主要研究目标，坍落度控制在 120～180mm，在多次试验配制的基础上，提出混凝土配合比见表 7.12。

表 7.12　　　　　　　　　　三级配泵送混凝土拌和物配合比

| 编号 | 水胶比 | 砂率/% | 混凝土单位材料用量/(kg·m⁻³) | | | | | | | | |
|---|---|---|---|---|---|---|---|---|---|---|---|
| | | | 水 | 水泥 | 粉煤灰 | 砂 | 小石 | 中石 | 大石 | 减水剂 | 引气剂 |
| 1 | 0.47 | 38 | 139 | 222 | 74 | 709 | 347 | 405 | 405 | 2.727 | 0.0182 |
| 2 | 0.47 | 38 | 139 | 222 | 74 | 709 | 347 | 347 | 462 | 2.727 | 0.0182 |
| 3 | 0.47 | 38 | 139 | 222 | 74 | 709 | 289 | 347 | 520 | 2.727 | 0.0182 |
| 4 | 0.47 | 38 | 139 | 222 | 74 | 709 | 428 | 243 | 485 | 2.727 | 0.0182 |
| 5 | 0.47 | 38 | 139 | 222 | 74 | 709 | 289 | 289 | 578 | 2.727 | 0.0182 |

混凝土拌和物工作性。表 7.13 给出了不同粗骨料组合比的混凝土拌和物工作性描述。从表 7.13 可以看出，编号 2 组和 3 组的混凝土拌和物工作性较好。对比表 7.11 和表 7.13 可以看出：小石的试验结果在理论分析结果范围内的有第一组、第二组、第三组、第四组；大石的试验结果比例在理论分析结果范围内的有第一组、第二组、第四组；中石的试验结果比较接近理论分析结果范围的有第二组、第三组、第五组。很显然，在五组试验

中，第二组和第三组试验结果最接近理论分析的结果，为五组试验中较佳的粗骨料组合比。对比表7.13中混凝土拌和物工作性测试结果还可发现：第二组拌和物坍落度最大，和易性最佳，无离析、泌水现象，且具有较佳的黏聚性，见图7.11（a）。第一组尽管坍落度也较大，但保水性一般；第三组尽管坍落度一般，但其和易性较好，无离析、泌水现象，且砂浆较富裕，见图7.11（b）。因此，从试验结果（以紧密堆积密度较大、用水量较小时的级配为选择依据）看，试验测试数据与理论模型分析相一致，第二组为最佳组合。当然，第二组试验的粗骨料组合比还不是理论上最优的粗骨料组合比，可以通过适当减少中石的含量，稍稍调整大石与小石的含量以达到更加优化的粗骨料组合比。

表 7.13　　　　　　　　不同骨料组合比的混凝土拌和物工作性测试结果

| 编号 | 骨　料　组　合 | | | | | | 拌和物工作性 | | | | |
|---|---|---|---|---|---|---|---|---|---|---|---|
| | 2～20mm | | 20～40mm | | 40～80mm | | 坍落度 /mm | 含砂情况 | 保水性 | 黏聚性 | 和易性描述 |
| | 百分比 /% | 单位重量 /(kg·m⁻³) | 百分比 /% | 单位重量 /(kg·m⁻³) | 百分比 /% | 单位重量 /(kg·m⁻³) | | | | | |
| 1 | 30 | 347 | 35 | 405 | 35 | 405 | 138 | 好 | 一般 | 好 | 砂浆较富裕 |
| 2 | 30 | 347 | 30 | 347 | 40 | 462 | 142 | 好 | 好 | 好 | 富裕、面光 |
| 3 | 25 | 289 | 30 | 347 | 45 | 520 | 128 | 好 | 较好 | 好 | 砂浆较富裕 |
| 4 | 37 | 428 | 21 | 243 | 42 | 486 | 134 | 较好 | 一般 | 一般 | 砂浆稍欠 |
| 5 | 25 | 289 | 25 | 289 | 50 | 578 | 130 | 较好 | 好 | 好 | 砂浆无富裕 |

（a）　　　　　　　　　　　　　　　　（b）

图 7.11　不同骨料组合拌和物实物照片

混凝土力学性能和耐久性。表7.14给出了不同骨料组合比的混凝土力学性能和耐久性测试结果。从表7.14测试数据看，小石：中石：大石组合比为3：3：4，其各项性能最佳。对比28d抗压强度，性能最好的第二组为32.3MPa，而性能较差的第四组，28d抗压强度只有26.8MPa，可见，对于相同配合比的三级配泵送混凝土，骨料组合比不一样，28d抗压强度可提高20%左右，若是维持相同坍落度的话，可以降低单位水泥用量10kg。此外，耐久性也有一定的提高。

### 7.3.3 效果

不同骨料组合比混凝土性能实验与理论计算结果一致，即小石：中石：大石为3：3：4时，配制的三级配混凝土性能较佳，在相同配合比条件下，其强度较其他骨料组合比提高了 20% 左右。利用此粗骨料级配制备的三级配泵送混凝土，和易性较好，无离析、泌水现象，且砂浆较富裕，泵送过程较少发生堵管现象。

表 7.14　　　　　　　　　　不同骨料组合比混凝土力学性能与耐久性能

| 编号 | 抗压强度/MPa | | 28d 抗拉强度/MPa | 28d 抗渗 | 200 次抗冻循环后质量损失/% |
|---|---|---|---|---|---|
| | 28d | 90d | | | |
| 1 | 30.0 | 36.5 | 2.20 | >W8 | 4.2 |
| 2 | 32.3 | 43.1 | 2.25 | >W8 | 3.9 |
| 3 | 29.7 | 37.3 | 2.18 | >W8 | 4.3 |
| 4 | 26.8 | 33.5 | 2.10 | >W8 | 4.8 |
| 5 | 28.5 | 37.0 | 2.15 | >W8 | 4.4 |

注　表中的力学耐久性能测试结果与理论计算的结果比较吻合，第二组骨料组合最优，在相同混凝土配合比下，其骨料堆积最为紧密，形成的结构最密实，因此强度最高。

# 7.4　半成品混凝土出机口温度计算新法应用

为了防止混凝土内外温差过大，在温度应力的作用下发生开裂，对结构混凝土的整体性及耐久性造成不利的影响，目前多用预冷混凝土浇筑。当前国内大多数大中型水电站通过使用预冷却材料拌制混凝土等人工降温措施控制混凝土的出机口温度[76-79]。现行规范及手册中，均推荐按热平衡原理计算出机口理论温度，通过对热平衡公式原理的分析，混凝土出机口温度一般大于 3℃[80]，原公式计算出机口拌和物总比热容时，拌制过程中加入的冰仍按冰的比热进行计算，与实际不符，实际拌制完成的混凝土，固态冰已融化，加入的冰在出机口总比热容计算时，应按水计算，特提出混凝土出机口温度计算的新方法。

## 7.4.1　特点与难点

（1）大坝心墙垫层与廊道混凝土为大体积混凝土施工，混凝土自然散热缓慢，浇筑后水泥水化，温度迅速上升，且幅度较大。如何降低混凝土出机口温度是实现混凝土温控目标的关键环节。

（2）混凝土运输距离长，坝址区自然温度高，昼夜温差大，混凝土温度难以控制，如何更精准的计算混凝土出机口温度是采取有效措施达到温控目标的前提条件。

## 7.4.2　方法

### 7.4.2.1　常规混凝土出机口温度计算方法

混凝土的出机口温度，根据热平衡原理按下式计算。

$$T_0 = \frac{\sum T_i G_i C_i - 335\eta G_c + Q}{\sum G_i C_i} \tag{7.5}$$

式中　$T_0$——混凝土出机口的理论计算温度，℃；

　　　　$T_i$——组成混凝土第 $i$ 类材料的平均进料温度，℃；

　　　　$G_i$——每立方米混凝土中第 $i$ 类材料的重量，kg；

$C_i$——第 $i$ 类材料的比热，kJ·(kg·K)$^{-1}$；

$G_c$——每立方米混凝土的加冰量，kg；

$\eta$——冰的冷量利用率，以小数计；

$Q$——每立方米混凝土拌和时产生的机械热，kJ·m$^{-3}$；若进料温度按入楼前的温度计算时，还应计及运输和二次筛分中增加的机械热；

335——冰的融化潜热，kJ·kg$^{-1}$。

计算自然条件下的出机口温度，在堆场有适当遮阳措施，骨料湿润并由地笼取料时，骨料温度可选用当地旬平均气温值；冷却计算时取水泥温度 30～60℃，水泥出厂时间短，当地气温高时取较大值，反之取较小值；砂石料的含水（或冰）量应按实际情况作为组成材料之一计入，其温度与砂石的温度相同。

各种岩石及混凝土组成材料的热学特性见表 7.15。

表 7.15　　　　　　　　　　各种岩石及混凝土组成材料的热学特性

| 材料名称 | 比热 C/[kJ·(kg·K)$^{-1}$] | | 导热系数 λ /[kJ·(m·h·K)$^{-1}$] | 容重 ρ /(t·m$^{-3}$) | 导温系数 a /(m$^2$·h$^{-1}$) |
|---|---|---|---|---|---|
| | 范围 | 典型值 | | | |
| 水泥 | 0.502～0.921 | 0.921 | 1.059 | | |
| 水 | | 4.187 | 2.093 | | |
| 冰 | 2.052～2.093 | 2.093 | 6.78～10 | 0.4～0.45（片冰）0.915（块冰） | 0.0042 |
| 砂（干） | 0.67～0.921 | 0.837 | 1.172 | 1.45 | 0.001 |
| 湿砂（含水4%） | | 0.921 | 2.512 | 1.50 | 0.0018 |
| 碎石（湿） | | 0.879 | 3.852 | 1.50～1.60 | 0.0029 |
| 砾石（湿） | | 0.879 | 4.605 | 1.60 | 0.0035 |
| 石英岩 | 0.691～0.724 | | 16.748 | | |
| 石灰岩 | 0.938～0.963 | | 11.514 | | |
| 白云岩 | 0.963～1.004 | | 11.932 | | |
| 花岗岩 | 0.917～0.946 | | 9.211 | | |
| 玄武岩 | 0.946～0.967 | | 7.494 | | |
| 粗面岩 | 0.942～0.976 | | 7.494 | | |

冰的冷量利用率 $\eta$。冰的冷量利用率 $\eta$ 对干燥过冷的片冰可取 1.0；对接近 0℃的潮湿片冰取 0.80～0.90。

机械热 $Q$ 的估算。拌和时产生的机械热和二次筛分等增加的机械热，可按下式估算。

$$Q = 3.6 \times \frac{10Nt}{V} + \Delta Q \tag{7.6}$$

式中　$Q$——每立方米混凝土拌和时产生机械热和二次筛分等增加的机械热，kJ·m$^{-3}$；

$N$——搅拌机的电动机功率，kW；

$t$——搅拌时间，min；

$V$——搅拌机容量，m$^3$，按有效出料容积计；

$\Delta Q$——运输和二次筛分增加的机械热，一般可取 837～1675kJ。

当生产常温混凝土时，机械热的估算值可取 2000kJ/m³；生产低温混凝土时，可取 4000kJ/m³。

#### 7.4.2.2　新温控计算工况分析

冷却方式。堆料场骨料初冷，包括料堆表面喷水、料堆内部通风冷却以及设置遮阳棚，保持一定的储料量和料层厚度等措施，以稳定、降低骨料的初始温度；冷冻水拌和；以冰代水加冰拌和；风冷粗骨料，有仅在拌和楼料仓内风冷和先在调节料仓内一次风冷，而后在拌和楼料仓内二次风冷等两种方法；水冷粗骨料，有浸泡冷法、罐内循环水冷法和喷淋水冷却等方法；真空汽化法冷却粗、细骨料；在热交换器内冷却水泥和砂子；在气力输送系统中用液氮冷却水泥，用液氮直接冷却水或正在拌和中的混凝土。

各种材料冷却值对混凝土降温效果的影响。表 7.16 是以某配合比的混凝土为例，按照通用计算方法得出各种材料冷却 1℃对混凝土的降温效果。

表 7.16　　　　　冷却各种材料对混凝土的降温效果

| 材　料 | 每立方米混凝土用量/kg | 比热/(kg·m⁻³·℃⁻¹) | 每种材料冷却 1℃所需的能量/kJ | 混凝土可降低的温度/℃ |
|---|---|---|---|---|
| 水泥 | 263 | 0.92 | 241.96 | 0.09 |
| 粉煤灰 | 66 | 0.92 | 60.72 | 0.02 |
| 砂 | 681 | 0.94 | 640.14 | 0.24 |
| 中石 | 696 | 0.94 | 654.24 | 0.25 |
| 小石 | 569 | 0.94 | 534.86 | 0.20 |
| 拌和水 | 125 | 4.20 | 525.00 | 0.20 |
| 合计（新拌混凝土） | 2400 | 1.11 | 2656.92 | 1.00 |

注　表中数据未计骨料的含水量，每立方米混凝土加冰 10kg 代水约可降低混凝土温度 1.2～1.5℃。

由表 7.16 可见，冷却骨料、在拌和机中加冰可得到较明显的降温效果。从技术和经济效果综合考虑，一般宜以冷却拌和水、加冰拌和、冷却粗骨料作为混凝土材料的主要冷却措施。只在降温幅度要求很高时，才需要冷却砂和水泥。

#### 7.4.2.3　出机口温度计算新法

为保证混凝土充分水化，混凝土出机口温度一般大于 3℃，在 3℃以上的工况中，冰已经溶化，此时利用热平衡原理计算出机口温度时，拌和物的总比热容已变为 1.11kg/(m³·℃)，所以出机口的温度应为：

$$T_0=\frac{\sum T_iG_iC_i-335\eta G_c+Q}{\sum G_iC_i+G_c(C_水-C_冰)} \tag{7.7}$$

过程中，新旧计算法对典型配合比理论出机口温度的影响。这里利用糯扎渡水电站抗冲耐磨混凝土（$C_{180}$55，坍落度 5～7cm，要求出机口温度不大于 10℃）常用配合比进行比较分析，采用以往通用温控计算方法得到出机口温度为 9.56℃（通用方法计算表见表 7.17）。利用理论推理得出的新计算方法得到出机口温度为 9.18℃[81-82]（新公式计算见表 7.18）。

表 7.17 通 用 方 法 计 算 表

| 项目<br>材料 | 构成<br>/(kg·m⁻³) | 饱和面干含水量<br>/(kg·m⁻³) | 比热<br>/(kg·m⁻³·℃⁻¹) | | 温度<br>/℃ | 构成·比热<br>/(kJ·m⁻³·℃⁻¹) | 热量<br>/kJ |
|---|---|---|---|---|---|---|---|
| 水泥 | 263 | | 0.92 | | 45 | 241.96 | 10888.20 |
| 粉煤灰 | 66 | | 0.92 | | 45 | 60.72 | 2732.40 |
| 砂 | 681 | 40.86 | 0.94 | 4.2 | 25 | 811.75 | 20293.80 |
| 中石 | 696 | 3.48 | 0.94 | 4.2 | 3 | 668.86 | 2006.57 |
| 小石 | 569 | 2.85 | 0.94 | 4.2 | 3 | 546.81 | 1640.43 |
| 拌和水 | 27.8 | | 2.1 | | 5 | 58.41 | 292.06 |
| 片冰 | 50 | | 2.094 | | −3.5 | 104.70 | −366.45 |
| 冰潜热 | | | −335 | | | | −16750.00 |
| 机械热 | | | | | | | 3108.00 |
| 合计 | 2352.8 | | | | | 2493.21 | 23845.00 |
| 出机口温度 | | | | | | | 9.56 |

表 7.18 新 公 式 计 算 表

| 项目<br>材料 | 构成<br>/(kg·m⁻³) | 饱和面干含水量<br>/(kg·m⁻³) | 比热<br>/(kg·m⁻³·℃⁻¹) | | 温度<br>/℃ | 构成·比热<br>/(kJ·m⁻³·℃⁻¹) | 热量<br>/kJ |
|---|---|---|---|---|---|---|---|
| 水泥 | 263 | | 0.92 | | 45 | 241.96 | 10888.20 |
| 粉煤灰 | 66 | | 0.92 | | 45 | 60.72 | 2732.40 |
| 砂 | 681 | 40.86 | 0.94 | 4.2 | 25 | 811.75 | 20293.80 |
| 中石 | 696 | 3.48 | 0.94 | 4.2 | 3 | 668.86 | 2006.57 |
| 小石 | 569 | 2.845 | 0.94 | 4.2 | 3 | 546.81 | 1640.43 |
| 拌和水 | 27.8 | | 2.1 | | 5 | 58.41 | 292.06 |
| 片冰 | 50 | | 2.094 | | −3.5 | 210 | −366.45 |
| 冰潜热 | | | −335 | | | | −16750.00 |
| 机械热 | | | | | | | 3108.00 |
| 合计 | 2352.815 | | | | | 2598.51 | 23845.00 |
| 出机口温度 | | | | | | | 9.18 |

**注** 每立方米混凝土加冰10kg代水约可降低混凝土温度1.2～1.5℃；此处未计算掺外加剂的比热，一般单方混凝土中不超过3kg，本配合比中减水剂2.96kg（掺量0.9%），引气剂0.026kg（掺量0.8/万）。

## 7.4.3 效果

通过对温度能量转换工况分析，用水的比热代替冰的比热计算出机口拌和物的总比热，客观、真实地反映温度控制过程中能量转换过程，新的出机口温度计算的理论公式较原公式更能反映现场工况，用水的比热容代替冰的比热容进行总比热容计算时，混凝土理论温度较原标准低，这有利于设备选型以及资源配置，掺冰量越大，效果越明显，越能客观地反映实际情况。

## 7.5　大坝心墙区垫层混凝土裂缝处理技术

糯扎渡大坝心墙底部为 1.2～3.0m 厚垫层及廊道混凝土,采用 C30 三级配混凝土,顺水流方向最大宽度 132.2m,沿坝轴线设置 6 条纵缝,划分为 7 个条块,条块最宽 20m。该结构既是灌浆盖板,又作为防止心墙防渗土料流失的屏障,裂缝在混凝土施工中在所难免,裂缝的处理技术十分关键。所以通常在试件中设置伸缩缝[83]来防止。也可以采用以聚合物水泥砂浆为主的刚性止水材料进行嵌缝封堵[84]或者灌浆,以及电化学、混凝土置换等多种方法。

### 7.5.1　特点及难点

垫层及廊道混凝土浇筑完成后,通过对混凝土表面进行检查,共发现裂缝 82 条,裂缝总长度 500.3m。其中左岸 51 条,右岸 31 条,裂缝最大宽度 2mm,裂缝最长为 18.2m;左岸发现裂缝区域为高程 630～670m,最大缝宽 0.15mm,最大缝长 18.2m;右岸发现裂缝分布区域为高程 622～660m,最大缝宽 0.20mm,缝长最大 11.5m。从裂缝普查结果看,轻微裂缝(裂缝宽度<0.1mm)有 18 条,占比 22.0%;明显裂缝(裂缝宽度 0.1mm≤δ<0.2mm)有 61 条,占比 74.4%;严重裂缝(裂缝宽度不小于 0.2mm)有 3 条,占比 3.6%;裂缝宽度绝大多数小于 0.2mm。

### 7.5.2　方法

#### 7.5.2.1　裂缝产生的原因

综合结构设计施工方法和施工措施,裂缝产生主要原因有以下方面。

(1)垫层混凝土作为大坝防渗心墙连接基岩的中间层必须具备防渗功能,因此块号划分时只设结构纵缝,不能出现横缝,且单个块号面积尽可能大,以便减少接缝。施工中单个仓号约 20m 左右设一道施工缝,因各种原因混凝土产生收缩,导致施工缝张开。普查统计的所有 82 条裂缝中,共有 11 条属施工缝张开产生的裂缝。

(2)基础约束产生混凝土裂缝。混凝土结构为大面积薄壁混凝土,底部与开挖基岩面接触,岩石基础有多处裂隙发育带,地质条件较差,开挖过程中局部产生超挖,且产生裂缝区域基础横断面为梯形,混凝土块上下游两侧受岩石边坡约束,从而易产生裂缝。

(3)内外温差引起的裂缝。糯扎渡水电站坝址为亚热带气候区,昼夜温差较大;混凝土浇筑后内部温度升达 50℃ 左右,远高于室外温度,混凝土内外温差大,使混凝土表面产生拉应力,混凝土表面就会产生裂缝。根据统计分析,发生裂缝的部位均属高温天气施工,且多为未增加冷却水管的前期施工块号。

#### 7.5.2.2　处理原则

根据垫层混凝土防渗等工作机理,对于大坝垫层及廊道混凝土裂缝处理原则如下:

(1)上、下游反滤料接触部位的垫层混凝土裂缝不处理;心墙接触区缝宽小于 0.1mm 的混凝土裂缝不处理;心墙接触区缝宽小于 0.2mm 且缝深小于 0.3m 且缝长小于 1.0m 的混凝土裂缝不处理。

（2）凡与上游或下游结构缝贯通（无论在何深度与结构缝距离小于 1.0m 者均认为是贯通）的裂缝均采用化学灌浆法处理。

（3）上述其他类型裂缝采用骑缝刻槽回填处理。

### 7.5.2.3 化学灌浆材料主要性能

灌浆材料必须具有高抗压、高抗拉、高黏结强度的性能，因此大坝垫层及廊道混凝土裂缝化学灌浆选用 LVE 化学灌浆材料、堵漏灵及 ECH 环氧粘胶等材料，各材料主要物理性能见表 7.19～表 7.21。

表 7.19 　　　　　LVE 化学灌浆材料主要物理性能（参照 JC/T 1041 标准）

| 序号 | 检测项目 | 检测结果 |
|---|---|---|
| 1 | 指标 | 数值 |
| 2 | 浆液黏度/mPas | 25 |
| 3 | 可操作时间/min | 150 |
| 4 | 抗压强度/MPa | 64 |
| 5 | 抗拉强度/MPa | 12.5 |
| 6 | 黏结强度/MPa | 3.2 |
| 7 | 渗透压力比/% | 360 |

表 7.20 　　　　　　堵漏灵材料主要物理性能（参照 JC 900—2002 标准）

| 序号 | 检 测 项 目 | | 检测结果 | 备注 |
|---|---|---|---|---|
| 1 | 安定性 | | 合格 | 合格 |
| 2 | 凝结时间/min | 初凝时间 | 5 | 合格 |
| | | 终凝时间 | 11 | 合格 |
| 3 | 抗压强度/MPa | 1h | 9.3 | 合格 |
| | | 3d | 39.7 | 合格 |
| | | 7d | 44.1 | 合格 |
| 4 | 抗折强度/MPa | 1h | 1.87 | 合格 |
| | | 3d | 4.7 | 合格 |
| | | 7d | 6.05 | 合格 |
| 5 | 抗渗压力/MPa | | 1.6 | 合格 |
| 6 | 保质期/d | | 90 | 合格 |

表 7.21 　　　　　ECH 环氧粘胶物理性能指标表（参照 Q/J K02—2006 标准）

| 序号 | 检测项目 | 检测结果 | 备 注 |
|---|---|---|---|
| 1 | 指标 | 数值 | |
| 2 | 比重/（g·cm⁻³） | 1.49 | |
| 3 | 初凝时间/min | 30 | |
| 4 | 终凝时间/min | 120 | |
| 5 | 固化时间/d | 3 | 形状：胶泥 保质期：365d |
| 6 | 抗折强度/MPa | 9 | |
| 7 | 抗压强度/MPa | 50 | |
| 8 | 抗拉强度/MPa | 11 | |
| 9 | 黏结抗拉强度/MPa | 2.2 | |

**7.5.2.4 化灌施工流程及工艺**

混凝土裂缝施工工艺：裂缝描述→表面清理→布（钻）孔→安装灌浆管→封缝→压风检查→灌浆→灌后处理（注浆嘴清除、磨平处理裂缝表面、环氧胶泥涂刮）→质量检查及验收。

（1）缝面处理及刻槽。以缝为中线，用角磨机打磨，打磨宽度 20cm 左右，打磨深度 1.5～2mm，至新鲜混凝土面然后用高压水将缝面冲洗干净；对于需刻槽处理的裂缝，先骑缝凿槽宽 10cm、深 2.5～3.0cm，并延伸至裂缝两端头各 40cm，将槽内杂物清理并冲洗干净，然后进行修补，修补材料采用堵漏灵。

（2）布（钻）孔。同一条裂缝灌浆孔采用骑缝孔，骑缝孔孔深 2.5cm，孔径 18mm，孔间距 20～30cm，不规则裂缝的交叉点及端部均需布置孔，预埋灌浆管采用环氧砂浆回填密实，预埋灌浆管管径 8mm，管长 15cm。具体的化学灌浆布孔见图 7.12。

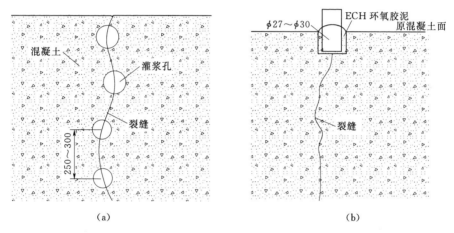

图 7.12 化学灌浆布孔图（单位：mm）
（a）化学灌浆布孔平面图；（b）化学灌浆布孔剖面图

钻孔采用手持式取芯钻造孔，孔径 30mm，钻孔角度垂直于混凝土面，钻孔深度 5cm。

（3）封缝。待灌浆管安装完毕后对缝口进行封缝处理，封缝材料选用 ECH 环氧胶泥和堵漏灵砂浆，用喷灯将混凝土表面烘干后，刮抹 ECH 型黏胶，用堵漏灵、水泥加固。封缝成宽 12cm，封缝呈龟背状，中厚为 5cm。

（4）压风检查。封缝 8h 后进行压风检查各孔的贯通情况，通风压力最高限压为灌浆设计限压的 30%。

（5）灌浆。灌浆采用湖南湘禹防水有限公司生产 XY-QD-I 单液化学灌浆泵，自下而上，多点同步，依次灌浆，以浆赶水，保持足够的压力和足够的进浆时间，稳压闭浆时间 10～20min 后结束灌浆。灌浆压力灌浆压力为 0.2～0.8MPa，每孔纯灌时间一般不少于 60min。

（6）表面及封缝处理。灌浆结束 24h 后铲除封缝材料及注浆嘴，缝两侧 5cm 范围均匀涂刷一道环氧基液，采用环氧砂浆封堵平整，再用环氧胶泥抹平收光，宽 20cm，厚 0.5cm。

（7）质量检查及验收。灌后质量检查采用压水检查和钻孔取芯方法进行，在灌浆结束7d后进行。压水检查采用单点法压水，压水检查压力为0.3MPa，压水检查合格标准 $q$ 不大于0.1Lu。钻孔取芯采用 khyd-40a 电钻取芯，直接对岩芯鉴定、描述。

### 7.5.3 效果

糯扎渡水电站大坝心墙垫层混凝土施工历时2年多，混凝土施工过程中针对不同裂缝采取化学灌浆、表面封闭等措施进行处理，经试验钻孔取芯样检查，芯样浆液填充饱满、浆液粘接性好。目前糯扎渡水电站已蓄水至正常水位812m高程，经监测表明，大坝廊道内渗水量变化不大，各缝隙无明显湿迹，大坝各项检测数据正常。

## 7.6 导流洞临时堵头混凝土快速连续施工方法

导流洞是在水电工程建设中，导流或分流正在施工的江河里的水流，以保证基坑正常施工的水工隧洞，通常是临时工程，当其失去使用功能后，都要进行封堵或封堵改造。所以导流洞的封堵是工程建设的一个重要里程碑，它标志着工程即将发挥效益[85]。糯扎渡水电站左右岸布置5条导流洞，断面形式均为方圆形，1号、3号导流洞进口地板高程600.00m，2号导流洞进口地板高程605.00m，断面尺寸16m×21m，4号导流洞进口底板高程为630.00m，断面尺寸7m×8m，5号导流洞进口底板高程为660m，断面尺寸7m×9m。左岸1号、2号导流洞2011年11月6日开始下闸封堵，右岸3号导流洞2011年11月29日开始下闸封堵，2012年2月右岸4号导流洞下闸，4月初左岸5号导流洞下闸，导流洞下闸后水库水位迅速上涨，为防止高水位工况下闸门可能发生大量漏水甚至破坏，对洞内施工人员安全造成威胁，甚至导致电站下闸蓄水失败，带来不可估量的损失，决定在各条导流洞上游增设临时堵头，其中1号～3号导流洞临时堵头长20m，设计方量6291m³，4号导流洞临时堵头长8m，设计方量518m³，5号导流洞临时堵头长10m，设计方量1644m³，位置在永久堵头前，与永久堵头混凝土同标号、同级配。

### 7.6.1 特点与难点

（1）1号～3号导流洞下闸后，水库开始初期蓄水，29h后水库蓄水至630m高程，上游水位升高13m左右，水库水位迅速上涨，1号～3号导流洞封堵钢闸门设计水位719m高程，导流洞封堵安全形势十分突出，工期十分紧张。

（2）导流洞出口围堰尤其1号、2号导流洞出口底部淤积严重，围堰施工难度大，抽排水和洞内清淤等工作，大大超出了原计划，施工时间较长，致使导流隧洞工程工期更加紧张。

（3）临时堵头尤其是1号～3号导流洞为特大型断面，设计方量大，且各条导流洞地质条件差，经过近3年的冲刷，洞内漏水严重，因此临时堵头施工难度很大。

### 7.6.2 方法

针对临时堵头施工的难点，必须缩短临时堵头施工时间，为导流洞永久封堵尽早提供工作面。传统施工方案，一般采取分层浇筑的方式施工，相邻两仓间隔期及混凝土浇筑各工序耗时长。在施工中，以抢险的态势采取连续浇筑的方法，即临时堵头混凝土一次性浇筑至距洞顶 2～3m 位置，顶层纵向分两段进行浇筑，确保混凝土顶部浇满。

（1）施工排架搭设。导流洞临时堵头混凝土施工前在浇筑仓内外布设满堂脚手架，采用 A48mm（壁厚 3.5mm）焊接钢管和扣件搭设，仓内脚手架为固定模板及混凝土浇筑和入仓混凝土输送管支撑平台，仓外脚手架为模板组立、转运施工平台及人员上下作业通道。仓内脚手架为非承重脚手架，立杆间排距 2m，横杆步距 1.8m，两侧与两混凝土边墙顶紧，上、下游方向横杆及立杆接头采用短钢筋焊接连接牢靠，脚手架立杆底部采用 1.5m 长外露 50cmA25mm 钢筋地锚固定，立杆直接套在地锚上，横杆上下游临近模板面每排脚手架设置间距 4m 的斜撑。仓外脚手架立杆间排距 1.5m，横杆步距 1.5m，横杆左右两侧与混凝土边墙顶紧。仓内外脚手架钢管间隔 6m 高度相互连接。钢管脚手架及扣件总重约 35t，排架结构见图 7.13 和图 7.14。

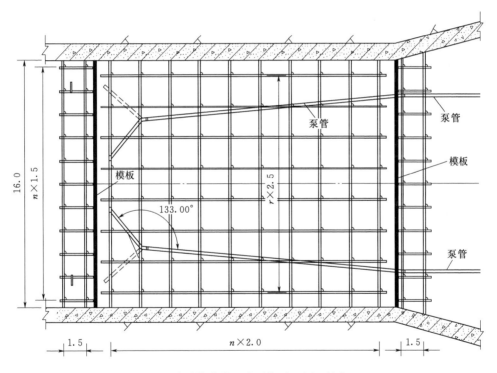

图 7.13　临时堵头施工脚手架平面图（单位：m）

（2）模板方案。导流洞临时堵头混凝土上下游端头模板和脚手架连续组立上升，端头模板采用定型组合钢模板，内拉内撑固定，拉筋采用 A14mm 按 45°角连接在满堂脚手架上，如拉筋不能连接在横杆上在拉筋连接处增设一排横杆。模板采用人工组立，开仓前先立模 5m 高，底部模板拆除后用来组立上部模板，人工提升模板，混凝土按照每班 1m 高度速度浇筑，单仓面积 320m²，按混凝土浇筑完 6h 初凝，底部混凝土初凝后拉紧、脚手架被混凝土握裹力、黏结力远远大于混凝土初凝前对模板的侧压力，模板固定强度及拆模时间能够满足规范要求。

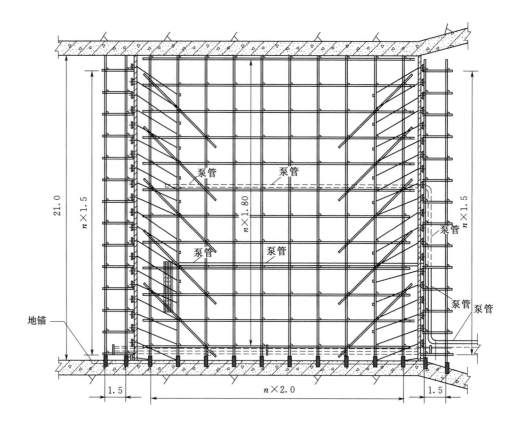

图 7.14　临时堵头施工脚手架剖面图（单位：m）

（3）混凝土浇筑。临时堵头混凝土采用温控混凝土施工，拌和楼出料口混凝土温度为12℃，混凝土入仓温度要求不高于15℃，混凝土采用6m³包裹保温被的混凝土搅拌运输车运输，HBT60型混凝土泵入仓，人工平仓，插入式振捣器振捣。混凝土泵管在仓外沿A500mm排水管顶部布置，排水管上部采用钢筋和A48mm钢管焊接简易平台；仓内布置在脚手架上，每浇筑3m层高，即调整泵管布置，泵管布置见图7.13和图7.14。泵管出口安装泵送软管，距浇筑胚层高差较大时向下接溜筒，以确保混凝土骨料不分离。混凝土浇筑方向由上游向下游平铺法浇筑，铺料厚度0.3m，每坯层混凝土方量约96m³，已完成浇筑坯层在覆盖前不会初凝。平仓采用铁锹或钉耙人工平仓。混凝土采用插入式软轴振捣器振捣，人工站在仓内钢管排架上进行振捣。

（4）顶仓混凝土施工。为确保顶拱混凝土浇筑饱满，导流洞顶部2～3m高作为一层独立施工，顶层混凝土中间采用免拆模板分隔成两段浇筑，其中上游段段长3～6m，下游段为剩余部分。为避免上游面混凝土干缩或浇筑不饱满，影响回填灌浆，从而形成渗漏通道，临时堵头顶仓浇筑时在上游临边部位设置挡墙和止浆包，对上游部位进行封闭。挡墙施工，在临时堵头顶拱仓模板安装完成后，紧邻上游侧模板在仓内砌筑一道24cm厚砖墙对上游面进行封闭，砌完后并采用M10砂浆进行抹面处理，抹面厚度3cm，砖墙与段拱接缝处空隙用M10水泥砂浆填满，砖墙采用人工砌筑。止浆包施工，在顶拱仓内上下游环绕顶拱各布设一道帆布止浆包。止浆包采用宽约 60cm 的帆布对折，然后用缝衣机把开口缝上，形成一个直径约 18cm 的帆布管；灌浆花管采用 A25 钢管或塑料管，每隔 1.5m 钻孔作为出浆孔，出浆孔按梅花形布置；灌浆花管穿过帆布管后与帆布管一起固定在边顶拱上，两端引出临时堵头工作面。顶层混凝土，采用混凝土泵送入仓，人工平仓振捣，当人员无法进出时，采用同标号自密实砂浆浇筑。入仓泵送尾管安装在顶拱最高处，并设备用混凝土输送尾管，以防混凝土堵管。

### 7.6.3 效果

糯扎渡水电站 1 号导流洞临时堵头采用常规方法分层浇筑，于 2011 年 12 月 1 日开始施工，12 月 30 日完成，历时 30d；2 号、3 号导流洞临时堵头采用混凝土连续施工方法，3 号导流洞于 2011 年 12 月 29 日开始施工，2012 年 1 月 13 日完成，历时 14d；4 号、5 号导流洞分别用时 3d、5d。从各条导流洞施工时间对比看，2 号～5 号导流洞采用混凝土连续施工方法后大大缩短临时堵头的施工工期，取得十分明显的效果。

## 7.7 高水头、大流量、高流速抗冲耐磨混凝土施工方法

糯扎渡水电站右岸泄洪隧洞为主要永久泄洪建筑物之一，位于大坝右岸山体内，洞身全长 1062m，进出口平面转角 60°。进口有压段为 $\phi12m$ 的圆形断面，衬砌厚 1.2m；工作闸门为 2 孔，孔口尺寸 5m×8.5m；无压段为城门洞形，尺寸 (12～17m)×(18.28～21.5m)，衬砌厚度为 1.2～2m，出口为挑流消能段。设计最大作用水头 126m，最大泄流能力 3257$m^3$/s，最大流速 41m/s。

### 7.7.1 特点与难点

根据工程特点，右岸泄洪隧洞混凝土施工的关键、难点部位如下。

(1) 有压段圆形断面衬砌。右泄有压段圆形断面衬砌设计要求平整度不大于 6mm/2m，且有 100m 长洞身半径为 80m、角度 60°转弯段。同时，上、下游必须考虑车辆通行问题。

(2) 无压段抗冲耐磨混凝土。作为大泄量、高流速的水工隧洞，无压段混凝土的控制底板和边墙表面平整度以及混凝土表面气泡和防裂十分关键。底板和边墙过流面平整度要满足不大于 3mm/2m 的设计要求。

(3) 无压段顶拱混凝土。无压段标准段顶拱顶部圆弧半径相同，但两侧边墙高度不同，且中间分别设置 3 道 2.2～2.7m 掺气坎。无压段渐变段顶拱两侧和顶部均为渐变结构，长达 104m，必须采用异形模板结构，模板支撑结构变化大。同时，必须确保满足水库提前一年发电要求。

### 7.7.2 方法

#### 7.7.2.1 有压段混凝土施工

右泄有压段底部 1/4 圆弧采用底拱滑模浇筑，顶部 3/4 圆弧采用 2m×4.5m 长门式钢

模台车施工，采用混凝土搅拌运输车运输，混凝土泵入仓。

1. 底拱滑模施工

（1）工艺流程。底拱混凝土施工工艺流程为：钢筋绑扎→滑模就位→仓号冲洗→校模、仓面验收→混凝土浇筑→拉模→抹面→洒水养护。

（2）底拱滑模结构。有压段底拱滑模分 2 部分，上部为承重桁架，下部为模体。承重桁架采用型钢焊接，两侧安装 Φ40cm 钢轮毂在"H"形钢轨道上行走，液压油缸作为行走动力。模体由面板、振捣仓口组成，面板采用 5mm 钢板卷制而成，成"V"形结构。振捣仓口按 50cm 分成数个小方格。振捣仓口设在模体前部，滑动时先作为刮板找平混凝土。底拱滑模结构见图 7.15。

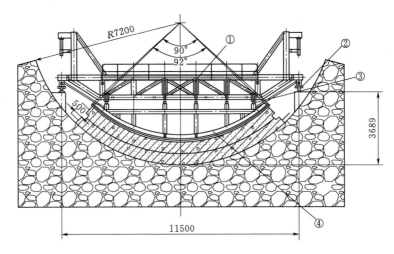

图 7.15 底拱滑模结构（单位：mm）
①—承重桁架；②—行走轨道；③—调节螺杆；④—滑模体

（3）关键施工工艺。

1）入仓与振捣。底拱混凝土入仓时严格控制混凝土坍落度控制在 12cm 以内，再采用混凝土泵泵送到滑模两侧和中间部位，底拱布料厚度约 40cm。在滑模两侧位，振捣器插入距模板约 10～20cm；正前方，在振捣仓口内振捣，严禁直接深入模体底部振捣。

2）模面压光。模体末端设置模面平台，并采用滚杠顺圆弧方向滚动提浆，出模混凝土表面人工修整、模面压光。

3）滑模滑动。滑模通过滑模体上液压控制系统控制两侧轨道上的行走油缸滑动，滑行速度一般 1.0～1.5m/h，以两侧面混凝土不坍塌为准。滑模滑行前清除模板前沿的超填混凝土，以减小模板滑动阻力。

2. 钢模台车施工

（1）钢模台车结构。钢模台车由行走机构、车架、钢模板及其支撑系统、行走系统组成，由 2 台 4.5m 长台车连接组成。模板组由钢模板、钢拱架及纵向连接梁组成；台车部分由台车架、托架、横移装置及行走机构组成；液压系统由垂直移动、横向移动和左、右侧向液压缸及供油系统组成；钢模台车采用有轨运行方式，轨道采用 P43 型钢轨。行走机构为电机链轮传动。钢模台车结构见图 7.16。

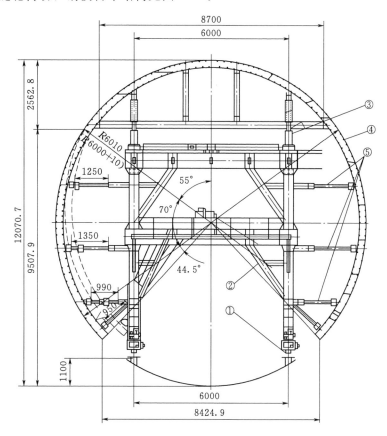

图 7.16　钢模台车结构（单位：mm）
①—轨道及行走系统；②—台车架；③—顶油缸；④—模板；⑤—侧撑杆

（2）工艺流程。钢模台车混凝土施工工艺流程为：钢筋绑扎→钢模台车就位→涂刷脱模剂→缝面处理及测量放线→边、顶模就位→堵头模封堵→安装灌浆管→仓面验收→浇筑边顶拱→脱模→顶拱喷养护剂→边拱洒水养护。

（3）关键施工工艺。

1）钢模台车就位与脱模。台车沿轨道通过自行设备移动至待浇仓位，先将车架下方的夹轨器及下撑杆上紧，调节横送油缸使模板与隧洞中心对齐，然后起升顶模油缸。顶模到位后把侧模用油缸调整到位，并把手动撑杆及上撑杆安装、上紧。脱模与立模时操作相反。钢模台车通过转弯段时先拆解成 2 台 4.5m 长的台车，并采用角钢和竹胶板制作转弯连接部分，利用连接部分将 2 个台车连成整体，使台车形成"以直代曲"（即 2 个 4.5m 长直线替代转弯段曲线）的模板台车。

2）混凝土入仓、平仓。2 台混凝土泵，左、右侧各 1 台，卸料口设在滑模（钢模台车）两侧和中间，出口接溜桶送至混凝土铺料作业面。台车两侧和上、下游面上升高度和速度相同，浇筑速度控制在 1m/h 左右，两边浇筑高差不得大于 50cm，以免台车侧翻。顶拱混凝土封拱时采用冲天尾管法封拱。

### 7.7.2.2 无压段混凝土施工

无压段底板混凝土选择无轨滑模方案施工，边墙采用翻转模板施工方案。同时，必须对抗冲耐磨混凝土采取温控措施，以防止裂缝发生。无压段标准段顶拱选用悬臂式顶拱台车；渐变段顶拱选用移动式混凝土承重排架方案。

**1. 抗冲耐磨混凝土平整度控制**

（1）底板。底板平整度控制采用3道收面法，先采用滑模体进行表面粗平，再人工借助样架和2m长的100mm×50mm方钢进行2道找平修整，最后用2m靠尺检查平整度并进行压光。抹面样架采用φ50mm钢管，间距2m，利用φ25mm可调节钢筋螺杆固定，拆除后抹平。

（2）边墙。采用3m×3m的翻转模板，底部特制三角形模板以找平翻转模板底边。立模时先用三角形模板找平底边，然后先立模6m高。浇筑完第1层4.5m高边墙后，底部模板不拆除，用翻转钢模加高仓面，继续浇筑边墙。模板固定采用外撑内拉，过流面采用内置式拉筋，确保拉筋头置于混凝土内3～5cm。

**2. 防裂及温度控制技术**

（1）减小混凝土水化热。无压段底板抗冲耐磨混凝土选用中热水泥进行配合比设计，掺加25%粉煤灰，二级配。施工过程中控制混凝土坍落度不大于12cm，以减小水泥用量。采用顶部和侧面进行保温后的10t自卸汽车运输，长臂反铲或履带式布料机入仓，以控制混凝土的坍落度。

（2）降低混凝土内部温度。采用温控混凝土施工。控制混凝土出机口混凝土温度不大于16℃，混凝土浇筑温度不大于19℃。对混凝土进行冷却通水，1.2m厚混凝土布置单层冷却水管；1.5m、2.0m厚混凝土布置双层冷却水管。管径φ32mm、壁厚3.25mm，间排距1.0m。混凝土下料时即开始连续通水冷却，冷却水进水温度10～13℃，动态控制，前5d通水流量为1.8～2m³/h，5d后通水流量为0.5～1.2m³/h，通水流量根据温度检测情况进行调整。混凝土冷却龄期1～5d内最大降温速率不超过1℃/d，5d后最大降温速率不超过0.5℃/d，通水达到目标温度28℃即停止通水，靠自然散热至稳定温度。混凝土内部容许温度高温季节不大于45℃，低温季节不大于40℃。

（3）减小混凝土内外温差。根据季节情况对混凝土表面进行保温和保湿。混凝土保温在低温季节进行，底板混凝土采用麻袋片或无纺布保水养护，边墙喷洒养护剂养护，并及时覆盖厚3cm的保温被或保温板，保证混凝土表面昼夜温差不大于3℃。高温季节采用长流水保湿，对混凝土表面通自来水养护，通水流量约15L/min，不保温。

**3. 标准段顶拱混凝土施工**

标准段顶拱混凝土顶拱为1/4圆形。顶拱混凝土模板采用7.5m长钢模台车，钢模台车采用2台卷扬系统牵引移动。钢筋采用3m长钢筋台车绑扎，钢筋台车采用手动葫芦牵引移动，采用固定在台车上的5t卷扬机垂直运输钢筋。顶拱台车轨道支撑采用牛腿形式，牛腿纵向间距为1200mm，横梁采用2[32b槽钢，水平预埋进混凝土1.1m，斜撑采用I32a工字钢。顶拱钢模台车结构见图7.17。

**4. 渐变段顶拱混凝土施工**

渐变段顶拱混凝土采用移动式混凝土承重排架、木方、定托作为模板支撑，平面部位采用 P6015 钢模板立模，渐变部位采用 2cm 胶合板立模。钢筋采用固定在移动式混凝土承重排架的 5t 卷扬机垂直运输，人工绑扎，移动式混凝土承重排架结构见图 7.18。

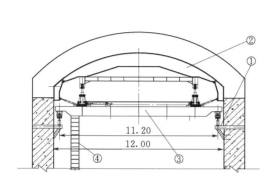

图 7.17　顶拱钢模台车结构（单位：mm）

①—悬臂钢牛腿支撑；②—模板组；③—台车架、支撑系统；④—爬梯

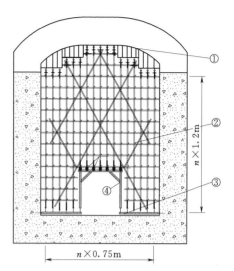

图 7.18　移动式混凝土承重排架结构（单位：m）

①—异型模板；②—承重排架；③—行走钢平台；④—预留门洞

移动式混凝土承重排架由牵引行走系统、底部行走钢平台和承重钢管排架系统组成。底部行走钢平台采用型钢制作，长 15m，底部设 12 个轮毂。行走钢平台中间采用 120 工字钢预留 4.1m×4.5m 交通洞。钢管排架安装前，在行走平台焊接 Φ36mm 钢筋桩，钢管排架采用卡扣式 Φ48mm 钢管排架，立杆间排距 0.75m，横杆间距 1.2m。排架纵横及水平向设剪刀撑。

混凝土施工移动式承重钢管排架施工程序：移动就位→底部钢平台支撑、轮毂锁定→承重钢管排架校正、与两边墙固定→顶部模板支撑及模板施工→检查验收→混凝土浇筑→模板拆除→承重钢管排架两侧和顶部结构调整，底部钢平台支撑拆除→移动下一仓。

### 7.7.3　效果

（1）有压段和无压段过流面平整度满足设计要求，合格率达到 93.5%。

（2）有压段底拱、3/4 边顶拱混凝土 3 次被评为工地样板工程；无压段底板、边墙混凝土 2 次被评为工地样板工程。所有分部分项工程全部优良。

（3）无压段温控混凝土内部高温季节最大温升 42℃；低温季节最大温升 38.5℃。无任何混凝土裂缝发生，防裂效果明显。

（4）各部位施工效率、进度改善明显，有压段底拱滑模施工强度达到 10m 洞长/d；3/4 顶拱钢模台车施工强度 4d/仓；无压段渐变段顶拱混凝土施工强度 15d/仓，无压段顶拱台车混凝土施工强度 4d/仓，确保提前一年通水目标的实现。

（5）有压段混凝土施工较传统的针梁式钢模台车节省重量约 40t；无压段混凝土施工较传统的落地式钢模台车节省重量 90t。无压段渐变段顶拱混凝土施工人工及材料费节约 45 元/m³。

# 第8章　先进管理模式

管理是糯扎渡水电站建设中的这个要组成部分,是工程项目建设、质量、安全、效益的根本保证。本章从质量管理、安全管理、监理管理、信息化管理等多个方面,对糯扎渡水电站建设项目的管理体系、方法、特点等进行了分析与论述。

# 8.1　"糯扎渡品牌"的质量管理模式实践与应用

糯扎渡水电工程建设的质量方针为:"建流域一流工程,争创国家优质工程金奖,争创世界级精品工程"。以"不发生质量事故,有效控制质量通病,工程质量合格率100%,建筑工程优良率达85%以上,安装工程优良率达90%以上"为质量目标。经过多年的建设管理实践,形成了一套严谨、成熟、具有"糯扎渡品牌"的质量管理模式。

## 8.1.1　特点与难点

糯扎渡工程的挡水建筑物为心墙堆石坝,坝高261.5m,比我国已建同类坝型跨越了100m台阶,超出了我国现行规范的适用范围,很多方面没有规范和经验可循。大坝工程量大,料源复杂,坝体填筑强度高、持续时间长,过程质量控制要求高,难度较大。尤其是作为防渗主体心墙区的坝料性能和施工质量控制决定着工程的成败。溢洪道工程规模巨大,高水头、大泄量、高流速等泄洪消能问题突出,对溢流面平整度控制提出了更高的要求,基础处理、关键部位混凝土温控防裂问题突出。引水发电系统工程规模巨大,下洞室群密集,地质条件较为复杂,施工强度高,地下厂房大。要在确保围岩稳定、变形受控的情况下加快施工速度,对控制开挖质量有很高的要求。

## 8.1.2　方法

糯扎渡水电工程通过不断创新质量管理理念、建立健全工程质量管理体系、加强和完善管理手段,基本做到了制度建设无缺漏、管理过程无漏洞、监督实施无缺为。采用事前控制及早预防、事中控制及时纠正、事后控制总结经验,事前、事中、事后互相衔接、严格把关,使得糯扎渡工程质量在控、受控,形成了具有鲜明糯扎渡特色的质量管理模式,从而确保糯扎渡水电站这个世界级工程的质量。主要体现在以下方面。

(1) 严格执行《工程建设标准强制性条文》。糯扎渡工程在建设过程中高度重视强制性条文的执行工作,严格按批准的设计文件组织设计、监理、施工、设备制造和生产等单位实施,并严格执行《建设工程质量管理条例》《建设工程安全生产管理条例》《建设工程勘察设计管理条例》《工程建设标准强制性条文》等强制性标准。工区成立了强制性条文工作机构,各参建单位结合达标创优工作,对强制性条文执行情况开展施工月度自查、监理复查、华能糯扎渡水电工程建设管理局(以下简称"业主")半年期检查,并对存在的问题及时组织整改。

(2) 充分利用和发挥政府监督和专家咨询的作用。电力工程质量监督总站和澜沧江流域质量专家组已分别对糯扎渡水电工程进行了9次现场质量监督巡视和5次质量巡视和咨询,为工程质量和重大技术问题把好了脉。为充分发挥质量监督和专家咨询的作用,业主及时组织参建单位逐条整改落实相关意见,使外力有效推动了内力的提升,为规范糯扎渡工程质量管理工作以及实物工程质量的提升起到了积极的促进作用。

（3）坚持日常巡查、专项检查及整改制度。除对各个标段坚持进行例行检查（包括内业资料）外，对大坝填筑、抗冲耐磨混凝土施工等关键项目，以及建设过程中存在的薄弱环节定期和不定期地组织重点检查或专项检查，加强过程控制，严格按照"检查发现问题、整改消除问题、复查验证结果"的程序进行闭环管理，坚决按照"四不放过"的原则进行问责处理。

（4）坚持工程实物质量检测、预警和纠偏制度。实物质量检测是判定施工质量最有力的手段。为加强对工程实物质量的监督控制，在施工自检、监理抽检的基础上，充分发挥第三方检测的作用，通过各检测机构（工程实验室、测量中心、物探检测中心、机械检测中心、数字大坝项目部、安全监测管理中心）对工程建设进行全过程的施工质量检测和管控，及时发现存在的问题和不足，采取相应的纠偏措施，为工程建设提供了有力的保障。

（5）坚持施工质量月检查、季考核、年评比的达标考核制度。按照《糯扎渡水电工程执行强制性条文管理办法》和《糯扎渡水电工程达标投产管理实施细则》，认真组织开展施工月度自检、监理季度复检和业主半年检查（考核工作与达标投产考核同时进行）。

为做好糯扎渡水电工程达标投产考核工作，使考核工作有组织、有计划、有记录、有总结、有提高，由业主达标办牵头，各专业考核组分别对各主标参建单位进行了半年期、年终阶段性达标投产考评。通过一系列的工作，糯扎渡工程有效遏制了施工过程中的违规事件，保障了工程质量，为确保工程的高水平达标奠定了坚实的基础。

（6）大力推行样板创建及考核评比活动。大力推行样板工程、样板单元、样板焊缝、样板内业等样板创建活动。通过样板创建及考核评比，促进了质量控制的规范化、标准化，发挥了样板的示范效应和辐射作用，推动了质量管理水平和工程质量的整体提升，形成了各标段争创样板和"比、学、赶、超"的良好氛围。

（7）实施"精细化"管理及执行"一条龙"检查质控。紧紧围绕"精细管理、精心施工、打造品牌"的质量理念，强化工序质量考核，以动态过程控制来全面提升工程质量，将精细化施工的质量理念深植在日常施工质量管理中。对施工单位的质量管控要求深入到作业队伍，全面落实"三检制"，突出一检、二检作用，加强施工质量细节控制；监理单位通过认真学习达标创优相关标准，严格审核施工措施，积极推行重要仓位24h仓内交接班制度。尤其对大坝填筑和混凝土浇筑实施"一条龙"全过程质量控制，大坝填筑从坝料开采、运输、掺拌、摊铺、洒水、碾压到检测实施精细化质量管控，确保把糯扎渡心墙堆石坝建成精品工程；混凝土施工则从原材料、拌和、运输、浇筑、温控、养护、保护，做到每个工序、每个环节都实施精细化作业。通过严格控制工序质量，逐步形成了糯扎渡水电工程自己的一套工艺（工法）体系。

（8）全面开展达标创优工作。为全面提升糯扎渡水电工程建设管理水平和整体移交运水平，糯扎渡工程以高水平达标投产、争创国家优质工程金奖和国家环境友好工程奖为目标，全面开展了达标投产工作，并逐步建立起较为完善的达标投产管理体系，实现了达标投产工作的日常化、过程化，形成了全员、全过程、全方位参与的达标投产工作氛围。

（9）超前的技术策划。为保障糯扎渡水电工程顺利建设和工程质量满足要求，业主组织开展了大量的科研试验和施工方案研究。其中，"数字大坝"系统的成功开发和应用，实现了大坝填筑质量的在线实时监控，提升了大坝施工质量控制水平和效率；附加质量法的运用，切实起到了快速检测堆石料干密度、有效控制施工质量和指导大坝施工的作用；通过工艺试验，为抗冲耐磨混凝土的温控和平整度控制提供了重要的依据和参数；通过温控专题研究和分析，为及时调整混凝土温控指标、确保施工质量提供了有力的依据；TOFD 检测方法及全自动焊接技术的应用，有效提高了金结机电焊接效率和焊接质量。

（10）超前的质量预控管理。糯扎渡水电工程所面临的许多技术难题已超出了现有的规范和施工经验，鉴于工程的建设规模、难度和重要性，为了确保工程的顺利建设，对于关键项目及重点部位，采取了质量预控管理。业主组织相关参建单位根据施工项目的特点，提前介入、超前规划施工方案，评审、优选施工方案，提前做好施工准备和施工应急预案等，对各施工环节建立"预警制"，对可能发生的质量问题设立预警管理目标，及时采取纠偏措施，全过程跟踪管理，在大坝填筑、混凝土强度控制和温控等方面取得了很好的效果，确保了施工质量。

## 8.1.3　效果

自 2009 年以来，以谭靖夷院士为顾问，马洪琪院士为组长的澜沧江流域水电工程质量检查专家组共对糯扎渡水电工程进行 5 次质量检查；同时，电力建设质量监督总站先后对糯扎渡水电工程进行 9 次质量监督巡视，均对糯扎渡水电工程的施工质量给予了高度评价，认为"以工艺、工法为重点的质量控制方法成效显著，技术创新和科学管理亮点突出，实物质量检查结果良好，工程质量处于良好的受控状态"。其中，大坝施工从料场开采、反滤料加工生产、土料掺砾、含水率控制，直至转运上坝填筑，各环节均实现了程序化、规范化、机械化管理。"数字大坝"的开发运用，使得大坝施工从填筑配送、分区铺料到碾压，实现了坝料填筑全过程的实时控制，并通过信息反馈，及时纠正操作中的失误与质量缺陷，有效地保证了施工质量。检测结果表明，各类坝料的各项控制指标均满足设计要求，大坝填筑质量处于全面受控状态。溢洪道泄槽段混凝土受基础（地质条件复杂）、结构（底板为薄板结构，厚 0.8～1.0m，长 30～120m）及气候（日夜温差大）等因素的影响，温控防裂任务艰巨。业主组织各方力量，从原材料进场到混凝土浇筑、养护进行了"一条龙"质量控制，以最大限度地预防温度裂缝的产生。在混凝土配合比方面，优先选用中热水泥，高效优质的减水剂，适当增加粉煤灰用量，选用低坍落度混凝土配合比，优选聚丙烯纤维，从而在配合比上最大限度地降低水化热的产生。在混凝土温度控制方面，通过控制混凝土出机口温度、浇筑温度、通制冷水、覆盖保温保湿材料及长龄期养护等措施，降低混凝土的最高温升，以减少温度裂缝的出现概率。此外，在溢洪道底板平整度控制方面，采用紧光机配合人工抹面方式进行控制，精细化的过程质量控制，使得抗冲磨底板平整度总体合格率在 90% 以上。地下引水发电系统在地下洞室开挖支护中严格按工艺工法施工，确保了岩壁吊车梁岩台、地下洞室高边墙的预裂爆破成型质量；同时，施工单位对地下洞室穿越大规模断层，处理隧洞坍方段的施工制定了专门的工艺和措施；专家给予了"地下主副厂房的超挖、不平整度、半孔率与正在施工的溪洛渡左岸地下厂房相当，开挖成型水平堪称一流"的评价。

糯扎渡水电工程自开工以来，在电力建设工程质量监督总站和澜沧江流域质量专家组

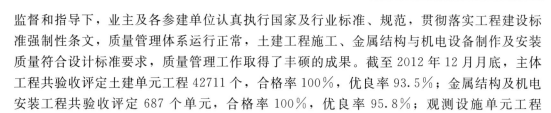

监督和指导下，业主及各参建单位认真执行国家及行业标准、规范，贯彻落实工程建设标准强制性条文，质量管理体系运行正常，土建工程施工、金属结构与机电设备制作及安装质量符合设计标准要求，质量管理工作取得了丰硕的成果。截至 2012 年 12 月月底，主体工程共验收评定土建单元工程 42711 个，合格率 100％，优良率 93.5％；金属结构及机电安装工程共验收评定 687 个单元，合格率 100％，优良率 95.8％；观测设施单元工程 2796 个，合格率 100％。

## 8.2 糯扎渡水电工程建设管理方法

### 8.2.1 特点与难点

糯扎渡水电工程属世界级巨型工程，具有"大"和"难"的特点。对工程建设管理提出了更高的要求。

### 8.2.2 方法

#### 8.2.2.1 高效精炼的组织机构设置

针对糯扎渡电站的"大"和"难"的特点，按照"人员精简、办事高效"的思路设置管理机构。班子成员 4～5 人，专业搭配合理，年龄结构合适，分工替代原则明确，运作顺畅，战斗力强。电站党委成立后，建立起了党委议事规则，政、工、团在党委领导下各自开展工作。管理局下设 6 部 2 室：工程部、计划部、财务部、机电物资部、安全质量环保部、党群工作部、综合办公室、征地移民办公室。每个部门一般设部门正副主任各一人，下设 2～3 个处，每个处由一名业务骨干担任处长，下设业务人员 1～3 名，根据工作需要，部分部门设置助理岗位。通过老、中、青合理搭配，形成"传、帮、带"的模式，既利于工作的开展，也利于人才的培养。

在人才培养和使用上，打破用人管理的传统思想，始终坚持"人才资源是企业的第一资源"的人才理念，坚持"用好人、带动人、带出人"的思路，不断完善培训工作机制，创新人才培养方式，打造人才成长平台。①想方设法挖掘现有人才资源，按"人员精简、办事高效"的原则，加负荷，压重担，多岗锻炼，把人员潜力发挥到极致；②聘用外聘人员及专家，从社会资源吸纳优秀人才为我所用，不拘一格，如抽调电厂、实业公司部分人员，择其专长，充实管理局的工作岗位；③从公司渠道吸纳人才。

从实际出发、抓主要工作，是开展管理的中心着眼点。电站建设以来，建管局先后编制、修订并印发了 117 项管理制度，一切以制度为准绳，灵活开展各项管理工作，确保工程建设稳步向前推进。随着工程建设进入完建期，达标投产、工程创优、基建创一流等各工作成为当前及今后一段时间的重点工作，如何适时的调整工作状态，适应当前工作重心、成为管理者亟待思考和解决的问题。凡事不破则不立，制度也只有在贴近实际的情况下才能保持活力，发挥其最大的功效和作用。根据工程建设的实际情况，建管局对部门岗位职责、部门定员和各岗位职责进行了全面的梳理和修订，力求"物尽其用、人尽其才"。合理配置人才资源，合理分配岗位工作，确保满足各阶段工作顺利开展的要求。在明确职责的基础上，将责任落实到部门、落实到个人，每个月组织开展各部门绩效考核评比并给予相应的评分与评价，强化责任落实与督办，确保"人人有责、人人负责"。强基础、重实效，抓好基础制度建设工作对于电站的建设起到了筑牢根本的作用，健全完善的制度基础是工程建设上水平、上台阶的前提。

### 8.2.2.2　加强企业文化建设

企业文化能增强员工的向心力、凝聚力，发挥了制约、影响和潜移默化的积极作用。管理局以公司"三色"水文化理念体系为核心和导向，全面加强了企业文化建设。近年来，理念文化、廉政文化、安全文化、质量文化、环境文化、荣誉文化、新闻文化、服务文化等子文化的建设，都结出了硕果。如各施工面，设置了各种安全文化、质量文化、环保文化的标志；营地和工地设有及时更换的标语、宣传橱窗等宣传文化氛围。重视企业精神文明建设，深入开展企业文化宣贯工作，结合现场实际，采用网站、报刊、宣传栏等载体，宣传公司企业文化理念；坚持以人为本，不断增强在工作中践行公司文化理念的自觉性；广泛组织工区"创优立功"劳动竞赛，开展各类群众性精神文明活动，电站工会各协会积极开展丰富多彩的文体活动，不断激发广大职工的爱国热情和工作激情，丰富员工业余生活，精神文明建设成效显著。同时，切实做好职工的服务工作。坚持以人为本，深入开展员工思想政治工作，高度关注员工关心的热点、难点问题，进行及时调查研究并加以解决；抓好职工的后勤服务保障工作，及时为职工更新床上用品、电视、洗衣机，加强健身娱乐设施的维护及更新，从思想上、生活中关心员工，尽可能让员工在工地工作安心、生活舒心。多年来，建管局先后荣获华能集团创建"四好"领导班子先进集体、"四强"党组织、云南省"文明单位"称号、云南省"五一劳动奖状"和集团公司授予"基建创一流先进单位"，初步形成了荣誉文化的体系，对员工的鼓舞、教育、凝聚作用，已成为推进工程建设管理工作的强大动力。

### 8.2.2.3　"六位一体"管理模式的探索与实践

糯扎渡水电工程建设的顺利进行离不开建设方、参建方和政府的合作和共同努力，管理局充分认识到这一点，在建设过程中逐步形成了以业主（项目法人）为主导、设计为"龙头"、监理为"管家"、承包人为主体、政府做保障、移民受实惠的"六位一体"的联合机制，借此正确处理好参建各方关系，努力营造和谐共建、相互理解支持、共享建设成果的建设环境。

"六位一体"的基本内涵是：业主、设计、监理、施工单位、地方政府、移民等是一个"六位一体"的利益共同体，这个利益共同体的载体就是电站，电站建设得好、建设得快，对六方都受益；电站建设的不好，对六方都不利。用"工程利益高于一切"的理念团结协调六方，形成合力，又好又快地推进电站建设，是贯彻"六位一体"理念的落脚点和行为准则。

（1）充分发挥业主的核心和主导作用。业主在水电工程建设过程中处于核心和主导地位，其职责概括起来说就是组织、协调、监督、服务。具体来说，包括谋篇布局、进度投资管控、合同管理、设计管理，对监理和施工单位的协调管理，协调地方政府等有关方面提供工程建设所需的外部条件等。

管理局作为澜沧江公司的外派机构，代理公司行使业主的职能。基于以上对业主主要

**300米**级心墙堆石坝施工关键技术

职能的认识，管理局定位为整个工区的协调组织机构，其工作主旨是对工程建设进行管理和服务。要在建设过程中发挥核心和主导作用，协调设计、监理、施工及设备供应商之间的关系，加强设计方案、合同管理和投资进度等方面的控制和引导，以保证工程达到预期的目标。在"小业主大监理"的模式下，充分发挥业主的管理、协调和服务职能。

（2）强调设计的"龙头"作用。管理局强调设计是工程建设的"龙头"，是工程建设的"灵魂"，因为设计方案的优劣从根本上决定了水电工程的质量和经济效益。通过加强设计管理来提高设计产品质量，通过强化设计的龙头作用推动设计优化，以加快工程进度并节省工程造价，是管理局技术管理的主要目标。

为强化设计管理，管理局根据公司设计管理办法，修改完善设计管理办法实施细则，加强对设计的管理和考核，实行月度召开设计联络会，季度进行设计考核的制度。要求设计院配置数量足够、业务水平高、责任心强的现场设代人员并保持人员稳定；要求设计代表结合现场实际情况，认真研究和总结工程特点，在此基础上周密考虑，把握关键；强化设计文件的审查力度，对于设计方案中的重点、难点要认真研究，充分吸纳专家咨询意见，力求提高设计质量和水平，使设计方案有较强的施工容错能力；要求提高设计文件的供应速度，能满足现场需要并有一定的超前性；同时要求设计代表积极参加工程质量四方联合检查，参加分部工程、隐蔽工程和重点部位的验收工作，积极提出意见。另一方面，管理局积极为现场设计代表提供良好的生活和工作条件，在设计管理过程中本着积极协商的原则，提前介入设计过程，把业主的管理意图贯彻到设计过程中，设计成果出来以后则给予充分尊重，这样在设计管理得到强化，设计产品符合业主预期的同时，管理局和设计院的关系也非常融洽。

（3）强化监理的"管家"作用。管理局始终坚持"小业主、大监理"的管理模式，充分发挥监理"工程管家作用"。合同范围内具体层面的工作，都交由监理来管理，业主主要管理全局性、个性、边界性及交叉性问题，做到不越位。在充分授权的同时，完善监理管理制度和方法。通过月检查、季、年考核制度、监理例会制度、专项检查制度及总监谈话制度，完善对监理的约束机制；建立直接针对现场监理而不是监理机构的监理奖励制度，使监理费与监理工作成果挂钩；通过优秀监理评比表彰等活动，建立激励机制，调动现场监理的积极性；为一线监理提高待遇和创造良好的工作环境；要求监理严格按照合同要求，根据工程需要，配备足够数量的高素质专业监理工程师；要求监理严肃认真对施工技术方案及措施进行审核把关，严格落实施工过程旁站制度，尤其是对隐蔽和重要工程部位全过程旁站；加大对施工单位的检查督促力度，督促施工单位按工艺工法组织施工，严格执行施工质量验收评定制度，加强对质量缺陷处理的检查，督促按技术要求及时处理完成；对施工单位质量违约严格按照有关规定进行考核处罚，督促限期整改闭合。

（4）充分发挥施工单位的主体作用。施工单位是糯扎渡工程建设的主体，是最终的保障体系。选择技术精湛，战斗力强的施工单位，是工程建设取得良好效益的重要保证。为发挥好施工单位的主体作用，针对目前水电承包市场的特点，管理局也积极解决施工单位的现实困难。对于施工单位提出的经济合同问题，管理局及时提供合同条件，以合同为依据，按"实事求是、合法、合情合理"的原则及时解决，为施工单位提供资金保障。在日常管理中，本着平等互利、合作共赢的原则，与承包商建立相互理解、相互信任的良好合

280

作关系，为承包商发挥工程建设的主体作用奠定了基础。

（5）加强与政府沟通协调，突破征地移民瓶颈。水电工程建设的顺利推进，离不开地方政府的配合与支持。建管局历来重视与地方政府的沟通联络，已建立和谐共融的企地关系为目标，为工程建设提供积极有利的外部环境与政策支持。赢得地方政府的理解与支持是工程顺利开展的重要保障，管理局在主动开展工作的同时，与政府谈发展、讲政策、摆成绩，强调工程建设是企地共赢的基础，努力调动了地方政府工作配合、支持工程建设的积极性。共同协作做好征地移民相关工作，与当地人民政府坚持每月定期召开征地移民协调例会，要求移民设代、移民综合监理等相关单位参加，及时研究解决征地移民过程中遇到的问题。同时管理局委派专人跑省、州、县、乡（镇），集中办理林地、土地报批手续，为电站建设的顺利推进提供了用地保证和合法手续。另外，管理局以公司支持新农村建设为契机，主动承担社会责任，在电站周边积极开展支持地方建设新农村项目，有力推动了当地经济社会发展；积极参与地方科教文卫建设、治安维稳、精神文明创建等各项活动，响应地方各项政策与活动安排，为工程建设奠定了良好的舆论氛围和群众基础。

（6）切实关注和保护移民利益，形成良性互动。管理局高度重视移民利益对于工程建设的顺利推进和工区稳定的重要性。按照国家实行开放性移民的方针，采取前期补偿、补助与后期扶持相结合的办法，使移民生活水平达到或超过原有水平。移民安置以逐年补偿为基础，实行集镇安置、农业生产安置、分散安置和货币安置等四种安置方式并举，并针对各户的不同情况，给予充分的选择权，让移民都能选择到适合自己切身发展模式的补偿方式。同时，管理局以公司"百千万工程"为契机，以"建设一座电站，带动一方经济、保护一片环境、造福一方百姓、促进一方和谐"为指导，主动承担社会责任，在电站周边积极开展支持地方建设新农村项目，积极支持地方建设希望小学、农村卫生室、农村文化室，整治村容村貌，开展农村劳动力转移培训、农村医疗合作等项目，有力推进了当地社会的经济发展。

### 8.2.2.4　务求实效的合同管理

合同是工作的依据和管理的基础。通过科学有效的合同管理，实现工程建设安全、质量、进度、投资、水环保等几大目标，是合同管理的基本内涵。在合同立项、项目招标、合同商签、合同履行等全过程合同管理环节中，管理局始终坚持合法、合情、合理和科学的原则，有效发挥了合同管理在工程管理中的核心作用，达到了工程建设的主要目标，实现了参建各方共赢。

糯扎渡电站合同管理制度健全，合同管理各项工作一直规范、有序。合同立项、招评标、合同签订、执行、变更、竣工结算等程序严格、规范。

合同立项阶段通过执行部门申请，合同管理部门和相关职能部门会审，分管领导审核及主要领导批准等多个环节严格把关，确保合同项目为工程建设所需且不包含在其他合同中。合同工程量和投资科学合理，且技术和资金准备已到位。根据项目性质和规模，通过招标和竞争性谈判等方式选择好的承包商，不单纯以报价高低为取舍的依据，而是根据工程特点，施工单位的特长、经验及信誉、投标报价等，综合评价择优选择承包商，是项目建设顺利的重要保证。合同的商签在坚持合法的前提下，条件的设置科学合理，在满足工程建设条件和项目法人权益的同时也兼顾承包人的合法权益，避免承包商为了签订合同什么条件和要求都承诺，但在合同实施过程中无力支撑而造成现场管理陷于被动情况的发生。在合同的履行过程中，坚持对合同目标进行分解和控制，通过对分解目标的跟踪、反馈和纠偏，实现合同总体目标；同时严格执行合同规定的奖惩条款，维护合同的严肃性；及时处理变更和索赔费用，提高承包人的积极性。加强对合同经办程序、合同台账、变更台账、索赔台账、工程量台账的管理，提高合同管理的规范性。

#### 8.2.2.5 努力创建一流精品工程

对于糯扎渡水电工程的建设，不仅是要将它建成，更要建好，要着力打造内实外美的艺术景观工程，这就对建设者提出了更高的要求。要在严格做好工程的安全、质量、进度等方面管理的同时，更要强调精细化管理思路，要从细节入手，精益求精的最好每一个环节，打破人们长久以来对于水电工程"傻、大、笨、粗"的印象，推崇"精、细、顺、美"的一流精品工程理念。

对于精细化的提升，着重从工艺与意识两方面双管齐下。严格工艺质量标准，狠抓过程控制，全面推进精细化质量管理，组织样板创建，加强样板评比，营造精品质量意识，有效保证工程实物质量和观感质量。大到工程整体形象面貌的美化、各建筑物与部位的装修装饰、电缆的敷设与桥架的架设，小到一个盖板的安装、栏杆的装饰、甚至是一颗螺丝钉的装卸，都以精益求精的态度去做好，不断增强参建各方的精品意识和创优意识。在做好技术创新和亮点创建的同时，还要积极借鉴国内电站成功经验与做法，积极向国内优秀的水电站、火电站及抽水蓄能电站对标，取长补短，力求突破瓶颈，不断提升自我，超越自我。

一切从实际工作开展出发，一切从员工实际需求出发，一个"实"字，高度概括了糯扎渡电站取得丰硕成果的管理方略之真谛。不唯上、不唯书、只唯实，将这样一个质朴的道理贯穿于电站建设的全过程、管理工作的各方面，为电站基建综合管理傲立业界、世界级工程创世界级管理水平注入巨大的能量与活力，为创建世界一流水电工程提供了强有力的支撑。糯扎渡电站投产至今，无论从过程还是结果来看都取得了丰硕的成果，建设历程汇集了参建各方的艰辛努力，也得益于建设管理单位富有成效的管理。

### 8.2.3 效果

糯扎渡水电站于2004年筹建，2007年大江截流，2011开始下闸蓄水，2012年9月6日首台机组发电。电站以发电为主，兼有防洪、灌溉、养殖和旅游等综合利用效益，是国家"西电东送""云电外送"的重要骨干项目，电站投产至今，大坝、厂房、泄洪洞等各枢纽建筑物运行情况良好，工程质量获得了相关专家及各界领导的一致好评。

## 8.3 大坝施工安全管理方法

糯扎渡电站施工规模巨大，施工难度复杂，日填筑量为2.4万 $m^3$，日投入拉渣车辆537台，交通安全形势十分严峻。做好安全生产的大文章，实现生产环境的本质安全化，需要以科学的态度对待安全生产，认真实践，扎实工作，以强制性标准约束生产行为，全面提高员工的整体安全意识。同时也应当建立高土石坝工程全生命周期安全质量管理系统，对高坝工程规划设计、建设和运行过程进行实时监控和科学管理，使高坝全生命周期内的风险始终可控、在控，这对于实现高坝大库工程安全建设与风险管理具有十分重要的意义[87]。

### 8.3.1　特点与难点

（1）施工开挖和大坝填筑工程量巨大，道路坡面较陡，日投入出渣和混凝土车辆多，每班均在537台套，交通安全压力巨大。

（2）坝坡坡面干砌石护坡砌筑与坝体填筑同起施工，上坝公路路长坡陡，落石、滚石等安全隐患问题突出。

### 8.3.2　应对措施

#### 8.3.2.1　建立健全安全生产管理机构

成立总监为安全生产第一责任人，项目部为安全生产保障体系，安全环保部为监督体系的管理机构，制定安全生产管理办法及制度，开展危险源识别，确定重点管理项目，施行安全目标管理，检查核实，每月定期召开安全生产会议分析研究安全形势，寻找存在的问题，循环改进。

#### 8.3.2.2　明确各部门职责，落实"一岗双责"责任管理

依据建设工程安全生产条例划分各部门责任，明确安全生产管理范围和职责，同时根据危险源辨识情况，细化工作面具体责任人，对于重点控制项目实施生产与安全二级责任制，验收把关由生产和安全具体责任人联合验收签字方可进入下道工序施工，任何一方验收不合格均不得施工。

#### 8.3.2.3　签订安全生产责任书，实行风险抵押金制度

为全面贯彻安全生产层层落实制度，年初总监与副总监、各部门主任签订安全生产责任书的基础上，实行风险抵押金制度。即从工资里提出一部分资金作为风险抵押金，全年实现安全生产管理目标，不发生安全生产责任事故，全额返还的基础上给予一定奖励。发生一般事故扣除抵押金的基础上，按照相关规定追究责任，在安委会上说清楚，且承担相应赔偿。

#### 8.3.2.4　开展危险源辨识与识别，制定预控措施

年初根据施工总体计划安排，成立危险源辨识小组，开展施工区域危险辨识，确定较大以上危险源，制定预控措施。

（1）道路交通安全风险控制。①制定交通安全管理实施细则，每月组织开展道路交通安全专项检查，跟踪落实存在的问题；②督促责任单位成立交通安全稽查队，日常开展道路稽查和测速检查，凡是发现超速、客货混载车辆立即叫停登记，组织违规违章驾驶员到警示教育中心接受教育培训和处罚，一月内违规三次要求退场；③实行车辆例保例检制度，每季度邀请地方车辆检测机构到糯扎渡工区对所有车辆进行性能检测，安全性能不达标不能上路行驶，检测性能达标粘贴检测合格标志牌，每次检测更换合格牌颜色，杜绝不合格车辆进入施工区；④车辆进场核准制度，车辆进场必须进行车辆检验合格，驾驶员登记，办理车辆准入证方可进场施工。

（2）交叉作业安全风险控制。随着大坝心墙填筑高度增高，坝后边坡浆砌石护坡对下方行走人员和车辆构成安全威胁。电站进水口塔体混凝土浇筑与下方门槽安装、缺陷处理、二期混凝土浇筑形成交叉作业，为了保证交叉作业安全，采取了层层防护措施，在大坝浆砌石护坡高差每5m形成一层钢管竹条板防护墙，并在高程788m、高程783m形成了SNS柔性防护网。在进水口塔体高程763.5m设置了工字钢平台防护，有效形成安全隔离，避免了交叉作业安全隐患，保证平行施工安全。

（3）爆破安全风险控制。糯扎渡水电工程巨大，平行施工标段多，爆破隐患突出，为确保爆破作业安全，成立了爆破安全协调中心。首先，制定爆破安全管理规定，确立了爆破时间、警戒、清场三统一，划分各标段责任范围，实行了谁爆破、谁清场、谁警戒的原则，严格执行爆破作业申报审批制度。其次，严格执行爆破设计审批制度，确立爆破规模，明确爆破影响范围。再次，实施了"准爆证"制度，在爆破清场范围明确，装药、联网、退库等手续完整，经过现场监理核实签发"准爆证"后方可起爆。

（4）用电安全控制。落实安全技术措施方案，执行作业票制度，凡是50kW以上用电线路架设必须报送专项安全措施，经过审批合格，技术交底，签发施工作业票方可实施。开展专项检查，落实"一闸一机一保护"措施。严格用电作业管理，电气作业人员必须持证上岗，建立特种作业人员管理台账，定期更新，督促再教育，保证持证有效。

（5）组建警示教育中心，开展违规违章警示教育。安全生产重在教育和落实：①督促施工单位对进场人员三级安全教育，建立健全个人信息台账，落实挂牌上岗；②严格执行班前五分钟会议制度，实名制签名，每周检查班前5min会议落实情况，保证每个施工人员均能接受安全教育；③成立警示教育中心，加强日常巡视检查、专项检查，发现违规违章人员进行登记，即时纠正，同时责成违规违章人员到警示教育中心接受警示教育，违规违章得到很好控制。

## 8.3.3 效果

糯扎渡水电工程施工规模巨大，施工点多面广，特别是交通安全，交叉作业，特种设备作业，登高作业频繁。通过实践摸索和过程中的严格控制，通过强化机构建设，责任落实，危险源（点）辨识与识别，重点项目专项检查、作业票、例会、验收挂牌、签证、整改复核措施的管控，有效地控制了危险源（点），同时也保证了工程建设顺利实现，圆满完成了提前投产发电目标。

# 8.4 监理全面质量管理方法

糯扎渡水电站工程提出了"创国家优质工程金奖"的质量目标，为确保现场质量控制达到标准化、精细化、规范化，在对现场实物质量加强控制的同时，采取一系列质量控制措施，以确保实物工程质量达到优良水平。

## 8.4.1 特点与难点

糯扎渡水电站心墙堆石坝高261.5m，是目前国内在建最高土石坝，心墙土料为坡积、残积和强风化层立采混合土料。土料含砂砾石甚至漂石，在料场开采层厚分布不均匀，质量控制难度较大。为提高心墙中下部土体弹性模量，减少坝体后期变形，心墙土料又掺入35％的人工碎石。如何避免砾石集中，保证含水率合适，使掺砾土料保持相对均匀，使土料细粒部分碾压密实满足设计要求是心墙填筑施工技术难点，同时采用何种试验检测方法，快速准确测定全料和细料压实质量是保障现场填筑施工的重要前提。为充分利用开挖料筑坝，做到物料平衡，坝体中部采用 $T_2m$ 砂质泥岩开挖料填筑，利用软岩堆石料填筑高土石坝亦是本工程一项技术难点。

如何在工程建设过程中，充分发挥监理的作用，在采取了一系列新技术、新方法解决技术难题的同时，确定工程质量的优良，是一项重要的工作。

## 8.4.2　方法

### 8.4.2.1　建立健全质量管理体系

糯扎渡监理中心领导班子由 8 人组成，其中总监 1 名，副总监 5 名，总监助理 1 名，副总工 1 名。下设大坝项目部、金属结构安装项目部、合同部、技术质量部、安全环保部、总监工作部共 6 个部门。其中安全环保部、技术质量部、合同部为糯扎渡监理中心职能部门，代表糯扎渡监理中心履行安全、质量检查督促、合同管理与投资控制职责，金属结构安装项目部是根据糯扎渡水电工程进展需要于 2010 年 5 月适时成立。监理中心组织机构图见图 8.1。

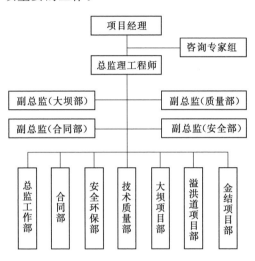

图 8.1　监理中心组织机构图

### 8.4.2.2　完善考核办法

监理中心自进场以来，根据监理质量管理工作重难点，累计编制监理质量保证体系文件 17 份，监理质量控制文件 15 份，监理规划 1 份，监理工作制度文件 35 份，各类监理实施细则 46 份，并汇编成册。在监理管理过程中，先后执行全体员工学习制度、干部周例会制度、部门周例会制度、领导夜班巡视制度、员工考核等制度，提高了全员质量意识，质量管理工作受控。具体的监理中心部分质量管理体系见表 8.1，监理中心部分质量控制文件见表 8.2。

### 8.4.2.3　强化培训教育

为切实履行监理工作任务，提升监理人员业务技能水平，监理中心全面推行培训、学习制度。监理中心每周一至周五晚间 8—10 点的学习制度，让广大青年员工更好的掌握现场控制要点，提高各项专业技能水平。监理中心每年根据当年监理工作重难点制订全年培训计划，培训内容涵盖到现场大坝填筑、抗冲耐磨混凝土施工、温控混凝土控制、锚索施工、灌浆工艺、裂缝处理、封堵混凝土措施、达标投产、强制性条文、公文处理、QC 活动等内容。通过全面系统的培训，开拓了广大员工的知识面，增强了员工的求知欲，为监理工作更好地开展奠定基础。日常质量工作中，监理中心加强了对施工单位培训工作的监

**表 8.1** 监理中心部分质量管理体系

| 序号 | 文 件 名 称 | 备注 |
|---|---|---|
| 1 | 监理质量保证体系文件 | |
| 1.1 | 质量管理体系程序文件、质量手册、作业指导文件 | |
| 1.2 | 质量/职业健康安全/环境管理体系 三标一体化管理手册 | |
| 1.3 | 关于发布西北监理中心 2007 年质量保证体系的通知 | |
| 1.4 | 关于印发公司《质量管理规定（试行）》的通知 | |
| 1.5 | 西北勘测设计研究院管理体系程序文件（工程建设监理控制程序） | |
| 1.6 | 西北院设代、监理应急预案 | |
| 1.7 | 安全生产事故综合应急救援预案 | |
| 1.8 | 工程建设项目管理职业健康安全和环境控制程序 | |
| 1.9 | 质量/职业健康安全/环境管理体系等管理手册 | |
| 1.10 | 关于发布西北监理中心 2008 年质量保证体系的通知 | |
| 1.11 | 关于印发《工程建设项目实施管理程序》的通知 | |
| 1.12 | 关于发布实施《混凝土施工现场监理工作指导书》通知 | |
| 1.13 | 关于发布"职业健康安全/环境管理项目计划"的通知 | |
| 1.14 | 职业健康安全/环境管理合规性评分报告 | |
| 1.15 | 关于发布西北监理中心 2009 年质量保证体系的通知 | |
| 1.16 | 质量管理体系程序文件、质量手册、作业指导文件 | |
| 1.17 | 质量/职业健康安全/环境管理体系三标一体化管理手册 | |

**表 8.2** 监理中心部分质量控制文件

| 序号 | 文 件 名 称 | 备注 |
|---|---|---|
| 2 | 监理质量控制文件 | |
| 2.1 | 关于发布《施工质量控制程序与措施》的通知 | |
| 2.2 | 关于发布《工程进度控制程序与措施》的通知 | |
| 2.3 | 关于发布《工程计量支付控制程序与措施》的通知 | |
| 2.4 | 关于发布《工程合同管理程序与措施》的通知 | |
| 2.5 | 关于发布《施工协调管理》的通知 | |
| 2.6 | 关于发布《糯扎渡水电站主体工程统供材料管理监理实施细则》的通知 | |
| 2.7 | 关于发布《旁站监理规划》的通知 | |
| 2.8 | 关于实行"施工放样报验管理"的通知 | |
| 2.9 | 开挖爆破施工工序控制实施办法 | |
| 2.10 | 关于发布《开工申请及批准制度》的通知 | |
| 2.11 | 关于发布《安全生产、文明施工、环保水保控制程序与措施》的通知 | |
| 2.12 | 中国水利水电建设工程咨询西北公司安全生产管理实施办法 | |
| 2.13 | 心墙堆石坝坝体填筑试验检测监理规划及质量控制措施 | |
| 2.14 | 关于发布《工程量台账建立、统计及管理规定》的通知 | |
| 2.15 | 关于发布《工程计量审核签证程序及管理规定》的通知 | |

督管理，要求施工单位制订全年培训计划，根据计划开展培训工作，每月对培训记录进行检查，适时参与施工单位举办的培训。针对日常质量检查工作中发现的问题及工作中存在的质量重难点，有针对性的要求施工单位开展培训，对现场人员及质检人员进行技能培训及质量意识教育，提高现场操作及质检质量。工程开工初期，大坝填筑碾压试验及常规性复核试验工作的开展尤为重要，对此，监理中心采取现场培训上岗，上岗后轮流送出去培训取证的措施。监理中心指定专人进行现场培训，各项试验方法逐一进行介绍，对取样方法、检测方法、数据收集、处理方法进行手把手的操作、指导。为执行持证上岗的规范制度，特要求试验人员分批次培训取证，做到持证上岗。

### 8.4.2.4　配合开展样板评比活动

为提高糯扎渡水电站实体工程质量，树立样板，推广好的施工工艺，激励各施工管理单位加大现场质量管理力度，糯扎渡建管局先后出台了《糯扎渡水电工程"样板工程"考核评比办法》《糯扎渡水电工程"样板仓号、样板外观"单元评比办法》《糯扎渡水电工程"样板工程"考核评比办法（修订）》《关于开展"样板单元、样板焊缝"评选的通知》《关于开展"样板内业资料"评选的通知》等文件，监理中心根据"办法"要求，每月 18 日前督促施工单位报送样板单元、样板外观、样板仓号申报资料，并审核组织建管局质量部、施工单位质量负责人现场进行检查确认；每季度初督促施工单位报送样板工程规划，过程中加强监控，做好测量、试验检测等工作，季度最后一个月 21 日前，督促施工单位根据规划报送样板工程申报书，监理中心根据现场实体工程质量及检测情况编制样板工程参评报告报送建管局。由建管局统一组织全工区参建单位现场评比；每季度最后一个月 21 日前督促施工单位报送样板内业资料申报书，并严格审核施工单位报送的单元评定资料，确保资料的清晰、完整、准确，并编写样板内业参评报告，由建管局统一组织全工区参建单位审查，评比。样板创建涵盖大坝填筑、混凝土浇筑、金结机电安装等项目，确保了糯扎渡水电站工程实现外美内实的高标准，为电站达标创优奠定了坚实的基础。在样板创建规划下，现场加强质量控制，严格画线，明确料界，有效杜绝了各种料互相侵占。

### 8.4.2.5　严格各工序环节管理

为解决现场质量工作中频发的质量通病，做好大坝填筑、垫层混凝土浇筑等现场质量管控工作，监理中心在大坝填筑施工中，从大坝料源开采、加工、运输、摊铺、碾压、验收等环节入手，加强过程管控；在垫层混凝土浇筑施工中，从出机口拌和物质量检测、运输、入仓、振捣、抹面、外观等环节入手，加强过程管控；在混凝土通水冷却实施中，从冷水制备、管路布置、通水流量、温度、焖温等环节展开全面检查。过程中，每周由监理中心组织建管局工程部、质量部、设计代表、施工单位相关负责人从源头开展检查，对检查中发现的问题进行正式通报，并于下次检查时重点核实整改落实情况。过程中，严格各工序环节质量管控，解决了大坝填筑施工中料源级配、含水率波动变化大等质量通病，避免了质量控制死角，现场管理工作更加规范化、精细化、标准化。

### 8.4.2.6　发挥 QC 小组功能

通过 QC 活动的开展，解决了人工砂细度模数、石粉含量超标问题；人工粗骨料中径含量不合格的难题，通过对问题的严重程度、影响因素进行分析、制定相应对策并现场执行等措施，最终提高了砂石骨料生产合格率，并始终保持着优良的生产水平。运用 QC 方法，解决了坝料级配不稳定的情况，通过运用 QC 理念（PDCA），经过四个阶段八个步骤的分析、总结，最终稳定了坝料级配、含水等指标，确保了大坝填筑质量。QC 小组活动"小、实、活、新"的理念，得以更好地运用于日常质量管理工作中，它有助于提高质量管理人员的质量意识及解决问题的积极性，同时作为解决问题的一种思路，一种工具，有着其推广、运用价值。

### 8.4.2.7　开展达标投产活动

作为创优工程的必备条件，糯扎渡水电站必须高水平通过电力工程达标投产。对此，糯扎渡建管局 2009 年提出了达标创优总体规划，各参建单位编制达标投产策划与实施细则，成立达标投产组织机构。监理中心成立了达标投产领导小组、达标投产办公室、达标投产专业组（5 个）三级机构，负责达标投产全面工作。达标办制定监理中心达标投产实施细则，各专业组分别编制完善相应实施细则。每月监理中心各专业组与安全、质量、档案月检查同步对所监理各标段进行达标投产检查，召开达标投产检查通报会；每季度对各标段进行达标投产考核通报，进行监理中心达标投产自查工作，编写自查报告；每半年配合建管局开展半年度检查考核工作，召开达标投产年度总结会。通过达标投产检查，对现场实体工程及内业资料进行全面普查，实现了土建工程单元优良率 85% 以上，金结安装工程优良率 90% 以上的目标。

### 8.4.2.8　执行贯彻强制性条文

工区全面贯彻执行中国电力企业联合会标准化中心发布的《工程建设标准强制性条文—电力工程部分》（2006 年版），各参建单位成立组织机构，制定强制性条文管理办法、实施细则。强制性条文作为工程建设过程中的法律条文，是不容忽视和必须执行的，强条的执行贯穿工程建设始末，有助于降低质量管理风险。

### 8.4.2.9　推行警示教育

为解决日常工作中常见的质量通病，提高施工单位协作队伍及质检人员质量意识，建管局成立了质量警示教育中心，对频发质量问题的单位进行警示教育。监理中心技术质量部每月针对现场存在的共性问题，组织对施工单位协作队伍及质检人员进行警示教育。通过警示教育工作的开展，大大提高了培训力度，提高现场作业人员的技能水平及质量意识。对文件产生部门提出要求让其整改，整个单位统一步调，防止了各部门的标准不一、各行其是，有利于管理[88]。

### 8.4.2.10　响应质量月活动

每年 9 月份根据国家质量月活动主题，全工区范围内开展质量月活动。各参建单位成立质量月活动小组，编制质量月活动计划，按照计划开展活动。活动主要围绕质量技能培训、现场实物质量评比、质量知识竞赛等方面开展，有效地提高了参建人员质量意识和质量技能，提高了现场实物工程质量。质量月活动中，各参建单位能很好地结合此契机，抓培训、抓现场、重技术、强化管理水平，集中整治日常质量通病，质量管理氛围浓厚。

## 8.4.3　效果

监理中心开展的各项质量管理工作、方法，经过糯扎渡工程的运用、检验，很好地促进了现场实体工程质量，实现了外美内实目标。现场实体工程质量单元工程优良率 90%

以上，主体分部工程优良率 100％，现场未发生质量事故，达标投产工作稳步推进，首台机组提前投产发电。

## 8.5　高土石坝建设精细控制方法

在水利水电工程建设中，高度超过 200m 的高坝建设历来是一个世界级难题，高心墙堆石坝在施工过程中存在工程量大、坝料种类多、分期分区复杂、质量要求高等特点，高坝建设过程中的质量控制、信息采集、安全及综合管理成为高坝施工面临的主要问题[89]，提高和实现高坝建设信息化必要而重要。目前，针对施工过程综合技术控制手段，国内外已经有相关研究和实践。在国外，2006 年，CarlosZambran[90] 根据公路基面碾压质量控制需要，开发出土料碾压过程中碾压机质量控制系统，有效地提高公路施工质量。Anderegg[91] 根据土壤压实机振动状态的非线性特性，建立了智能压实的反馈控制系统。White[90] 等通过实际调研与实验，研发了土木工程施工与质量控制检测技术，极大地提高了检测效率。在中国，信息化控制技术已经在水电施工中得到应用，比如高学平等建立了糯扎渡水电站进水口分层取水下泄水温的三维数值模型，对于该处水温进行模拟[92]。但在大坝建设过程中的质量管理控制尚属空白。糯扎渡水电站心墙堆石坝坝高 261.5m，在施工过程中通过运用"数字大坝"技术，实现高心墙堆石坝碾压质量实时监控、坝料上坝运输实时监控、PDA 施工信息实时采集、土石方动态调配和进度实时控制及工程综合信息的可视化管理。

### 8.5.1　特点与难点

（1）施工期长、工程量大。糯扎渡大坝工程开工时间为 2007 年 7 月 1 日，合同完工时间为 2013 年 6 月 30 日，总工期为 72 个月；土石方开挖总量约 2510 万 $m^3$，土石方填筑总量约 3432 万 $m^3$，混凝土总量约 75 万 $m^3$，金结安装 3780t，固结灌浆约 26.9 万 m，帷幕灌浆约 11.8 万 m。

（2）施工强度高、持续时间长。按照控制性节点工期要求和施工进度计划，坝体填筑月平均强度大于 82 万 $m^3$ 的高强度时段持续时间约 2 年（2009 年 6 月 1 日—2011 年 5 月 31 日），最高峰值达到 120 万 $m^3$/月，需要投入大量的大型运输设备和大型挖装设备。

（3）工程施工项目点多面广、分布范围大。工程包括有土石方明挖、石方槽挖、地下洞室开挖，洞外、洞内混凝土浇筑，土石方填筑，河床截流的设计与施工，反滤料加工系统的设计、施工与运行管理，掺砾土料的掺和工艺，平板闸门、弧形闸门及启闭机的安装拆除等多项项目；施工覆盖范围上下游方向达 14km 多，部分土石料运输距离约达到 12km。

（4）坝体结构复杂，同一高程填筑料物种类多，量大，质量要求高。坝体填筑料有掺砾石土料、混合土料、接触黏土料、反滤料Ⅰ、反滤料Ⅱ、细堆石料、Ⅰ区粗堆石料、Ⅱ区粗堆料等多种，特别是心墙区土料受季节气候影响较大，施工质量要求高。

### 8.5.2 方法

#### 8.5.2.1 施工过程数字仿真技术

数字仿真技术将现实的物理模型经过仿真过程转化为数学模型，通过设定优化目标和运算方法，在设定的约束条件下，使目标函数达到最优，从而为决策者提供科学的、定量的依据。高土石坝具有填筑工程量大，施工期短、填筑强度高等特点，坝体填筑施工是一个非常复杂的随机动态过程，难以通过构建简单的数学解析模型来分析研究。随着仿真技术的发展和应用，可以对坝体施工动态全过程进行仿真分析，预测不同施工方案下大坝施工进程中的施工参数与控制指标。依据实际施工的实时信息，通过动态仿真来进行施工进度的预测分析，当发现工程进程与计划发生偏差时给出优化施工的措施和建议，进而确保进度目标的实现。通过建立土石坝施工数字模型，如土石方调配仿真模型、交通运输仿真模型及土石坝填筑过程仿真模型等，共同组成土石坝施工仿真系统，进行施工过程的动态模拟。土石坝施工过程的仿真可实现坝料平衡、填筑分期、交通运输、填筑单元的数字仿真，为施工方案和进度控制提供决策依据。如糯扎渡高心墙堆石坝施工全过程动态可视化仿真系统包括土石方规划平衡子系统、场内交通运输模拟子系统、大坝填筑子系统、溢洪道开挖子系统和三维可视化子系统。

#### 8.5.2.2 数字化测量技术

常规土石坝施工主要依靠经纬仪、水准仪、全站仪等光电测量技术设备进行施工测量控制与放样工作。这些方法对环境条件有特定要求，可以满足一般土石坝工程的施工测量质量控制要求。但是，随着现代土石坝高度和规模的增加，其平面基准与高程基准的传递误差累积增加，常规测量作业难度加大，受施工环境影响和干扰较多，给超高土石坝复杂结构形体的三维空间动态变形控制带来困难。GPS 技术作为一种全新的测量手段，在工程控制测量中已逐步得到使用。GPS 定位技术的优点主要体现在精度高、速度快、全天候、无需通视，实现对土石坝施工区的定位管理，高效完成测量、放样、控制、计算等功能。数字化现场测量系统主要由基准站、流动站、手簿、电台及软件构成，以 GPS 定位和 RTK 实时差分技术为核心，以流动站测量和手簿软件控制为手段，通过基准站发射GPS 差分信息给测量人员或管理人员携带的流动站，根据定位坐标在手簿上实现测量、放样、计算、控制等工作。

#### 8.5.2.3 土石方机械数字化引导技术

传统的土石方工程领域，机械化地开挖、摊铺作业主要依靠操作手和测量人员来控制开挖边线、坡度、铺料厚度等指标，往往需要反复作业和测量，辅助人员多，效率低下，且在视力盲区无法进行机械化作业。近年来国外已开发出施工机械智能引导技术，采用传感器、GPS 或激光信号实现对施工机械的引导和控制，快速完成坝料开挖、运输、摊铺等作业，提高施工质量和工作效率，对应的机械引导技术见图 8.2。

（1）挖掘机引导技术。在普通挖掘机上安装数字引导系统，管理人员可远程输入开挖设计边线等指标。在无需现场测量放样的情况下，控制单元实时计算出挖掘机铲斗与设计边线的偏差，并实时显示在驾驶室和集控室，引导操作手准确完成开挖作业，保证开挖尺寸符合设计要求。该技术可以精确完成多种坡度、深度及轮廓的修整挖掘工作，即使在视

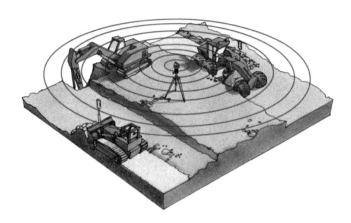

图 8.2　机械引导技术示意图

力盲区（如在水下），铲斗也能精确完成工作，提高机械施工精度和效率，节约综合施工成本。比如：天生桥一级面板堆石坝填筑施工过程中，上游垫层料坡面每上升 3~5m 采用激光导向反铲进行一次修坡，速度快、平整度高，很好地满足了设计和施工要求。

（2）推土机（平地机）引导技术。通过激光发射器在工地上方建立一个平面或斜面，作为引导基准，安装在推土铲刀上方的接收器实时捕捉引导信息，定位传感器计算出铲刀的确切位置，并与设计高程进行比较，通过同步显示器指引操作手调整推土机铲刀升降，满足大坝分层填筑的高程及厚度要求。如果推土机上加装液压自动控制元件，则可以自动计算出铲刀的升降量，实时启动液压阀，使铲刀自动到达所需的高度和横坡度。工程机械智能引导技术给土石坝作业带来了施工的全新理念，突破了原有机械化作业的局限性。毛尔盖砾石土心墙坝在堆石料填筑中应用了激光引导技术，较好地满足了堆石料铺料平整度要求，厚度控制精度达到 5cm。该技术对土石坝防渗土料、垫层料、过渡料推平铺料作业有更好的适用性。

### 8.5.2.4　坝料碾压实时监控技术

传统土石坝填筑施工的压实质量管理，主要实行碾压参数和试坑法取样的"双控"法，即人工控制碾压参数，现场人工挖坑取样判断压实效果。这种质量控制手段受人为因素干扰大，难于实现对碾压过程参数的精准控制，欠碾和漏碾等质量问题时有发生，难以确保碾压过程质量。随着土石坝规模的提高，传统的质量管理活动已很难适应高坝建设进度及机械化施工的要求。

近年来，基于 GPS 等数字技术的实时监控系统，为高土石坝质量控制提供了一条新的途径，使大坝建设质量控制手段取得了重大创新。黄声享等利用 GPS、现代通信、网络、计算机等技术研制了大坝碾压质量 GPS 实时监控系统，较好地解决了碾压土石坝缺乏对"施工过程"进行有效监控的难题，并于 2005 年起正式应用水布垭面板堆石坝施工中。针对高心墙堆石坝填筑碾压质量控制的要求与特点，钟登华等在建立填筑碾压质量实时监控指标及准则的基础上，采用 GPS、GPRS 和 PDA 技术，提出了心墙堆石坝填筑碾压质量实时监控方法，以及碾压过程信息实时自动采集技术和碾压过程可视化监控的图形算法等关键技术，见图 8.3。该技术在糯扎渡大坝施工中实现了碾压遍数、碾压轨迹、行车速度、激振力、压实厚度等碾压参数的全过程、精细化、在线实时监控。共监控堆石料区 3475 个单元，反滤料区 1158 个个单元，心墙防渗土料区 2932 个单元，减少了施工质量监控中的人为因素，使大坝建设质量始终处于真实受控状态，为保证高心墙堆石坝压实质量起到了重要作用。

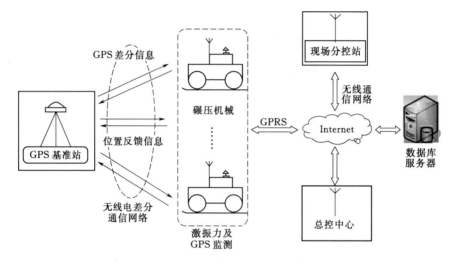

图 8.3　坝料碾压实时监控总体方案

坝料碾压实时监控技术有效地解决了大规模机械化施工与人工为主的传统监测方式之间的矛盾，使土石体填筑施工中的碾压遍数等参数得到有效监测和反馈控制，为堆石坝填筑质量"施工过程控制"找到一种可靠、快速的监测手段，对推动我国土石坝建设施工信息化管理进程起到了积极作用。

### 8.5.2.5　连续压实监测技术

传统土石坝压实质量检测是在事后进行的，即当碾压完成后，质量检测部门按照相应的方法对坝体进行试验检测。由于现行的人工试坑检测方法耗时长，抽检点数量较少，检测结果无法代表整个坝面的压实质量。当发现个别抽样点不满足要求时，很难界定重新碾压的范围，容易造成其他合格区域的"过压"现象。国际上在 20 世纪 90 年代系统地提出来了连续压实控制（Continuous Compaction Control，简称 CCC）技术。其原理是：在土石料填筑碾压过程中，根据土体与振动压路机相互动态作用原理，通过连续量测振动压路机振动轮竖向振动响应信号，建立检测评定与反馈控制体系，实现对整个碾压面压实质量的实时动态监测与控制，见图 8.4。一些欧洲国家已建立了相关技术标准，在铁路、公路、大坝、机场、地基等填筑工程领域进行了普遍应用。

图 8.4　连续压实控制基本原理示意图

连续压实控制技术采用 GPS 实时动态定位和压实传感器监测技术，将振动压实机具作为加载设备，利用软件实时处理碾压机钢轮准确位置和振动量，根据压实机具与土体之间的相互作用，通过土体结构的反作用力（抗力）来分析和评定坝料的压实状态，进而实现碾压过程中压实质量的连续检测、连续控制。压实值以图形、数值和声音信号等多种方式在各监测终端实时显示，实现由点的抽样检测转变为覆盖整个碾压面的全面监控与检测。我国铁路部门已于 2011 年出台了相关应用规范，CCC 技术已在高速铁路、公路路基和南水北调渠堤压实中得到了应用。目前该技术研究的重点已转向如何实现智能压实，即碾压机根据土体的变化自动调频调幅，提高压实效率。

## 8.5.3　效果

糯扎渡大坝在施工过程中运用"数字大坝"技术，实现高心墙堆石坝碾压质量实时监控、坝料上坝运输实时监控、PDA 施工信息实时采集、土石方动态调配和进度实时控制及工程综合信息的可视化管理。"数字化施工"是近年来工程建设领域提出的新概念，是对传统工程施工理念和方法的革新，是大型工程施工模式的发展趋势，也是超高（200m以上）土石坝施工新技术发展的体现。

# 第9章 竣工验收鉴定结论

大坝建基于基岩上，心墙坝基以弱～微风化花岗岩为主，岩体质量大多属Ⅱ～Ⅲ类，工程地质条件良好。砾石土心墙坝布置合理，坝顶高程、坝体断面分区及坝料等设计符合规范规定，满足结构受力、变形协调、防渗及渗透稳定要求，各工况下坝坡稳定满足规范要求。对坝基构造软弱带已采取开挖回填、加强固结灌浆等处理，坝基岩体质量满足建坝要求，大坝基础处理及枢纽渗流措施合适。

汶川地震后，按照国家地震主管部门批复的工程地震安全性复核评价成果，大坝按照百年超越概率 2% 的基岩水平地震动峰值加速 379.9gal 的抗震设防标准进行了设计复核，抗震措施满足安全要求。

砾石土心墙坝施工采用全过程数字大坝手段进行质量控制，心墙掺砾石土料压实度、反滤料相对密度、坝壳堆石料干密度与孔隙率，以及各区坝料级配、渗透系数检测成果满足设计要求，大坝防渗帷幕检查孔透水率满足设计要求，大坝施工质量良好。

蓄水以来，大坝经历了 4 个汛期的考验，3 次达到正常蓄水位挡水。监测成果表明，大坝变形分布和变形量值符合一般规律，施工期和初期运行变形过程总体较为平顺，目前心墙最大沉降量 4170mm，约为心墙最大填筑高度的 1.65%，大坝完工后坝顶最大沉降量 790.67mm，大坝变形已总体趋于收敛；坝体应力水平总体不大，心墙与坝基防渗效果良好，目前坝体坝基渗漏水量只有 9.56L/s。大坝处于安全运行状态。

# 参 考 文 献

[1] 中华人民共和国水利部，中华人民共和国国家统计局. 第一次全国水利普查公报 [M]. 北京：中国水利水电出版社，2013.

[2] 张宗亮. 200m级以上高心墙堆石坝关键技术研究及工程应用 [M]. 北京：中国水利水电出版社，2011.

[3] 王泰和. 高土石坝工程的发展前景 [J]. 浙江水利科技，1985 (3)：27-31.

[4] 王晓松，李宝珠. 世界高土石坝发展综述 [J]. 黑龙江大学工程学报，1995 (3)：16-19.

[5] 乔勇，苗树英，续继峰. 中国土石坝施工技术进步综述 [J]. 水利水电施工，2012 (6)：1-6.

[6] 任云霞，丁磊，姚朗. 锦屏二级水电站截流工程施工组织设计 [J]. 广东水利水电，2010 (2)：40-42.

[7] 康迎宾. 水电施工截流模型试验及其水力特性数值模拟研究 [D]. 武汉：武汉大学水利水电学院，2014.

[8] 李光华，李仕奇. 糯扎渡水电站上、下游土石围堰设计 [J]. 云南水力发电，2009，25 (6)：36-40.

[9] 季景山. 深厚覆盖层基础100米级混凝土防渗墙施工材料与工艺研究 [D]. 长沙：中南大学地球科学与信息物理学院，2012.

[10] 杨海林. 深厚覆盖层基础上堆石坝防渗系统优化研究—泸定水电站坝址区渗流分析与优化控制 [D]. 南京：河海大学水利水电工程学院，2007.

[11] 杨杰. 防渗墙施工塌孔、塌槽处理方法与质量检测 [J]. 云南科技管理，2011 (4).

[12] 钟仕林，黄洪谷，张志荣. 复合土工膜施工工艺及检测方法 [J]. 山西建筑，2013，39 (5)：78-80.

[13] 喻学文. 三峡大坝基础开挖及地质缺陷处理质量监控 [J]. 人民长江，2002，33 (10)：70-72.

[14] 吴晓光，田栋芸. 高心墙堆石坝开挖及地质缺陷处理施工工艺与方法 [J]. 内蒙古科技与经济，2013 (8)：104-105.

[15] 樊宇，符学鑫，周维江. 公伯峡水电站过流面底板采用无轨滑模施工 [J]. 水力发电，2004，30 (8)：54-56.

[16] 王成. 不同地质条件下大坝基础帷幕灌浆的对策和效果 [J]. 西北水电，2001 (1)：47-50.

[17] 杨旭. 大坝帷幕灌浆施工中常见问题的探讨 [J]. 中华民居旬刊，2013 (2). 276-277.

[18] 李朝政，李伟，沈蓉，等. 苗尾水电站高含水率心墙防渗土料碾压试验研究 [J]. 水利与建筑工程学报，2013，11 (2)：158-163.

[19] 杨晓鹏，韩建东，王奇峰. 糯扎渡水电站土料含水率调节方法研究及应用 [J]. 西北水电，2012 (s2)：68-71.

[20] 马洪琪. 糯扎渡水电站掺砾黏土心墙堆石坝质量控制关键技术 [J]. 水力发电，2012，38 (9)：12-15.

[21] 杨晓鹏，韩建东，钟贤五. 糯扎渡水电站心墙土料掺砾工艺及质量控制技术 [J]. 西北水电，2012 (s2)：101-103.

[22] 张丙印，袁会娜，孙逊. 糯扎渡高心墙堆石坝心墙砾石土料变形参数反演分析 [J]. 水力发电学报，2005，24 (3)：18-23.

[23] 严伟. 高土石坝宽级配砾石土心墙料特性研究及数值模拟 [D]. 成都：四川大学水利水电学

院，2006.

[24] 叶晓培，吴桂耀，黄宗营. 糯扎渡大坝心墙防渗土料开采施工工艺及方法 [J]. 人民长江，2009，40（10）：10-11.

[25] 钱启立，范双柱. 糯扎渡水电站大坝Ⅰ区料开采爆破试验 [J]. 水利水电技术，2009，40（6）：55-56.

[26] 王小和，向华仙，饶辉灿. 糯扎渡电站堆石坝级配料开采爆破方案的研究 [C]. 中国爆破新技术Ⅱ. 2008.

[27] 魏琪. 糯扎渡电站心墙堆石坝大坝反滤料及心墙掺砾料加工系统工艺设计 [C]. 中国水利水电工程砂石生产技术交流会. 2008.

[28] 戴旭东. 大坝反滤料及掺砾石料加工系统工艺流程设计及设备配置 [J]. 水利水电技术，2012，43（5）：70.

[29] 郭敏敏，姚亚军. 糯扎渡水电站大坝掺砾土料和反滤料加工系统优化改进 [C]. 贵州省岩石力学与工程学会2014年学术年会论文集，2014.

[30] 任玉勇. 瀑布沟水电站反滤料加工系统的设计与调整 [C]. 中国水利水电工程砂石生产技术交流会，2008.

[31] 谭劲，杨作才，石林. 泸定水电站大坝反滤料生产系统工艺流程设计 [J]. 水力发电，2011（5）：22-24.

[32] 田裕康. PLC编程语言解释方法研究与系统实现 [D]. 武汉：武汉理工大学自动化学院，2004.

[33] 田密. PLC仿真系统设计与实现及其实验应用 [D]. 武汉：华中科技大学水电与数字化工程学院，2007.

[34] 杨进博，陈新，蒲元威，等. 基于动态规划的土石方调配系统研究与应用 [J]. 西北水电，2012（3）：58-61.

[35] 廉慧珍. 砂石质量是影响混凝土质量的关键 [J]. 混凝土世界，2010（8）：28-32.

[36] 张义芳. 人工砂石系统工艺及质量控制方法研究 [D]. 长沙：国防科学技术大学信息系统与管理学院，2009.

[37] 陆亚轻. 人工骨料的优化生产利用及质量保证体系 [D]. 成都：西华大学能源与环境学院水电工程系，2010.

[38] 董立安，李小明，刘勇. 糯扎渡水电工程砂石骨料生产质量控制浅析 [J]. 西北水电，2012（s2）：26-28.

[39] 黄宗营，吴桂耀，叶晓培. 糯扎渡大坝心墙掺砾土料填筑施工工艺及方法 [J]. 水利水电技术，2009，40（6）：7-10.

[40] 李纯林，闵军. 因果分析图法在暮底河水库大坝黏土心墙填筑施工质量控制中的应用 [J]. 水利建设与管理，2011，31（7）：58-60.

[41] 马洪琪. 糯扎渡高心墙堆石坝坝料特性研究及填筑质量检测方法和实时监控关键技术 [J]. 中国工程科学，2011，13（12）：9-14.

[42] 王运周. 大坝填筑施工管理措施及冬雨季填筑施工措施 [J]. 科技创业家，2013（9）：101-102.

[43] 谷清华. 水泥基渗透结晶型防水涂料的研究 [D]. 北京：北京工业大学材料科学与工程学院，2002.

[44] 徐波. 水泥基渗透结晶型防水材料在桥面防水混凝土中的应用性研究 [D]. 西安：长安大学公路学院，2008.

[45] 谢罗峰. 渗流作用下边坡稳定性研究 [D]. 南京：南京水利科学研究院水工水力学研究所，2009.

[46] 樊述斌. 渗流作用下土石坝防渗及坝体应力变形仿真分析 [D]. 北京：中国地质大学工程技术学院，2008.

[47] 郭国林. 宁化桥下水库大坝渗流稳定分析 [D]. 南京：河海大学地球科学与工程学院，2005.

[48] 朱自先，黄宗营，蒙毅. 糯扎渡心墙堆石坝填筑施工质量控制 [J]. 水利水电技术，2010，41 (5)：18-22.

[49] 余学农，王路，饶小康. 施工管理数字化体系在大岗山水电站中的运用 [J]. 长江科学院院报，2013，30 (4)：98-102.

[50] 孙周辉. 数字大坝系统在长河坝电站大坝工程中的应用 [J]. 四川水力发电，2015 (5)：139-143.

[51] 宁占金，黄宗营，周运先. 高土石坝数字化控制施工技术应用与发展 [C]. 水电2013大会——中国大坝协会2013学术年会暨第三届堆石坝国际研讨会论文集，昆明：中国大坝协会、中国水力发电工程学会，2013：806-810.

[52] 李彩虹. 柏叶口水库大坝填筑施工道路的布置 [J]. 山西建筑，2011，37 (34)：208-210.

[53] 朱江，于红彬. 糯扎渡水电站施工机械设备管理探究 [J]. 水利水电技术，2014，45 (3)：71-72.

[54] 姚建国，朱惠君，武赛波，等. 糯扎渡水电站水力机械设计的主要特点 [J]. 水力发电，2012，38 (9)：79-82.

[55] 张进平，庄万康. 大坝安全监测的位移分布数学模型 [J]. 水利学报，1991 (5)：28-35.

[56] 陈维江，马震岳，董毓新. 建立大坝安全监控数学模型的一种新方法 [J]. 水利学报，2002 (8)：91-95.

[57] 黄宗营，唐先奇，张耀威，等. 糯扎渡水电站超高心墙堆石坝关键施工技术 [J]. 水力发电，2012，38 (9)：55-58.

[58] 赵川，刘盛乾，李锡林，等. 糯扎渡水电站黏土心墙压实度检测方法及控制标准 [J]. 云南水力发电，2009，25 (5)：58-61.

[59] 保华富，金波，张春. 暮底河水库大坝堆石料、反滤料填筑质量检测和成果分析 [J]. 云南水力发电，2004，20 (4)：78-81.

[60] DL/T 5356—2006 水利水电工程粗粒土试验规程 [S]. 北京：中国电力出版社，2006.

[61] SL 237—1999 土工试验规程 [S]. 沈阳：辽宁民族出版社，1999.

[62] 王艳芳，王奇峰，王泽生. 糯扎渡水电站心墙堆石坝坝料技术指标及试验检测方法 [J]. 西北水电，2012 (s2)：52-57.

[63] 张建清，周正全，蔡加兴，等. 附加质量法检测堆石体密度技术及应用评价 [J]. 长江科学院院报，2012，29 (8)：45-51.

[64] 滕敏康. 实验误差与数据处理 [M]. 南京大学出版社，1989.

[65] DL/T 5129—2001 碾压式土石坝施工规范 [S]. 北京：中国电力出版社，2001.

[66] 郭庆国，蔡长治. 土石坝建设实用技术研究及应用 [M]. 郑州：黄河水利出版社，2004.

[67] 戴益华，李锡林. 糯扎渡水电站掺砾土击实特性及填筑质量检测方法研究 [J]. 水力发电，2012，38 (9)：40-43.

[68] 宁占金. 糯扎渡心墙堆石坝超大粒径掺砾土料击实特性及压实质量检测方法研究 [J]. 水利水电技术，2014，45 (3)：8-12.

[69] 乔兰，庞林祥，李远，等. 超大粒径人工砾石土的击实特性试验研究 [J]. 岩石力学与工程学报，2014，33 (3)：484-492.

[70] 王贵杰，黄金林，张峰. 黏土心墙堆石坝碾压试验技术研究 [J]. 混凝土，2010 (5)：138-141.

[71] 宋刚勇. 水牛家水电站大坝工程施工期筑坝材料试验及碾压试验研究 [D]. 成都：四川大学水利水电学院，2006.

[72] 王泽生，王艳芳，马欢. 糯扎渡水电站心墙堆石坝填筑料碾压施工参数试验研究 [J]. 西北水电，2012 (s2)：58-63.

[73] 李晓柱，刘洋，吴顺川. 堆石坝现场碾压试验与离散元数值分析 [J]. 岩石力学与工程学报，2013 (s2)：3123-3133.

[74] 杨正清. 洪家渡水电站面板堆石坝石料碾压方法的分析和选择 [J]. 贵州水力发电，2002，16 (3)：40-42.

[75] 刘睫. 三级配泵送温控混凝土试验研究 [D]. 上海：上海交通大学船舶海洋与建筑工程学院，2010.

[76] 全国水利水电工程技术信息网. 水利水电工程施工手册·混凝土工程 [M]. 北京：中国电力出版社，2002.

[77] 水利电力部水利水电建设总局，水利水电工程施工组织设计手册 [M]. 北京：中国水利水电出版社，1990.

[78] 韩燕，欧阳建树，黄达海. 大坝混凝土运输及浇筑过程中温度回升研究 [J]. 水电能源科学，2010 (11)：100-102.

[79] 康志明，王新华，罗毅. 小湾水电站大坝混凝土出机口温度控制情况简介 [J]. 混凝土，2010 (12)：121-124.

[80] 董立安，李志，李小明. 水工混凝土出机口温度计算新法浅析 [J]. 西北水电，2012 (s2)：33-35.

[81] 张礼宁，柴喜洲. 糯扎渡大坝心墙垫层混凝土温控施工技术 [J]. 水利水电施工，2013，42 (4)：18-20.

[82] 葛畅，舒光胜，王剑. 小湾电站大坝混凝土内部温控效果分析 [J]. 人民长江，2009，40 (13)：25-27.

[83] 王铁梦. 工程结构裂缝控制 [M]. 北京：中国建筑工业出版社，1997：85-96.

[84] 鞠丽艳. 混凝土裂缝抑制措施的研究进展 [J]. 混凝土，2002 (5)：11-14.

[85] 汤用泉. 导流洞封堵的几个关键问题 [J]. 水电与新能源，2010 (3)：39-41.

[86] 易利维，左建明. 导流洞封堵堵头设计探讨 [J]. 湖南水利水电，2002 (5)：16-17.

[87] 张宗亮，严磊. 高土石坝工程全生命周期安全质量管理体系研究——以澜沧江糯扎渡心墙堆石坝为例 [C]. 水电2013大会——中国大坝协会2013学术年会暨第三届堆石坝国际研讨会论文集，昆明：中国大坝协会、中国水力发电工程学会，2013：854-861.

[88] 王显静，田景武. 试论水电建设项目档案分类与档号编制 [J]. 西北水电，2009 (6)：93-96.

[89] 赵志仁，赵永，程君敏. 大坝安全监测设计与施工技术的分析研究 [J]. 水电自动化与大坝监测，2001，25 (1)：28-32.

[90] David J. White, Mark J. Thompson, Kari Jovaag, et al. Field Evaluation of Compaction Monitoring Technology：phase Ⅱ [D]. Lowa State University，2006.

[91] R. Anderegg, Dominik A. von Felten, Kuno Kaufmann. Compaction Monitoring Using Intelligent Soil Compactors [G]. GeoCongress 2006：Geotechnical Engineering in the Information Technology Age. 2006：41-46.

[92] 高学平，张少雄，张晨. 糯扎渡水电站多层进水口下泄水温三维数值模拟 [J]. 水力发电学报，2012，31 (1)：195-201.

[93] 张耀威，张礼宁，秦崇喜. 糯扎渡水电站导流洞临时堵头混凝土快速连续施工技术 [J]. 水利水电技术，2014，45 (3)：8-12.